수리통계학

R을 이용한 실습

강기훈 · 박진호 지음

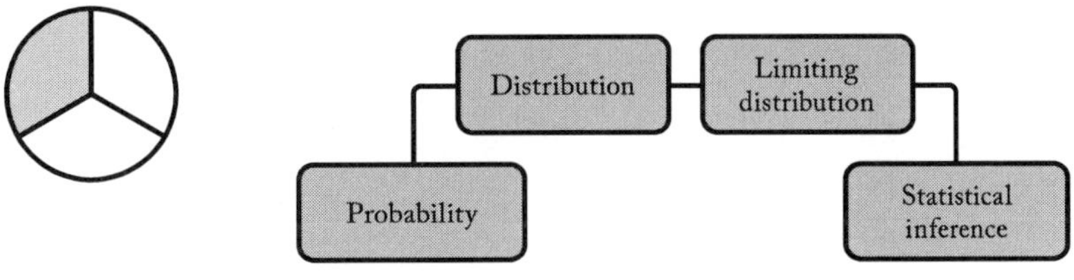

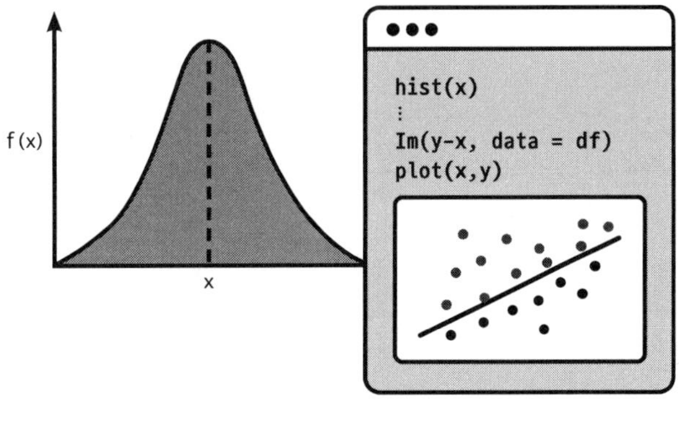

자유아카데미

머리말

데이터가 세상을 움직이는 시대입니다. 정치, 사회, 경제는 물론 과학기술, 의료, 교육 등 거의 모든 분야에서 데이터를 기반으로 한 의사결정이 이루어지고 있으며, 그에 따라 통계학의 중요성은 날로 커지고 있습니다. 방대한 데이터를 단순히 저장하고 정리하는 단계를 넘어, 과학적이고 합리적인 방법으로 해석하고 설명하는 능력이 핵심 경쟁력으로 부상하고 있습니다. 이러한 변화 속에서 통계학은 더 이상 선택이 아닌 필수의 학문으로 자리 잡았고, 그 중심에는 수리통계학(Mathematical Statistics)이 있습니다. 수리통계학은 다양한 통계 분석 방법들이 어떤 원리와 이론적 정당성을 바탕으로 작동하는지를 설명해주는 학문으로, 통계적 사고의 구조를 만들고 분석의 신뢰도를 높여주는 기초이자 중심입니다.

하지만 수리통계학은 종종 수식 중심의 이론적 설명으로 인해 많은 학습자들에게 어렵고 추상적인 과목으로 여겨지곤 합니다. 이를 극복하기 위해, 이번 개정판에서는 기존의 내용을 유지하면서 다음과 같은 점들을 중점적으로 보완하였습니다.

첫째, 본문의 이해를 돕기 위한 예제를 추가하였습니다. 각 이론이 실제 문제 상황에서 어떻게 적용되는지를 보여주는 다양한 예제를 통해, 독자들이 수학적 개념을 보다 구체적으로 체감하고 응용할 수 있도록 구성하였습니다.

둘째, 연습문제를 대폭 확충하여 학습자 스스로 이론을 점검하고 체계적으로 훈련할 수 있도록 하였습니다. 다양한 난이도의 문제를 통해 학습의 깊이를 더하고, 반복학습을 유도함으로써 이해도를 높이고자 하였습니다.

셋째, 각 장에서는 R을 활용한 실습을 포함하여 이론과 실제를 연결하고, 컴퓨터 기반의 데이터 분석 환경에 익숙해질 수 있도록 하였습니다. 이를 통해 단순한 이론 암기를 넘어 실질적인 분석 역량을 기를 수 있도록 하였습니다.

이 책은 크게 두 부분으로 구성되어 있습니다. 확률과 확률분포 등 통계의 기초 이론을 다룬 1장부터 6장까지, 그리고 추정, 검정, 베이즈 추론 등 통계적 추론을 다룬 7장부터 10장까지로 나눌 수 있습니다. 저자의 강의 경험에 비추어볼 때, 학생들이 특히 어려움을 느끼는 부분은 확률변수의 극한을 다룬 6장, 최대가능도추정량의 점근적 성질을 다룬 7.5절, 그리고 균일최강력검정을 다룬 9.3절입니다. 이 책을 교재로 활용하시는 분들께서는 수업의 수준과 목적에 따라 해당 부분을 생략하거나 보완하여 조정하셔도 무방할 것으로 판단됩니다. 또한 이 책은 R의 활용을 도입 수준에서 다루고 있으며, 전문적인 R 프로그래밍 교재는 아닙니다. 따라서 R에 대한 보다 깊이 있는 학습을 원하시는 경우에는 별도의 교재나 교과목을 통해 보완학습을 하시는 것이 바람직합니다.

이 책을 집필하고 개정하는 과정에서 많은 분들의 도움이 있었습니다. R 사용법의 작성 및 교정 과정에는 대학원 제자들의 정성과 노력이 함께 깃들어 있으며, 제대로 모양을 갖춘 책을 만들기 위한 편집 작업에서는 자유아카데미 편집부의 세심하고 전문적인 역량에 큰 도움을 받았습니다. 이 자리를 빌려 깊이 감사드립니다. 저자로서는 부족한 점이 없도록 심혈을 기울였지만 여전히 아쉬움이 남습니다. 그럼에도 불구하고 이 책이 통계학의 세계로 이미 뛰어들었거나, 혹은 그 길을 걷고자 하는 분들께 이론적 기반과 분석 역량을 쌓는 데 작게나마 도움이 되기를 진심으로 바랍니다. 앞으로도 독자 여러분의 따뜻한 조언과 건설적인 비판을 기대하며, 개정판이 보다 충실한 교재로 거듭날 수 있기를 소망합니다.

2025년 4월
저자 씀

차례

제 0 장

서론

이 절에서는 학습동기 유발을 위해 본 교재에서 다루고 있는 내용에 대해 개괄적인 소개를 하고자 한다. 통계학이란 어떤 것을 다루는 것일까 하는 질문으로부터 시작해 보자. 일반적으로 통계학이라고 하면 흔히 히스토그램이나 평균 또는 표준편차를 떠올리게 된다. 이러한 것은 통계학의 한 분야인 자료를 요약 또는 정리하는 방법이라고 할 수 있다. 통계학은 이처럼 단순히 자료를 정리하는 단계에서 나아가서 자료를 분석하여 유용한 정보를 이끌어 내는 방법을 다루는 학문이라고 할 수 있다.

예를 들어 제약회사에서 특정한 질병에 대한 치료약의 효과를 알아보려는 경우를 생각하여 보자. 이 제약회사에서 규명하려는 것은 약물의 투여량과 치료효과 사이의 연관성이라고 할 수 있다. 어떤 방법으로 약물의 투여량과 치료효과 사이의 연관성을 구할 수 있을까? 연관성을 구하는 한 가지 방법은 실험을 통해 투여량과 그에 따른 치료효과에 대한 자료를 관측하고 이로부터 필요한 정보를 얻는 것이다.

10명을 대상으로 실험한 결과가 다음과 같다고 하자.

$$(3.0,\ 45),\ (4.0,\ 40),\ (4.0,\ 50),\ (4.5,\ 45),\ (5.0,\ 50)$$
$$(5.0,\ 53),\ (5.5,\ 60),\ (5.5,\ 58),\ (6.0,\ 55),\ (7.0,\ 45)$$

위에서 첫 번째 값은 약물 투여량, 두 번째 값은 치료효과를 점수화한 자료를 나타낸다. 이 자료로부터 약물 투여량의 평균은 4.95, 표준편차는 1.14, 치료효과의 평균은 50.1, 표준편차는 6.43임을 알 수 있다. 또 약물 투여량과 치료효과 사이의 표본상관계수는 0.40임을 알 수도 있다. 그러나 우리가 이 자료를 통하여 알고 싶은 것은 위의 10명에 한정된 자료의 요약된 결과는 아니다. 제약회사에서 구하려는 것은 이 질병을 앓고 있는 모든 환자를 대상으로 한 약물 투여량과 치료효과 사이의 연관성이다.

앞에서 실험 대상이 된 10명은 이 질병을 앓고 있는 환자의 일부분이라고 할 수 있다. 우리가 구하려는 것은 10명이라는 일부분의 결과를 이용하여 모든 환자를 대상으로 한 결론을 얻으려는 것이다. 이처럼 주어진 자료를 이용하여 우리가 알고자 하는 대상에 대한 유용한 정보를 이끌어 내는 과정을 다루는 것이 통계학이다. 우리가 알고자 하는 대상을 통계학에서는 모집단(population)이라고 한다. [그림 0.1]은 이러한 과정을 나타낸 것이다. 일부분의 자료를 이용하여 모집단에 대한 결론을 얻는 과정은 필연적으로 추측이라는 단계를 거치게 된다. 일부분을 이용하여 전체 대상에 대한 확대 해석을 하기 위해서는 추측을 하여야만 하기 때문이다. 따라서 이러한 추측 과정에서 잘못된 판단을 할 수도 있다. 통계학은 이러한 추측과정을 체계적으로 할 수 있도록 하여 추측과정에서 발생하는 오류의 가능성을 줄이려는 것이라고 할 수 있다.

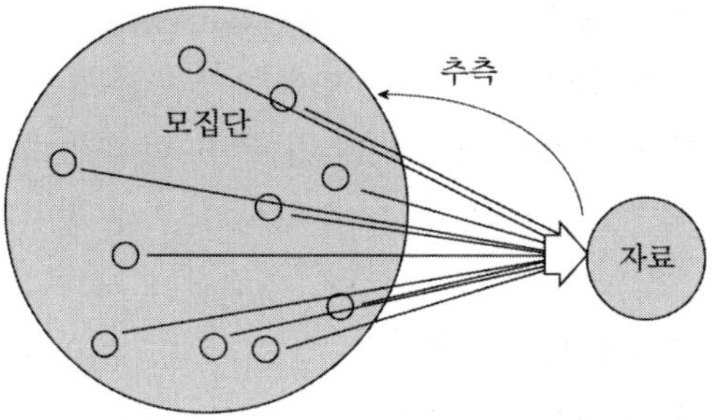

그림 0.1 통계학 – 자료를 이용하여 알고자 하는 대상에 대한 추측

다른 예로 우리나라 성인 남성의 평균 키를 구하는 경우를 생각하여 보자. 이를 위해 성인 남성 100명을 임의로 선택하여 이들의 평균 키를 조사한다고 하자. 우리가 최종적으로 구하려는 것은 이들 100명의 평균 키가 아니라 전체 성인 남성의 평균 키이다. 전체 성인 남성의 평균 키를 추측하는 방법으로 조사한 100명의 평균 키를 이용할 수도 있고 100명 중 첫 번째로 선택된 사람의 키를 이용할 수도 있다.

두 가지 추측방법 중 어떤 방법이 타당할까? 대부분의 사람은 100명의 평균 키를 이용하는 것이 좋을 것이라고 생각할 것이다. 과연 첫 번째 선택된 사람의 키가 아니라 100명의 평균 키를 이용하는 것이 더 좋을까? 어떤 의미에서 더 좋을까? 항상 더 좋다고 주장할 수 있을까? 만약 전체 성인 남성의 평균 키는 172 cm인데 우연히도 첫 번째로 선택된 사람의 키는 172 cm이고 100명의 평균 키는 170 cm라면 어떨까? 이 경우는 100명의 평균 키보다 첫 번째로 선택된 사람의 키가 전체 성인 남성의 평균 키에 가깝게 된다. 따라서 항상 100명의 평균 키가 첫 번째로 선택된 사람의 키보다 전체 성인 남성의 평균 키에 가깝다고 주장할 수는 없다. 그러나 문제는 이 경우처럼 첫 번째로 선택된 사람의 키가 전체 성인 남성의 평균 키에 더 가까울 가능성이 얼마나 될까? 이럴 가능성은 매우 낮다. 100명의 평균 키가 전체 성인 남성의 평균 키에 더 가까울 가능성이 훨씬 더 높을 것이다. 따라서 첫 번째로 선택된 사람의 키보다는 100명의 평균 키를 이용하는 것이 더 타당할 것이다.

위의 예처럼 추측하는 방법으로 여러 가지가 있을 때 어떤 것이 더 타당할 것인가는 가능성을 가지고 이야기할 수밖에 없다. 이러한 가능성이라는 것은 확률을 통해 나타낼 수 있다. 즉 100명의 평균 키가 어느 한 사람의 키보다는 전체 평균 키에 가까울 확률이 높다고 할 수 있다.

통계학은 자료를 분석하여 모집단에 대한 유용한 정보를 이끌어 내는 것을 목표로 한다고 하였다. 일반적으로 자료의 분석방법은 자료의 특징이나 성격에 따라 다를 수 있다. 대표적인 몇 가지 자료분석 방법은 회귀분석, 시계열분석, 범주형자료분석, 다변량분석, 생존분석 등이 있다. 예를 들어 한 변수가 다른 변수의 영향을 받는 종속적인 관계가 있고 영향을 받는 변수가 연속형 변수인 경우에 흔히 사용되는 자료분석 방법이 회귀분석이다. 영향을 받는 변수가 어떤 범주에 속하는지를 나타내는 명목형 변수인 경우는 변수 사이의 연관성을 분석하기 위해 범주형자료분석을 이용한다. 한편 순차적으로 관측되는 자료를 분석하기 위해서는 시계열분석을 이용한다.

통계학의 기본적인 목표인 주어진 자료로부터 유용한 정보를 얻는 한 가지 방법은 자료의 특징이나 성격에 따라 모형화(modeling)하는 것이다. 통계학에서 모형화란 자료분석을 통해 알고자 하는 대상인 모집단에 대한 가정을 하는 것을 말한다. 간단한 예로 모집단의 특징을 파악하기 위해 모집단이 정규분포를 따른다고 가정하는 것도 모형화의 한 방법으로 생각할 수 있다. 또 두 변수 사이의 연관성을 분석하기 위해 두 변수 사이에 선형관계를 가정하는 것도 모형화라고 할 수 있다. 이러한 모형화 과정을 통해 우리가 알고자 하는 대상인 모집단을 그 특성을 결정지어 주는 몇 개의 값으로 나타낼 수 있다.

예를 들어 모집단이 정규분포를 따른다는 가정을 하는 경우를 생각하여 보자. 정규분포는 평균과 분산에 의하여 결정되므로[1] 모집단이 정규분포를 따른다는 가정 하에서는 평균과 분산에 의하여 모집단의 특성이 결정된다. 이처럼 모집단의 특성을 결정하는 값을 모수(parameter)라고 한다. 정규분포에서는 평균과 분산이 모수가 된다. 따라서 통계학은 '자료로부터 유용한 정보를 이끌어 내는 것'에서 '자료로부터 모집단의 특성을 나타내는 모수에 대한 추측을 하는 것'으로 단순화할 수 있다.[2]

자료분석을 통해 모집단의 특성을 나타내는 모수의 값을 추측하는 문제에서 중요한 것은 모수를 어떻게 추측할 것인가에 대한 것이다. 또한 추측한 모수의 값이 어떠한 성질을 가지게 될 것인지도 관심사항일 것이다. 이러한 질문에 대한 기본적인 답을 찾는 방법을 다루는 것이 수리통계학이라고 할 수 있다. 간단히 말하면 수리통계학은 자료분석에서 사용되는 기본적인 통계학적 언어와 방법론을 다루는 분야라고 할 수 있다. 몇 가지 예를 통해 모형화 과정과 모수의 추측 방법을 간단히 알아보도록 하자.

우리나라 성인 남성의 콜레스테롤 수준을 알아보기 위해 n명의 성인 남성을 대상으로 조사하였다고 하자. 관측한 n명의 콜레스테롤 수준이 다음과 같다고 하자.

$$X_1, X_2, \cdots, X_n$$

---

1) 정규분포에 관한 67쪽 참조.

2) 최근의 통계학에서는 모집단이 분포가정과 몇 개의 모수에 의하여 결정된다는 고전적인 모수적 방법에서 벗어나서 비모수적 방법이 많이 활용되고 있다.

우리가 알고 싶은 것은 조사한 n명에 대한 콜레스테롤 수준은 아니다. 주어진 자료를 분석하여 우리나라 전체 성인 남성의 콜레스테롤 수준의 특성을 파악하려는 것이다. 이 경우 우리가 알고자 하는 대상인 모집단은 우리나라 전체 성인 남성의 콜레스테롤 수준이라고 할 수 있다.

주어진 자료를 이용하여 성인 남성의 콜레스테롤 수준이 어떤 특징을 가지고 있는지 알아내는 것은 모집단에 대한 가정, 즉 모형화를 하지 않으면 쉽지 않다. 모집단의 기본적인 형태에 대한 가정 없이는 주어진 n개의 자료로부터 모집단에 대해 알아낼 수 있는 것은 많지 않다. 모집단이 특정한 확률분포를 가진다는 것과 같은 가정을 하였을 때 주어진 자료로부터 모집단에 대한 좀 더 유용한 추측을 할 수 있다. 우리나라 성인 남성의 콜레스테롤 수준에 대한 한 가지 모형화 방법으로 다음과 같이 가정하여 보자.

$$\text{성인 남성의 콜레스테롤 수준} \sim N(\mu, \sigma^2)$$

즉 성인 남성의 콜레스테롤 수준은 평균이 μ, 분산이 σ^2인 정규분포를 따른다고 가정하는 것이다. 물론, 이러한 가정이 타당한지 여부에 대한 검토도 필요하다. 이러한 가정 하에서 우리가 알지 못하는 것은 모집단의 확률분포인 정규분포를 결정지어 주는 평균 μ와 분산 σ^2이라고 할 수 있다. 즉 이 모집단의 특징을 나타내는 모수는 μ와 σ^2이 된다. 따라서 자료분석의 주된 목적은 주어진 자료를 이용하여 μ와 σ^2을 추측하는 것이라고 할 수 있다. 두 모수의 추측값을 $\hat{\mu}$와 $\widehat{\sigma^2}$이라고 할 때 성인 남성의 콜레스테롤 수준은 다음과 같은 확률분포를 따른다고 추측할 수 있다.

$$N(\hat{\mu}, \widehat{\sigma^2})$$

여기에서 주된 관심사항은 $\hat{\mu}$와 $\widehat{\sigma^2}$을 어떻게 구할 것인가에 관한 것이다. 일반적으로 모집단의 평균과 분산인 μ와 σ^2을 추측하는 값으로 다음과 같이 자료의 표본평균과 표본분산을 이용할 수 있다.

$$\overline{X} = \frac{1}{n}\sum_{i=1}^{n} X_i\,, \qquad S^2 = \frac{1}{n-1}\sum_{i=1}^{n}(X_i - \overline{X})^2$$

모집단의 분산 σ^2을 추측하는 값으로 표본분산 S^2을 흔히 사용하고 있지만 이 값이 다른 추측값보다 좋다고 이야기할 수 있을까? 예를 들어 표본분산 S^2 대신에

$S_0^2 = n^{-1}\sum_{i=1}^{n}(X_i - \overline{X})^2$을 이용하여 분산 σ^2을 추측할 수도 있다. 이때 σ^2의 추측값으로 S^2과 S_0^2 중에서 어떤 것을 사용하는 것이 더 좋을까? 또는 이보다 더 좋은 추측 방법은 없을까? 어떤 것이 우수한지 판단하기 위해서는 비교기준을 마련해야 할 것이다. 그렇다면 어떤 비교기준을 사용하는 것이 타당할 것인가? 이러한 질문에 대한 답을 얻는데 대한 이론적인 근거를 제공하는 것이 수리통계학에서 주로 다루는 내용이다.

다른 예로 자료분석을 통하여 두 변수 사이의 연관성을 규명하는 경우를 고려하여 보자. 이때 한 변수는 원인이 되고 다른 변수는 그에 영향을 받는 경우가 있다. 예를 들어 학생들을 대상으로 텔레비전 시청시간이 시험점수에 영향을 준다고 생각되어 두 변수의 연관성을 분석하는 경우를 생각해 보자. 이때 학생 n명을 대상으로 텔레비전 시청시간과 시험점수를 조사한 자료가 다음과 같다고 하자.

$$(X_1, Y_1), (X_2, Y_2), \cdots, (X_n, Y_n)$$

여기서 X_i는 i번째 학생의 텔레비전 시청시간, Y_i는 시험성적을 나타낸다. 우리가 알고자 하는 것은 주어진 자료의 분석을 통하여 텔레비전 시청시간이 시험점수에 어떤 영향을 주는지에 관한 것이다. 자료를 분석하기 위한 한 가지 방법으로 원인이 되는 변수 X와 결과가 되는 변수 Y 사이에 선형관계를 가정할 수 있다. 즉 다음의 관계가 성립한다고 가정할 수 있다.

$$Y_i = \alpha + \beta X_i + \epsilon_i$$

여기서 ϵ_i는 평균이 0인 오차항을 나타낸다. 위 모형은 X와 Y 사이에는 평균적으로 절편 α, 기울기 β인 선형관계가 있음을 가정하고 있다. 오차항에 대해서는 다음과 같은 사항을 추가로 가정할 수 있다.

$$\epsilon_i \sim N(0, \sigma^2)$$

위 가정 하에서 원인이 되는 변수 X_i의 값이 주어지면 결과가 되는 변수 Y_i의 확률분포는 다음과 같다.

$$Y_i \sim N(\alpha + \beta X_i, \sigma^2)$$

이 가정 하에서 모집단의 확률분포를 결정짓는 모수는 α, β, σ^2이다. 따라서 자료분석을 통하여 추측하고자 하는 것은 α, β, σ^2에 대한 것이다. 이들 모수에 대한 추측 값으로 흔히 사용되는 $\hat{\alpha}, \hat{\beta}, \widehat{\sigma^2}$은 다음과 같다.

$$\hat{\beta} = \frac{\sum_{i=1}^{n} (X_i - \overline{X})(Y_i - \overline{Y})}{\sum_{i=1}^{n} (X_i - \overline{X})^2}$$

$$\hat{\alpha} = \overline{Y} - \hat{\beta}\overline{X}$$

$$\widehat{\sigma^2} = \frac{1}{n-2} \sum_{i=1}^{n} (Y_i - \hat{\alpha} - \hat{\beta} X_i)^2$$

수리통계학에서는 이러한 추측 방법이 어떤 기준으로 선택되었으며 추측 값이 어떤 성질을 가지게 되는지에 대한 이론적 근거를 다루게 될 것이다.

텔레비전 시청시간과 시험성적의 연관성을 규명하기 위한 모형에서 중요한 의미를 가지는 것 중의 하나가 기울기 β의 값이 0 또는 음의 값을 가지는가에 대한 것이다. 기울기가 0이라면 텔레비전 시청시간과 시험성적 사이에 적절한 연관성을 찾을 수 없다는 것을 의미하며 기울기가 음이라면 텔레비전 시청시간이 늘어나면 시험성적이 나빠진다는 것을 의미한다. 따라서 이 모형에서 기울기에 대한 관심 있는 두 가지 가설은 다음과 같다.

$$\text{가설 } 0 : \beta = 0 \quad \text{대} \quad \text{가설 } 1 : \beta < 0$$

주어진 자료를 통하여 위의 두 가지 가설 중에 어떤 가설이 타당한지에 대해 판단하는 방법도 수리통계학에서 다루는 내용이다.

앞에서 설명한 것처럼 모형화를 통해 우리가 알고자 하는 대상인 모집단은 몇 개의 모수에 의하여 결정된다. 따라서 자료분석은 주어진 자료를 통하여 모수의 값을 추측하거나 또는 모수에 대한 가설 중 어떤 것이 타당한지 판단하는 것이라고 볼 수 있다. 이러한 과정을 통계학에서는 모집단 또는 모수에 대한 추론(inference)이라고 한다. 수리통계학에서는 이러한 추론에 대한 기초 및 이론적인 근거를 학습하게 된다.

제 1 장

확률

1.1 확률의 성질

일반적인 사회현상에서는 어떤 행위나 실험의 결과가 특정한 한 가지로 결정되지 않고 여러 가능한 결과 중 하나가 일어나는 경우를 흔히 볼 수 있다. 간단한 예로 정육면체 주사위를 던질 때 어떤 결과가 나올지는 미리 예측할 수 없다. 우리가 알 수 있는 것은 1부터 6까지 결과 중 하나가 나타난다는 것이다. 다른 예로 어떤 학생의 현재 키가 145 cm일 때 1년 후 이 학생의 키를 예측하는 문제를 생각하여 보자. 이 학생의 연령에서는 평균적으로 1년에 5 cm 성장한다면 이 학생도 1년 후 150 cm 정도일 것으로 예측할 수 있다. 그러나 1년 후 이 학생의 키를 정확히 예측할 수는 없다. 148 cm가 될 수도 있고 152.5 cm가 될 수도 있다.

이처럼 여러 가능한 결과 중 하나가 일어나는 현상을 확률이란 개념을 통해 설명할 수 있다. **확률**(probability)이란 여러 가능한 결과 중 일부분이 일어날 가능성을 0과 1 사이의 값으로 나타낸 것을 말한다. 예를 들어 동전을 던질 때 가능한 결과는 '앞면' 또는 '뒷면'의 두 가지가 있다. 이때 앞면이 나올 확률이 0.5라는 것은 앞면이 나올 가능성과 뒷면이 나올 가능성이 같다는 것을 의미한다.

확률에서 사용되는 몇 가지 용어를 알아보도록 하자. 여러 가능한 결과 중 하나가 일어나도록 하는 행위를 **실험**(experiment) 또는 **시행**(trial)이라고 한다. 이러한 실험에서 나타날 수 있는 모든 결과를 모아놓은 집합을 **표본공간**(sample space)이라고 하며 표본공간의 일부분(부분집합)을 **사건**(event)이라고 한다. 표본공간은 Ω 또는 S라는 기호를 사용하여 나타내며 사건은 A, B 또는 E 등과 같이 주로 영어 알파벳 대문자를 사용하여 나타낸다. 사건 A가 일어날 확률을 $P(A)$ 또는 $\Pr(A)$로 나타낸다.

예를 들어 동전을 두 번 던지는 실험에서 '앞면(head)'을 H, '뒷면(tail)'을 T라고 할 때 표본공간 Ω는 다음과 같이 나타낼 수 있다.

$$\Omega = \{HH, HT, TH, TT\}$$

이때 앞면이 1회 이상 나올 사건 A는 다음과 같이 나타낼 수 있으며

$$A = \{HH, HT, TH\}$$

사건 A가 발생할 확률은 $P(A) = 3/4$이다.

확률은 세 가지 구성요소로 이루어져 있다고 볼 수 있다. 먼저 실험에서 나타날 수

있는 모든 결과를 모아놓은 집합인 **표본공간**, 결과의 일부분인 (표본공간의 부분집합인) **사건**, 사건이 일어날 가능성을 0과 1 사이의 값으로 나타낸 **확률**의 세 가지로 이루어져 있다. 즉 확률의 세 가지 구성요소는 다음과 같이 나타낼 수 있다.

$$(\Omega, A, P)$$

표본공간의 부분집합에서 정의되어 있는 확률은 다음 공리(axiom)를 만족하게 된다.

확률의 공리

(i) 모든 사건 A에 대하여 $0 \le P(A) \le 1$이다.

(ii) 표본공간 Ω에 대하여 $P(\Omega) = 1$이다.

(iii) 사건 $A_1, A_2, \cdots$이 서로 배반(disjoint), 즉 서로 다른 i와 j에 대하여 $A_i \cap A_j = \varnothing$일 때 다음이 성립한다.

$$P(\bigcup_{i=1}^{\infty} A_i) = \sum_{i=1}^{\infty} P(A_i)$$

확률에 대한 두 번째와 세 번째 공리를 이용하면 $P(\varnothing) = 0$임을 보일 수 있다. $A_1 = \Omega$, $A_2 = A_3 = \cdots = \varnothing$이라고 할 때 이 사건들은 서로 배반이므로 확률의 세 번째 공리에 의하면 다음이 성립한다.

$$P(\Omega) = P(\Omega) + \sum_{i=2}^{\infty} P(\varnothing)$$

한편 $P(\Omega) = 1$이므로 $P(\varnothing) = 0$임을 알 수 있다.

세 번째 공리는 서로 배반인 사건에 대하여 합집합의 확률은 각 확률의 합이라는 것이다. 이 공리는 서로 배반인 유한 개의 사건에 대해서도 성립함을 보일 수 있다. 세 번째 공리에서 $A_{n+1} = A_{n+2} = \cdots = \varnothing$이라고 할 때 $\bigcup_{i=1}^{\infty} A_i = \bigcup_{i=1}^{n} A_i$이므로 다음이 성립한다.

$$P(\bigcup_{i=1}^{n} A_i) = \sum_{i=1}^{n} P(A_i) + \sum_{i=n+1}^{\infty} P(\varnothing)$$

위 식에서 $P(\varnothing) = 0$이므로 서로 배반인 유한 개의 사건 $A_1, A_2, \cdots, A_n$에 대하여 다음 식이 성립함을 알 수 있다.

$$P(\bigcup_{i=1}^{n} A_i) = \sum_{i=1}^{n} P(A_i)$$

확률에 대한 공리를 이용하면 다음 결과를 얻을 수 있다.

정리 1.1

(i) 사건 A의 여집합 A^c에 대하여 $P(A^c) = 1 - P(A)$이다.

(ii) 임의의 두 사건 A와 B에 대하여 $P(A \cup B) = P(A) + P(B) - P(A \cap B)$ 이다.

(iii) $A \subset B$일 때 $P(A) \le P(B)$이다.

증명

(i) A와 A^c는 서로 배반이고 $A \cup A^c = \Omega$이므로 $P(\Omega) = P(A) + P(A^c)$이다. 따라서 $P(A^c) = 1 - P(A)$이다.

(ii) $A \cup B = A \cup (A^c \cap B)$이고 A와 $A^c \cap B$는 서로 배반이므로 다음이 성립한다.

$$P(A \cup B) = P(A) + P(A^c \cap B) \tag{1.1}$$

한편 $B = (A \cap B) \cup (A^c \cap B)$이고 $A \cap B$와 $A^c \cap B$는 서로 배반이므로 다음이 성립한다.

$$P(B) = P(A \cap B) + P(A^c \cap B) \tag{1.2}$$

식 (1.1)과 (1.2)로부터 $P(A \cup B) = P(A) + P(B) - P(A \cap B)$이 성립함을 보일 수 있다.

(iii) A가 B의 부분집합일 때 $B = A \cup (A^c \cap B)$이므로 $P(B) = P(A) + P(A^c \cap B)$이 성립한다. 한편 $P(A^c \cap B) \ge 0$이므로 $P(A) \le P(B)$가 성립한다. ◀

1.2 경우의 수

어떤 사건의 확률을 구하기 위해 자주 이용되는 것이 경우의 수이다. 일반적인 사건 A의 확률은 실험을 수없이 반복할 때 사건 A가 발생하는 비율의 극한이라고 할 수 있다. 즉 사건 A의 확률은 다음과 같이 정의할 수 있다.

$$P(A) = \text{실험을 무한 번 반복할 때 } A\text{가 발생하는 비율의 극한} \tag{1.3}$$

가능한 결과의 수가 유한하며 모든 결과들이 같은 가능성을 가지면 위의 극한은 총 가능한 결과의 수 중에서 A에 속하는 결과의 수의 비율임을 보일 수 있다. 따라서 표본공간에 유한 개의 가능한 결과만이 있고 모든 결과들이 같은 가능성을 가지고 발생할 때 사건 A의 확률은 다음과 같다.

$$P(A) = \frac{A\text{에 속하는 결과의 수}}{\text{총 가능한 결과의 수}} \tag{1.4}$$

예를 들어 동전을 두 번 던지는 실험에서 총 가능한 결과는 HH, HT, TH, TT의 네 가지이며 앞면이 한 번 이상 나오는 결과는 HH, HT, TH의 세 가지이므로 앞면이 한 번 이상 나올 확률은 3/4이다.

식 (1.4)에서 총 가능한 결과의 수 또는 A에 속하는 결과의 수를 구하기 위해서는 경우의 수를 구해야 한다. 경우의 수를 구하기 위해 이용되는 기본적인 두 가지 규칙은 다음과 같다.

합의 법칙

두 사건 A와 B가 일어나는 경우의 수가 각각 m과 n이며 A와 B는 동시에 일어나지 않을 때, 사건 A 또는 B가 일어나는 경우의 수는 $m+n$이다.

곱의 법칙

두 사건 A와 B가 일어나는 경우의 수가 각각 m과 n일 때, 두 사건 A와 B가 동시에 또는 잇달아 일어나는 경우의 수는 mn이다.

곱의 법칙을 확장하여 여러 차례에 걸쳐 반복적으로 선택하는 경우의 수도 구할 수 있다. 즉 m_1개의 가능한 방법 중 하나를 선택하고, m_2개의 가능한 방법 중 하나를 선택하고, $\cdots$, m_k개의 가능한 방법 중 하나를 선택하는 경우의 수는 $m_1 m_2 \cdots m_k$이다.

위의 두 가지 법칙을 활용하여 경우의 수를 구하는 특별한 예가 순열과 조합이다. 먼저 서로 다른 n개의 원소 중 두 개를 선택하여 배열하는 경우의 수를 구하여 보자.

처음 원소를 선택할 때는 n가지의 가능한 경우가 있고 두 번째 원소를 선택할 때는 처음 선택된 원소를 제외한 $(n-1)$개의 원소 중 하나를 선택하므로 $(n-1)$가지의 가능한 경우가 있다. 곱의 법칙에 의하여 총 가능한 경우의 수는 $n(n-1)$이다. 서로 다른 n개의 원소 중 k개를 선택하는 경우는 처음 선택할 때는 n가지, 두 번째 선택할 때는 $(n-1)$가지, 마지막으로 k번째 원소를 선택할 때는 $(n-k+1)$개의 원소 중 하나를 선택하므로 $(n-k+1)$가지의 가능한 경우가 있다. 곱의 법칙에 의하여 총 가능한 경우의 수는 $n(n-1)\cdots(n-k+1)$이다.

예를 들어 1부터 10까지 숫자가 쓰여 있는 카드에서 3장의 카드를 뽑아 배열하는 경우의 수는 $10\times9\times8=720$이다. 이때 주의할 사항은 3장의 카드가 3, 7, 6의 순서로 뽑힌 경우와 6, 7, 3의 순서로 뽑힌 경우는 서로 다른 것으로 간주한다는 것이다. 선택된 3장의 카드만 본다면 같은 경우라고 할 수 있지만 뽑힌 순서를 함께 고려한다면 위의 두 가지 경우는 서로 다른 것이라고 할 수 있다. 이처럼 서로 다른 n개의 원소 중 k개를 선택하여 배열하는 경우의 수를 **순열**(permutation)이라고 한다.

- **순열**: n개의 서로 다른 원소 중 k개를 선택하여 배열하는 경우의 수는 $n(n-1)\cdots(n-k+1)$이다. 이 값을 흔히 ${}_nP_k$로 나타낸다.

서로 다른 n개의 원소 중 k개를 선택할 때 배열하는 순서를 고려하지 않은 경우의 수를 구하여 보자. 앞에서 설명한 순열과 차이점은 배열하는 순서를 고려하지 않는다는 것이다. 예를 들어 1부터 10까지 숫자가 쓰여 있는 카드에서 3장의 카드를 선택할 때 3, 7, 6의 순서로 뽑힌 경우와 6, 7, 3의 순서로 뽑힌 경우는 순서를 고려하지 않으면 같은 것으로 볼 수 있다. 서로 다른 n개의 원소 중 k개를 선택할 때 뽑힌 순서를 고려하면 총 가능한 경우의 수는 $n(n-1)\cdots(n-k+1)$이다. 이때 선택된 k개의 원소를 재배열하여 얻을 수 있는 경우의 수는 $k!=k(k-1)\ \cdots 1$이고 순서를 고려하지 않으면 재배열하여 얻는 $k!$가지가 모두 구별이 되지 않는 하나의 경우로 볼 수 있다. 예를 들어 10장의 카드 중 선택된 카드가 3, 6, 7인 경우에 순서를 고려하면 아래의 3!가지 경우가 모두 다른 경우로 볼 수 있지만 순서를 고려하지 않으면 하나의 경우로 볼 수 있다.

$$\{3,6,7\},\ \{3,7,6\},\ \{6,3,7\}$$

$$\{6,7,3\},\ \{7,3,6\},\ \{7,6,3\}$$

이처럼 서로 다른 n개의 원소 중 k개를 선택할 때 뽑힌 순서를 고려하지 않는 경우의 수를 **조합**(combination)이라고 한다. 조합에서는 선택된 k개의 원소를 재배열하여 얻는 $k!$가지가 구별이 되지 않는 한 가지 경우이므로 경우의 수는

$$\frac{n(n-1)\cdots(n-k+1)}{k!}$$

이다.

- **조합** : n개의 서로 다른 원소 중 k개를 선택하는 경우의 수는 다음과 같다.

$$\frac{n(n-1)\cdots(n-k+1)}{k(k-1)\cdots 1}.$$

이 값을 흔히 ${}_nC_k$ 또는 $\binom{n}{k}$로 나타낸다.

예 1.1

(a) 10명의 학생 중 1명은 회장으로, 다른 1명은 부회장으로 선출하는 경우의 수를 구하여라.

(b) 10명의 학생 중 2명의 학생 대표를 선출하는 경우의 수를 구하여라.

풀이

(a) 10명 중에서 1명은 회장으로, 다른 1명은 부회장으로 선출하는 경우의 수는 10개의 원소 중 서로 다른 2개를 선택하여 배열하는 경우의 수와 같다. 선택된 2명 중 한 명은 회장, 다른 한 명은 부회장으로 선출하므로 선택되는 배열에 따라 결과가 달라진다고 할 수 있기 때문이다. 따라서 총 가능한 경우의 수는 ${}_{10}P_2 = 90$이다.

(b) 단지 학생 대표 2명을 선택하므로 선택되는 순서에 따라 결과가 달라지지는 않는다. 따라서 총 가능한 경우의 수는 조합인 ${}_{10}C_2 = 45$이다.

예 1.2

'MOUSE'를 재배열하여 얻을 수 있는 경우의 수를 구하여라.

(b) 'EXAMPLE'을 재배열하여 얻을 수 있는 경우의 수를 구하여라.

(c) 'STATISTICS'을 재배열하여 얻을 수 있는 경우의 수를 구하여라.

풀이

(a) 'MOUSE'는 5개의 서로 다른 알파벳으로 이루어져 있으므로 이를 재배열하는 경우의 수는 서로 다른 5개의 원소 중 5개를 선택하여 배열하는 경우의 수이다. 따라서 총 경우의 수는 $5! = 120$이다.

(b) 'EXAMPLE'은 7개의 알파벳으로 구성되어 있지만 이 중 알파벳 'E'는 두 번 반복된다. 같은 알파벳이 없다면 재배열하는 경우의 수는 $7!$일 것이다. 그러나 문자 'EXAMPLE'은 같은 알파벳 'E'가 두 번 있으며 이들의 순서를 맞바꾸어 배열하여도 구별할 수 없다. 'E'의 순서를 맞바꾸는 경우의 수는 $2!$이므로 경우의 수는 $\frac{7!}{2!} = 2520$이다.

(c) 10개의 알파벳이 서로 다르면 경우의 수는 $10!$일 것이다. 그러나 'STATISTICS'에는 'S' 3개, 'T' 3개, 'I' 2개가 있고 같은 문자끼리 재배열하는 경우의 수는 $3! \cdot 3! \cdot 2!$이다. 같은 알파벳의 위치를 바꾸어 배열하여도 구별할 수 없으므로 총 가능한 경우의 수는 $\frac{10!}{3! \cdot 3! \cdot 2!} = 50400$이다.

예 1.3

[그림 1.1]과 같은 도로에서 A에서 출발하여 최단 경로를 통해 B에 도착하려 한다.

(a) 지점 A에서 B까지 최단 경로의 수를 구하여라.

(b) 지점 A에서 B까지 가능한 최단 경로 중 임의로 하나를 선택할 때 지점 C를 거쳐갈 확률을 구하여라.

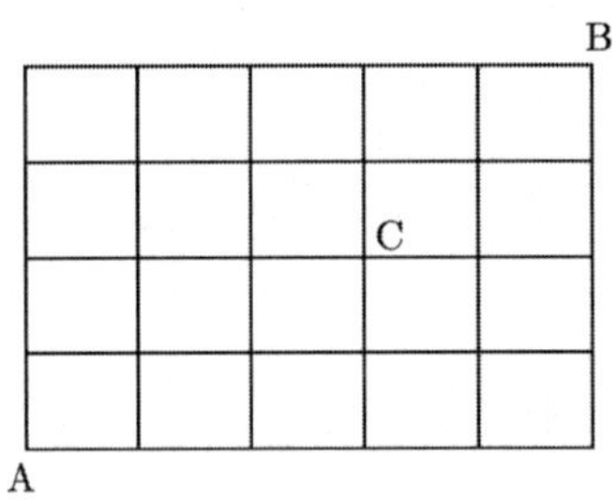

그림 1.1 A에서 C로의 경로

풀이

(a) 지점 A에서 B까지 가능한 최단 경로로 이동하기 위해서는 9단계를 거쳐야 한다. 9번의 단계 중 반드시 오른쪽으로 5번, 위로 4번 이동하여야 한다. 오른쪽으로 5번과 위로 4번의 단계 중 어떤 순서로 이동하느냐에 따라 경로가 달라지게 된다. 오른쪽으로 1번 이동하는 것을 'R', 위로 1번 이동하는 것을 'U'로 나타낼 때 최단 경로는 'R' 5개와 'U' 4개를 배열하는 방법으로 나타낼 수 있 있다. 따라서 최단 경로의 수는 '$RRRRRUUUU$'를 재배열하여 얻을 수 있는 경우의 수와 같으므로 $\frac{9!}{5!4!}=126$이다.

(b) 최단 경로 중 지점 C를 거치는 경우의 수를 구하여 보자. A에서 출발하여 최단 경로를 통해 C에 도달하기 위해서는 오른쪽으로 3번, 위로 2번 이동하여야 한다. 따라서 A에서 출발하여 C에 도달하는 경우의 수는 $\frac{5!}{3!2!}$이다. 또 C에서 출발하여 최단 경로를 통해 B에 도달하기 위해서는 오른쪽으로 2번, 위로 2번 이동하여야 하므로 가능한 경우의 수는 $\frac{4!}{2!2!}$이다. 곱의 법칙에 의하여 C를 거쳐 A에서 B까지 이동하는 최단 경로의 수는 $\frac{5!}{3!2!}\cdot\frac{4!}{2!2!}=60$이다. 모든 가능한 최단 경로 중 임의로 선택하므로 지점 C를 거쳐서 갈 확률은 $\frac{60}{126}$이다.

예 1.4

8명의 남학생과 6명의 여학생으로 이루어진 그룹에서 4명을 선택할 때 선택된 4명 중 남학생이 3명일 확률을 구하여라.

풀이

전체 14명 중에서 4명을 선택하는 경우의 수는 $\binom{14}{4}$이다. 선택된 4명 중 남학생이 3명인 사건은 남학생 8명 중 3명을 선택하고 여학생 6명 중 1명을 선택하는 경우이므로 경우의 수는 곱의 법칙에 의하여 $\binom{8}{3}\cdot\binom{6}{1}$이다. 따라서 구하는 확률은 다음과 같다.

$$\frac{\binom{8}{3}\cdot\binom{6}{1}}{\binom{14}{4}}=\frac{48}{143}$$

서로 다른 n개의 대상 중에서 중복을 허락하여 r개를 뽑아 일렬로 배열하는 경우, 즉 중복을 허락하고 순서를 고려하여 r개를 뽑는 경우를 **중복순열**(repeated permutation)이라고 하고 경우의 수는 ${}_n\Pi_r$ 로 나타낸다. 경우의 수 계산은

$$ {}_n\Pi_r = n^r $$

로 구할 수 있다. 예를 들어 a, b 중에서 중복을 허락하여 세 개를 뽑아 배열하는 경우는 aaa, aab, aba, abb, baa, bab, bba, bbb의 여덟 개이다. 이것은 두 개 중에서 세 개를 택하는 중복순열로 세 개의 칸 □□□에 a 또는 b를 넣는 방법 $2\times2\times2=8$로 계산될 수 있으며, ${}_2\Pi_3 = 2^3 = 8$과 같다. 이러한 중복순열은 대표적으로 서로 다른 것을 서로 다른 대상에게 나누어 주는 경우의 수를 구할 때 적용할 수 있다.

서로 다른 n개의 대상 중에서 중복을 허락하여 r개를 뽑기만 하는 경우, 즉 중복을 허락하면서 순서를 고려하지 않고 r개를 뽑는 경우를 **중복조합**(repeated combination)이라고 하고 경우의 수는 ${}_nH_r$로 나타낸다. 경우의 수 계산은

$$ {}_nH_r = {}_{n+r-1}C_r $$

와 같이 구할 수 있다. 예를 들어 집합 $S=\{1,2,3,4\}$에서 중복을 허락하여 3개의 원소를 뽑는 경우는 $(1,1,1)$, $(1,1,2)$, $(1,1,3)$, $\cdots$, $(4,4,4)$로 4개 중에 3개를 택하는 중복조합에 해당된다. 이것은 ${}_4H_3 = {}_{4+3-1}C_3 = {}_6C_3 = 20$으로 계산된다.

1.3 조건부확률

특정한 사건의 확률을 구할 때 다른 사건에 대한 정보가 주어지는 경우가 있다. 예를 들어 동전을 두 번 던지는 실험에서 앞면이 한 번 이상 나왔다는 정보가 주어질 때 앞면이 2회 나올 확률을 구하는 경우를 생각하여 보자. 어떤 정보도 주어지지 않았다면 앞면이 2회 나올 확률은 $\frac{1}{4}$일 것이다. 주어진 정보 하에서도 앞면이 2회 나올 확률은 여전히 $\frac{1}{4}$이라고 할 수 있을까? 동전을 두 번 던지는 실험에서 나타날 수 있는 결과는 $\{HH, HT, TH, TT\}$의 네 가지가 있고 아무런 정보도 없다면 앞면이 2회 나오는

경우는 $\{HH\}$인 한 가지이므로 확률은 $\frac{1}{4}$이다. 그렇지만 앞면이 한 번 이상 나왔다는 정보가 주어졌다면 가능한 결과는 $\{HH, HT, TH\}$의 세 가지만이 가능하다. 그 중 앞면이 2회 나오는 경우는 한 가지이므로 주어진 정보 하에서 앞면이 2회 나올 확률은 $\frac{1}{3}$이라고 할 수 있다.

다른 사건에 대한 정보가 주어졌을 때 어느 사건의 확률을 **조건부확률**(conditional probability)이라고 한다. 조건부확률은 다른 사건에 대한 정보를 이용하여 확률을 구하므로 다른 사건에 대한 정보 없이 구한 확률과 달라질 수 있다. 조건부확률에 대해 좀 더 알아보기 위해 다음 예를 생각하여 보자.

어느 반의 학생 30명을 성별과 혈액형에 따라 구분하면 다음과 같다고 한다.

	O형	A형	B형	AB형	계
남학생	5	5	3	3	16
여학생	3	4	5	2	14
계	8	9	8	5	30

이 반에서 임의로 학생을 한 명 선택할 때 이 학생의 혈액형이 O형일 확률과 선택된 학생이 남학생이라는 정보가 주어졌을 때 혈액형이 O형일 확률을 구하여 보도록 하자. 전체 학생 30명 중 8명이 O형이므로 임의로 선택된 학생이 O형일 확률은 $\frac{8}{30}$이다. 만약 선택된 학생이 남학생이라는 정보가 주어졌다면 확률을 계산할 때 30명 전체를 고려할 필요는 없다. 학생의 범위를 남학생으로만 한정하면 16명 중 5명이 O형이므로 주어진 조건 하에서는 확률이 $\frac{5}{16}$이다. 여기서 분모는 남학생의 수이고 분자는 혈액형이 O형인 남학생의 수이다. 한편 위 확률은 다음과 같이 나타낼 수 있다.

$$\frac{5}{16} = \frac{5/30}{16/30}$$

위 식에서 분모인 $\frac{16}{30}$은 선택된 학생이 남학생일 확률이고 분자인 $\frac{5}{30}$는 선택된 학생이 남학생이며 혈액형이 O형일 확률이다. 즉 분모는 주어진 조건에 해당하는 사건의 확률이고 분자는 주어진 조건과 구하려는 사건을 동시에 만족하는 부분의 확률이다.

위의 예를 바탕으로 조건부확률은 다음과 같이 정의할 수 있다.

정의 1.1

$P(B) \neq 0$인 사건 B에 대하여 B가 발생하였다는 정보가 주어졌을 때 A가 발생할 조건부확률을 $P(A|B)$로 나타내며 $P(A|B)$는 다음과 같이 정의된다.

$$P(A|B) = \frac{P(A \cap B)}{P(B)}$$

예 1.5

동전을 3번 던지는 실험에서 앞면이 1회 이상 나왔다는 정보가 주어졌을 때 앞면이 2회 이상 나올 확률을 구하여라.

풀이

A를 앞면이 2회 이상인 사건, B를 앞면이 1회 이상인 사건이라고 정의하면, $P(B) = \frac{7}{8}$, $P(A \cap B) = P(A) = \frac{4}{8}$이므로 구하려는 조건부확률은 다음과 같다.

$$P(A|B) = \frac{4/8}{7/8} = \frac{4}{7}$$

한편 조건부확률 $P(B|A)$와 $P(A)$를 이용하여 사건 $A \cap B$의 확률을 다음과 같이 구할 수도 있다.

$$P(A \cap B) = P(B|A)P(A) \tag{1.5}$$

예를 들어 52장의 카드에서 2장을 선택할 때 2장 모두 스페이드일 확률을 구해 보도록 하자. 이 확률은 전체 경우의 수가 $\binom{52}{2}$이고, 2장 모두 스페이드인 경우의 수는 $\binom{13}{2}$이므로 구하는 확률은 다음과 같다.

$$\frac{\binom{13}{2}}{\binom{52}{2}} = \frac{(13 \times 12)/2}{(52 \times 51)/2}$$

이 확률은 식 (1.5)를 이용하여 다음과 같이 구할 수도 있다. 사건 A와 B를 다음과 같다고 하자.

$$A = \text{ 첫 번째 카드가 스페이드인 사건}$$
$$B = \text{ 두 번째 카드가 스페이드인 사건}$$

첫 번째 카드를 선택할 때 52장의 카드 중 스페이드는 13장이므로 사건 A의 확률은 $\frac{13}{52}$이다. 다음으로 첫 번째 카드가 스페이드인 조건 하에서 두 번째 카드가 스페이드일 조건부확률을 구하도록 하자. 첫 번째 선택된 카드가 스페이드라면 두 번째 카드를 선택할 때 남아 있는 51장의 카드 중 스페이드는 12장이다. 따라서 조건부확률은 $P(B|A) = \frac{12}{51}$이다. 선택된 두 장 모두 스페이드인 사건은 $A \cap B$이고, 이 확률은 다음과 같다.

$$P(A \cap B) = P(A)P(B|A) = \frac{13}{52} \times \frac{12}{51}$$

이는 앞에서 구한 확률과 같음을 알 수 있다.

조건부확률을 이용하여 다음 정리를 얻을 수 있다.

정리 1.2 [베이즈 정리]

$B_1, B_2, \dots, B_n$이 서로 배반이고 $\bigcup_{i=1}^{n} B_i = \Omega$일 때, 다음이 성립한다.

(i) $P(A) = \sum_{i=1}^{n} P(A|B_i)P(B_i)$

(ii) $P(B_k|A) = \dfrac{P(A|B_k)P(B_k)}{\sum_{i=1}^{n} P(A|B_i)P(B_i)}$

증명

(i) $A \cap B_1, A \cap B_2, \cdots, A \cap B_n$이 서로 배반이고 $A = \bigcup_{i=1}^{n} (A \cap B_i)$이므로 다음이 성립한다.

$$\begin{aligned} P(A) &= P((A \cap B_1) \cup (A \cap B_2) \cup \cdots \cup (A \cap B_n)) \\ &= \sum_{i=1}^{n} P(A \cap B_i) \end{aligned}$$

조건부확률의 정의에 의하여 $P(A\cap B_i)=P(A|B_i)P(B_i)$이므로 사건 A의 확률은 다음과 같다.

$$P(A)=\sum_{i=1}^{n}P(A|B_i)P(B_i)$$

(ii) $P(B_k|A)=\dfrac{P(B_k\cap A)}{P(A)}$이므로 (i)에 의하여 다음이 성립한다.

$$\begin{aligned}P(B_k|A)&=\frac{P(B_k\cap A)}{P(A)}\\&=\frac{P(A|B_k)P(B_k)}{\sum_{i=1}^{n}P(A|B_i)P(B_i)}\end{aligned}$$ ◀

예 1.6

첫 번째 항아리에 3개의 흰색 공과 2개의 검은색 공이 들어 있으며 두 번째 항아리에는 1개의 흰색 공과 2개의 검은색 공이 들어 있다. 첫 번째 항아리에서 공 1개를 임의로 선택하여 두 번째 항아리에 옮긴 후 두 번째 항아리에서 공 하나를 임의로 선택한다고 한다.

(a) 두 번째 항아리에서 꺼낸 공이 흰색일 확률을 구하여라.

(b) 두 번째 항아리에서 꺼낸 공이 흰색일 때 첫 번째 항아리에서 꺼낸 공이 흰색이었을 확률을 구하여라.

풀이

(a) 사건 A와 B_1, B_2를 다음과 같이 정의하자.

A = 두 번째 항아리에서 꺼낸 공이 흰색인 사건

B_1 = 첫 번째 항아리에서 꺼낸 공이 흰색인 사건

B_2 = 첫 번째 항아리에서 꺼낸 공이 검은색인 사건

$B_1\cap B_2=\varnothing$이고 $B_1\cup B_2=\Omega$이므로 베이즈 정리에 의하여 사건 A의 확률은 다음과 같다.

$$P(A)=P(A|B_1)P(B_1)+P(A|B_2)P(B_2)$$

$P(B_1)=\frac{3}{5}$, $P(B_2)=\frac{2}{5}$이고, $P(A|B_1)=\frac{2}{4}$, $P(A|B_2)=\frac{1}{4}$이므로 두 번째 항아리에서 꺼낸 공이 흰색일 확률은 다음과 같다.

$$P(A)=P(A|B_1)P(B_1)+P(A|B_2)P(B_2)=\frac{2}{4}\cdot\frac{3}{5}+\frac{1}{4}\cdot\frac{2}{5}=\frac{8}{20}$$

(b) 두 번째 항아리에서 꺼낸 공이 흰색이었을 때 첫 번째 항아리에서 꺼낸 공이 흰색이었을 확률은 $P(B_1|A)$이다. 베이즈 정리에 의하여 $P(B_1|A)$는 다음과 같다.

$$P(B_1|A)=\frac{P(A|B_1)P(B_1)}{P(A)}=\frac{2/4\cdot 3/5}{8/20}=\frac{6}{8}$$

예 1.7

컴퓨터 C에서 컴퓨터 D로 '0' 또는 '1'의 정보를 전송한다. 전송 중 발생할 수 있는 오류 때문에 컴퓨터 C에서 '0'을 전송하였을 때 D에서 '1'로 잘못 인식할 확률이 0.05, 컴퓨터 C에서 '1'을 전송하였을 때 D에서 '0'으로 잘못 인식할 확률이 0.03이라고 한다. 또한 컴퓨터 C에서 '0'을 전송할 확률은 0.6이며 '1'을 전송할 확률은 0.4라고 한다.

(a) 컴퓨터 C에서 정보를 전송하였을 때 컴퓨터 D에서 '0'으로 인식할 확률을 구하여라.

(b) 컴퓨터 D에서 '0'으로 인식하였을 때 컴퓨터 C에서 전송한 정보가 '0'이었을 확률을 구하여라.

풀이

(a) 사건 A와 B_1, B_2를 다음과 같이 정의하자.

A = 컴퓨터 C에서 전송한 정보를 컴퓨터 D에서 '0'으로 인식하는 사건
B_1 = 컴퓨터 C에서 '0'을 전송하는 사건
B_2 = 컴퓨터 C에서 '1'을 전송하는 사건

두 사건 B_1과 B_2는 서로 배반이고 $B_1\cup B_2=\Omega$이므로 베이즈 정리에 의하여 $P(A)$는 다음과 같다.

$$P(A) = P(A|B_1)P(B_1) + P(A|B_2)P(B_2)$$

주어진 조건에 의하여 $P(B_1) = 0.6$, $P(B_2) = 0.4$이고 $P(A|B_1) = 0.95$, $P(A|B_2) = 0.03$이므로 $P(A)$는 다음과 같다.

$$\begin{aligned} P(A) &= P(A|B_1)P(B_1) + P(A|B_2)P(B_2) \\ &= 0.95 \cdot 0.6 + 0.03 \cdot 0.4 = 0.582 \end{aligned}$$

(b) 컴퓨터 D에서 '0'으로 인식하였을 때 컴퓨터 C에서 전송한 정보가 '0'이었을 확률 $P(B_1|A)$는 다음과 같다.

$$P(B_1|A) = \frac{P(A|B_1)P(B_1)}{P(A)} = \frac{0.95 \cdot 0.6}{0.95 \cdot 0.6 + 0.03 \cdot 0.4} = 0.9794$$

예 1.8

주머니에 칩이 세 개 들어 있다. 하나는 양면이 모두 빨간색이고, 다른 하나는 한 면은 빨간색이고 반대쪽은 파란색, 나머지 하나는 양면이 모두 파란색이다. 하나의 칩을 임의로 꺼내어 바닥에 놓았더니 윗면이 빨간색일 때, 바닥면도 빨간색일 확률을 구하여라.

풀이

사건 A와 B_1, B_2, B_3를 다음과 같이 정의하자.

A = 바닥에 놓인 칩의 윗면이 빨간색일 사건

B_1 = 양면이 모두 빨간색인 칩을 꺼낼 사건

B_2 = 한 면은 빨간색이고 다른 면은 파란색인 칩을 꺼낼 사건

B_3 = 양면이 모두 파란색인 칩을 꺼낼 사건

세 사건 B_1, B_2, B_3는 서로 배반이고 $B_1 \cup B_2 \cup B_3 = \Omega$이므로 베이즈 정리에 의하여 $P(A)$는 다음과 같다.

$$P(A) = P(A|B_1)P(B_1) + P(A|B_2)P(B_2) + P(A|B_3)P(B_3)$$

$$= 1 \times \frac{1}{3} + \frac{1}{2} \times \frac{1}{3} + 0 \times \frac{1}{3}$$

$$= \frac{1}{2}$$

구하는 확률은 $P(B_1|A)$이고 결과는 다음과 같다.

$$P(B_1|A) = \frac{P(A|B_1)P(B_1)}{P(A)} = \frac{1/3}{1/2} = \frac{2}{3}$$

1.4 독립

일반적으로 두 사건은 서로 연관성이 있는 경우가 많다. 예를 들어 동전을 두 번 던지는 실험에서 A는 앞면이 2회인 사건, B는 앞면이 1회 이상인 사건이라고 할 때 사건 A가 발생하였다는 정보가 주어지면 사건 B는 반드시 발생하였다고 할 수 있다. 이처럼 두 사건은 연관성을 가지고 있는 경우가 있다.

두 사건의 연관성은 조건부확률을 통해 살펴볼 수 있다. 조건부확률 $P(A|B)$는 사건 B에 대한 정보가 주어진 상황에서 사건 A의 확률을 나타낸다. 만약 두 사건 A와 B 사이에 연관성이 없다면 사건 B에 대한 정보는 A의 확률에 아무런 영향을 주지 못할 것이다. 따라서 조건부확률 $P(A|B)$는 $P(A)$와 같은 값을 가질 것이다. 반대로 두 사건 사이에 어떤 연관성이 있다면 사건 B에 대한 정보는 A에 대한 정보를 일정 부분 포함한다고 할 수 있으므로 조건부확률 $P(A|B)$는 $P(A)$와 다른 값을 가질 것이다.

두 사건 사이에 서로 연관성이 없을 때 두 사건을 서로 독립이라고 한다. 일반적으로 독립사건의 정의는 다음과 같이 할 수 있다.

정의 1.2

두 사건 A와 B에 대하여 다음이 성립할 때

$$P(A \cap B) = P(A) \cdot P(B)$$

A와 B는 서로 **독립**(independent)이라고 한다.

위 정의로부터 두 사건 A와 B가 서로 독립일 때 다음이 성립함을 알 수 있다.

$$P(A|B) = \frac{P(A \cap B)}{P(B)} = \frac{P(A) \cdot P(B)}{P(B)} = P(A)$$

이 식의 의미는 사건 B에 대한 정보가 A의 확률에 영향을 주지 않는다는 것을 의미한다. 두 사건 A와 B가 서로 독립이면 $P(B|A) = P(B)$도 성립한다. 즉 $P(B \cap A) = P(A) \cdot P(B)$임을 알 수 있다.

예 1.9

52장의 카드 중 임의로 한 장을 꺼내는 실험에서 선택된 카드가 스페이드일 사건을 A, 에이스일 사건을 B, 스페이드 에이스일 사건을 C라고 할 때 다음 물음에 답하여라.

(a) A와 B는 서로 독립인지 확인하여라.

(b) A와 C는 서로 독립인지 확인하여라.

풀이

(a) 52장의 카드 중 스페이드는 13장이므로 A의 확률은 $13/52$이다. 한편 사건 B가 발생하였다는 정보가 주어지면 선택된 카드는 에이스임을 의미한다. 에이스 4장의 카드 중 스페이드는 1장이므로 조건부확률은 $P(A|B) = 1/4$이고 이 조건부확률은 $P(A)$와 같다. 따라서 A와 B는 서로 독립이다. 또한 A와 B의 확률은 각각 다음과 같고

$$P(A) = \frac{13}{52},\ P(B) = \frac{4}{52},$$

스페이드이며 에이스인 카드는 52장 중 오직 한 장이므로 $A \cap B$의 확률은 다음과 같다.

$$P(A \cap B) = \frac{1}{52}$$

따라서 $P(A \cap B) = P(A) \cdot P(B)$임을 확인할 수 있다.

(b) 사건 C가 발생하였다는 정보가 주어지면 선택된 카드는 스페이드 에이스임을 나타낸다. 따라서 주어진 정보로부터 선택된 카드는 스페이드임을 알 수 있다. 즉 조건부확률 $P(A|C) = 1$이고 이 확률은 사건 A의 확률 $P(A) = 13/52$과

다른 값이다. 따라서 A와 C는 서로 독립이 아님을 알 수 있다. 또한 A, C, $A \cap C$의 확률은 다음과 같다.

$$P(A) = \frac{13}{52},\ P(C) = \frac{1}{52},\ P(A \cap C) = \frac{1}{52}$$

이로부터 $P(A \cap C) \neq P(A) \cdot P(C)$임을 확인할 수 있다.

두 사건의 독립을 확장하여 n개의 사건에 대한 독립의 정의는 다음과 같다.

정의 1.3

$A_1, A_2, \cdots, A_n$에서 임의로 선택한 $k(k = 1, 2, \cdots, n)$개의 모임 $A_{i_1}, A_{i_2}, \cdots, A_{i_k}$에 대하여 다음이 성립할 때 $A_1, A_2, \cdots, A_n$은 서로 독립이라고 한다.

$$P(A_{i_1} \cap A_{i_2} \cap \cdots \cap A_{i_k}) = P(A_{i_1}) \cdot P(A_{i_2}) \cdots P(A_{i_k})$$

위의 정의에서 한 가지 주의할 사항은 n개의 사건의 독립을 다음과 같이 정의해서는 안 된다.

$$P(A_1 \cap A_2 \cap \cdots \cap A_n) = P(A_1) \cdot P(A_2) \cdots P(A_n) \tag{1.6}$$

예를 들어 $A_n = \varnothing$이라고 하면 위 식의 좌변과 우변 모두 0으로 같게 된다. 따라서 위의 식 (1.6)을 독립의 정의로 생각하면 $A_1, A_2, \cdots, A_{n-1}$에 상관없이 $A_1, A_2, \cdots, A_n$은 항상 독립임을 의미하게 된다. 따라서 n개의 사건의 독립은 정의 1.3처럼 모든 가능한 사건의 조합 $A_{i_1}, A_{i_2}, \cdots, A_{i_k}$에 대하여 다음이 성립하여야 한다.

$$P(A_{i_1} \cap A_{i_2} \cap \cdots \cap A_{i_k}) = P(A_{i_1}) \cdot P(A_{i_2}) \cdots P(A_{i_k})$$

1.5 R을 이용한 실습

이 절에서는 간단히 R을 이용하여 랜덤샘플을 생성하는 방법과 확률의 계산에서 순열과 조합에 관계된 연산을 살펴보기로 하겠다.

예 1.10

1부터 45까지의 45개 숫자 중에 6개를 맞히는 로또복권 추첨 모의실험을 R을 이용하여 3회 시행해 보고, 로또복권을 한 개 구입하였을 때 당첨확률도 계산하여라.

R 명령문 및 결과

```
❶ > sample(1:45,6)
❷   [1] 44 39  5 13 15 21
❸ > sample(1:45,6)
❹   [1] 25 34  1 45 42 24
❺ > sample(1:45,6)
❻   [1] 19 14 35 20 17 42
❼ > 1/choose(45,6)
❽   [1] 1.227738e-07
```

해설

❶ 1부터 45까지의 숫자 중에 임의로 6개를 고르는 R 명령어를 입력한다.
❷ 수행한 결과이다.
❸ 1부터 45까지의 숫자 중에 임의로 6개를 고르는 R 명령어를 입력한다.
❹ 수행한 결과이다.
❺ 1부터 45까지의 숫자 중에 임의로 6개를 고르는 R 명령어를 입력한다.
❻ 수행한 결과이다.
❼ 45개 숫자 중에서 순서에 관계없이 6개를 골라 맞히는 경우이므로 확률은 choose 함수를 이용하여 $\frac{1}{\binom{45}{6}}$을 계산한다. 참고로, 순열 계산에 이용되는 팩토리얼(!)은 prod 함수로 계산할 수 있다.
❽ 계산된 확률이다.

예 1.11

공정한 동전을 10회 던지는 모의실험을 R을 이용하여 작성하고 수행해 보아라.

R 명령문 및 결과

```
❶ > sample(c("H","T"), 10, replace=T)
❷   [1] "H" "T" "H" "H" "T" "T" "T" "T" "T" "T"
❸ > sample(c("H","T"), 10, replace=T)
❹   [1] "T" "H" "H" "T" "T" "H" "H" "T" "T" "H"
```

해설

❶ 동전의 앞면을 H(head), 뒷면을 T(tail)이라고 하고, 반복(replace)을 허용(true)하여 10회 수행한다.
❷ 수행된 결과이다.
❸ ❶을 다시 수행해 본다.
❹ 수행된 결과이다.

예 1.11

항아리에 검은색(B) 공이 2개, 빨간색(R) 공이 3개, 흰색(W) 공이 5개 들어 있다. 공을 한 개 꺼내어 색깔을 확인하고 다시 항아리에 넣는 실험을 10회 반복하는 것을 R을 이용하여 작성하고 결과를 확인하여라.

R 명령문 및 결과

```
❶ >
  +  sample(c("B","R","W"), 10, replace=T, prob=c(0.2,0.3,0.5))
❷   [1] "W" "W" "R" "R" "R" "W" "W" "R" "W" "B"
❸ > sample(c("B","R","W"), 10, replace=T,
  + prob=c(0.2,0.3,0.5))
❹   [1] "B" "W" "W" "W" "B" "R" "W" "W" "W" "R"
```

해설

❶ 각 색상을 B, R, W라고 하고, 반복(replace)을 허용하여 10회 수행한다. 이때 각 경우의 발생 확률은 prob을 사용해서 지정해 준다.
❷ 수행된 결과이다.
❸ ❶을 다시 수행해 본다.
❹ 수행된 결과이다.

연습문제

1 다음 각 경우의 수를 구하여라.

(a) 'STATEMENT'를 재배열하여 만들 수 있는 서로 다른 문자 배열의 수

(b) 총 6개의 서로 다른 선물을 10명에게 나누어 줄 때 어느 한 명도 2개 이상의 선물을 받지 않도록 나누어 주는 경우의 수

(c) 같은 색의 공 20개를 서로 다른 4개의 항아리에 분배할 때 4개의 항아리에 최소한 각각 1, 2, 3, 4개의 공이 분배되도록 하는 경우의 수

(d) 남녀 4명씩 8명을 일렬로 배열할 때 같은 성별끼리는 이웃하지 않도록 하는 경우의 수

(e) A, B, C, D 네 명을 포함한 10명의 사람을 일렬로 배열할 때 A와 B는 옆에 나란히 배정하고 C와 D는 옆에 배정되지 않도록 하는 경우의 수

(f) 52장의 카드 중 5장의 카드를 선택할 때 풀하우스(숫자가 a, a, a, b, b)에 해당하는 경우의 수(카드의 뽑힌 순서는 무시)

(g) 서로 다른 다섯 종류의 과일을 서로 다른 세 개의 쟁반에 놓는 경우의 수

(h) 어떤 버스의 현재 탑승인원이 8명이다. 지금부터 종점까지는 5개의 정류장이 있다고 할 때, 이 승객들이 내리는 경우의 수

(i) 모양과 크기가 같은 5통의 편지를 우체통 A, B, C에 넣는 경우의 수

(j) 10명의 유권자가 3명의 후보자에게 무기명으로 투표할 때 결과로 나타날 수 있는 경우의 수

(k) 과목이 서로 다른 5권의 교과서와 3권의 문제집 중에서 2권의 교과서와 2권의 문제집을 뽑아 일렬로 책꽂이에 꽂는 방법의 수를 구하여라.

2 공평한 주사위를 세 번 던지는 실험에서 A_1을 첫 번째에 1 또는 2의 눈이 나올 사건, A_2를 두 번째에 3 또는 4의 눈이 나올 사건, A_3를 세 번째에 5 또는 6의 눈이 나올 사건이라고 하자. 다음 물음에 답하여라.

(a) $i=1,2,3$에 대하여 $P(A_i)$를 구하여라.

(b) $i \neq j$일 때, $P(A_i \cap A_j)$를 구하여라.

(c) $P(A_1 \cap A_2 \cap A_3)$를 구하여라.

(d) 정리 1.1의 (ii)를 확장하여 $P(A_1 \cup A_2 \cup A_3)$의 일반식을 유도하여라.

(e) $P(A_1 \cup A_2 \cup A_3) = 1-(1-1/3)^3$임을 보여라.

3 어떤 질병의 유병률이 인구의 1%로 알려져 있다. 이 질병을 진단하는 검사의 민감도(질병이 있을 때 양성으로 판정할 확률)는 95%, 특이도(질병이 없을 때 음성으로 판정할 확률)는 98%이다. 임의로 뽑은 한 사람을 대상으로 검사한 결과가 양성일 때, 실제로 질병이 있을 확률을 구하여라.

4 항아리에 검은색 공 2개, 흰색 공 3, 빨간색 공 4개가 들어 있다. 이 항아리에서 임의로 2개의 공을 선택할 때 다음 물음에 답하여라.

(a) 두 개의 공이 같은 색일 확률을 구하여라.

(b) 두 개의 공이 같은 색이라고 할 때, 모두 흰색일 확률을 구하여라.

5 항아리 A에는 3개의 흰색 공과 2개의 검은색 공이 들어 있고, 항아리 B에는 2개의 흰색 공과 1개의 검은색 공이 들어 있다. 먼저 두 항아리에서 임의로 공 하나씩을 선택하여 색을 관찰한 후 원래의 항아리에 집어넣는다. 이때 두 공의 색이 같은 경우에는 항아리 A에서 임의로 다시 하나의 공을 선택하고 색이 다른 경우에는 항아리 B에서 임의로 공을 하나 선택하는 실험을 할 때 다음 물음에 답하여라.

(a) 최종적으로 선택된 공이 흰색일 확률을 구하여라.

(b) 최종적으로 선택된 공이 흰색이었을 때 먼저 꺼낸 두 개의 공이 같은 색일 확률을 구하여라.

6 항아리 A에는 흰색 공 3개와 검은색 공 2개가 들어 있고, 항아리 B에는 흰색 공 1개와 검은색 공 2개가 들어 있다. 항아리 A에서 임의로 공 2개를 선택하고, 두 개의 색이 같으면 이 중 하나만 항아리 B로 옮긴다. 두 개의 색이 다르면 공 두 개를 모두 항아리 B로 옮긴다. 이후 항아리 B에서 임의로 공 하나를 선택할 때 다음 물음에 답하여라.

(a) 항아리 B에서 선택한 공이 검은색일 확률을 구하여라.

(b) 항아리 B에서 선택한 공이 검은색이었을 때, 항아리 A에서 꺼낸 두 개의 공이 서로 다른 색이었을 확률을 구하여라.

7 다음과 같은 게임을 한다고 하자. 먼저 10원과 100원짜리 동전을 던져 둘 다 앞면이면 이기고, 둘 다 뒷면이면 진다. 다른 경우에는 앞면이 나온 동전을 선택하여 뒷면이 나올 때까지 던진다고 한다. 이때 3번 안에 뒷면이 나오면 게임에서 이기고, 그렇지 못하면 게임에서 진다. 이 게임에서 이길 확률을 구하여라. 단, 10원짜리 동전의 앞면이 나올 확률은 p_1이고, 100원짜리 동전의 앞면이 나올 확률은 p_2라고 한다.

8 한 대학교에서 조사한 결과, 전체 학생 중 40%가 아침식사를 하고, 30%가 1교시 수업을 듣는다고 한다. 또한, 아침식사를 하는 학생 중 45%가 1교시 수업을 듣는다고 알려져 있다. 다음 물음에 답하여라.

(a) 학생이 아침식사를 하는 것과 1교시 수업을 듣는 것이 독립인지 확인하여라.

(b) 임의로 뽑은 한 학생이 1교시 수업을 듣는다면 이 학생이 아침식사를 했을 확률을 구하여라.

9 두 사건 A와 B가 서로 독립일 때 다음 사건이 독립임을 보여라.

(a) A와 B^c

(b) A^c와 B

(c) A^c와 B^c

10 두 사건 A와 B가 서로 독립이고, $P(A) = \frac{1}{4}$, $P(B) = \frac{2}{3}$이라고 할 때. 다음 확률을 구하여라.

(a) $P(A \cap B)$ (b) $P(A \cap B^c)$

(c) $P(A^c \cap B^c)$ (d) $P[(A \cup B)^c]$

(e) $P(A^c \cap B)$

11 A, B, C가 서로 독립인 사건들이고 $P(A) = 0.5$, $P(B) = 0.8$, $P(C) = 0.9$라고 한다. 다음의 확률을 구하여라.

(a) 세 개의 사건이 모두 일어날 확률

(b) 세 개의 사건 중 정확하게 두 개의 사건만 일어날 확률

(c) 세 개의 사건 중 어느 것도 일어나지 않을 확률

12 다음 주장에 대하여 옳고 그름을 판별하고 그 이유를 설명하여라.

(a) $A \subset B$이면 $P(B|A) = 1$이다.

(b) $A \subset B$이면 $P(A|B) \geq P(A)$이다.

(c) $P(A|B) > P(A)$이면 $P(B|A) > P(B)$이다.

(d) $P(A) = P(B) = 0.6$일 때 A와 B는 서로 배반일 수 있다.

13 한 항아리에 두 개의 빨간(R) 공과 네 개의 하얀(W) 공이 들어 있다. 임의로 공을 추출하여 공의 색깔을 관찰하고 돌려 넣는 실험을 연속해서 5회 실시하였다고 하자. 다음의 확률을 구하여라.

(a) 추출된 공의 색깔들의 순서가 $WWRWR$일 확률

(b) 추출된 공의 색깔들의 순서가 $RWWWR$일 확률

14 항아리 B_1에는 2개의 흰색 칩, B_2에는 2개의 빨간색 칩, B_3에는 2개의 흰색 칩과 2개의 빨간색 칩, B_4에는 3개의 흰색 칩과 1개의 빨간색 칩이 있다. 항아리 B_1, B_2, B_3, B_4중에서 하나를 선택할 확률이 각각 $\frac{1}{2}, \frac{1}{4}, \frac{1}{8}, \frac{1}{8}$이라고 하자. 이제 하나의 항아리가 임의로 선택되고 나서 임의로 하나의 칩이 추출된다고 할 때, 다음 확률을 구하여라.

(a) 흰색 칩이 추출되었을 확률

(b) 흰색 칩이 추출되었을 때, 그 칩이 항아리 B_1에서 나온 것일 조건부확률

제2장

확률변수와 확률분포

우리가 다루는 자료는 대부분 양적 의미를 가지는 숫자로 구성되어 있다. 이러한 숫자는 고정된 값이 아니라 상황에 따라 달라질 수 있는 값이다. 예를 들어 임의로 선택된 사람의 키를 나타낸 자료는 사람에 따라 다른 값을 갖게 된다. 키는 여러 가지 가능한 값 중 하나의 값을 가지지만 모든 값이 같은 가능성을 가지고 있지는 않을 것이다. 우리나라 성인이라면 키의 값이 170 cm 근처에 있을 가능성이 190 cm 근처에 있을 가능성보다는 높을 것이다. 이처럼 자료가 여러 가지 가능한 값 중 하나를 가질 때 특정한 값을 가질 확률을 나타낼 필요성이 있는 경우가 있다.

1장에서 소개한 확률은 표본공간의 부분집합인 사건 위에 정의되어 있다. 표본공간은 행해지는 실험에 따라 달라지게 된다. 예를 들어 동전을 두 번 던지는 실험에서 표본공간은 $\Omega=\{HH, HT, TH, TT\}$이며 주사위를 던지는 실험에서 표본공간은 $\Omega=\{1,2,3,4,5,6\}$이다. 우리가 다루는 자료는 대부분 숫자이므로 여러 가지 가능한 값 중 하나를 가질 확률을 다룰 때 표본공간 대신에 실수에서 정의된 확률을 생각할 필요성이 있다. 실수에서 정의된 확률은 표본공간을 실수로 변환하는 함수를 통해 도입할 수 있다. 이처럼 표본공간을 실수로 바꾸어 주는 함수를 확률변수라고 한다.

정의 2.1

표본공간에서 정의된 실수 값을 취하는 함수를 **확률변수**(random variable)라고 한다.

확률변수는 흔히 X, Y 또는 Z처럼 주로 영어의 알파벳 뒷부분의 대문자를 사용하여 나타낸다. 확률변수는 표본공간을 실수로 바꾸어 주는 함수이므로 다음과 같이 나타낼 수 있다.

$$X : \Omega \rightarrow R$$

예를 들어 동전을 2번 던지는 실험에서 표본공간은 $\Omega=\{HH, HT, TH, TT\}$이다. 이 실험에서 확률변수 X를 결과로 나온 앞면의 수라고 할 때 X는 표본공간의 각 원소를 [그림 2.1]과 같이 실수 값인 0, 1, 2로 대응시켜 준다. 즉 표본공간 $\Omega=\{HH, HT, TH, TT\}$ 위에서 정의된 확률변수 X는 함수로서 다음과 같이 나타낼 수 있다.

$$X(HH)=2,\ X(HT)=1,\ X(TH)=1,\ X(TT)=0.$$

확률변수에 의하여 우리가 다루는 영역이 표본공간에서 실수로 바뀜에 따라 표본공

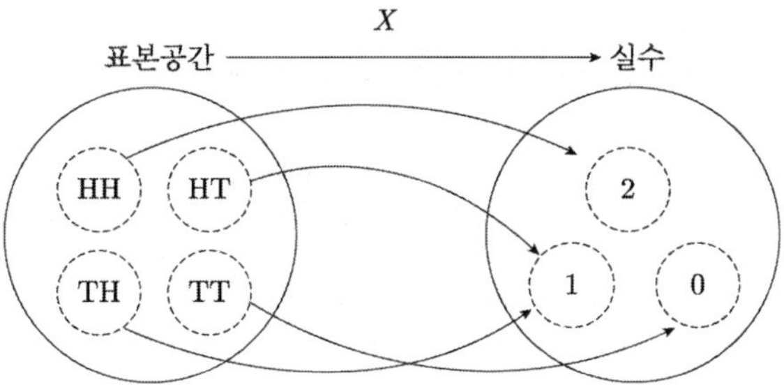

그림 2.1 동전을 2번 던질 때 나오는 앞면의 수를 나타내는 확률변수 X

간에서 정의되었던 확률도 실수에서 정의된 확률로 변환하여 생각할 수 있다. 실수에서 정의된 확률은 표본공간의 원소가 실수의 어떤 값으로 변환되었는지에 따라 결정된다. 예를 들어 동전을 2번 던지는 실험에서 앞면의 수를 나타내는 확률변수 X는 0, 1, 2 중 하나의 값을 가지게 된다. X가 2의 값을 가지는 경우는 표본공간에서 생각하면 $\{HH\}$에 대응되는 사건이므로 $(X=2)$의 확률은 $\{HH\}$가 발생할 확률로 구할 수 있다. 같은 방법으로 확률변수 X에 대한 확률은 다음과 같이 구할 수 있다.

$$P(X=2)=P(HH)=\frac{1}{4}$$
$$P(X=1)=P(HT,\ TH)=\frac{1}{2}$$
$$P(X=0)=P(TT)=\frac{1}{4}$$

예 2.1

앞면이 나올 때까지 동전을 던지는 실험에서 총 동전을 던진 횟수를 X라고 할 때 표본공간의 각 원소가 X에 의하여 어떤 실수 값으로 변환되는지 구하고 X에 의하여 실수의 부분집합에서 정의된 새로운 확률을 구하여라.

풀이

이 실험에서 나타날 수 있는 결과는 첫 번째 던진 동전의 결과가 앞면인 경우로부터 계속하여 뒷면이 나와 끊임없이 동전을 던지는 결과까지 가능하다. 즉 표본공간은 다음과 같이 나타낼 수 있다.

$$\Omega=\{H,\ TH,\ TTH,\ TTTH,\ \ldots\}$$

앞면이 나올 때까지 동전을 던지는 횟수가 k라는 것은 처음 $(k-1)$번은 연속하여 뒷면이 나오고 마지막 k번째에서 처음으로 앞면이 나온 것을 나타낸다. 따라서 표본공간의 각 원소는 다음과 같은 실수 값에 대응된다.

$$\begin{aligned} X(H) &= 1 \\ X(TH) &= 2 \\ X(TTH) &= 3 \\ X(TTTH) &= 4 \\ &\vdots \end{aligned}$$

이때 확률변수 X에 의하여 실수에서 정의된 새로운 확률은 다음과 같이 구할 수 있다.

$$\begin{aligned} P(X=1) &= P(H) = \frac{1}{2} \\ P(X=2) &= P(TH) = \frac{1}{4} \\ P(X=3) &= P(TTH) = \frac{1}{8} \\ P(X=4) &= P(TTTH) = \frac{1}{16} \\ &\vdots \end{aligned}$$

확률변수에 의하여 우리는 표본공간의 부분집합 위에서 정의된 확률 대신에 실수의 부분집합에서 정의된 확률을 다루게 된다. 확률변수에 대하여 실수의 각 부분집합에서 확률이 어떻게 주어지는지 나타낸 것을 **확률분포**(probability distribution)라고 한다. 한편 실수의 부분집합의 형태는 한 값을 원소로 가지는 간단한 경우일 수도 있고 구간으로 주어질 수도 있다. 또한 여러 구간의 합집합 형태의 부분집합도 있을 수 있다. 따라서 확률변수의 확률분포는 가능한 여러 가지 형태의 부분집합에서 확률을 나타내야 한다. 앞에서 다룬 예에서는 확률변수가 몇 개의 값만을 가지는 경우이므로 이 값에서의 확률만 나타내면 되지만 확률변수가 실수 전체와 같이 큰 범위에서 값을 가진다면 가능한 여러 형태의 부분집합에서 확률을 나타내어야 한다. 예를 들어 다음과 같은 여러 부분집합에 대하여 확률을 나타내어야 한다.

$$3,\ [2,5],\ (-2,0),\ [1,3),\ (-3,2],\ [2,5]\cup(-2,0),\ \ldots$$

즉 확률변수 X의 확률분포는 다음과 같은 확률 등을 결정할 수 있어야 한다.

$$P(X=3),\ P(2\le X\le 5),\ P(-2<X<0),$$

$$P(1 \leq X < 3), P(-3 < X \leq 2), P(X \in [2,5] \cup (-2,0))$$

한 가지 알려진 사실은 확률변수의 확률분포는 $(-\infty, x]$[3] 형태를 가지는 구간의 확률에 의하여 결정된다는 것이다. 따라서 확률변수의 확률분포를 나타내기 위해서 여러 가지 가능한 실수의 각 부분집합의 확률을 나타내는 대신에 구간 $(-\infty, x]$의 확률만 나타내면 된다. 확률변수가 구간 $(-\infty, x]$에 속할 확률을 $F(x)$로 나타내며 이를 **누적분포함수**(cumulative distribution function) 혹은 **분포함수**(distribution function)라고 한다. 즉 누적분포함수 $F(x)$는 다음과 같이 정의된다.

$$F(x) = P(X \leq x)$$

구간 $(-\infty, x]$의 확률로 정의된 누적분포함수는 다음과 같은 성질을 가지고 있다. 두 실수 x와 y에 대하여 $x \leq y$일 때 $\{X \leq x\} \subset \{X \leq y\}$이므로 $P(X \leq x) \leq P(X \leq y)$이다. 따라서 x의 값이 커질 때 $F(x)$의 값은 증가함을 알 수 있다. 한편 확률이 가지고 있는 한 가지 성질은 집합 A_n이 A로 가까이 갈 때 A_n의 확률도 A의 확률로 수렴한다는 것이다. 즉 다음이 성립한다.

$$A_n \rightarrow A \text{이면 } P(A_n) \rightarrow P(A)$$

위 사실을 이용하면 누적분포함수가 가지는 몇 가지 성질을 밝힐 수 있다. x의 값이 ∞로 가까이 가면 $\{X \leq x\}$은 전체집합에 접근하게 된다. 따라서 확률은 1에 수렴하게 된다. 반대로 x의 값이 $-\infty$로 가까이 가면 $\{X \leq x\}$은 공집합에 접근하게 되므로 확률은 0에 수렴하게 된다. 또한 구간 $\left(-\infty, x+\frac{1}{n}\right]$은 n이 커질 때 $(-\infty, x]$로 가까이 간다. 따라서 $P\left(X \leq x+\frac{1}{n}\right)$은 $P(X \leq x)$로 수렴하게 된다. 이를 누적분포함수로 나타내면 다음과 같다.

$$\lim_{n \to \infty} F\left(x+\frac{1}{n}\right) = F(x) \tag{2.1}$$

식 (2.1)이 의미하는 것은 x의 우측에서 x로 접근할 때 누적분포함수의 값도 $F(x)$로 수렴한다는 것이다. 이러한 성질을 가지는 함수를 우측에서 연속인 함수라고 한다. 이번에는 x의 좌측에서 x로 접근할 때 누적분포함수의 값이 어떤 값으로 수렴하는지

3) 통계학에서는 X와 x를 구분하여 사용한다. X는 확률변수를 나타내고 x는 실수 값을 나타낸다.

알아보도록 하자. 한 가지 주의할 사실은 구간 $\left(-\infty, x-\frac{1}{n}\right]$은 n이 커질 때 $(-\infty, x]$로 가까이 가지 않고 $(-\infty, x)$로 수렴한다는 사실이다. 구간 $(-\infty, x]$는 x를 포함하지만 $(-\infty, x)$는 x를 포함하지 않는 구간이다. 따라서 다음이 성립한다.

$$P\left(X \le x - \frac{1}{n}\right) \to P(X < x)$$

이를 누적분포함수로 나타내면 다음과 같다.

$$\lim_{n\to\infty} F(x - \frac{1}{n}) = P(X < x) \tag{2.2}$$

일반적으로 $P(X < x) \le P(X \le x)$이며 $P(X = x) = 0$일 때는 $P(X < x) = P(X \le x)$이 된다.

위의 설명을 요약하면 누적분포함수는 다음과 같은 성질을 가지고 있다.

(i) $F(x)$는 증가함수이다. 즉 $x < y$일 때 $F(x) \le F(y)$이다.

(ii) $\lim_{x\to-\infty} F(x) = 0$, $\lim_{x\to\infty} F(x) = 1$이다.

(iii) $F(x)$는 우측에서 연속인 함수이다. 즉 $\lim_{n\to\infty} F(x + \frac{1}{n}) = F(x)$이다.

예 2.2

확률변수 X의 누적분포함수 $F(x)$가 다음과 같다고 하자.

$$F(x) = \begin{cases} 0, & x < 0 \\ x^2, & 0 \le x < \frac{1}{4} \\ \frac{1}{2}, & \frac{1}{4} \le x < \frac{1}{2} \\ x, & \frac{1}{2} \le x < 1 \\ 1, & 1 \le x \end{cases}$$

이때 다음 확률을 구하여라.

(a) $P(X \le \frac{1}{8})$ (b) $P(X < \frac{1}{8})$

(c) $P(X=\frac{1}{8})$ (d) $P(X\le\frac{1}{4})$

(e) $P(X<\frac{1}{4})$ (f) $P(X=\frac{1}{4})$

(g) $P(\frac{1}{4}< X\le\frac{3}{4})$ (h) $P(\frac{1}{4}\le X\le\frac{3}{4})$

풀이

(a) 누적분포함수의 정의에 의하여 $P(X\le\frac{1}{8})=F\left(\frac{1}{8}\right)$이므로 구하는 확률은 다음과 같다.

$$P\left(X\le\frac{1}{8}\right)=F\left(\frac{1}{8}\right)=\left(\frac{1}{8}\right)^2=\frac{1}{64}$$

(b) 식 (2.2)에 의하여 구하는 확률은 다음과 같다.

$$P\left(X<\frac{1}{8}\right)=\lim_{n\to\infty}F\left(\frac{1}{8}-\frac{1}{n}\right)=\lim_{n\to\infty}\left(\frac{1}{8}-\frac{1}{n}\right)^2=\frac{1}{64}$$

(c) $\left(-\infty,\frac{1}{8}\right]=\left(-\infty,\frac{1}{8}\right)\cup\left\{\frac{1}{8}\right\}$이므로 $P\left(X\le\frac{1}{8}\right)=P\left(X<\frac{1}{8}\right)+P\left(X=\frac{1}{8}\right)$이다. 따라서 구하는 확률은 다음과 같다.

$$P\left(X=\frac{1}{8}\right)=P\left(X\le\frac{1}{8}\right)-P\left(X<\frac{1}{8}\right)=\frac{1}{64}-\frac{1}{64}=0$$

(d) $X\le\frac{1}{4}$일 확률은 $P\left(X\le\frac{1}{4}\right)=F\left(\frac{1}{4}\right)=\frac{1}{2}$이다.

(e) $X<\frac{1}{4}$일 확률은 다음과 같다.

$$P\left(X<\frac{1}{4}\right)=\lim_{n\to\infty}F\left(\frac{1}{4}-\frac{1}{n}\right)=\lim_{n\to\infty}\left(\frac{1}{4}-\frac{1}{n}\right)^2=\frac{1}{16}$$

(f) (d)와 (e)로부터 $X=\frac{1}{4}$일 확률은 다음과 같다.

$$P\left(X=\frac{1}{4}\right)=P\left(X\le\frac{1}{4}\right)-P\left(X<\frac{1}{4}\right)=\frac{1}{2}-\frac{1}{16}=\frac{7}{16}$$

(g) $\left(-\infty,\frac{3}{4}\right]=\left(-\infty,\frac{1}{4}\right]\cup\left(\frac{1}{4},\frac{3}{4}\right]$이므로

$P\left(X\le\frac{3}{4}\right)=P\left(X\le\frac{1}{4}\right)+P\left(\frac{1}{4}<X\le\frac{3}{4}\right)$이다. 따라서 구하는 확률은 다음과 같다.

$$P\left(\frac{1}{4}<X\le\frac{3}{4}\right)=P\left(X\le\frac{3}{4}\right)-P\left(X\le\frac{1}{4}\right)=\frac{3}{4}-\frac{1}{2}=\frac{1}{4}$$

(h) $\left(-\infty,\frac{3}{4}\right]=\left(-\infty,\frac{1}{4}\right)\cup\left[\frac{1}{4},\frac{3}{4}\right]$이므로

$P\left(X\le\frac{3}{4}\right)=P\left(X<\frac{1}{4}\right)+P\left(\frac{1}{4}\le X\le\frac{3}{4}\right)$이다. 따라서 구하는 확률은 다음과 같다.

$$P\left(\frac{1}{4}\le X\le\frac{3}{4}\right)=P\left(X\le\frac{3}{4}\right)-P\left(X<\frac{1}{4}\right)=\frac{3}{4}-\frac{1}{16}=\frac{11}{16}$$

앞에서 확률변수의 확률분포는 $(-\infty,x]$의 확률, 즉 누적분포함수에 의하여 결정된다고 하였다. 동전을 두 번 던질 때 앞면의 수를 나타내는 확률변수 X의 경우를 이용하여 이를 확인해 보도록 하자. X는 음의 값을 가지지 않으므로 0보다 작은 x에 대하여 누적분포함수의 값은 다음과 같다.

$$x<0\text{일 때는 } F(x)=0 \tag{2.3}$$

이다. X는 정수 값만 가지므로 0보다 크거나 같고 1보다 작은 x에 대하여 $X\in(-\infty,x]$라는 것은 $X=0$인 경우밖에 없다. 따라서

$$0\le x<1\text{일 때는 } F(x)=P(X=0)=\frac{1}{4}. \tag{2.4}$$

1보다 크거나 같고 2보다 작은 x에 대하여 $X\in(-\infty,x]$라는 것은 $X=0$ 또는 $X=1$인 경우이다. 따라서

$$1 \le x < 2 \text{일 때는 } F(x) = P(X \in \{0,1\}) = \frac{3}{4}. \tag{2.5}$$

한편 2보다 크거나 같은 x에 대하여 $X \in (-\infty, x]$라는 것은 $X = 0, 1$ 또는 $X = 2$인 경우이다. 즉

$$2 \le x \text{ 일 때는 } F(x) = P(X \in \{0,1,2\}) = 1. \tag{2.6}$$

역으로, 누적분포함수 (2.3), (2.4), (2.5), (2.6)으로부터 다음을 얻을 수 있다.

$$\begin{aligned}
P(X=0) &= P(X \le 0) - P(X < 0) \\
&= F(0) - \lim_{n\to\infty} F\left(X \le -\frac{1}{n}\right) \\
&= \frac{1}{4} - \lim_{n\to\infty} 0 = \frac{1}{4} \\
P(X=1) &= P(X \le 1) - P(X < 1) \\
&= F(1) - \lim_{n\to\infty} F\left(X \le 1 - \frac{1}{n}\right) \\
&= \frac{3}{4} - \lim_{n\to\infty} \frac{1}{4} = \frac{1}{2} \\
P(X=2) &= P(X \le 2) - P(X < 2) \\
&= F(2) - \lim_{n\to\infty} F\left(X \le 2 - \frac{1}{n}\right) \\
&= 1 - \lim_{n\to\infty} \frac{3}{4} = \frac{1}{4}
\end{aligned}$$

이는 X의 확률분포가 0, 1, 2에서 각각의 확률이 $\frac{1}{4}, \frac{1}{2}, \frac{1}{4}$임을 보여 주고 있다. 따라서 누적분포함수로부터 X의 확률분포를 구할 수 있다.

확률변수는 몇 가지 가능한 값 중 하나를 가지는 경우도 있고 어떤 구간에 속하는 무수히 많은 값 중 하나를 취하는 경우도 있다. 이처럼 취할 수 있는 값의 범위에 따라 확률변수를 이산형 확률변수와 연속형 확률변수로 구분할 수 있다. 각각의 경우에 대해 살펴보도록 하자.

2.1 이산형 확률변수와 분포

확률변수가 가질 수 있는 각 값에서의 확률에 의하여 확률분포가 결정될 때 이를 이산형 확률변수라고 한다. 그런데 확률변수가 가지는 각 값에서 확률을 구할 수 있는 경우는 확률변수가 가지는 값의 수가 유한 개뿐만이 아니라 무수히 많은 경우도 있을 수 있다. 예를 들어 앞면이 나올 때까지 계속하여 동전을 던지는 실험에서 던지는 총 횟수를 나타내는 확률변수의 경우를 생각하여 보자.

처음 동전을 던져 앞면이 나오면 $X=1$이고 앞면이 100번째에 처음으로 앞면이 나오면 $X=100$이다. 또한 계속하여 뒷면이 나올 수도 있으므로 이 확률변수 X가 가질 수 있는 값은 상한이 없다. 이 실험에서 확률변수가 $X=1$일 확률은 첫 번째 동전의 결과가 앞면일 확률이므로 $\frac{1}{2}$이고 $X=100$일 확률은 처음 99번은 뒷면이 나오고 100번째에 앞면이 나올 확률이므로 $\left(\frac{1}{2}\right)^{99}\cdot\frac{1}{2}$이다. 이 확률변수는 자연수의 모든 값을 가질 수 있고 각 값에서 확률을 구할 수 있으므로 이산형 확률변수라고 할 수 있다. 이처럼 확률변수가 가질 수 있는 각 값에서 확률을 구할 수 있는 경우일지라도 확률변수가 가지는 값의 수는 무수히 많을 수 있다. 단 무수히 많기는 하지만 동전을 던지는 예처럼 자연수 정도로 많은 정도이다.

확률변수가 가질 수 있는 값이 유한 개 또는 무수히 많더라도 셀 수 있을 때(countable) 이를 **이산형 확률변수**(discrete random variable)라고 한다. 어느 집합이 셀 수 있다는 것은 이 집합에 속하는 원소를 하나씩 세어 나갈 때 모든 원소를 빠뜨리지 않고 전부 헤아릴 수 있는 경우를 말한다. 예를 들어 자연수의 집합은 1부터 차례대로 끊임없이 세어나가면 모든 자연수를 헤아릴 수 있으므로 자연수는 셀 수 있는 집합이다. 자연수의 집합 외에도 대표적인 셀 수 있는 집합으로 정수와 유리수 등이 있다. 다음과 같은 것이 대표적인 이산형 확률변수이다.

- 동전을 n번 던져 나오는 앞면의 수
- 앞면이 연속하여 두 번 나올 때까지 동전을 던지는 횟수
- 하루 동안 발생하는 교통사고의 수

동전을 n번 던져 나오는 앞면의 수는 0부터 n 사이의 정수 값을 가지므로 확률변수가 가질 수 있는 값의 수는 유한 개인 경우이다. 앞면이 연속하여 두 번 나올 때까지 동전을 던지는 횟수를 나타내는 확률변수는 2 이상의 모든 자연수 값을 가질 수 있

으며 하루 동안 발생하는 교통사고의 수는 0 이상의 모든 정수 값을 가질 수 있다. 위의 두 가지 경우에서는 확률변수가 가질 수 있는 값의 수는 무한 개이지만 셀 수 있는 집합에 속하는 경우이다.

이산형 확률변수가 가질 수 있는 값은 유한 개이거나 셀 수 있는 집합에 속하므로 값을 차례로 나열하여 다음과 같이 나타낼 수 있다.

$$x_1,\ x_2,\ x_3,\ \ldots$$

이산형 확률변수의 확률분포는 각 값을 취할 확률에 의하여 결정된다. 각 값을 취할 확률을 나타낸 함수를 **확률질량함수**(probability mass function)라고 하며 $p(x)$ 또는 $f(x)$로 나타낸다. 즉 확률질량함수 $p(x_i)$는 X의 값이 x_i일 확률을 나타낸다.

$$p(x_i) = P(X = x_i)$$

이산형 확률변수 X가 정수 값만을 가지는 경우에는 정수 값을 k로 나타내어 확률질량함수를 $p(k)$로 표현하기도 한다.

예 2.3

동전을 2번 던져 나온 앞면의 수를 X라고 할 때 X가 가질 수 있는 값과 확률질량함수를 구하여라.

풀이

동전을 2번 던질 때 앞면의 수는 0, 1, 2 중 하나의 값을 가진다. 0, 1, 2에서 확률은 0.25, 0.5, 0.25이므로 X의 확률질량함수는 다음과 같다.

k	0	1	2
$p(k)$	0.25	0.5	0.25

예 2.4

앞면이 나올 때까지 동전을 던지는 횟수를 X라고 할 때 X가 가질 수 있는 값과 확률질량함수를 구하여라.

풀이

앞면이 나올 때까지 던지는 횟수는 1 이상의 모든 정수 값이 가능하다. 던지는 횟수가 k인 경우는 처음 $k-1$번은 연속하여 뒷면이 나오고 k번째 처음으로 앞면이 나오는 경우이므로 확률질량함수는 다음과 같다.

$$p(k) = P(X=k) = \left(\frac{1}{2}\right)^{k-1}\left(\frac{1}{2}\right) = \left(\frac{1}{2}\right)^{k}, \quad k=1, 2, \ldots$$

이산형 확률변수의 각 값에서의 확률을 나타내는 확률질량함수는 다음과 같은 성질을 가지고 있다.

(i) $p(x_i) \geq 0$

(ii) $\sum_i p(x_i) = 1$

(iii) $P(a \leq X \leq b) = \sum_{i:\, a \leq x_i \leq b} p(x_i)$

이 성질이 의미하는 바를 살펴보면

(i) $p(x_i)$는 확률을 나타내므로 이 값은 0보다 크거나 같다.

(ii) $\sum_i p(x_i)$는 모든 가능한 확률의 합이므로 이 값은 1이다.

(iii) X가 a 이상이고 b 이하일 확률은 X가 가질 수 있는 값 $x_1, x_2, x_3, \cdots$ 중에서 a보다 크거나 같고 b보다 작거나 같은 값을 가질 경우의 확률의 합이다.

라고 할 수 있다.

이산형 확률변수의 누적분포함수 $F(x)$는 다음과 같다.

$$F(x) = P(X \leq x) = \sum_{i:\, x_i \leq x} p(x_i).$$

위 함수는 x_i에서 $p(x_i)$만큼 증가하므로 계단 형태의 함수 모양을 가지게 된다. 예를 들어 동전을 두 번 던질 때 나오는 앞면의 수를 X라고 하면, 그 누적분포함수는 [그림 2.2]와 같다.

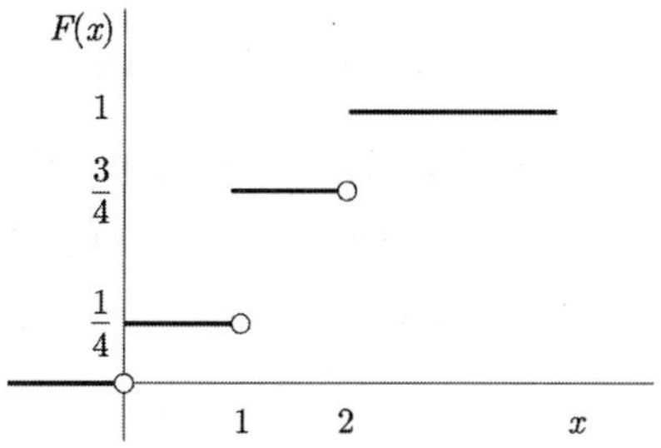

그림 2.2 동전을 2번 던질 때 앞면의 수에 대한 누적분포함수

이산형 확률변수가 따르는 확률분포의 대표적인 예로는 베르누이 분포, 이항분포, 기하분포, 음이항분포, 초기하분포, 포아송분포 등이 있다. 이 절에서 이들 분포에 대해 하나씩 살펴보기로 하자.

2.1.1 베르누이 분포

실험에서 나타날 수 있는 결과를 두 가지로 분류할 수 있는 경우가 있다. 일반적으로 이러한 실험에서 두 가지 결과를 '성공(S)'과 '실패(F)'로 나타낸다. 이처럼 성공과 실패의 두 가지 중 하나가 나타나는 실험을 **베르누이 시행**(Bernoulli trial)이라고 한다. 이 실험에서 X를 시행의 결과가 성공이면 1, 실패면 0의 값을 가지는 확률변수로 정의할 수 있다. 베르누이 시행은 성공이 일어날 확률에 의하여 확률분포가 결정된다. 성공의 확률이 p라면 실패의 확률은 $1-p$가 된다. 이때 X의 확률분포는 다음과 같이 나타낼 수 있다.

$$X = \begin{cases} 1, & p\text{의 확률로} \\ 0, & 1-p\text{의 확률로} \end{cases}$$

위와 같이 0 또는 1의 값을 가지는 확률변수가 따르는 분포를 **베르누이 분포**(Bernoulli distribution)라고 하고 기호로 다음과 같이 나타낸다.

$$X \sim Bernoulli\,(p)$$

예를 들어 동전을 한 번 던지는 실험에서 X를 앞면이 나오면 1, 뒷면이 나오면 0의 값을 가진다고 할 때 이 확률변수는 성공(앞면)의 확률이 $p=0.5$인 베르누이 확률변수이다. 베르누이 확률변수의 확률질량함수는 다음과 같이 나타낼 수 있다.

$$p(k) = p^k(1-p)^{1-k}, \qquad k=0 \text{ 또는 } 1$$

베르누이 분포는 시행의 결과가 두 가지 이상으로 분류되는 경우에도 이용될 수 있다. 여러 가지 가능한 결과 중 특정한 결과가 발생하는지 관심이 있다면 특정한 결과를 성공으로, 나머지 결과들을 모두 실패로 간주하여 베르누이 시행으로 생각할 수 있다. 예를 들어 주사위를 던지는 실험에서 가능한 결과는 6가지이다. 이때 주사위의 눈이 3의 배수인지에 관심이 있다면 성공을 3의 배수인 3 또는 6의 눈이 나오는 경우로, 실패를 1, 2, 4, 5의 눈이 나오는 경우로 분류하여 베르누이 시행으로 볼 수 있다. 따라서 주사위의 눈이 3의 배수이면 1의 값을 가지고 다른 눈이 나오면 0의 값을 가지는 확률변수는 성공의 확률 $p=\frac{1}{3}$인 베르누이 확률변수라고 할 수 있다.

2.1.2 이항분포

동전을 10번 던질 때 나오는 앞면의 수, 주사위를 5번 던질 때 3의 배수의 눈이 나오는 횟수 등에 대한 확률분포로 이용되는 것이 **이항분포**(binomial distribution)이다. 앞의 두 가지 예는 다음과 같은 특징을 가지고 있다. 동전 또는 주사위를 던질 때 나타날 수 있는 결과는 성공이나 실패로 분류할 수 있어서 베르누이 시행이라고 할 수 있다. 성공은 동전의 앞면, 주사위의 눈이 3의 배수인 경우라고 할 수 있으며 실패는 다른 결과가 나오는 경우라고 할 수 있다. 이때 앞면의 수, 3의 배수의 눈이 나오는 횟수는 위의 베르누이 시행을 반복할 때 총 성공의 수가 된다. 또한 시행을 반복할 때 각 시행은 서로 독립이다. 즉 첫 번째 동전 던지기의 결과가 앞면이라고 해서 두 번째 동전 던지기에서 앞면이 나올 확률이 높아진다거나 낮아지지는 않는다.

위에서 동전을 10번 던질 때 나오는 앞면의 수 등은 일반적으로 성공 또는 실패로 분류할 수 있는 베르누이 시행을 독립적으로 n번 반복할 때 나오는 성공의 수라고 할 수 있다. 베르누이 시행을 n번 반복하므로 성공의 수를 나타내는 확률변수 X가 가지는 값은 0부터 n 사이의 정수 값이다. 각 베르누이 시행에서 성공의 확률이 p일 때 $X=k$일 확률은 다음과 같다.

$$P(X=k) = P(n\text{번 베르누이 시행 중 성공의 수} = k)$$

n번 시행 중 성공의 수가 k일 것은 다음과 같이 여러 가지 경우가 있다.

- 처음 k번 시행은 성공이고 나머지 $(n-k)$번은 시행은 실패
- 처음 시행은 실패, 두 번째 시행부터 $(k+1)$번째 시행까지는 성공이고 나머지 $(n-k-1)$번 시행은 실패

⋮

- 처음 $(n-k)$번은 시행은 실패이고 마지막 k번 시행은 성공

위의 각 경우에서 n번 시행 중 성공의 수는 항상 k이다. 따라서 각 확률은 독립적인 베르누이 시행에서 성공이 k번, 실패가 $(n-k)$번 나올 확률이므로 다음과 같다.

$$p^k(1-p)^{n-k}$$

따라서 성공의 수가 k일 확률은 위 확률에 성공의 수가 k인 경우의 수만큼 곱하여 주면 된다. 즉 $X=k$일 확률은 다음과 같이 나타낼 수 있다.

$$P(X=k) = (n\text{번 시행 중 성공의 수가 } k\text{인 경우의 수}) \times p^k(1-p)^{n-k}$$

n번 시행 중 성공의 수가 k인 경우의 수는 S가 k번, F가 $n-k$번 있는 문자를 배열하여 얻을 수 있는 경우의 수와 같으므로 $\frac{n!}{k!\,(n-k)!}$이다. 따라서 $X=k$일 확률은 다음과 같다.

$$P(X=k) = \binom{n}{k} p^k(1-p)^{n-k}$$

성공의 확률이 p인 베르누이 시행을 독립적으로 n번 반복할 때 나오는 성공의 수로 정의된 확률변수를 이항 확률변수라고 하며 확률질량함수는 다음과 같이 주어진다.

$$p(k) = \binom{n}{k} p^k(1-p)^{n-k}, \quad k=0, 1, \ldots, n$$

이항분포는 시행 횟수 n과 각 시행에서 성공의 확률 p에 의하여 확률분포가 결정된다. X가 이항분포를 따르는 확률변수일 때 기호로 다음과 같이 나타낸다.

$$X \sim B(n,p)$$

$B(n,p)$ 대신 Binomial(n,p)를 사용하기도 한다.

예를 들어 동전을 10번 던지는 실험에서 X를 앞면의 수라고 할 때 이 확률변수는 시행 횟수 $n=10$, 성공(앞면)의 확률 $p=0.5$인 이항분포를 따르게 된다. [그림 2.3]은 $n=10$일 때 $p=0.5$와 $p=0.7$인 이항분포의 확률질량함수를 보여 주고 있다. $p=0.5$인 경우는 대칭적인 확률분포이지만 $p=0.7$인 경우는 비대칭적인 확률분포임을 알 수 있다.

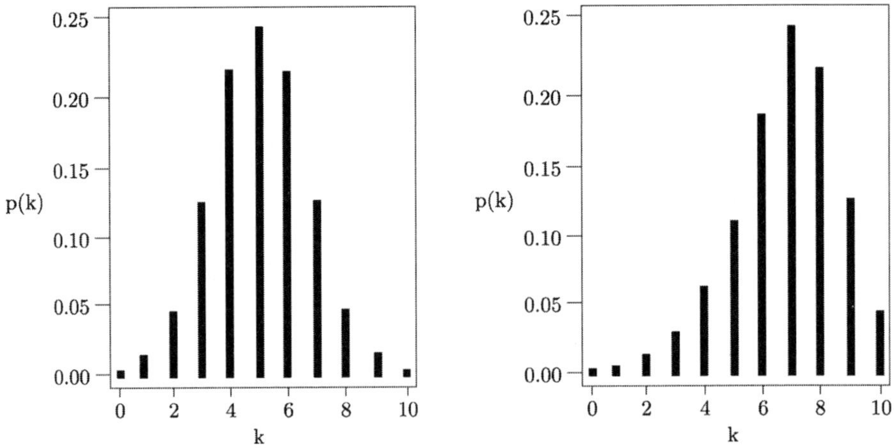

그림 2.3 $n=10$일 때 $p=0.5$와 $p=0.7$인 이항분포의 확률질량함수

예 2.5

정육면체 주사위를 5번 던져 3이나 6이 나오는 횟수를 확률변수 X라고 할 때 X의 확률질량함수와 $X=2$일 확률을 구하여라.

풀이

주사위의 눈이 3이나 6이 나올 확률은 $\frac{1}{3}$이므로 X는 시행 횟수 $n=5$, 성공의 확률 $p=\frac{1}{3}$인 이항분포를 따르는 확률변수이다. 따라서 X의 확률질량함수는 다음과 같다.

$$p(k) = \binom{5}{k}\left(\frac{1}{3}\right)^k\left(\frac{2}{3}\right)^{5-k}, \quad k=0,1,\cdots,5$$

따라서 3이나 6이 나오는 횟수가 2일 확률은 다음과 같다.

$$P(X=2) = \binom{5}{2}\left(\frac{1}{3}\right)^2\left(\frac{2}{3}\right)^3 = \frac{80}{243}$$

예 2.6

0부터 1 사이의 실수 중에서 임의로 20개를 선택하였을 때, 이 중 0.7보다 큰 숫자가 나올 횟수에 대한 확률질량함수를 구하여라.

풀이

0과 1 사이에서 임의로 실수를 선택하는 실험을 하나의 시행으로 볼 수 있다. 각 시행에서 선택된 수가 0.7보다 큰 경우를 성공으로 간주하면 0.7보다 큰 횟수는 20번의 시행 중 성공의 수가 된다. 각 시행에서 성공의 확률은 임의로 선택된 수가 0.7보다 클 확률이므로 0.3이 된다. 따라서 임의로 선택된 20개의 수 중 0.7보다 큰 횟수 X는 시행 횟수 $n=20$, 성공의 확률 $p=0.3$인 이항분포를 따르는 확률변수이다. 따라서 X의 확률질량함수는 다음과 같다.

$$p(k)=\binom{20}{k}0.3^k 0.7^{20-k},\quad k=0,1,\cdots,20.$$

2.1.3 기하분포

앞면이 나올 때까지 동전을 던지는 횟수, 정육면체 주사위를 3의 배수의 눈이 나올 때까지 던지는 횟수 등에 대한 확률분포로 이용되는 것이 **기하분포**(geometric distribution)이다. 이러한 예는 서로 독립인 베르누이 시행을 반복할 때 첫 번째 성공이 나올 때까지 시행 횟수를 나타낸다고 할 수 있다. 첫 번째 성공이 나올 때까지 시행 횟수를 나타내는 확률변수 X가 가지는 값은 1 이상의 정수 값이며 $X=k$일 확률은 다음과 같다.

$$\begin{aligned}P(X=k)&=P(k\text{번째 시행에서 첫 번째 성공이 나오는 사건})\\&=P(\text{처음 }(k-1)\text{번 시행은 실패, }k\text{번째 시행은 성공이 나오는 사건})\\&=(1-p)^{k-1}p\end{aligned}$$

이처럼 성공의 확률이 p인 베르누이 시행을 독립적으로 반복할 때 첫 번째 성공이 나올 때까지 시행 횟수로 정의된 확률변수를 기하 확률변수라고 하고 기호로 다음과 같이 나타낸다.

$$X \sim \text{Geometric}(p)$$

예를 들어 동전을 던지는 실험에서 X를 처음으로 앞면이 나올 때까지 시행 횟수라고 할 때 이 확률변수는 성공 확률 $p=0.5$인 기하 확률변수이다. 기하 확률변수의 확률질량함수는 다음과 같다.

$$p(k)=(1-p)^{k-1}p,\quad k=1,2,\ldots$$

예 2.7

정육면체 주사위를 3이나 6의 눈이 나올 때까지 던지는 시행 횟수를 X라고 할 때 X의 확률질량함수와 $X=5$일 확률을 구하여라.

풀이

주사위의 눈이 3이나 6이 나올 확률은 $\frac{1}{3}$이므로 X는 성공의 확률 $p=\frac{1}{3}$인 기하분포를 따르는 확률변수이다. 따라서 X의 확률질량함수는 다음과 같다.

$$p(k)=\left(1-\frac{1}{3}\right)^{k-1}\frac{1}{3}, \quad k=1,2, \ldots$$

3이나 6이 나올 때까지 주사위를 던지는 횟수가 5일 확률은 다음과 같다.

$$P(X=5)=\left(1-\frac{1}{3}\right)^{4}\frac{1}{3}=\frac{16}{243}.$$

2.1.4 음이항분포

기하분포는 베르누이 시행에서 첫 번째 성공이 나올 때까지 시행 횟수에 대한 확률분포이다. 이를 일반화하여 베르누이 시행에서 r번째 성공이 나올 때까지 시행 횟수에 대한 확률분포를 **음이항분포**(negative binomial distribution)라고 한다. 예를 들어 동전을 던지는 실험에서 3번째 앞면이 나올 때까지 동전을 던지는 시행 횟수에 대한 확률분포로 이용되는 것이 음이항분포이다. 베르누이 시행을 서로 독립적으로 반복할 때 r번째 성공이 나올 때까지 총 시행 횟수를 나타내는 확률변수 X가 가지는 값은 r 이상의 정수 값을 가지며 $X=k$일 확률은 다음과 같다.

$$\begin{aligned}
P(X=k) &= P(k\text{번째 시행에서 } r\text{번째 성공이 나오는 사건}) \\
&= P(\text{처음 } (k-1)\text{번 시행에서 성공이 } (r-1)\text{번 나오고} \\
&\qquad \text{마지막 } k\text{번째 시행은 성공인 사건}) \\
&= P(\text{처음 } (k-1)\text{번 시행에서 성공이 } (r-1)\text{번인 사건}) \\
&\quad \times P(\text{마지막 } k\text{번째 시행은 성공인 사건})
\end{aligned}$$

위에서 처음 $(k-1)$번 시행에서 성공의 수는 시행 횟수 $(k-1)$, 한 번 시행에서 성공의 확률 p인 이항분포를 따르므로 첫 번째 확률은 다음과 같다.

$$P(Y=r-1)=\binom{k-1}{r-1}p^{r-1}(1-p)^{k-r},\ \ Y\sim B(k-1,p)$$

마지막 k번째 시행이 성공일 확률은 p이므로 $X=k$일 확률은 다음과 같다.

$$P(X=k)=\binom{k-1}{r-1}(1-p)^{k-r}p^{r}$$

이처럼 성공의 확률이 p인 베르누이 시행을 독립적으로 반복할 때 r번째 성공이 나올 때까지 시행 횟수로 정의된 확률변수를 음이항 확률변수라고 하고 기호로 다음과 같이 나타낸다.

$$X\sim NB(r,p)$$

$NB(r,p)$ 대신 Negative Binomial(r,p)를 사용하기도 한다. 음이항 확률변수의 확률질량함수는 다음과 같이 나타낼 수 있다.

$$p(k)=\binom{k-1}{r-1}(1-p)^{k-r}p^{r},\qquad k=r,r+1,\cdots$$

앞에서 살펴본 베르누이, 이항, 기하, 음이항 확률분포는 모두 베르누이 시행과 관련된 확률분포이다. 정리해 보면, 베르누이 시행은 성공이나 실패의 두 가지 결과로 분류할 수 있을 때 사용되는 확률분포이고 이항분포는 성공의 확률이 일정한 베르누이 시행을 n번 독립적으로 반복할 때 성공의 수에 대한 확률분포이다. 기하분포는 베르누이 시행에서 첫 번째 성공이 나올 때까지의 시행 횟수에 대한 확률분포이고 음이항분포는 r번째 성공이 나올 때까지의 시행 횟수에 대한 확률분포이다.

2.1.5 초기하분포

r개의 원소로 이루어진 하나의 그룹 A와 $(n-r)$개의 원소로 이루어진 또 다른 그룹 B가 섞여 있을 때, 이 중에서 m개를 임의로 선택할 때 어느 한 그룹에서 나오는 원소의 수에 대한 확률분포를 **초기하분포**(hyper geometric distribution)라고 한다. 예를 들어 r개의 원소로 이루어진 그룹 A에서 나오는 원소의 수를 확률변수 X라고 할 때, 경우의 수를 이용하여 $X=k$일 확률을 구하면 다음과 같다.

$$P(X=k)=\frac{\binom{r}{k}\binom{n-r}{m-k}}{\binom{n}{m}}$$

단 확률변수 X가 가질 수 있는 k값의 범위는 $\max(0,m-n+r) \le k \le \min(r,m)$이다. 이와 같이 범위가 한정되는 이유는 그룹 B에는 $(n-r)$개의 원소만이 있으므로 선택하는 원소의 수 m이 $(n-r)$보다 크면 그룹 A에서 최소한 $(m-n+r)$개의 원소가 선택되어야 하기 때문이다. 마찬가지로 그룹 A에는 r개의 원소가 있으므로 첫 번째 그룹에서 선택되는 원소의 수가 m이나 r보다 클 수는 없다.

예 2.8

빨간색 구슬 5개와 검은색 구슬 3개가 들어 있는 주머니에서 임의로 4개의 구슬을 꺼낼 때 빨간색 구슬의 수 X의 확률질량함수를 구하여라.

풀이

빨간색 구슬의 수 X는 $n=8$, $r=5$, $m=4$인 초기하 확률변수이다. 따라서 X의 확률질량함수는 다음과 같다.

$$p(k)=\frac{\binom{5}{k}\binom{3}{4-k}}{\binom{8}{4}}, \qquad k=1,2,3,4.$$

2.1.6 포아송분포

하루 동안 발생하는 교통사고의 수와 같이 시간 또는 공간에 따른 특정한 사건의 발생 건수에 대한 확률분포로 흔히 이용되는 것이 **포아송분포**(Poisson distribution)이다. 포아송분포를 따르는 확률변수 X는 음이 아닌 모든 정수 값을 가질 수 있으며 확률질량함수는 다음과 같다.

$$p(k)=\frac{\lambda^k e^{-\lambda}}{k!}, \qquad k=0,1,\cdots \tag{2.7}$$

여기서 λ는 포아송분포의 특징을 결정하는 양의 상수 값이다. X가 특정한 사건의 발생 건수일 때 λ는 단위시간당 혹은 단위공간당 평균적으로 발생하는 사건의 수를 나타낸다. X가 포아송분포를 따르는 확률변수일 때 기호로 다음과 같이 나타낸다.

$$X \sim Poisson(\lambda)$$

[그림 2.4]는 $\lambda = 3$인 포아송분포의 확률질량함수를 보여 주고 있다. 포아송분포의 확률질량함수는 λ 근처에서 가장 큰 값을 가지고 있음을 알 수 있다.

포아송분포는 다음과 같은 성질을 가정할 수 있는 특정한 사건의 발생 횟수를 나타내는 확률분포로 주로 이용된다.

- 아주 짧은 구간에서 사건이 2회 이상 발생할 확률은 거의 0에 가깝다.
- 아주 짧은 구간에서 사건이 발생할 확률은 구간의 길이에 비례한다.
- 서로 다른 구간에서 발생하는 사건의 수는 서로 독립이다.

일정한 구간에서 발생하는 사건의 수는 그 구간을 아주 짧은 구간으로 나누었을 때 각 구간에서 발생하는 사건의 합으로 생각할 수 있다. 구간을 n개의 같은 간격을 가지는 소 구간으로 나누어 생각하여 보자. 일정한 구간에서 평균적으로 발생하는 사건의 수가 λ이므로 n등분한 구간에서는 평균적으로 $\frac{\lambda}{n}$번 발생한다고 할 수 있다. 한편 n을 충분히 크게 하면 n등분한 구간은 아주 짧아지게 되고 주어진 조건에 따라 아주 짧은 구간에서는 사건이 한 번 발생하거나 발생하지 않는다. n등분한 짧은 구간에서는 기껏해야 사건이 한 번 발생하고 평균적으로는 $\frac{\lambda}{n}$번 발생하므로 이 구간에서 사건

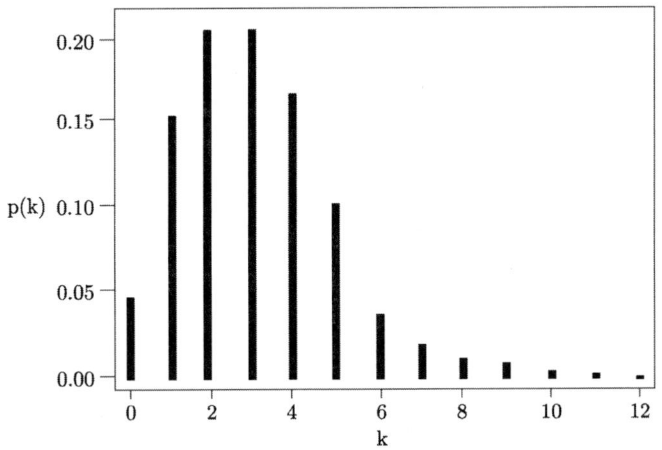

그림 2.4 $\lambda = 3$인 포아송분포의 확률질량함수

이 발생할 확률은 $\frac{\lambda}{n}$라고 할 수 있다. 즉 n등분한 소구간에서 발생하는 사건의 수는 성공의 확률이 $\frac{\lambda}{n}$인 베르누이 분포를 따르게 된다. 전체 구간에서 발생하는 사건의 수는 n등분한 구간에서 발생하는 사건의 합이므로 시행 횟수 n, 성공 확률 $\frac{\lambda}{n}$인 이항분포를 따르게 된다. 등분한 구간이 짧을수록 위의 설명이 타당해지므로 전체 구간에서 발생하는 사건의 수에 대한 확률분포는 $B(n, \frac{\lambda}{n})$의 극한이라고 할 수 있다. 이러한 사실을 바탕으로 이항분포의 확률의 극한은 포아송분포의 확률이 된다는 것을 다음과 같이 보일 수 있다.

$B(n, p)$를 따르는 확률변수 X에 대하여 $p = \frac{\lambda}{n}$일 때 $X = k$일 확률은 다음과 같이 나타낼 수 있다.

$$\begin{aligned} P(X=k) &= \frac{n!}{k!(n-k)!} p^k (1-p)^{n-k} \\ &= \frac{n!}{k!(n-k)!} \left(\frac{\lambda}{n}\right)^k \left(1-\frac{\lambda}{n}\right)^{n-k} \\ &= \frac{\lambda^k}{k!} \cdot \frac{n!}{(n-k)!\,n^k} \cdot \left(1-\frac{\lambda}{n}\right)^{-k} \left(1-\frac{\lambda}{n}\right)^n \end{aligned}$$

위 식에서 n이 무한대로 커질 때 다음이 성립함을 알 수 있다.

$$\frac{n!}{(n-k)!\,n^k} \cdot \left(1-\frac{\lambda}{n}\right)^{-k} \rightarrow 1$$

$$\left(1-\frac{\lambda}{n}\right)^n \rightarrow e^{-\lambda}$$

따라서 $X = k$일 확률은 다음 값으로 수렴한다.

$$P(X=k) \rightarrow \frac{\lambda^k e^{-\lambda}}{k!}$$

이 값은 식 (2.7)에 주어진 포아송분포의 확률과 같음을 알 수 있다.

포아송분포는 주로 다음과 같은 사건의 발생 횟수에 대한 확률분포로 이용된다.

- 하루 동안 걸려오는 전화통화 횟수

- 1년 동안 발생한 지진의 수
- 일정한 기간 동안 발생하는 특정한 사고의 수

포아송분포는 일정기간 또는 일정공간에서 발생하는 특정한 사건의 수에 대한 확률분포라고 하였다. 한편 구간의 길이 혹은 공간의 면적이 달라지면 그 구간에서 평균적으로 발생하는 사건의 수는 구간의 길이에 비례하여 변하게 되지만 사건이 발생하는 확률분포의 성격에는 변화가 없으므로 이 구간 혹은 공간에서 발생하는 사건의 수도 포아송분포를 따르게 된다. 즉 단위 시간당 발생하는 사건의 수가 $Poisson(\lambda)$를 따를 때 t시간 동안 발생하는 사건의 수의 확률분포는 다음과 같다.

$$Poisson(\lambda t)$$

예 2.9

어느 사람에게 걸려오는 전화 통화 수는 시간당 0.5통인 포아송분포를 따른다고 한다.
(a) 5시간 동안 한 통화도 걸려오지 않을 확률을 구하여라.
(b) 5시간 동안 걸려오는 통화 수가 1회일 확률을 구하여라.

풀이

(a) 포아송분포의 성질에 의하여 t시간 동안 걸려오는 전화 통화 수를 X라고 하면 X는 $Poisson(0.5t)$를 따르게 된다. 따라서 5시간 동안 한 통화도 걸려오지 않을 확률은 $P(X=0)=e^{-2.5}=0.082$이다.
(b) 5시간 동안 걸려오는 통화 수가 1회일 확률은 $P(X=1)=2.5e^{-2.5}=0.205$이다.

2.2 연속형 확률변수와 분포

확률변수가 일정한 구간에 속하는 모든 값을 가질 때 이를 **연속형 확률변수**(continuous random variable)라고 한다. 연속형 확률변수는 일정한 구간에 속하는 모든 값을 가지므로 이 구간에서 누적분포함수는 연속적으로 증가한다고 할 수 있다. 이산형 확률변수는 가질 수 있는 각 값에서 확률에 의하여 확률분포가 결정되는 반면 연속형 확률변수는 각 값에서 확률에 의하여 확률분포가 결정되지는 않는다. 연속형 확률변수 X가 a라는 값을 가질 수 있다고 하자. 이때 X가 a라는 값을 가질 확률은 다음과 같다.

$$\begin{aligned} P(X=a) &= P(X \le a) - P(X < a) \\ &= F(a) - \lim_{n\to\infty} F\left(a - \frac{1}{n}\right) \end{aligned}$$

연속형 확률변수의 누적분포함수는 연속이므로 $F(a) = \lim_{n\to\infty} F\left(a - \frac{1}{n}\right)$이다. 즉 연속형 확률변수는 어떤 특정한 값을 가질 확률이 0이 된다. 따라서 연속형 확률변수의 확률분포는 각 값에서의 확률에 의하여 결정되지는 않는다.

이산형 확률분포를 각 값에서의 확률을 나타내는 확률질량함수로 표현할 수 있는 것처럼 연속형 확률변수의 경우도 확률분포를 나타내는 함수를 생각할 수 있다. 앞에서 설명한 것처럼 확률변수의 확률분포는 누적분포함수에 의하여 결정되며 일반적으로 연속형 확률변수의 누적분포함수는 미분 가능한 함수이다. 연속형 확률변수의 누적분포함수를 미분한 함수를 **확률밀도함수**(probability density function)라고 하며 $f(x)$로 나타낸다. 즉 누적분포함수를 $F(x)$라고 할 때 확률밀도함수 $f(x)$는 다음과 같다.

$$f(x) = \frac{d}{dx} F(x)$$

반대로 확률밀도함수를 적분하면 누적분포함수를 얻을 수 있다.

$$F(x) = \int_{-\infty}^{x} f(t)\, dt$$

따라서 연속형 확률변수의 확률분포는 누적분포함수 또는 확률밀도함수로 나타낼 수 있다.

확률밀도함수는 누적분포함수를 미분한 함수이므로 다음과 같은 성질을 가지게 된다.

(i) $f(x) \ge 0$

(ii) $\int_{-\infty}^{\infty} f(x)\, dx = 1$

(iii) $P(a < X \le b) = F(b) - F(a) = \int_{a}^{b} f(x)\, dx$

누적분포함수는 증가함수이므로 이를 미분한 확률밀도함수는 항상 0보다 크거나 같게 된다. 또한 연속형 확률변수는 어느 한 값을 가질 확률이 0이므로 확률을 구할 때 어떤 한 점이 포함되는지는 중요하지 않다. 예를 들어 아래의 확률에 대한 등식이 성립한다.

$$P(a \le X \le b) = P(a < X \le b) = P(a < X < b)$$

연속형 확률변수 경우, 이산형 확률변수의 확률질량함수에 대응되는 것이 확률밀도함수이다. 한 가지 차이점은 확률질량함수는 어느 점에서의 확률을 나타내지만 확률밀도함수는 그 점에서의 확률을 나타내지는 않는다는 것이다. 그렇다면 확률밀도함수는 어떤 의미를 가지는 것일까? 예를 들어 $f(2) = 4$라는 것은 어떤 뜻일까? 확률질량함수가 한 점에서의 확률을 나타내는 값이라면 확률밀도함수는 점 근처에 속할 확률을 결정지어 주는 값이다.

아주 짧은 구간 $[x, x+\Delta x]$에 대하여 $X \in [x, x+\Delta x]$일 확률은 다음과 같다.

$$P(x \le X \le x+\Delta x) = \int_x^{x+\Delta x} f(t)\,dt \approx f(x)\Delta x$$

[그림 2.5]에서 볼 수 있는 것과 같이 짧은 구간 $[x, x+\Delta x]$에서 확률밀도함수와 x축으로 둘러싸인 부분의 면적은 근사적으로 $[x, x+\Delta x]$에서 $f(x)$를 높이로 하는 사각형의 면적과 같다. 즉 확률변수 X가 x 근처의 아주 짧은 구간에 속할 확률은 근사적으로 x에서의 확률밀도함수와 그 구간의 길이의 곱으로 주어진다. 이와 같이 확률밀도함수는 그 점에서의 확률은 아니지만 그 점 근처에 있을 확률을 결정지어 주는 값이다. 예를 들어 $f(2) = 4$일 때 확률변수가 구간 [2, 2.005]에 속할 확률은 근사적으로 $4 \times 0.005 = 0.02$임을 알 수 있다.

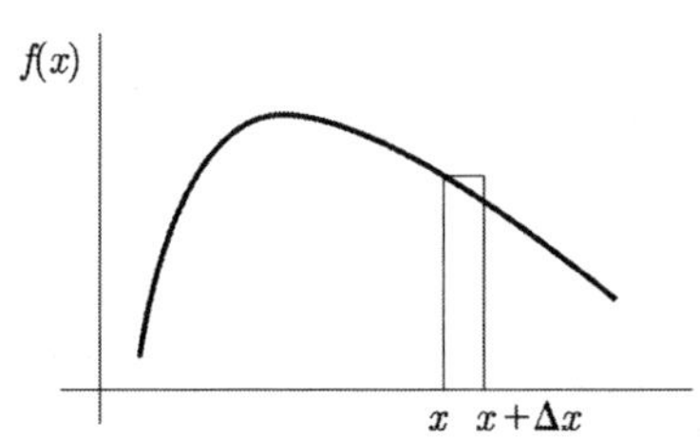

그림 2.5 구간 $[x, x+\Delta x]$에 속할 확률

예 2.10

X를 $[0, 1]$에서 임의로 선택된 수라고 할 때 X의 확률밀도함수를 구하여라.

풀이

X는 임의로 선택된 수이므로 0과 1 사이의 값 x에 대하여 $X \in [0, 1]$일 확률은 전체 구간에서 구간 $[0, x]$의 길이의 비율인 x가 될 것이다. 따라서 X의 누적분포함수는 $F(x) = x$, $0 \le x \le 1$이며 확률밀도함수는 다음과 같다.

$$f(x) = \frac{d}{dx}F(x) = \frac{d}{dx}x = 1, \quad 0 \le x \le 1$$

예 2.11

연속형 확률변수 X의 확률밀도함수가 $f(x) = 2x$, $0 \le x \le 1$일 때, 다음 물음에 답하여라.

(a) X의 누적분포함수를 구하여라.

(b) $X \in [0, 0.5]$일 확률을 구하여라.

풀이

(a) 주어진 확률밀도함수는 0과 1 사이의 구간에서만 양의 값을 가지며 나머지 영역에서는 0의 값을 가진다. 즉 X는 0과 1 사이의 구간에서만 값을 가지는 확률변수이다. 따라서 0보다 작은 x에 대하여 누적분포함수 $F(x) = 0$이고 1보다 큰 x에 대하여 $F(x) = 1$이다. 또 0과 1 사이의 x에 대하여 누적분포함수는 다음과 같다.

$$F(x) = \int_{-\infty}^{x} f(t)\,dt = \int_{0}^{x} 2t\,dt = x^2$$

이 세 경우를 간단히 표현하여 $F(x) = x^2$, $0 \le x \le 1$로 나타내기도 한다.

(b) $P(0 \le X \le 0.5) = \int_{0}^{0.5} 2t\,dt = 0.25$이다.

대표적인 연속형 확률분포로는 균일분포, 지수분포, 감마분포, 정규분포 등이 있으며, 지금부터 하나씩 살펴보기로 한다.

2.2.1 균일분포

일정한 구간에서 임의로 선택된 수에 대한 확률분포를 **균일분포**(uniform distribution) 또는 **균등분포**라고 한다. 구간 $[a, b]$에서 임의로 선택된 수를 X라고 할 때 X는 이 구간에 속하는 모든 값을 가질 가능성이 균일하다고 할 수 있다. 따라서 이 구간에 속한 x에 대하여 $X \in [a, x]$일 확률은 전체 구간의 길이 $[a, b]$ 중 구간 $[a, x]$의 길이의 비율이 될 것이다. 따라서 X의 누적분포함수는 다음과 같고

$$F(x) = P(a \le X \le x) = \frac{x-a}{b-a}, \quad a \le x \le b$$

확률밀도함수는 다음과 같다.

$$f(x) = \frac{1}{(b-a)}, \quad a \le x \le b$$

X가 구간 $[a, b]$에서 임의로 선택된 수인 균일분포를 따르는 확률변수일 때 기호로 다음과 같이 나타낸다.

$$X \sim Uniform[a,b]$$

$Uniform[a,b]$ 대신 $U[a,b]$를 사용하여 나타내기도 한다.

예 2.12

X를 구간 $[2, 5]$에서 임의로 선택된 수라고 한다.

(a) X가 4 이하일 확률을 구하여라.

(b) X의 확률밀도함수를 구하여라.

풀이

(a) $X \le 4$일 확률은 전체 구간 $[2, 5]$의 길이에서 구간 $[2, 4]$의 길이의 비율인 $\frac{2}{3}$이다.

(b) X의 확률밀도함수는 $f(x) = \frac{1}{3}$, $2 \le x \le 5$이다.

2.2.2 지수분포

일정한 구간에서 발생하는 특정한 사건의 수는 포아송분포를 따른다는 것을 앞에서 설명하였다. 발생하는 사건의 수는 이산형 확률분포를 따르는 반면 첫 번째 사건이 발생할 때까지의 시간은 0 이상의 모든 실수 값을 가질 수 있으므로 연속형 확률분포를 따르게 된다. 구체적으로 사건이 단위당 평균적으로 λ회 발생하는 포아송분포에서 첫 번째 사건이 일어날 때까지 대기 시간(waiting time)에 대한 확률분포를 구하여 보자. 첫 번째 사건이 발생할 때까지의 시간을 X라고 할 때 X의 누적분포함수는 다음과 같이 나타낼 수 있다.

$$\begin{aligned} P(X \le t) &= 1 - P(X > t) = 1 - P(\text{첫 번째 사건이 발생하는 시간} > t) \\ &= 1 - P([0, t] \text{ 사이에서 발생하는 사건의 수 } = 0) \end{aligned}$$

길이가 t인 구간에서 발생하는 사건의 수는 $Poisson(\lambda t)$를 따르므로 X의 누적분포함수는 다음과 같다.

$$P(X \le t) = 1 - P(Poisson(\lambda t) = 0) = 1 - e^{-\lambda t}$$

따라서 X의 확률밀도함수는 $f(x) = \lambda e^{-\lambda x}$, $x > 0$이다. 여기서는 X를 첫 번째 사건이 발생할 때까지의 대기 시간이라고 하였지만 사건과 사건 사이의 시간 간격도 지수분포를 따르게 됨을 보일 수 있다.

앞에서 유도된 확률밀도함수를 가지는 확률분포를 **지수분포**(exponential distribution)라고 한다. 즉 지수분포의 확률밀도함수는 다음과 같다.

$$f(x) = \lambda e^{-\lambda x},\ \lambda > 0,\ x > 0. \tag{2.8}$$

X가 (2.8)과 같은 확률밀도함수를 가지는 지수분포를 따르는 확률변수일 때 기호로는 다음과 같이 나타낸다.

$$X \sim \mathrm{Exp}\left(\frac{1}{\lambda}\right)$$

여기서 양의 상수인 λ의 의미는 포아송분포에서 단위시간당 평균적으로 발생하는 사건의 수이므로 시간의 관점에서 본다면 $\frac{1}{\lambda}$은 사건과 사건 사이의 평균적인 시간 간격 또는 첫 번째 사건이 발생할 때까지의 평균 시간이라고 할 수 있다. 따라서 지수분포에서 $\frac{1}{\lambda}$은 첫 번째 사건이 발생할 때까지의 평균적인 대기 시간이다. 포아송분포와의 관계에서 알 수 있는 것처럼 지수분포는 주로 어떤 사건이 발생할 때까지의 대기 시간 또는 제품의 수명에 대한 확률분포로 이용된다.

조건부확률을 이용하여 지수분포에 대한 한 가지 흥미로운 성질을 보일 수 있다. X가 지수분포를 따르는 확률변수일 때 0보다 큰 s와 t에 대하여 다음이 성립함을 알 수 있다.

$$P(X>t+s|X>s)=\frac{P(X>t+s,X>s)}{P(X>s)}=\frac{P(X>t+s)}{P(X>s)}$$
$$=\frac{e^{-\lambda(t+s)}}{e^{-\lambda s}}=e^{-\lambda t}=P(X>t)$$

X가 어느 제품의 수명을 나타내는 경우 위 식은 제품의 수명이 s 이상이라는 사실을 알 때 제품이 추가적으로 t 이상 지속될 확률은 제품의 수명이 처음부터 t 이상일 확률과 같다는 사실을 말하고 있다. 즉 앞으로 남은 제품의 수명에 대한 확률분포는 과거 얼마 동안 사용하였는지에 상관없다는 것이다. 이러한 지수분포의 성질을 **비기억성**(memoryless property)이라고 한다. 일반적으로 제품의 수명은 이러한 성질을 만족하지는 않지만 확률분포의 단순함 때문에 제품의 수명에 대한 확률분포로 지수분포를 자주 이용하기도 한다.

예 2.13

어느 사람에게 걸려오는 전화 통화 수가 평균적으로 1시간에 0.5통인 포아송분포를 따른다고 할 때, 다음 물음에 답하여라.

(a) 다음 통화가 걸려올 때까지의 대기 시간의 확률밀도함수를 구하여라.

(b) 다음 통화가 걸려올 때까지의 대기 시간이 1시간 이상일 확률을 구하여라.

풀이

(a) 다음 통화가 걸려올 때까지 대기 시간은 $\lambda=0.5$인 지수분포를 따르므로 확률밀도함수는 $f(x)=0.5e^{-0.5x}$, $x>0$이다.

(b) 다음 통화가 걸려올 때까지 대기 시간(X)이 1시간 이상일 확률은 다음과 같다.

$$P(X>1)=\int_1^{\infty}0.5e^{-0.5x}dx=e^{-0.5}=0.607$$

참고로, 지수분포의 확률밀도함수를 $\theta = 1/\lambda$로 치환하여 다음과 같이 나타내기도 한다.

$$f(x) = \frac{1}{\theta} e^{-\frac{x}{\theta}},\ \theta > 0,\ x > 0. \tag{2.9}$$

본 교재에서는 필요에 따라 식 (2.9)의 표현을 사용할 것이며, 이 경우 표기는 앞에서와 같은 맥락에서 $X \sim \text{Exp}(\theta)$가 됨은 유추할 수 있는 사항이다.

2.2.3 감마분포

다음과 같은 확률밀도함수를 가지는 확률분포를 **감마분포**(gamma distribution)라고 한다.

$$f(x) = \frac{\lambda^{\alpha}}{\Gamma(\alpha)} x^{\alpha-1} e^{-\lambda x},\ \alpha > 0,\ \lambda > 0,\ x \geq 0 \tag{2.10}$$

위 확률밀도함수에서 α와 λ는 양의 상수이며 $\Gamma(\alpha)$는 다음과 같이 정의된 값이다.

$$\Gamma(\alpha) = \int_0^{\infty} u^{a-1} e^{-u}\, du \tag{2.11}$$

X가 식 (2.10)과 같은 확률밀도함수를 갖는 감마분포를 따르는 확률변수일 때 기호로는 다음과 같이 나타낸다.

$$X \sim \text{Gamma}\left(\alpha, \frac{1}{\lambda}\right)$$

[그림 2.6]은 몇 가지 α와 λ값에 따른 감마분포의 확률밀도함수를 보여주고 있다. 여기서 (a)를 보면 α에 따라 모양이 완전히 바뀌고 있어 α를 **형상모수**(shape parameter)라고 하며, (b)에서 $1/\lambda$의 변화에 따라서는 분포의 폭이 변하고 있어 $1/\lambda$을 **척도모수**(scale parameter)라고 한다.

감마분포의 확률밀도함수 (2.10)에서 척도모수 $1/\lambda$을 β라고 하면 다음과 같이 나타내낼 수 있으며, 기호로는 $X \sim \text{Gamma}(\alpha, \beta)$으로 나타낸다.

$$f(x) = \frac{1}{\Gamma(\alpha)\beta^{\alpha}} x^{\alpha-1} e^{-\frac{x}{\beta}},\ \alpha > 0,\ \beta > 0,\ x \geq 0 \tag{2.12}$$

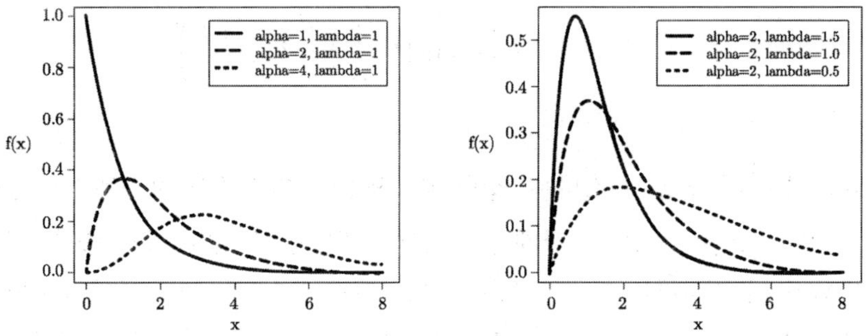

(a) $\alpha = 1, 2, 4,\ \frac{1}{\lambda} = 1$ (b) $\alpha = 2,\ \frac{1}{\lambda} = \frac{2}{3}, 1, 2$

그림 2.6 감마분포의 확률밀도함수

한편 식 (2.11)에서 정의한 $\Gamma(\alpha)$에 대하여 다음과 같은 사실을 확인할 수 있다.

- $\Gamma(1) = \int_0^\infty e^{-u}\, du = 1$
- 부분적분을 사용하면 다음과 같은 사실을 알 수 있다.

$$\begin{aligned}\Gamma(\alpha) &= \int_0^\infty u^{\alpha-1} e^{-u}\, du \\ &= (\alpha-1)\int_0^\infty u^{\alpha-2} e^{-u}\, du \\ &= (\alpha-1)\Gamma(\alpha-1)\end{aligned}$$

- $\alpha = n$일 때 위의 사실을 반복하여 사용하면 $\Gamma(n) = (n-1)!$임을 알 수 있다.
- 극좌표를 이용한 적분을 통해 $\Gamma\left(\frac{1}{2}\right) = \sqrt{\pi}$임을 알 수 있다.

감마분포는 지수분포를 일반화한 것으로 볼 수 있다. $\alpha = 1$일 때 감마분포의 확률밀도함수는 지수분포의 확률밀도함수가 됨을 쉽게 알 수 있다. 즉 지수분포와 감마분포 사이에는 다음 관계가 있다.

$$\text{Gamma}\left(1, \frac{1}{\lambda}\right) \overset{d}{=} \text{Exp}\left(\frac{1}{\lambda}\right)$$

여기서 $\overset{d}{=}$은 분포가 같다는 의미이다. 또한 감마분포가 지수분포를 일반화한 것이라는 것은 포아송분포와의 관계를 통해서도 확인할 수 있다. 포아송분포에서 첫 번째 사건까지 대기 시간이 지수분포를 따르는 것과 같이 포아송분포에서 n번째 사건까지의 대기 시간이 $\alpha = n$인 감마분포를 따른다는 것을 보일 수 있다. X를 포아송분포에서 n번째 사건까지 대기 시간이라고 할 때 대기 시간이 t보다 클 확률은 다음과 같이 나타낼 수 있다.

$$\begin{aligned} P(X > t) &= P(n\text{번째 사건의 발생 시간} > t) \\ &= P([0, t]\text{ 사이에서 발생하는 사건의 수} \le n-1) \end{aligned}$$

한편 구간 $[0, t]$에서 발생하는 사건의 수는 평균이 λt인 포아송분포를 따르므로 $P(X > t)$는 다음과 같다.

$$\begin{aligned} P(X > t) &= P(Poisson(\lambda t) \le (n-1)) \\ &= \sum_{k=0}^{n-1} \frac{(\lambda t)^k}{k!} e^{-\lambda t} \end{aligned}$$

따라서 X의 누적분포함수는 다음과 같다.

$$F(t) = 1 - \sum_{k=0}^{n-1} \frac{(\lambda t)^k}{k!} e^{-\lambda t}$$

이를 미분한 확률밀도함수는 다음과 같다.

$$\begin{aligned} f(t) &= \frac{d}{dt}\left(1 - \sum_{k=0}^{n-1} \frac{(\lambda t)^k}{k!} e^{-\lambda t}\right) \\ &= -\sum_{k=0}^{n-1}\left(\frac{k\lambda^k t^{k-1}}{k!} e^{-\lambda t} - \frac{\lambda^k t^k}{k!} \lambda e^{-\lambda t}\right) \\ &= -\sum_{k=1}^{n-1} \frac{\lambda^k}{(k-1)!} t^{k-1} e^{-\lambda t} + \sum_{k=0}^{n-1} \frac{\lambda^{k+1}}{k!} t^k e^{-\lambda t} \end{aligned}$$

$$= \frac{\lambda^n}{(n-1)!} t^{n-1} e^{-\lambda t}$$

즉 포아송분포에서 n번째 사건까지 대기 시간의 확률밀도함수는 $\alpha = n$인 감마분포의 확률밀도함수와 같음을 알 수 있다.

감마분포의 특별한 경우로 **카이제곱분포**(chi-square distribution)가 있다. 식 (2.10)의 감마분포에서 $\alpha = \frac{n}{2}$이고 $\lambda = \frac{1}{2}$인 경우, 즉 식 (2.12)에서는 $\alpha = \frac{n}{2}$이고 $\beta = 2$인 확률밀도함수를 갖는 확률분포를 자유도(degree of freedom)가 n인 카이제곱분포라고 한다. 확률변수 X가 자유도 n인 카이제곱분포를 따를 때 다음과 같이 나타낸다.

$$X \sim \chi^2(n)$$

따라서 자유도 n인 카이제곱분포의 확률밀도함수는 다음과 같이 쓸 수 있다.

$$f(x) = \frac{1}{\Gamma\left(\frac{n}{2}\right) 2^{\frac{n}{2}}} x^{\frac{n}{2}-1} e^{-\frac{x}{2}}, \ x \ge 0$$

2.2.4 정규분포

다음과 같은 확률밀도함수를 가지는 확률분포를 **정규분포**(normal distribution)라고 한다.

$$f(x) = \frac{1}{\sqrt{2\pi\sigma^2}} e^{-\frac{1}{2}\frac{(x-\mu)^2}{\sigma^2}}, \ -\infty < \mu < \infty, \sigma^2 > 0, \ -\infty < x < \infty \quad (2.13)$$

위 확률밀도함수에서 μ와 σ^2은 정규분포의 중심 위치와 퍼진 정도를 나타내는 상수이다. X가 (2.13)의 정규분포를 따르는 확률변수일 때 기호로는 다음과 같이 나타낸다.

$$X \sim N(\mu, \sigma^2)$$

특히 $\mu = 0$이고 $\sigma^2 = 1$인 정규분포를 **표준정규분포**(standard normal distribution)라고 한다. [그림 2.7]은 표준정규분포의 확률밀도함수를 보여 주고 있다. 표준정규분포의 누적분포함수는 일반적으로 $\Phi(x)$를 사용하여 나타낸다. 즉 $\Phi(x)$는 표준정규분포의 확률밀도함수를 x까지 적분한 값이다.

$$\Phi(x) = \int_{-\infty}^{x} \frac{1}{\sqrt{2\pi}} e^{-\frac{t^2}{2}} dt$$

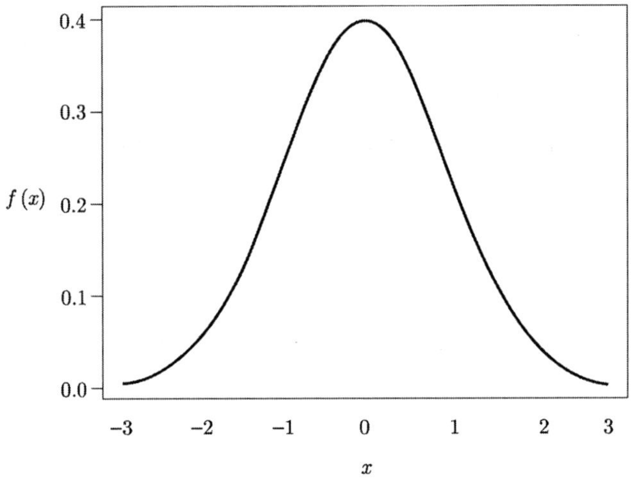

그림 2.7 표준정규분포의 확률밀도함수

2.2.5 베타분포

다음과 같은 확률밀도함수를 가지는 확률분포를 **베타분포**(beta distribution)라 한다.

$$f(x) = \frac{\Gamma(\alpha+\beta)}{\Gamma(\alpha)\Gamma(\beta)} x^{\alpha-1}(1-x)^{\beta-1}, \ \alpha, \beta > 0, \ 0 \le x \le 1.$$

위의 확률밀도함수에서 α와 β는 확률분포의 형태를 결정하는 양의 상수이다. X가 베타분포를 따르는 확률변수일 때 기호로는 다음과 같이 나타내며, [그림 2.8]은 몇 가지 α와 β값에 따른 베타분포의 확률밀도함수를 보여주고 있다.

$$X \sim \text{Beta}(\alpha, \beta)$$

참고로, $\alpha = \beta = 1$인 경우에 베타분포는 $[0, 1]$에서 균일분포와 같음을 알 수 있다.

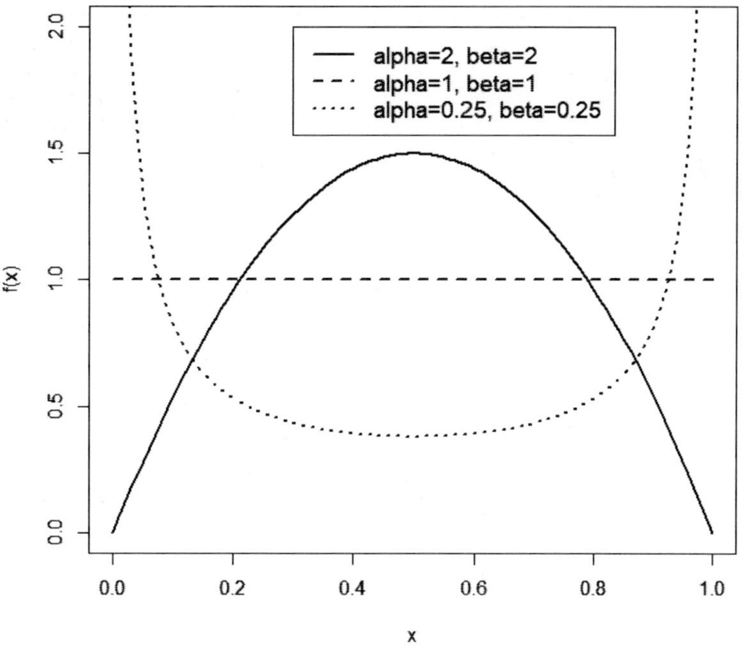

그림 2.8 베타분포의 확률밀도함수

2.2.6 코쉬분포

다음과 같은 확률밀도함수를 가지는 확률분포를 **코쉬분포**(Cauchy distribution), 또는 **로렌츠분포**(Lorentz distribution)라고 한다.

$$f(x) = \frac{1}{\pi}\left(\frac{s}{s^2 + (x - x_0)^2}\right),\ s > 0,\ -\infty < x < \infty.$$

이때 x_0는 위치모수(location parameter), s는 척도모수(scale parameter)라고 한다. 여기서 $x_0 = 0, s = 1$이면 확률밀도함수는

$$f(x) = \frac{1}{\pi(1 + x^2)},\ -\infty < x < \infty.$$

이며, 이를 **표준코쉬분포**(standard Cauchy distribution)라고 한다. [그림 2.9]는 몇 가지 x_0와 s 값에 따른 코쉬분포의 확률밀도함수를 보여주고 있다. 코쉬분포는 정규분포처럼 좌우 대칭이지만 꼬리 부분이 두꺼우며 그에 따라 이러한 특성을 갖는 재무 및 금융자료 등에 자주 사용된다.

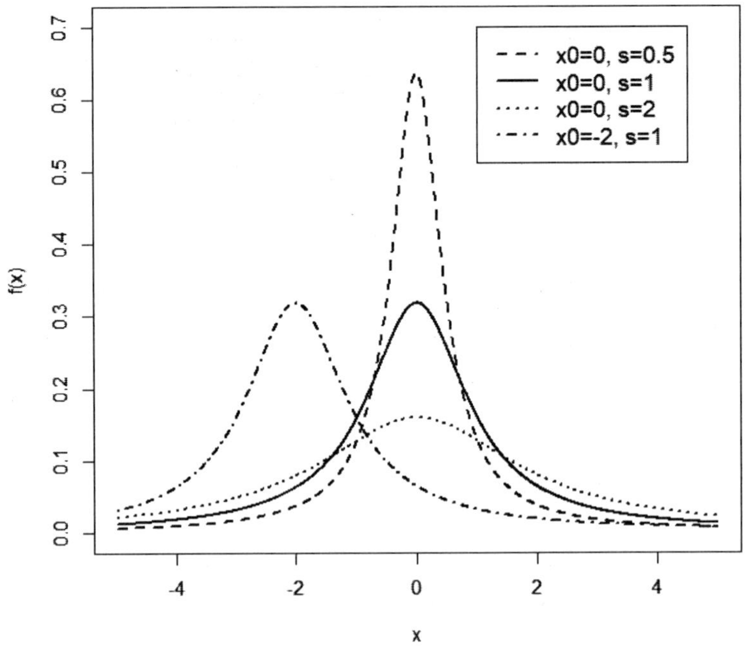

그림 2.9 코쉬분포의 확률밀도함수

2.2.7 이중지수분포

다음과 같은 확률밀도함수를 가지는 확률분포를 **이중지수분포**(double exponential distribution), 또는 **라플라스분포**(Laplace distribution)라고 한다.

$$f(x) = \frac{1}{2\beta}\exp\left\{-\frac{|x-\alpha|}{\beta}\right\},\ -\infty < \alpha < \infty,\ \beta > 0,\ -\infty < x < \infty.$$

이때 α는 위치모수(location parameter), β는 척도모수(scale parameter)라고 한다. X가 이중지수분포를 따르는 확률변수일 때 기호로는 다음과 같이 나타낸다.

$$X \sim \mathrm{DE}\,(\alpha, \beta)$$

여기서 $\alpha = 0, \beta = 1$이면 이중지수분포의 확률밀도함수는

$$f(x) = \frac{1}{2}e^{-|x|},\ -\infty < x < \infty.$$

으로 주어진다.

참고로, 표준정규분포, 표준코쉬분포 및 이중지수분포($\alpha=0, \beta=1$)의 확률밀도함수를 비교해 보기 위해 [그림 2.10]에 나타내었다. 꼬리 부분의 두께에 차이가 있음을 알 수 있다.

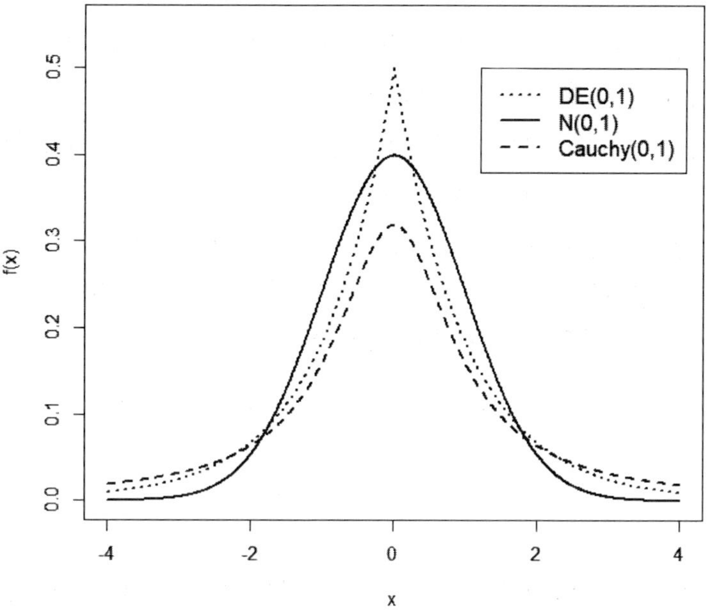

그림 2.10 표준정규분포, 표준코쉬분포, 이중지수분포의 확률밀도함수

2.3 변수변환

X의 확률분포를 이용하여 $Y=g(X)$의 확률분포를 구하는 방법을 알아보자. 예를 들어 X의 확률분포를 이용하여 $Y=X^2$ 또는 $Y=e^X$ 등의 확률분포를 구하여 보자.

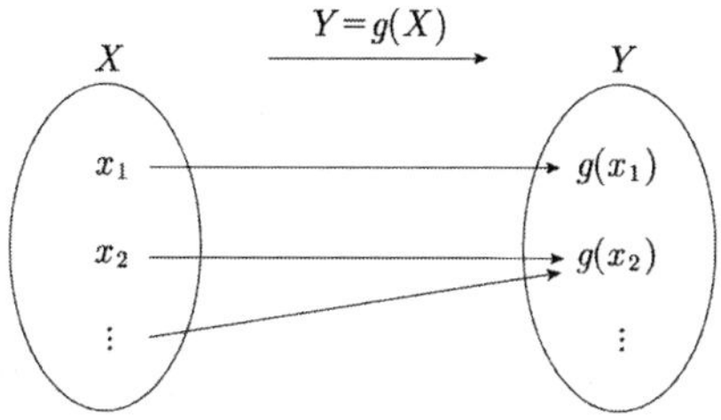

그림 2.11 $Y=g(X)$의 변환

2.3.1 이산형 확률변수의 변환

X가 $x_1, x_2, \cdots$ 중 하나의 값을 가지는 이산형 확률변수일 때 함수 $y = g(x)$에 의하여 $x_1, x_2, \cdots$는 [그림 2.11]과 같이 $g(x_1), g(x_2), \cdots$로 변환된다. 따라서 $Y = g(X)$는 $g(x_1), g(x_2), \cdots$ 중에서 하나의 값을 가지는 이산형 확률변수이다. 사건 $\{Y = y\}$는 확률변수 X를 이용하여 표현할 때 $\{g(X) = y\}$로 나타낼 수 있다. 그런데 함수 $y = g(x)$는 일대일 함수가 아닐 수 있으므로 $g(x) = y$인 x는 하나 이상 있을 수 있다. $g(x) = y$인 x들의 모임을 $g^{-1}(y)$라고 하자. 즉 $g^{-1}(y)$는 $\{x : g(x) = y\}$인 집합을 나타낸다. 이때 $\{g(X) = y\}$인 사건은 X의 값이 $g^{-1}(y)$에 속하는 경우이다. 따라서 $g(X) = y$일 확률은 X의 값이 $g^{-1}(y)$에 속할 확률이 된다. 이를 요약하면 다음과 같이 정리할 수 있다. X의 확률질량함수가 $p_X(x)$일 때 $Y = g(X)$의 확률질량함수 $p_Y(y)$는 다음과 같이 구할 수 있다.

$$\begin{aligned} p_Y(y) &= P(Y = y) = P(g(X) = y) \\ &= P(X \in g^{-1}(y)) = \sum_{x \in g^{-1}(y)} p_X(x) \end{aligned}$$

앞에서 이산형 확률변수의 변환을 어렵게 설명하였지만 예를 통해 살펴보면 쉽게 이해할 수 있을 것이다. 예를 들어 X의 확률질량함수가 다음과 같을 때 $Y = X^2$의 확률질량함수를 구하여 보도록 하자.

x	−1	0	1	2
$p_X(x)$	0.1	0.2	0.3	0.4

X가 가지는 값은 −1, 0, 1, 2이므로 이를 제곱한 Y는 0, 1, 4의 값을 가진다. $Y = 0$인 사건은 $X = 0$에 대응되므로 $Y = 0$일 확률은 다음과 같다.

$$P(Y = 0) = P(X = 0) = 0.2$$

$Y = 1$인 사건은 $X = -1$ 또는 $X = 1$에 대응되므로 $Y = 1$일 확률은 다음과 같다.

$$P(Y = 1) = P(X = -1) + P(X = 1) = 0.4$$

이 예에서 $g^{-1}(1)$은 −1과 1을 원소로 가지는 집합이라고 할 수 있다. 한편 $Y = 4$인 사건은 $X = 2$인 경우에 대응되므로 $Y = 4$일 확률은 다음과 같다.

$$P(Y=4)=P(X=2)=0.4$$

따라서 $Y=X^2$의 확률질량함수는 다음과 같다.

y	0	1	4
$p_Y(y)$	0.2	0.4	0.4

2.3.2 연속형 확률변수의 변환

이산형 확률변수의 변환이 이산형 확률변수가 되는 것처럼 연속형 확률변수 X를 변환한 $Y=g(X)$도 일반적으로 연속형 확률변수가 된다. 연속형 확률변수 $Y=g(X)$의 확률분포를 구하는 방법은 먼저 Y의 누적분포함수를 구하고 이를 미분하여 확률밀도함수를 구하는 것이다. 여기에서는 혼동을 피하기 위하여 X의 확률밀도함수와 누적분포함수를 $f_X(x)$와 $F_X(x)$로 나타내고 Y의 확률밀도함수와 누적분포함수를 $f_Y(y)$와 $F_Y(y)$로 나타내도록 하자.

X의 확률밀도함수 $f_X(x)$로부터 Y의 확률밀도함수 $f_Y(y)$를 구하는 방법을 간단한 형태의 선형변환부터 생각하여 보자.

(i) $Y=2X$일 때 Y의 누적분포함수를 X의 누적분포함수로 나타내면 다음과 같다.

$$F_Y(y)=P(Y\le y)=P(2X\le y)=P\left(X\le \frac{y}{2}\right)=F_X\left(\frac{y}{2}\right)$$

X의 누적분포함수 $F_X(\cdot)$를 미분하면 $f_X(\cdot)$이므로 Y의 확률밀도함수는 다음과 같다.

$$f_Y(y)=\frac{d}{dy}F_Y(y)=\frac{d}{dy}F_X\left(\frac{y}{2}\right)=\frac{1}{2}f_X\left(\frac{y}{2}\right)$$

(ii) 양의 상수 a에 대하여 $Y=aX+b$의 누적분포함수를 X의 누적분포함수로 나타내면 다음과 같다.

$$F_Y(y)=P(Y\le y)=P(aX+b\le y)=P\left(X\le \frac{y-b}{a}\right)=F_X\left(\frac{y-b}{a}\right)$$

이를 y에 대하여 미분하여 구할 수 있는 Y의 확률밀도함수는 다음과 같다.

$$f_Y(y) = \frac{d}{dy}F_Y(y) = \frac{d}{dy}F_X\left(\frac{y-b}{a}\right) = \frac{1}{a}f_X\left(\frac{y-b}{a}\right) \tag{2.14}$$

(iii) 음의 상수 a에 대하여 $Y = aX + b$의 누적분포함수를 X의 누적분포함수로 나타내면 다음과 같다.

$$F_Y(y) = P(Y \le y) = P(aX + b \le y) = P\left(X \ge \frac{y-b}{a}\right) = 1 - F_X\left(\frac{y-b}{a}\right)$$

이를 미분한 Y의 확률밀도함수는 다음과 같다.

$$f_Y(y) = \frac{d}{dy}F_Y(y) = \frac{d}{dy}\left(1 - F_X\left(\frac{y-b}{a}\right)\right) = -\frac{1}{a}f_X\left(\frac{y-b}{a}\right) \tag{2.15}$$

앞의 선형변환 $Y = aX + b$에 대하여 상수 a가 양수일 때와 음수일 때로 나누어 구한 확률밀도함수는 하나의 식으로 나타낼 수 있다. $Y = aX + b$의 확률밀도함수를 나타내는 식 (2.14)와 식 (2.15)의 차이점은 a가 양수일 경우는 $\frac{1}{a}$이고 a가 음수일 경우는 $-\frac{1}{a}$이라는 것이다. 이를 하나로 표현하면 $\left|\frac{1}{a}\right|$로 나타낼 수 있으므로 $Y = aX + b$일 때 Y의 확률 밀도함수는 다음과 같다.

$$f_Y(y) = \left|\frac{1}{a}\right| f_X\left(\frac{y-b}{a}\right) \tag{2.16}$$

예 2.14

X가 $N(\mu, \sigma^2)$를 따르는 확률변수일 때 $Y = aX + b$의 확률분포를 구하여라. 또한 $Y = \frac{X-\mu}{\sigma}$는 표준정규분포를 따름을 보여라.

풀이

식 (2.16)을 이용하여 Y의 확률밀도함수를 구하면 다음과 같다.

$$f_Y(y) = \left|\frac{1}{a}\right| f_X\left(\frac{y-b}{a}\right)$$

$$= \frac{1}{|a|}\frac{1}{\sqrt{2\pi\sigma^2}}e^{-\frac{\left(\frac{y-b}{a}-\mu\right)^2}{2\sigma^2}} = \frac{1}{\sqrt{2\pi\sigma^2 a^2}}e^{-\frac{(y-a\mu-b)^2}{2\sigma^2 a^2}}$$

이는 정규분포를 나타내는 확률밀도함수에서 μ 대신에 $a\mu+b$, σ^2 대신에 $a^2\sigma^2$을 사용한 식이다. 따라서 $Y=aX+b$는 정규분포 $N(a\mu+b, a^2\sigma^2)$를 따르는 확률변수이다. 한편 $a=\frac{1}{\sigma}$이고 $b=-\frac{\mu}{\sigma}$일 때 $a\mu+b=0$, $a^2\sigma^2=1$이므로 $Y=\frac{X-\mu}{\sigma}$의 확률분포는 표준정규분포가 됨을 알 수 있다.

이번에는 선형변환 대신에 좀 더 일반적인 변환 $Y=g(X)$의 확률분포를 구하는 방법을 다루도록 하자. 먼저 함수 $g(\cdot)$의 역함수 $g^{-1}(\cdot)$가 존재하고 미분 가능한 경우를 알아보자. 역함수가 존재한다는 것은 $g(\cdot)$는 단조 증가하거나 단조 감소한다는 것을 의미한다. $g(\cdot)$가 단조증가함수일 때 $Y=g(X)$의 누적분포함수를 X의 누적분포함수로 나타내면 다음과 같다.

$$F_Y(y)=P(Y\le y)=P(g(X)\le y)=P(X\le g^{-1}(y))=F_X(g^{-1}(y))$$

따라서 Y의 확률밀도함수는 다음과 같다.

$$f_Y(Y)=\frac{d}{dy}F_Y(y)=f_X(g^{-1}(y))\cdot\frac{d}{dy}g^{-1}(y) \tag{2.17}$$

한편 $g(\cdot)$가 단조감소함수이면 부등식의 영역 $\{g(X)\le y\}$를 만족하는 X의 영역은 $\{X\ge g^{-1}(y)\}$이다. 따라서 Y의 누적분포함수와 이를 미분한 확률밀도함수는 다음과 같이 구할 수 있다.

$$F_Y(y)=P(Y\le y)=P(g(X)\le y)=P(X\ge g^{-1}(y))=1-F_X(g^{-1}(y))$$

$$f_Y(x)=\frac{d}{dy}F_Y(y)=-f_X(g^{-1}(y))\cdot\frac{d}{dy}g^{-1}(y) \tag{2.18}$$

함수 $g(\cdot)$의 역함수가 미분 가능할 때 $Y=g(X)$의 확률밀도함수를 나타내는 식 (2.17)과 (2.18)의 차이점은 단조감소함수일 때 '−1'이 곱해져 있다는 것이다. 그런데 $g(\cdot)$가 단조증가함수일 때 역함수 $g^{-1}(\cdot)$도 단조증가함수이다. 따라서 이를 미분한 $\frac{d}{dy}g^{-1}(y)$는 양의 값을 가진다. 반대로 $g(\cdot)$가 단조감소함수일 때 역함수 $g^{-1}(\cdot)$도 단조감소함수이므로 $\frac{d}{dy}g^{-1}(y)$는 음의 값을 가진다. 따라서 $g(\cdot)$가 단조증가함수일 때와 단조감소함수일 때를 함께 묶어서 다음 정리를 얻을 수 있다.

정리 2.1

$f_X(x)$는 연속형 확률변수 X의 확률밀도함수이며 함수 $g(\cdot)$의 역함수가 존재하고 미분 가능할 때 $Y=g(X)$의 확률밀도함수는 다음과 같다.

$$f_Y(y) = f_X(g^{-1}(y)) \cdot \left| \frac{d}{dy} g^{-1}(y) \right| \tag{2.19}$$

위의 정리 2.1에서 한 가지 주의할 사항은 실수 전체에서 $y=g(x)$의 역함수가 존재하고 미분 가능할 필요는 없다는 것이다. 위의 식 (2.19)를 사용하여 $Y=g(X)$의 확률밀도함수를 구하기 위한 조건은 X가 취할 수 있는 값을 가지는 영역에서 $g(\cdot)$의 역함수가 존재하고 미분 가능하면 된다. 참고로 다음의 예 2.15에서 $g(x)=\frac{1}{x}$는 $x=0$에서 역함수가 존재하지 않는 경우이고 $X=0$일 확률은 0이다.

예 2.15

X가 $Uniform\,[0,1]$를 따르는 확률변수일 때 $Y=\frac{1}{X}$의 확률밀도함수를 구하여라.

풀이

함수 $g(x)=\frac{1}{x}$는 영역 $(0, 1]$에서 역함수 $g^{-1}(y)=\frac{1}{y}$가 존재하고 미분 가능한 함수이다. 주어진 함수가 미분 가능하지 않은 한 점 $x=0$의 확률은 0이므로 정리 2.1을 적용하여 $Y=\frac{1}{X}$의 확률밀도함수를 구할 수 있다. X의 확률밀도함수는 $f_X(x)=1,\quad 0 \le x \le 1$이므로 $Y=\frac{1}{X}$의 확률밀도함수는 다음과 같다.

$$f_Y(y) = f_X(g^{-1}(y)) \cdot \left| \frac{d}{dy} g^{-1}(y) \right| = f_X\left(\frac{1}{y}\right) \cdot \left| \frac{d}{dy} \frac{1}{y} \right| = \frac{1}{y^2}, \qquad 1 \le y < \infty$$

위에서 확률변수 X의 범위는 $[0, 1]$이므로 $Y=\frac{1}{X}$의 범위는 $[1, \infty)$로 바뀐다.

정리 2.1은 함수 $g(\cdot)$의 역함수가 존재하고 미분 가능한 경우만 적용될 수 있으며 일반적인 변환 $Y=g(X)$에 대해서는 어떤 공식에 의하여 Y의 확률밀도함수를 구할 수는 없다. 일반적인 변환에 대해서는 먼저 Y의 누적분포함수를 찾고 이를 이용하여 확률밀도함수를 구하여야 한다. 다음 예는 이러한 과정을 보여 주고 있다.

예 2.16

X가 표준정규분포를 따르는 확률변수일 때 $Y=X^2$의 확률분포를 구하여라.

풀이

X는 표준정규분포를 따르는 확률변수이므로 $f_X(x)=\frac{1}{\sqrt{2\pi}}e^{-\frac{x^2}{2}}$이다. 한편 Y의 누적분포 함수를 X의 누적분포함수로 나타내면 다음과 같다.

$$F_Y(y)=P(Y\le y)=P(-\sqrt{y}\le X\le \sqrt{y})=F_X(\sqrt{y})-F_X(-\sqrt{y})$$

이를 미분한 Y의 확률밀도함수는 다음과 같다.

$$\begin{aligned} f_Y(y) &= \frac{d}{dy}F_Y(y)=f_X(\sqrt{y})\frac{1}{2\sqrt{y}}+f_X(-\sqrt{y})\frac{1}{2\sqrt{y}} \\ &= \frac{1}{\sqrt{2\pi}}e^{-\frac{1}{2}y}\frac{1}{\sqrt{y}}=\frac{1}{\sqrt{\pi}\,2^{1/2}}y^{\frac{1}{2}-1}e^{-\frac{1}{2}y}, \qquad y>0 \end{aligned}$$

이는 식 (2.12)에서 $\alpha=\frac{1}{2}$이고 $\beta=2$인 감마분포, 즉 자유도가 1인 카이제곱분포의 확률밀도함수이다.

변수변환을 이용하여 다음 두 정리를 얻을 수 있다.

정리 2.2

연속형 확률변수 X의 누적분포함수가 $F(\cdot)$일 때 $Y=F(X)$라고 하면, Y는 균일분포를 따른다. 즉 다음이 성립한다.

$$Y=F(X)\sim Uniform(0,1)$$

증명

0과 1 사이의 값 y에 대하여 Y의 누적분포함수는 다음과 같이 나타낼 수 있다.

$$F_Y(y) = P(Y \leq y) = P(F(X) \leq y)$$

연속형 확률변수의 누적분포함수인 $F(x)$는 단조증가함수이며 그 역함수가 존재하게 된다. 따라서 사건 $\{F(X) \leq y\}$는 $\{X \leq F^{-1}(y)\}$와 같고 Y의 누적분포함수는 다음과 같다.

$$F_Y(y) = P(X \leq F^{-1}(y)) = F(F^{-1}(y)) = y$$

즉 Y는 $Uniform(0,1)$을 따른다.
위 정리를 이용하면 $X \sim \text{Exp}(1/\lambda)$일 때, X의 누적분포함수는 $F(x) = 1 - e^{-\lambda x}$이므로 $Y = 1 - e^{-\lambda X}$의 확률분포는 $Uniform(0,1)$임을 알 수 있다. ◀

정리 2.3

U가 $Uniform(0,1)$을 따르는 확률변수이고 $F(\cdot)$는 연속형 확률분포의 누적분포함수일 때 $Y = F^{-1}(U)$라고 하면, Y는 누적분포함수 $F(\cdot)$를 갖는 확률변수가 된다.

증명

Y의 누적분포함수는 다음과 같음을 확인할 수 있다.

$$F_Y(y) = P(Y \leq y) = P(F^{-1}(U) \leq y) = P(U \leq F(y)) = F(y)$$

예를 들어 지수분포 $\text{Exp}(1/\lambda)$의 누적분포함수는 $F(x) = 1 - e^{-\lambda x}$이고 그 역함수는 $F^{-1}(x) = -\dfrac{1}{\lambda}\log(1-x)$이다. 따라서 $U \sim Uniform(0,1)$일 때 다음과 같이 정의된 Y는 $\text{Exp}(1/\lambda)$를 따르는 확률변수이다.

$$Y = -\frac{1}{\lambda}\log(1-U)$$

위 정리를 활용하면 $Uniform(0,1)$를 따르는 난수(random number)로부터 다른 확률분포를 따르는 난수를 만들 수 있다. 컴퓨터를 이용하여 $Uniform(0,1)$로부터 난수를 생성하고, 이 값을 어떤 확률분포의 누적분포함수의 역함수를 통하여 변환하면 이 값은 주어진 확률분포를 따르는 난수가 된다. 예를 들어 $Uniform(0,1)$로부터 생성된 랜덤넘버를 다음과 같이 나타낼 때

$$U_1, U_2, \cdots, U_n$$

지수분포의 누적분포함수의 역함수인 $F^{-1}(x) = -\frac{1}{\lambda}\log(1-x)$를 통하여 변환한 난수는 지수분포를 따르게 된다. 즉

$$-\frac{1}{\lambda}\log(1-U_1),\ -\frac{1}{\lambda}\log(1-U_2),\ \dots\ ,\ -\frac{1}{\lambda}\log(1-U_n)$$

은 $\mathrm{Exp}(1/\lambda)$을 따르는 난수들이 된다. 이처럼 어떤 분포의 누적분포함수의 역함수만 있다면 그 분포를 따르는 난수를 생성할 때 크게 기여하는 것이 정리 2.3의 내용이다.

◀

2.4 R을 이용한 실습

R에서 확률분포와 관련된 함수들로는 〈표 2.1〉과 같이 4가지 형태가 있으며, 각 함수의 의미를 함께 제시하였다. 확률분포마다 사용해야할 분포명과 모수가 달라짐에 유의하고, 이산형과 연속형 확률분포에 대해 각각 구체적인 함수를 알아보기로 하자.

표 2.1 R에서 확률분포 관련 함수

함수 형태	의미
d*(x, 모수), 즉 d분포명(x, 모수)	x에서의 확률값 또는 확률밀도함수 $f(x)$
p*(x, 모수), 즉 p분포명(x, 모수)	누적확률값 $F(x)$, 즉 누적분포함수
q*(p, 모수), 즉 q분포명(p, 모수)	누적확률값이 p가 되게 하는 x값, 즉 $P(X \le x) = p$인 분위수 x값
r*(n, 모수), 즉 r분포명(n, 모수)	주어진 분포를 따르는 난수 n개 생성

2.4.1 R에서 이산형 확률분포

앞에서 학습한 이산형 확률분포에 관련된 R 함수로는 〈표 2.2〉에 제시된 것들이 있다. 함수 사용에서 필요한 인자를 입력하는 형태는 R 창에서 help(dbinom) 등과 같이 입력하여 도움말을 활용하기 바란다.

표 2.2 R에서 이산형 확률분포 관련 함수

분포	확률질량함수 $P(X=x)$	누적분포함수 $P(X \leq x)$	분위수함수	난수 생성
이항분포	dbinom	pbinom	qbinom	rbinom
기하분포	dgeom	pgeom	qgeom	rgeom
음이항분포	dnbinom	pnbinom	qnbinom	rnbinom
초기하분포	dhyper	phyper	qhyper	rhyper
포아송분포	dpois	ppois	qpois	rpois

예 2.17

정육면체 주사위를 10번 던져 3이나 6이 나오는 횟수를 확률변수 X라고 할 때, R을 이용하여 $P(X=2)$, $P(X \leq 4)$를 구하여라. 그리고 확률변수 X가 취할 수 있는 난수 1000개를 생성하여 평균과 분산을 구하여라.

R 명령문 및 결과

```
❶ > dbinom(2, 10, 1/3)
❷   [1] 0.1950922
❸ > pbinom(4, 10, 1/3)
❹   [1] 0.7868719
❺ > sample <- rbinom(1000, 10, 1/3)
❻ > head(sample)
❼   [1] 4 3 3 2 2 3
❽ > mean(sample)
❾   [1] 3.314
❿ > var(sample)
⓫   [1] 2.241646
```

해설

❶	확률변수 X는 $B(10, 1/3)$을 따르므로 이항분포의 확률값을 구하는 함수인 `dbinom`을 사용하여 $X=2$일 확률을 계산
❷	$P(X=2)$ 계산 결과
❸	$X \sim B(10, 1/3)$일 때, `pbinom`을 사용하여 $P(X \le 4)$를 계산
❹	$P(X \le 4)$ 계산 결과
❺	이항분포의 난수를 생성하는 함수인 `rbinom`을 사용하여 1000개의 난수를 생성한 후 `sample`로 지정한다.
❻	`head(sample)`을 실행하여 난수 중 처음 여섯 개의 값을 확인할 수 있다.
❼	확인된 여섯 개의 값
❽	평균을 구하는 함수인 `mean`을 이용하여 `sample`의 평균을 계산한다.
❾	실행 결과이다.
❿	분산을 구하는 함수인 `var`를 이용하여 `sample`의 분산을 계산한다.
⓫	실행 결과이다.

참고

R에서 난수는 발생시킬 때마다 다른 값들이 생성된다. 만일 반복할 때 확인, 혹은 방법 간의 비교 등 특별한 목적을 위해 이전과 동일한 난수 값을 발생시키길 원할 경우에는 **set.seed** 함수를 이용하여 시스템 내부의 초기 기준값(seed number)을 지정하여 난수를 생성시키면 된다. 이 함수를 사용하지 않았을 때는 디폴트로 시스템의 시간이 초기 기준값으로 사용되었다고 보면 된다.

R 명령문 및 결과

```
❶ > set.seed(123)
❷ > sample1<-rbinom(10, 8, 1/3)
❸ > sample1
❹   [1] 2 4 2 4 5 1 3 4 3 2
❺ > sample2<-rbinom(10, 8, 1/3)
❻ > sample2
❼   [1] 5 2 3 3 1 4 2 1 2 5
❽ > set.seed(123)
❾ > sample3<-rbinom(10, 8, 1/3)
❿ > sample3
⓫   [1] 2 4 2 4 5 1 3 4 3 2
```

해설	
❶	난수 발생 초기 기준값 123으로 설정
❷	$B(8, 1/3)$에서 난수 10개 생성해서 `sample1`에 저장
❸	저장된 `sample1` 확인
❹	`sample1` 출력 결과
❺	다시 $B(8, 1/3)$에서 난수 10개 생성해서 `sample2`에 저장
❻	저장된 `sample2` 확인
❼	`sample2` 출력 결과 : `sample1`과 다름
❽	난수 발생 초기 기준값 123으로 재설정
❾	$B(8, 1/3)$에서 난수 10개 생성해서 `sample3`에 저장
❿	저장된 `sample3` 확인
⓫	`sample3` 출력 결과 : `sample1`과 같음

2.4.2 R에서 연속형 확률분포

앞에서 학습한 연속형 확률분포에 관련된 R 함수로는 〈표 2.3〉에 제시된 것들이 있다. 함수 사용에서 필요한 인자를 입력하는 형태는 R 창에서 help(dgamma) 등과 같이 입력하여 도움말을 활용하면 되고, 예를 들어 살펴보기로 하자. t-분포와 F-분포는 이 장에서 학습하지는 않았지만 소개하기로 한다.

표 2.3 R에서 연속형 확률분포 관련 함수

분포	확률밀도함수 $f(x)$	누적분포함수 $P(X \leq x)$	분위수함수	난수 생성
균일분포	dunif	punif	qunif	runif
지수분포	dexp	pexp	qexp	rexp
감마분포	dgamma	pgamma	qgamma	rgamma
χ^2분포	dchisq	pchisq	qchisq	rchisq
정규분포	dnorm	pnorm	qnorm	rnorm
베타분포	dbeta	pbeta	qbeta	rbeta
t-분포	dt	pt	qt	rt
F-분포	df	pf	qf	rf

예 2.18

표준정규분포를 따르는 난수 100개를 생성하여라. 이때 생성한 난수의 평균과 분산을 이론적인 값과 같은지 확인하여라. 또한 난수를 10000개 생성한 후 같은 계산을 하고, 100개의 경우와 비교해 보아라.

R 명령문 및 결과

```
❶ > x1 <- rnorm(100, 0, 1)
❷ > mean(x1)
❸   [1] 0.1450606
❹ > var(x1)
❺   [1] 0.9209689
❻ > x2 <- rnorm(10000, 0, 1)
❼ > mean(x2)
❽   [1] 0.01428191
❾ > var(x2)
❿   [1] 1.019317
```

해설

❶ 표준정규분포는 평균이 0, 표준편차가 1이므로 정규분포의 난수를 생성하는 함수인 rnorm을 사용하여 n=100, mu=0, sd=1인 난수를 생성하여 x1으로 지정한다.
❷ x1의 평균을 계산한다.
❸ 평균이 약 0.15로 0에 가깝지만 약간의 차이가 있음을 알 수 있다.
❹ x1의 분산을 계산한다.
❺ 분산이 약 0.92로 1에 가깝지만 약간의 차이가 있음을 알 수 있다.
❻ rnorm을 사용하여 n=10000, mu=0, sd=1인 난수를 생성하여 x2으로 지정한다.
❼ x2의 평균을 계산한다.
❽ 평균이 약 0.01로 0과 거의 같은 값이 출력되었다.
❾ x2의 분산을 계산한다.
❿ 분산이 약 1.02로 1과 거의 같은 값이 출력되었다. 본 실험 결과에서나 혹은 반복을 해 보면 결론은 표본의 크기가 커지면서 표본평균이나 표본분산이 참값에 더 가까워짐을 확인할 수 있다.

2.4.3 난수 생성

R을 비롯한 모든 통계 소프트웨어나 프로그래밍 언어에는 공통적으로 균일분포(Uniform)의 난수를 생성하는 함수가 존재하므로, 정리 2.3의 역변환법을 이용하여 원하는 분포를 따르는 난수를 생성할 수 있다. 이것은 다음과 같은 절차로 진행될 수 있다.

(1) 난수의 개수 설정

```
n <- 난수의 개수
```

(2) 균일분포를 따르는 난수 생성

```
u <- runif(n)
```

(3) 자신이 원하는 함수나 분포의 난수 생성

x <- $F^{-1}(u)$

$F^{-1}(\cdot)$는 원하는 확률분포의 누적분포함수의 역함수

예 2.19

확률밀도함수 $f(x)=1/2,\ 1 \leq x \leq 3$를 따르는 난수를 역변환법을 이용하여 1000개 발생시킨 후 표본평균과 표본분산을 구하여라. 발생된 난수로 히스토그램을 그려서 이론적인 확률밀도함수와 비교해 보아라.

R 명령문 및 결과

```
> set.seed(1)
> n <- 1000
> u <- runif(n)
> x <- 2*u+1
> mean(x)
  [1] 1.999383
> var(x)
  [1] 0.3326683
> hist(x, prob=TRUE, main=expression("pdf of U(1, 3)"))
+
> uu<- seq(1, 3, 0.001)
> lines(uu, dunif(uu, 1, 3), col=2, lwd=5)
```

⑫

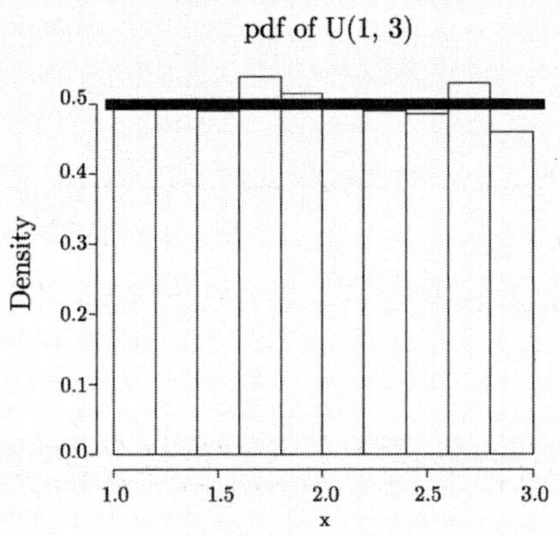

해설

❶ 동일한 결과를 확인해 보기 위해 `seed number` 지정, 지정 안 하면 시행할 때 마다 변함.

❷ 난수의 개수 1000개 설정

❸ `Uniform(0,1)`을 따르는 난수 생성

❹ `Uniform(1,3)`의 `CDF`의 역함수에 생성한 난수 `u`를 대입
$F(x)=(x-1)/2$, $F^{-1}(x)=2x+1$

❺ 평균 계산

❻ 실행 결과, `Uniform(1,3)`의 이론적인 평균은 2. 4장에서 확인

❼ 분산 계산

❽ 실행 결과, `Uniform(1,3)`의 이론적인 분산은 1/3. 4장에서 확인

❾ `Uniform(0,1)`로부터 추출한 난수를 $f(x)$의 `CDF`의 역함수에 대입한 값들의 분포와 실제 함수인 `Uniform(1,3)`과 비교하기 위해 `x`에 대한 히스토그램 실행

❿ 실제 함수의 범위인 `1`부터 `3`까지 `0.001`씩 증가하는 수열 `uu`를 생성, `plot`을 그려 비교하기 위함.

⑪ `uu`에 대한 `Uniform(1,3)`의 확률밀도함수 값을 히스토그램에 덧붙여 생성

⑫ `Uniform(1,3)`을 따르는 난수를 `Uniform(0,1)`로부터 추출한 난수로 역변환 방법을 이용하여 생성한 결과 히스토그램은 이론적인 확률밀도함수의 형태와 거의 유사함을 알 수 있음.

확률밀도함수를 비교하기 위해서는 위와 같이 분포의 실제 이론적인 확률밀도함수의 그래프와 생성한 난수의 히스토그램을 겹쳐 그리면 된다. R을 이용하여 그래프를 그리는 것에 대한 자세한 설명은 3장의 실습에서 살펴보도록 하고, 균일분포인 예

2.19가 아닌 다른 경우의 예를 추가로 살펴보자.

예 2.20

확률밀도함수가 $f(x) = 2x$, $0 \leq x \leq 1$ 인 경우에 역변환법을 이용하여 이 분포를 따르는 난수 1000개를 발생시키고, 발생된 난수로 히스토그램을 그려서 이론적인 확률밀도함수와 비교하여라.

R 명령문 및 결과

```
❶ > set.seed(1)
❷ > n <- 1000
❸ > u <- runif(n)
❹ > x <- sqrt(u)
❺ > hist(x, prob=TRUE, main=expression("Histogram of x"))
❻ > uu<- seq(0, 1, 0.001)
❼ > lines(uu, 2*uu, col=2, lwd=5)
❽
```

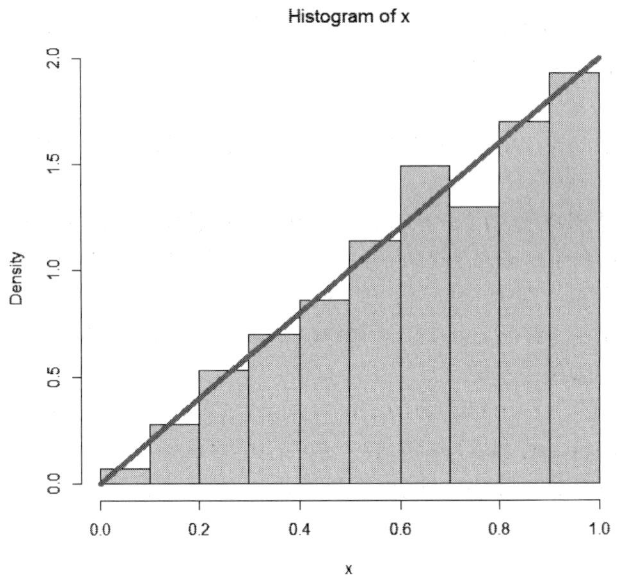

해설	
❶	동일한 결과를 확인해 보기 위해 seed number 지정
❷	난수의 개수 1000개 설정
❸	Uniform(0,1)을 따르는 난수생성
❹	$f(x)=2x, 0 \leqq x \leqq 1$ 의 CDF의 역함수에 생성한 난수 u를 대입 $F(x)=x^2$, $F^{-1}(x)=\sqrt{x}$
❺	Uniform(0,1)로부터 추출한 난수를 $f(x)$ 의 CDF의 역함수에 대입한 값들의 분포와 실제 함수인 $f(x)=2x, 0 \leqq x \leqq 1$ 과 비교하기 위해 x에 대한 히스토그램 실행
❻	실제 함수의 범위인 0부터 1까지 0.001씩 증가하는 수열 uu를 생성
❼	uu에 대한 확률밀도함수 f 값을 히스토그램에 덧붙여 생성
❽	역변환법을 이용하여 생성한 난수의 히스토그램은 이론적인 확률밀도함수의 형태와 거의 유사함을 할 수 있다.

연습문제

1 검은색 공 3개와 흰색 공 2개가 들어 있는 상자에서 임의로 2개의 공을 꺼내어 색깔을 관찰하였다.

(a) 표본공간을 구하여라.

(b) 추출된 검은색 공의 수에서 흰색 공의 수를 뺀 값을 X라고 할 때, X의 확률분포를 구하여라.

2 두 개의 주사위를 던지는 실험에서 두 눈의 수 중에 큰 값을 X라고 할 때, X의 확률분포를 구하여라.

3 어느 상점에 도착하는 손님의 수는 시간 당 평균이 2명인 포아송분포를 따른다고 한다. 이 상점에 세 번째 손님이 올 때까지 기다리는 시간을 확률변수 X라고 할 때 다음 물음에 답하여라.

(a) $P(X \leq 2)$를 구하여라.

(b) $P(1 \leq X \leq 2)$를 구하여라.

4 상자 A에는 무수히 많은 검은색 공이 들어 있고 상자 B에는 하나의 흰색 공이 들어 있다고 가정하자. 상자 A에서 검은색 공을 꺼내어 상자 B에 집어넣은 후 상자 B에서 임의로 하나의 공을 선택하는 실험을 하였다. 이때 상자 A에서 꺼내어 상자 B로 옮기는 검은색 공의 수는 포아송분포를 따른다고 한다.

(a) 상자 B로부터 꺼낸 공이 흰색일 확률을 구하여라.

(b) 상자 B로부터 꺼낸 공이 흰색이었을 때 상자 A에서 꺼내어 상자 B로 옮긴 검은색 공의 수에 대한 확률분포를 구하여라.

5 A는 앞면의 확률이 p_1인 동전을 앞면이 나올 때까지 던지는 시행을 하고, B는 앞면의 확률이 p_2인 동전을 앞면이 나올 때까지 던지는 시행을 한다고 한다. A와 B가 동전을 던진 회수의 최솟값을 확률변수 X라고 할 때, X의 확률분포를 구하여라.

6 이산형 확률변수 X의 확률질량함수가 다음과 같을 때 $Y=(X-1)^2$의 확률질량함수를 구하여라.

x	0	1	2	3	4
$p_X(x)$	0.3	0.1	0.2	0.1	0.3

7 확률변수 X의 누적분포함수가 다음과 같고 $Y=|X-1|$이라 한다.

$$F_X(x)=\begin{cases} 0, & x<0 \\ \frac{1}{4}x^2, & 0\le x<1 \\ \frac{1}{2}x, & 1\le x<2 \\ 1, & x\ge 2 \end{cases}$$

(a) $P(Y=0)$와 $P\left(Y=\frac{1}{2}\right)$을 구하여라.

(b) Y의 누적분포함수를 구하여라.

8 연속형 확률변수 X의 확률밀도함수가 아래와 같을 때

$$f(x)=cx^3, \quad 0\le x\le 1$$

다음 물음에 답하여라.

(a) 상수 c의 값을 구하여라.

(b) $Y=-\log X$의 확률밀도함수를 구하여라.

9 확률변수 X의 누적분포함수가 $F(x)=\begin{cases} 0, & x<0 \\ \frac{1}{9}x, & 0\le x<2 \\ \frac{1}{9}x^2, & 2\le x<3 \\ 1, & x\ge 3 \end{cases}$ 이다.

(a) $P(1\le X<2)$를 구하여라.

(b) 정수 k에 대하여, 확률변수 Y를 다음과 같이 정의할 때, Y의 확률분포를 구하여라.

$$Y=k \iff k\le X<k+1$$

10 $X \sim Uniform(-1,2)$일 때 $Y=X^2$의 확률밀도함수를 구하여라.

11 연속형 확률변수 X의 확률밀도함수가 $f(x)=xe^{-x},\quad x>0$일 때 $Y=X^2$의 확률밀도함수를 구하여라.

12 다음과 같이 정의된 확률변수 Y의 확률밀도함수를 변수변환법을 이용하여 구하여라.

(a) X가 표준정규분포를 따르는 확률변수일 때 $Y=|X|$

(b) X의 확률밀도함수가 $f_X(x)=\dfrac{3}{8}x^2,\quad 0<x<2$일 때, $Y=X^2$

13 연속형 확률변수 X의 확률밀도함수가 $f(x)=3x^2,\quad 0<x<1$이다.

(a) $Y=3\log X$의 확률밀도함수를 구하여라.

(b) $Y=\left(X-\dfrac{1}{2}\right)^2$의 확률밀도함수를 구하여라.

14 연속형 확률변수 X의 확률밀도함수가 $f(x)=2(1-x),\ 0\le x\le 1$일 때, 다음 물음에 답하여라.

(a) $U=1-2X$의 확률밀도함수를 구하여라.

(b) $U=X^2$의 확률밀도함수를 구하여라.

15 확률변수 X의 확률밀도함수가 $f(x)=e^{-x-1},\ x>-1$일 때, 다음 물음에 답하여라.

(a) $Y=X^2$의 누적분포함수를 구하여라.

(b) $Y=X^2$의 확률밀도함수를 구하여라.

16 연속형 확률변수 X의 확률밀도함수가 $f(x)=3x^2,\ 0\le x\le 1$일 경우, 다음의 물음에 답하여라.

(a) $U=X^2$의 확률밀도함수를 누적분포함수를 이용하여 구하여라.

(b) $V=\sqrt{X}$의 확률밀도함수를 변수변환법을 이용하여 구하여라.

(c) $W=\dfrac{1}{X}$의 확률밀도함수를 누적분포함수, 변수변환법을 이용하여 각각 구하여라.

17 확률변수 X가 구간 $[-3,2]$에서 값을 가지며, X의 누적분포함수와 확률밀도함수가 $-3\le x\le 2$에서 각각 $F_X(x)$와 $f_X(x)$일 때, 다음 물음에 답하여라.

(a) $Y = X^2$의 누적분포함수 $F_Y(y)$를 F_X와 f_X로 나타내어라.

(b) $Y = X^2$의 확률밀도함수 $f_Y(y)$를 F_X와 f_X로 나타내어라.

18 $X \sim \text{Gamma}(\alpha, 1/\lambda)$일 때 $Y = cX$의 확률분포를 구하여라. 단 c는 양의 상수이다.

19 연속형 확률변수 X의 확률밀도함수가 $f(x) = 3e^{-3x}$, $x > 0$일 때, 다음 물음에 답하여라.

(a) $Y = cX$의 확률분포를 구하여라. (단, c는 양의 상수)

(b) $Y = cX$가 카이제곱분포를 따르도록 상수 c를 구하고, 이때 카이제곱분포의 자유도를 구하여라.

20 성공의 확률이 p인 독립적인 베르누이 시행에서 2회 연속 성공이나 실패가 나올 때까지 시행 횟수를 X라고 할 때 X의 확률질량함수를 구하여라.

21 확률변수 X의 확률밀도함수가 $f(x) = \frac{1}{2}x$, $0 < x < 2$이다.

(a) $Y = g(X)$가 평균이 1인 지수분포를 따르도록 Y를 구하여라.

(b) $Y = g(X)$가 성공 확률이 $p = \frac{1}{2}$인 베르누이 분포를 따르도록 Y를 구하여라.

22 $F(\cdot)$는 정수 값을 갖는 이산형 확률변수의 누적분포함수이고 $U \sim Uniform(0,1)$일 때 다음과 같이 정의된 확률변수 X의 확률질량함수를 구하여라.

$$\text{정수 } k\text{에 대하여 } F(k-1) \le U < F(k)\text{일 때} \quad \Leftrightarrow \quad X = k$$

23 확률변수 T는 평균이 $1/\lambda$인 지수분포를 따른다고 할 때, 다음과 같이 정의된 확률변수 X의 확률질량함수를 구하여라.

$$k = 0, 1, 2 \cdots \text{ 인 정수 } k\text{에 대하여 } k \le T < k+1\text{일 때} \quad \Leftrightarrow \quad X = k$$

24 확률변수 X가 이항분포 $B(100, 0.25)$를 따를 때, $P(X > x_0) = 0.25$가 되는 x_0를 R을 이용하여 구하는 명령어를 작성하여라.

25 R을 사용하여 평균이 2인 지수분포를 따르는 난수 발생에 관해 다음 물음에 답하여라.

(a) 누적분포함수의 역함수를 이용하는 역변환법으로 이 분포를 따르는 난수 500개를 발생한 후 표본평균과 표본분산을 구하여라.

(b) (a)에서 발생한 난수로 히스토그램을 그려서 이론적인 확률밀도함수와 비교하여라.

(c) R에서 지수분포를 따르는 난수를 생성하기 위해 제공하는 함수를 이용하여 (a), (b)의 작업을 시행하고 위의 결과와 비교하여라.

제 3 장

결합분포

같은 표본공간에서 정의된 두 개 이상의 확률변수의 확률분포를 **결합분포**(joint distribution) 또는 **결합확률분포**(joint probability distribution)라고 한다. 예를 들어 동전을 3번 던지는 실험에서 X를 첫 번째 동전의 앞면의 수, Y를 전체 동전의 앞면의 수라고 하자. 이 경우 같은 표본공간 위에 두 개의 확률변수 X와 Y가 정의되어 있다. 이 실험에서 표본공간은 다음과 같다.

$$\Omega = \{HHH, HHT, HTH, THH, HTT, THT, TTH, TTT\}$$

표본공간은 X와 Y에 의하여 다음과 같이 실수로 옮겨진다.

$$\begin{aligned} &X(HHH) = 1, \quad Y(HHH) = 3, \\ &X(HHT) = 1, \quad Y(HHT) = 2, \\ &\qquad\qquad \vdots \\ &X(TTT) = 0, \quad Y(TTT) = 0 \end{aligned}$$

예를 들어 $(X=0, Y=0)$인 사건은 표본공간에서 TTT인 경우에 대응된다. 따라서 $P(X=0, Y=0) = P(TTT) = \frac{1}{8}$이다. 이와 같은 방법으로 X와 Y가 가지는 각 값에서 확률을 구하면 〈표 3.1〉과 같은 결합분포를 구할 수 있다.

확률분포는 누적분포함수에 의하여 결정되는 것과 같이 두 확률변수 X와 Y의 결합분포도$\{X \le x, Y \le y\}$의 확률에 의하여 결정된다. 이 확률을 다음과 같이 나타낼 수 있다.

$$F(x,y) = P(X \le x,\ Y \le y)$$

이를 (X, Y)의 결합누적분포함수라고 한다. 일반적으로 n개의 확률변수 $(X_1, X_2, \cdots, X_n)$에 대한 결합누적분포함수 $F(x_1, x_2, \cdots, x_n)$은 다음과 같다.

표 3.1 동전을 3번 던지는 실험에서 X와 Y의 결합분포

		y			
		0	1	2	3
x	0	$\frac{1}{8}$	$\frac{2}{8}$	$\frac{1}{8}$	0
	1	0	$\frac{1}{8}$	$\frac{2}{8}$	$\frac{1}{8}$

$$F(x_1, x_2, \cdots, x_n) = P(X_1 \le x_1, X_2 \le x_2, \ldots, X_n \le x_n)$$

결합분포를 갖는 여러 확률변수 중에 일부 확률변수의 확률분포를 **주변분포**(marginal distribution)라고 한다. 예를 들어 결합분포를 갖는 두 확률변수 (X, Y)가 있을 때 X의 확률분포 또는 Y의 확률분포를 주변분포라고 한다. 한편 확률분포에 대한 누적분포함수, 확률질량함수 또는 확률밀도함수를 결합분포에서는 결합누적분포함수, 결합확률질량함수 또는 결합확률밀도함수라고 한다. 또한 주변분포에 대해서는 주변누적분포함수, 주변확률질량함수 또는 주변확률밀도함수라는 용어를 사용한다. 결합분포에서는 여러 확률변수를 동시에 다루기 때문에 혼동을 피하기 위하여 특정한 확률변수의 누적분포함수나 확률밀도함수(확률질량함수)를 나타낼 때 첨자를 붙여 나타내기도 한다. 예를 들어 $F_X(x)$와 $f_X(x)$는 X의 주변누적분포함수와 주변확률밀도함수를 나타낸다.

(X, Y)에 대한 결합분포가 주어져 있을 때 X 또는 Y의 주변분포는 결합누적분포함수로부터 구할 수 있다. X의 주변누적분포함수는 $F_X(x) = P(X \le x)$이고 사건 $\{X \le x\}$는 Y에 대한 어떤 제약도 없으므로 다음과 같이 나타낼 수 있다.

$$\{X \le x\} = \{X \le x,\ Y < \infty\}$$

따라서 X의 주변누적분포함수는 다음과 같이 구할 수 있다.

$$\begin{aligned} F_X(x) &= P(X \le x) = P(X \le x,\ Y < \infty) \\ &= \lim_{y \to \infty} F(x, y) \end{aligned}$$

일반적으로 $\lim_{y \to \infty} F(x,y)$를 $F(x, \infty)$로 간단히 나타내기도 한다. 마찬가지로 Y의 주변누적분포함수는 다음과 같이 구할 수 있다.

$$F_Y(y) = P(X < \infty,\ Y \le y) = F(\infty, y)$$

예 3.1

(X, Y)의 결합누적분포함수가 다음과 같을 때

$$F(x,y) = (1 - e^{-x}) - \frac{1}{1+y}(1 - e^{-(1+y)x}),\ x > 0,\ y > 0,$$

X와 Y의 주변누적분포함수를 구하여라.

(풀이)

X의 주변누적분포함수는 다음과 같고

$$F_X(x) \;=\; F(x,\infty) \;=\; 1-e^{-x}, \quad x>0,$$

Y의 주변누적분포함수는 다음과 같다.

$$F_Y(y) \;=\; F(\infty,y) \;=\; 1-\frac{1}{(1+y),} \quad y>0.$$

두 개의 확률변수로 이루어진 결합분포를 **이변량분포**(bivariate distribution)라고 하며 이 장에서는 주로 두 개의 확률변수로 이루어진 결합분포를 다룰 것이다. n개의 확률변수로 이루어진 결합분포의 성질은 이변량분포의 성질을 확장하여 유추할 수 있다.

3.1 이산형 결합분포

결합분포를 가지는 두 확률변수 X와 Y가 가질 수 있는 값의 수가 유한 개이거나 셀 수 있을 때 (X, Y)를 이산형 결합확률변수라고 한다. (X, Y)가 가질 수 있는 값을 다음과 같이 나타낼 때

$$(x_i, y_j),\ i=1,2,\ \cdots, j=1,2,\ \cdots$$

각 (x_i, y_j)에서의 확률을 나타낸 함수를 **결합확률질량함수**(joint probability mass function)라고 하며 $p(x_i, y_j)$ 또는 $f(x_i, y_j)$로 표현한다. 즉 결합확률질량함수 $p(x_i, y_j)$는 다음과 같다.

$$p(x_i, y_j) \;=\; P(X=x_i,\ Y=y_j)$$

(X, Y)의 결합확률질량함수로부터 X와 Y의 주변확률질량함수는 다음과 같이 구할 수 있다. 먼저 X의 주변확률질량함수 $p_X(x_i)$는 $X=x_i$일 확률이고 사건 $\{X=x_i\}$는

Y가 어떤 값을 가지더라도 상관이 없으므로 $\cup_j \{X=x_i,\ Y=y_i\}$로 나타낼 수 있다. 따라서 X의 주변확률질량함수는 다음과 같다.

$$p_X(x_i) = P(X=x_i) = P(\cup_j\{X=x_i,\ Y=y_j\}) \tag{3.1}$$
$$= \sum_j P(X=x_i,\ Y=y_j)$$
$$= \sum_j p(x_i, y_j)$$

같은 방법으로 Y의 주변확률질량함수 $p_Y(y_j)$는 다음과 같다.

$$p_Y(y_j) = \sum_i p(x_i, y_j) \tag{3.2}$$

동전을 3번 던지는 실험에서 X는 첫 번째 동전의 앞면의 수, Y는 전체 동전의 앞면의 수라고 정의한 예에서 주변확률질량함수를 구하여 보자. 〈표 3.1〉에 주어진 (X, Y)의 결합확률질량함수로부터 X와 Y의 주변확률질량함수를 구할 수 있다. Y는 0, 1, 2, 3 중의 하나의 값을 가지므로 X의 주변확률질량함수는 다음과 같다.

$$p_X(0) = p(0,0)+p(0,1)+p(0,2)+p(0,3) = \frac{1}{2}$$

$$p_X(1) = p(1,0)+p(1,1)+p(1,2)+p(1,3) = \frac{1}{2}$$

즉 X의 주변확률질량함수는 〈표 3.1〉의 각 행에 주어진 결합확률의 합이 된다. 같은 방법으로 Y의 주변확률질량함수는 각 열에 주어진 결합확률의 합이 된다. 위와 같이 구한 X와 Y의 주변확률질량함수는 〈표 3.2〉와 같다. 이 예에서 X와 Y의 주변확률질량함수는 각 확률변수에 대해 개별적으로 구한 확률질량함수와 같음을 쉽게 확인할 수 있다. 즉 처음부터 X와 Y의 결합분포를 생각하지 않고 단순히 X를 첫 번째 동전의

표 3.2 동전을 3번 던지는 실험에서 X와 Y의 주변분포

X의 주변확률질량함수

x	0	1
$p_X(x)$	$\frac{1}{2}$	$\frac{1}{2}$

Y의 주변확률질량함수

y	0	1	2	3
$p_Y(y)$	$\frac{1}{8}$	$\frac{3}{8}$	$\frac{3}{8}$	$\frac{1}{8}$

앞면의 수로 생각하면 X의 확률분포는 위에서 결합분포로부터 구한 주변확률분포와 같음을 알 수 있다.

두 개의 확률변수에 대한 결합확률질량함수로부터 주변확률질량함수를 구하는 방법은 확률변수가 여러 개인 경우로 쉽게 확장될 수 있다. n개의 확률변수 $(X_1, X_2, \cdots, X_n)$의 결합확률질량함수가 $p(x_1, x_2, \cdots, x_n)$일 때 X_1의 주변확률질량함수는 다음과 같이 구할 수 있다.

$$p_{X_1}(x_1) = \sum_{x_2, x_3, \ldots, x_n} p(x_1, x_2, \cdots, x_n)$$

위 식에서 합은 $X_2, X_3, \cdots, X_n$의 모든 가능한 값 $x_2, x_3, \cdots, x_n$에 대한 결합확률질량함수의 합을 나타낸다.

이항분포를 일반화한 것이자 여러 개의 값을 가질 수 있는 확률변수들의 결합확률분포로 **다항분포**(multinomial distribution)가 있다. 이항실험의 경우에는 결과가 상호 배반적인 두 가지 경우만 나타날 수 있었다. 다항분포는 어떤 시행에서 상호 배반적인 k개의 가능한 결과 $A_1, A_2, \cdots, A_k$가 $P(A_i) = p_i$의 확률로 발생할 수 있는 것을 확률분포로 나타낸 것이다. 물론, 여기서 $0 < p_i < 1$이고 $\sum_{i=1}^{k} p_i = 1$을 만족한다. 다항분포를 이용하면 n번의 독립적인 시행중에 A_1이 x_1번, A_2가 x_2번, $\cdots$, A_k가 x_k번 일어날 확률을 계산할 수 있다. 이것은 이항분포에서 확률질량함수를 유도했던 바와 비슷하게 설명할 수 있다. 즉, 각 시행이 독립이므로 특정한 한 가지 순서에 의해 A_1이 x_1번, A_2가 x_2번, $\cdots$, A_k가 x_k번 발생($\sum_{i=1}^{k} x_i = n$)할 확률은 $p_1^{x_1} p_2^{x_2} \cdots p_k^{x_k}$이고, 이 순서를 재배열할 수 있는 경우의 수는 $\frac{n!}{x_1! x_2! \cdots x_k!}$이므로 구하는 확률질량함수는 다음과 같다.

$$P(X_1 = x_1, X_2 = x_2, \cdots, X_k = x_k) = \frac{n!}{x_1! x_2! \cdots x_k!} p_1^{x_1} p_2^{x_2} \cdots p_k^{x_k}.$$

여기서, $\sum_{i=1}^{k} p_i = 1$, $\sum_{i=1}^{k} x_i = n$이다.

다항분포로부터 X_i의 주변확률질량함수를 구해보면 이항분포 $B(n, p_i)$임을 알 수 있다.

예 3.2

어느 전구의 수명이 500시간보다 짧을 확률이 0.5이고, 800시간 이상 정상 작동할 확률이 0.2라고 한다. 이 전구를 임의로 10개 뽑아 수명을 테스트하였을 때, 정확하게 4개 전구의 수명이 500시간보다 짧고 2개의 전구가 800시간 이상 정상 작동할 확률을 구하여라.

풀이

X_1, X_2, X_3를 10개의 표본에서 수명이 각각 500시간 미만, 500시간 이상 800시간 미만, 800시간 이상인 전구의 개수를 나타내는 확률변수라 하자. $p_1 = 0.5, p_2 = 0.3, p_3 = 0.2$이므로 구하는 확률은 다음과 같다.

$$P(X_1 = 4, X_2 = 4, X_k = 2) = \frac{10!}{4!\,4!\,2!}0.5^4 0.3^4 0.2^2 = 0.0638$$

3.2 연속형 결합분포

결합분포를 가지는 두 확률변수 X와 Y가 어느 구간에 속하는 모든 값을 가질 수 있을 때 (X, Y)를 연속형 결합확률변수라고 한다. (X, Y)의 결합누적분포함수 $F(x, y)$를 x와 y로 미분한 함수를 **결합확률밀도함수**(joint probability density function)라고 하며 $f(x, y)$로 나타낸다. 즉 결합밀도함수 $f(x, y)$는 다음과 같다.

$$f(x,y) = \frac{d^2}{dx\,dy}F(x, y)$$

반대로 결합확률밀도함수 $f(x, y)$로부터 결합누적분포함수를 다음과 같이 구할 수 있다.

$$F(x,y) = \int_{-\infty}^{x}\int_{-\infty}^{y} f(s,t)\,dt\,ds$$

결합확률밀도함수는 다음과 같은 성질을 가진다.

(i) $f(x,y) \ge 0$

(ii) $\int_{-\infty}^{\infty}\int_{-\infty}^{\infty} f(x,y)\,dx\,dy = 1$

(iii) $P((X, Y) \in A) = \int\int_A f(x,y)\, dx\, dy$

예 3.3

(X, Y)의 결합확률밀도함수가 $f(x,y) = \lambda^2 e^{-\lambda y},\quad 0 \le x \le y$라고 한다.

(a) $P(X \le 1,\ Y \le 2)$를 구하여라.

(b) $P(X \le 1)$를 구하여라.

풀이

(a) $\{X \le 1,\ Y \le 2\}$ 일 확률은 $\{(x,y) : x \le 1,\ y \le 2\}$에서 결합확률밀도함수를 적분하여 구할 수 있다. 그런데 결합확률밀도함수는 $0 \le x \le y$인 부분에서만 0이 아닌 값을 가지므로 적분하는 영역은 [그림 3.1]과 같이 $\{0 \le x \le 1,\ x \le y \le 2\}$이 된다. 따라서 구하는 확률은 다음과 같다.

$$P(X \le 1,\ Y \le 2) = \int_0^1 \int_x^2 \lambda^2 e^{-\lambda y}\, dy\, dx = \int_0^1 \lambda(e^{-\lambda x} - e^{-2\lambda})\, dx$$

$$= 1 - e^{-\lambda} - \lambda e^{-2\lambda}$$

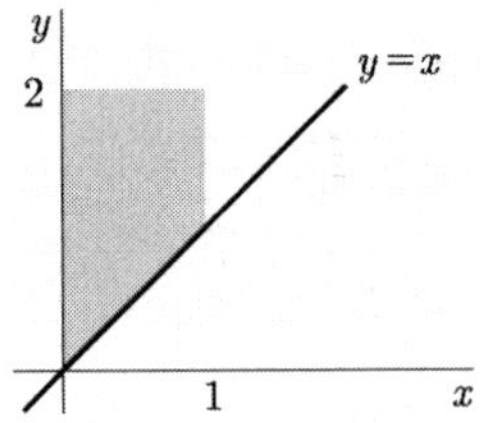

그림 3.1 $\{0 \le x \le 1,\ x \le y \le 2\}$의 영역

(b) 결합확률밀도함수는 $0 \le x \le y$인 부분에서만 0이 아닌 값을 가지므로 $\{X \le 1\}$일 확률을 구하기 위해 적분하는 영역은 $\{0 \le x \le 1,\ x \le y < \infty\}$이 된다. 따라서 구하는 확률은 다음과 같다.

$$P(X \le 1) = \int_0^1 \int_x^\infty \lambda^2 e^{-\lambda y}\, dy\, dx = \int_0^1 \lambda e^{-\lambda x}\, dx$$

$$= 1 - e^{-\lambda}$$

연속형 결합확률변수 (X, Y)의 주변확률밀도함수는 결합확률밀도함수로부터 구할 수 있다. X의 주변누적분포함수 $F_X(x)$는 다음과 같다.

$$\begin{aligned} F_X(x) &= P(X \le x,\ Y < \infty) \\ &= \int_{-\infty}^{x}\int_{-\infty}^{\infty} f(s,y)\,dy\,ds \end{aligned}$$

따라서 X의 주변확률밀도함수 $f_X(x)$는 다음과 같이 구할 수 있다.

$$\begin{aligned} f_X(x) &= \frac{d}{dx}F_X(x) = \frac{d}{dx}\left(\int_{-\infty}^{x}\int_{-\infty}^{\infty} f(s,y)\,dy\,ds\right) \\ &= \int_{-\infty}^{\infty} f(x,y)dy \end{aligned} \tag{3.3}$$

즉 X의 주변확률밀도함수를 구하기 위해서는 다른 확률변수인 Y에 대하여 전체 영역에서 결합확률밀도함수를 적분하면 된다. 마찬가지로 Y의 주변확률밀도함수는 다음과 같이 구할 수 있다.

$$f_Y(y) = \int_{-\infty}^{\infty} f(x,y)\,dx \tag{3.4}$$

주변확률밀도함수를 구하는 위의 식 (3.3)과 (3.4)를 이산형 확률변수에 대하여 주변확률질량함수를 구하는 식 (3.1)과 (3.2)에 비교하면 이산형의 경우는 합을 사용하는 반면 연속형의 경우는 적분을 사용한다는 것 외에는 본질적으로 같은 형태라고 할 수 있다.

예 3.4

(X, Y)의 결합확률밀도함수가 $f(x,y) = \lambda^2 e^{-\lambda y},\ 0 < x < y$라고 한다.

(a) X의 주변확률밀도함수를 구하여라.

(b) Y의 주변확률밀도함수를 구하여라.

풀이

(a) 주어진 $X = x$에서 Y가 값을 가지는 범위는 $\{y \mid y > x\}$이다. 즉 결합확률밀도함수는 $\{y \mid y > x\}$인 영역에서만 0이 아닌 값을 가지므로 X의 주변확률밀

도함수는 다음과 같다.

$$f_X(x) = \int_{-\infty}^{\infty} f(x,y)\,dy = \int_x^{\infty} \lambda^2 e^{-\lambda y}\,dy = \lambda e^{-\lambda x}, \quad x > 0$$

위 확률밀도함수로부터 X의 주변분포는 지수분포 $\mathrm{Exp}(1/\lambda)$임을 알 수 있다.

(b) $Y = y$에서 X가 값을 가지는 범위는 $\{x \mid 0 < x < y\}$이다. 따라서 Y의 주변 확률밀도함수는 다음과 같다.

$$f_Y(y) = \int_{-\infty}^{\infty} f(x,y)\,dx = \int_0^{y} \lambda^2 e^{-\lambda y}\,dx = \lambda^2 y e^{-\lambda y}, \quad y > 0$$

위 확률밀도함수로부터 Y의 주변분포는 $\mathrm{Gamma}(2,\, 1/\lambda)$임을 알 수 있다.

3.3 이변량정규분포

정규분포를 두 개의 확률변수에 대한 결합분포로 확장한 것이 **이변량정규분포**(bivariate normal distribution)이다. 이변량정규분포의 결합확률밀도함수는 다음과 같이 주어진다.

$$f(x,y) = \frac{1}{2\pi\sigma_X\sigma_Y\sqrt{1-\rho^2}} \cdot \exp\left[-\frac{1}{2(1-\rho^2)}\left(\left(\frac{x-\mu_X}{\sigma_X}\right)^2 + \left(\frac{y-\mu_Y}{\sigma_Y}\right)^2 - 2\rho\left(\frac{x-\mu_X}{\sigma_X}\right)\left(\frac{y-\mu_Y}{\sigma_Y}\right)\right)\right]$$

$(X,\, Y)$가 이변량정규분포를 따르는 결합확률변수일 때 기호로 다음과 같이 나타낸다.

$$\begin{pmatrix} X \\ Y \end{pmatrix} \sim N_2\left(\begin{pmatrix} \mu_X \\ \mu_Y \end{pmatrix}, \begin{pmatrix} \sigma_X^2 & \rho\sigma_X\sigma_Y \\ \rho\sigma_X\sigma_Y & \sigma_Y^2 \end{pmatrix}\right)$$

위 확률밀도함수에서 μ_X와 σ_X^2는 X의 중심 위치와 퍼진 정도를 나타내는 값이며 μ_Y와 σ_Y^2는 Y의 중심 위치와 퍼진 정도를 나타내는 값이다. 또 ρ는 X와 Y 사이의 선형관계 정도를 상대적으로 나타낸 값이다.[4)]

4) 4.5절의 상관계수에 대한 내용 참조.

참고로, $\mu_X=\mu_Y=0$, $\sigma_X=\sigma_Y=1$이고 ρ 값이 각각 $0, 0.3$ 그리고 0.95인 경우에 이변량정규분포의 확률밀도함수와 등고선도를 [그림 3.2]에 나타내었다.

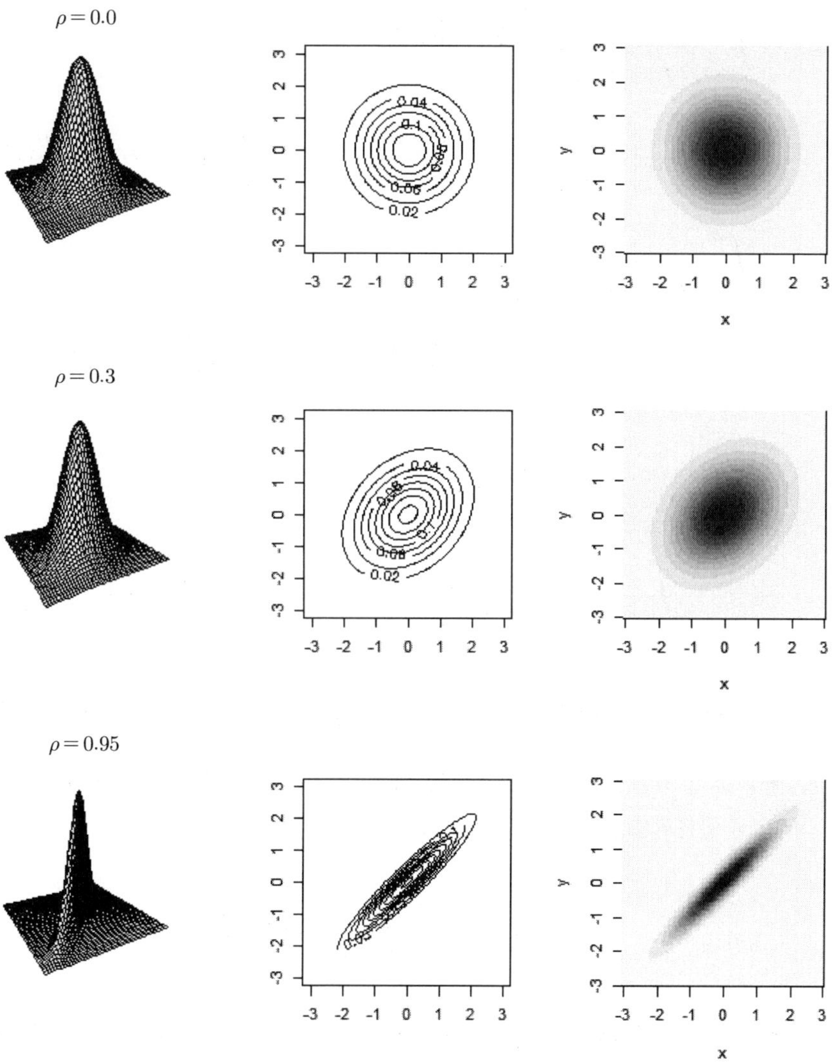

그림 3.2 첫 번째 열은 이변량확률밀도함수를 나타내며, 두 번째 열과 세 번째 열은 각각 대응하는 등고선도와 이미지도를 나타낸다.

(X, Y)가 이변량정규분포를 따를 때 X의 주변확률밀도함수는 다음과 같이 구할 수 있다.

$$
\begin{aligned}
& f_X(x) \\
& = \int_{-\infty}^{\infty} f(x, y)\, dy \\
& = \int_{-\infty}^{\infty} \frac{1}{2\pi \sigma_X \sigma_Y \sqrt{1-\rho^2}} \\
& \qquad \cdot \exp\left[-\frac{1}{2(1-\rho^2)}\left(\left(\frac{x-\mu_X}{\sigma_X}\right)^2 + \left(\frac{y-\mu_Y}{\sigma_Y}\right)^2 - 2\rho\left(\frac{x-\mu_X}{\sigma_X}\right)\left(\frac{y-\mu_Y}{\sigma_Y}\right)\right)\right] dy \\
& = \int_{-\infty}^{\infty} \frac{1}{2\pi \sigma_X \sigma_Y \sqrt{1-\rho^2}} \\
& \qquad \cdot \exp\left[-\frac{1}{2(1-\rho^2)}\left(\left(\frac{y-\mu_Y}{\sigma_Y} - \rho\frac{x-\mu_X}{\sigma_X}\right)^2 + (1-\rho^2)\left(\frac{x-\mu_X}{\sigma_X}\right)^2\right)\right] dy \\
& = \frac{1}{\sqrt{2\pi\sigma_X^2}} \exp\left(-\frac{1}{2}\left(\frac{x-\mu_X}{\sigma_X}\right)^2\right) \\
& \qquad \cdot \int_{-\infty}^{\infty} \frac{1}{\sqrt{2\pi\sigma_Y^2(1-\rho^2)}} \exp\left(-\frac{1}{2\sigma_Y^2(1-\rho^2)}\left(y-\mu_Y-\rho\frac{\sigma_Y}{\sigma_X}(x-\mu_X)\right)^2\right) dy
\end{aligned}
$$

위 식에서 적분 안에 있는 함수는 $\mu = \mu_Y + \rho\frac{\sigma_Y}{\sigma_X}(x-\mu_X)$, $\sigma^2 = \sigma_Y^2(1-\rho^2)$인 정규분포의 확률밀도함수이므로 이 함수를 실수 전체에서 적분한 값은 1이다. 따라서 X의 주변확률밀도함수는 다음과 같다.

$$f_X(x) = \frac{1}{\sqrt{2\pi\sigma_X^2}} \exp\left(-\frac{1}{2}\left(\frac{x-\mu_X}{\sigma_X}\right)^2\right)$$

즉 X의 주변확률분포는 $N(\mu_X, \sigma_X^2)$이다. 같은 방법으로 Y의 주변확률밀도함수를 구하면 다음과 같다.

$$f_Y(y) = \frac{1}{\sqrt{2\pi\sigma_Y^2}} \exp\left(-\frac{1}{2}\left(\frac{y-\mu_Y}{\sigma_Y}\right)^2\right)$$

따라서 Y의 주변분포는 $N(\mu_Y, \sigma_Y^2)$임을 알 수 있다.

3.4 확률변수의 독립

두 사건 A와 B에 대하여 $P(A\cap B)=P(A)P(B)$일 때 두 사건은 서로 독립이라고 한다. 독립의 개념은 확률변수로 확장될 수 있다. 확률변수는 실수에서 값을 가지므로 두 확률변수 X와 Y의 독립은 모든 실수의 부분집합 A와 B에 대하여 다음이 성립하는 경우로 정의하는 것이 타당할 것이다.

$$P(X\in A,\, Y\in B) \;=\; P(X\in A)P(Y\in B) \tag{3.5}$$

2장에서 언급한 것처럼 확률변수의 확률분포는 사건 $\{X\le x\}$의 확률을 나타내는 누적분포함수에 의하여 결정된다. 마찬가지로 독립의 조건을 나타내는 식 (3.5)는 $A=(-\infty,x]$, $B=(-\infty,y]$인 부분집합에 대해 성립하면 실수의 모든 부분집합에 대하여도 식 (3.5)가 성립함을 보일 수 있다. 따라서 독립의 정의는 다음과 같이 할 수 있다.

정의 3.1

(X, Y)의 결합누적분포함수가 X와 Y의 주변누적분포함수의 곱일 때, 즉 모든 x와 y에 대하여 다음이 성립할 때 X와 Y는 서로 독립이라고 한다.

$$F(x,y)=F_X(x)\,F_Y(y) \tag{3.6}$$

이산형 확률변수인 경우 위의 독립의 정의와 동치인 조건은 모든 x_i와 y_j에 대하여 다음 식이 성립하는 것이다.

$$p(x_i, y_j) \;=\; p_X(x_i)\,p_Y(y_j)$$

즉 결합확률질량함수가 X와 Y의 주변확률질량함수의 곱이 될 때 서로 독립이 된다. 연속형 확률변수인 경우는 모든 x와 y에 대하여 다음 식이 성립할 때 서로 독립이 된다.

$$f(x, y)=f_X(x)\,f_Y(y)$$

연속형의 경우 결합확률밀도함수가 X와 Y의 주변확률밀도함수의 곱이 될 때 서로 독립이 된다. 연속형 확률변수인 경우 독립의 조건 (3.6)을 미분하면 위의 식을 얻을 수 있다.

두 개의 확률변수에 대한 독립의 정의를 확장하여 n개의 확률변수 $X_1, X_2, \cdots, X_n$에 대한 독립의 정의를 다음과 같이 할 수 있다. 결합누적분포함수가 각 주변누적분포함수의 곱이 될 때, 즉 다음이 성립할 때 $X_1, X_2, \cdots, X_n$는 서로 독립이라고 한다.

$$F(x_1, x_2, \cdots, x_n) = F_{X_1}(x_1) \cdot F_{X_2}(x_2) \cdots F_{X_n}(x_n)$$

위 정의는 이산형 확률변수인 경우 결합확률질량함수가 각 주변확률질량함수의 곱이라는 것과 같으며, 연속형 확률변수인 경우는 결합확률밀도함수가 각 주변확률밀도함수의 곱이라는 것과 같다.

예 3.5

(X, Y)의 결합확률밀도함수가 다음과 같을 때, X와 Y가 서로 독립인지 확인하여라.

$$f(x, y) = 6xy^2,\ 0 \le x \le 1,\ 0 \le y \le 1.$$

풀이

$$f_X(x) = \int_{-\infty}^{\infty} f(x, y)dy = \int_0^1 6xy^2 dy = 2x,\ 0 \le x \le 1,$$

$$f_Y(y) = \int_{-\infty}^{\infty} f(x, y)dx = \int_0^1 6xy^2 dx = 3y^2,\ 0 \le y \le 1$$

이고, 모든 실수 (x, y)에 대하여 $f(x, y) = f_X(x) \times f_Y(y)$이 성립하므로 X와 Y는 서로 독립이다.

예 3.6

(X, Y)의 결합확률밀도함수가 $f(x,y) = \lambda^2 e^{-\lambda y},\ 0 \le x \le y$일 때 X와 Y는 서로 독립인지 확인하여라.

풀이

예 3.4에서 구한 것과 같이 X와 Y의 주변확률밀도함수는 각각 다음과 같다.

$$f_X(x) = \lambda e^{-\lambda x}, \quad x > 0$$

$$f_Y(y) = \lambda^2 y e^{-\lambda y}, \quad y > 0$$

따라서 $f(x,y) \neq f_X(x) f_Y(y)$이므로 X와 Y는 서로 독립이 아니다.

예 3.7

(X, Y)가 이변량정규분포를 따르는 확률변수일 때 X와 Y가 서로 독립일 조건을 구하여라.

풀이

X와 Y의 주변확률밀도함수는 다음과 같으므로

$$f_X(x) = \frac{1}{\sqrt{2\pi\sigma_X^2}} \exp\left(-\frac{1}{2}\left(\frac{x-\mu_X}{\sigma_X}\right)^2\right)$$

$$f_Y(y) = \frac{1}{\sqrt{2\pi\sigma_Y^2}} \exp\left(-\frac{1}{2}\left(\frac{y-\mu_Y}{\sigma_Y}\right)^2\right)$$

$\rho = 0$일 때 $f(x,y) = f_X(x) f_Y(y)$가 성립한다. 따라서 이변량정규분포에서 두 변수가 서로 독립일 조건은 $\rho = 0$이다.

3.5 조건부분포

어느 사건에 대한 정보가 주어졌을 때 다른 사건이 발생할 확률(조건부확률)을 구할 수 있는 것과 같이 어떤 확률변수가 주어졌을 때 다른 확률변수의 확률분포를 구할 수 있다. 이러한 확률분포를 **조건부분포**(conditional distribution)라고 한다. $Y=y$로 주어졌을 때 X의 조건부분포를 나타낼 때 흔히 $X|Y=y$를 이용하여 표현하기도 한다. 예를 들어 $Y=y$일 때 X의 조건부분포가 $N(y, \sigma^2)$이라면 이를 다음과 같이 나타낸다.

$$X|Y = y \sim N(y, \sigma^2)$$

3.5.1 이산형 확률변수의 조건부분포

결합분포를 가지는 이산형 확률변수 (X, Y)가 가질 수 있는 값을 다음과 같이 나타내도록 하자.

$$(x_i, y_j), \quad i = 1, 2, \cdots, \quad j = 1, 2, \cdots$$

두 확률변수 중 Y의 값이 y_j로 주어졌을 때 X의 조건부분포를 구하여 보자. 이때 Y의 값은 y_j로 고정되어 있지만 X는 $x_1, x_2, \cdots$ 중 하나의 값을 가지게 된다. 조건부확률의 정의에 의하여 $Y = y_j$일 때 $X = x_i$일 확률은 다음과 같다.

$$P(X = x_i | Y = y_j) = \frac{P(X = x_i, Y = y_j)}{P(Y = y_j)}$$

조건부확률은 X가 가질 수 있는 각 값 $x_1, x_2, \cdots$에서 구할 수 있다. 각 x_i에서 위의 조건부확률을 나타낸 함수를 조건부확률질량함수라고 하며 $p_{X|Y}(x_i | y_i)$로 나타낸다. 즉 $Y = y_j$일 때 X의 조건부확률질량함수는 다음과 같다.

$$p_{X|Y}(x_i | y_j) = \frac{p(x_i, y_j)}{p_Y(y_j)} \tag{3.7}$$

마찬가지로 $X = x_i$일 때 Y의 조건부확률질량함수는 다음과 같다.

$$p_{Y|X}(y_j | x_i) = \frac{p(x_i, y_j)}{p_X(x_i)}$$

조건부확률질량함수 $p_{X|Y}(x_i | y_i)$는 $Y = y_j$일 때 X의 조건부분포에 대한 확률을 나타내므로 다음과 같은 성질을 가지고 있다.

(i) $p_{X|Y}(x_i | y_j) \geq 0$

(ii) $\sum_i p_{X|Y}(x_i | y_j) = 1$

(iii) $P(a \leq X \leq b | Y = y_j) = \sum_{x_i : a \leq x_i \leq b} p_{X|Y}(x_i | y_j)$

이는 일반적인 확률질량함수가 가지는 성질과 같다. 조건부분포는 각 값에서의 확률이 조건부확률로 주어진다는 점을 제외하고는 다른 확률분포와 차이점이 없다. 기본적으로 조건부분포도 하나의 확률분포이므로 조건부확률질량함수도 일반적인 확률질량함수가 가지는 성질을 그대로 가지게 된다.

예 3.8

동전을 3번 던지는 실험에서 X를 첫 번째 동전의 앞면의 수, Y를 전체 동전의 앞면의 수라고 한다.

(a) $Y=1$일 때 X의 조건부분포를 구하여라.

(b) $X=0$일 때 Y의 조건부분포를 구하여라.

풀이

(a) X와 Y의 결합분포와 주변분포는 〈표 3.1〉과 〈표 3.2〉에 주어져 있다. 이를 이용하여 $Y=1$일 때, X의 조건부확률질량함수를 구하면 다음과 같으므로

$$p_{X|Y}(x_i|1) = \frac{p(x_i, 1)}{p_Y(1)} = \frac{p(x_i, 1)}{3/8},$$

X의 조건부분포는 다음과 같다.

x	0	1
$p_{X\|Y}(x\|1)$	$\frac{2}{3}$	$\frac{1}{3}$

(b) $X=0$일 때 Y의 조건부확률질량함수를 구하면 다음과 같으므로

$$p_{Y|X}(y_j|0) = \frac{p(0, y_j)}{p_X(0)} = \frac{p(0, y_j)}{1/2}$$

Y의 조건부분포는 다음과 같다.

y	0	1	2	3
$p_{Y\|X}(y\|0)$	$\frac{1}{4}$	$\frac{1}{2}$	$\frac{1}{4}$	0

한편 조건부확률질량함수의 식 (3.7)로부터 결합질량함수를 다음과 같이 구할 수 있다.

$$p(x_i, y_j) = p_{X|Y}(x_i|y_j)p_Y(y_j) \tag{3.8}$$

즉 Y의 확률분포와 Y가 주어졌을 때 X에 대한 조건부분포로부터 X와 Y의 결합분포를 구할 수 있다. 다음 예는 이러한 방법으로 결합분포를 구하는 것을 보여 주고 있다.

예 3.9

N은 평균이 λ인 포아송분포를 따르는 확률변수이고 $N=n$일 때 X의 조건부분포는 $B(n,p)$라고 한다.

(a) X와 N의 결합분포를 구하여라.

(b) X의 주변분포를 구하여라.

풀이

(a) 식 (3.8)에 의하여 X와 N의 결합확률질량함수는 다음과 같다.

$$\begin{aligned} P(X=k, N=n) &= P(X=k \mid N=n)P(N=n) \\ &= \frac{n!}{k!(n-k)!}p^k(1-p)^{n-k}\frac{\lambda^n e^{-\lambda}}{n!} \\ &= \frac{1}{k!(n-k)!}(\lambda p)^k(\lambda(1-p))^{n-k}e^{-\lambda} \end{aligned}$$

여기서 $k=0,1,\cdots,n$이고 $n=0,1,2\cdots$이다.

(b) X의 주변확률질량함수는 앞에서 구한 결합확률질량함수를 이용하여 구할 수 있다. $X=k$일 때 N의 값의 범위는 $\{n : n \ge k\}$이므로 X의 주변확률질량함수는 다음과 같다.

$$\begin{aligned} P(X=k) &= \sum_{n=k}^{\infty} P(X=k, N=n) \\ &= \sum_{n=k}^{\infty}\frac{1}{k!\,(n-k)!}(\lambda p)^k(\lambda(1-p))^{n-k}e^{-\lambda} \\ &= \frac{(\lambda p)^k e^{-\lambda}}{k!}\sum_{n=k}^{\infty}\frac{1}{(n-k)!}(\lambda(1-p))^{n-k} \end{aligned}$$

$$= \frac{(\lambda p)^k e^{-\lambda}}{k!} e^{\lambda(1-p)}$$

$$= \frac{(\lambda p)^k e^{-\lambda p}}{k!,}, \quad k = 0, 1, 2, \ldots$$

위에서 $\sum_{i=0}^{\infty} \frac{a^i}{i!} = e^a$이므로 네 번째 등식을 얻을 수 있다. 따라서 X의 주변분포는 $Poisson(\lambda p)$이다.

3.5.2 연속형 확률변수의 조건부분포

결합분포를 가지는 연속형 확률변수 (X, Y)에 대하여 $Y = y$일 때 X의 조건부분포 $f_{X|Y}(x|y)$를 구하여 보자. 연속형 확률변수의 경우 $\{Y = y\}$라는 사건의 확률은 0이므로 주어진 조건 $Y = y$는 어떤 의미에서 보면 발생할 수 없는 사건에 대한 정보가 주어진 것이다. 연속형 변수의 경우 주어진 조건 $\{Y = y\}$는 Y의 값이 y 근처인 $[y, y + \Delta y]$에 속한다는 것으로 해석할 수 있다. 이 조건 하에서 X가 $[x, x + \Delta x]$에 속할 확률을 구하여 보자. 충분히 작은 Δx와 Δy에 대하여 다음이 성립하므로

$$P(x \le X \le x + \Delta x,\ y \le Y \le y + \Delta y) \approx f(x,y)\Delta x \Delta y,$$
$$P(y \le Y \le y + \Delta y) \approx f_Y(y)\Delta y,$$

조건부확률은 다음과 같다.

$$P(x \le X \le x + \Delta x \mid y \le Y \le y + \Delta y) \approx \frac{f(x,y)\Delta x \Delta y}{f_Y(y)\Delta y}$$
$$= \frac{f(x,y)}{f_Y(y)} \Delta x$$

즉 $Y \in [y, y + \Delta y]$일 때 X의 값이 구간 $[x, x + \Delta x]$에 속할 조건부확률은 $\frac{f(x,y)}{f_Y(y)} \Delta x$이다. 이는 주어진 조건 하에서 X의 값이 x 근처의 작은 구간에 속할 확률은 $\frac{f(x,y)}{f_Y(y)}$와 구간의 길이의 곱으로 주어진다는 것을 의미한다. 연속형 확률변수가 작은 구간에 속할 확률은 근사적으로 확률밀도함수와 구간의 길이의 곱으로 주어지는

것과 비교할 때 $\dfrac{f(x,y)}{f_Y(y)}$를 X의 조건부분포에 대한 확률밀도함수라고 할 수 있다. 이를 조건부확률밀도함수라고 하며 $f_{X|Y}(x|y)$로 나타낸다. 따라서 $Y=y$일 때 X의 조건부확률밀도함수는 다음과 같이 정의할 수 있다.

$$f_{X|Y}(x|y) = \frac{f(x,y)}{f_Y(y)} \tag{3.9}$$

또 $X=x$일 때 Y의 조건부확률밀도함수는 다음과 같이 정의할 수 있다.

$$f_{Y|X}(y|x) = \frac{f(x,y)}{f_X(x)}$$

조건부확률밀도함수 $f_{X|Y}(x|y)$는 $Y=y$일 때 X의 확률밀도함수를 나타내므로 다음과 같은 성질을 가지고 있다.

(i) $f_{X|Y}(x|y) \geq 0$

(ii) $\displaystyle\int_{-\infty}^{\infty} f_{X|Y}(x|y)\,dx = 1$

(iii) $\displaystyle P(a < X \leq b | Y = y) = \int_a^b f_{X|Y}(x|y)\,dx$

한편 조건부확률밀도함수의 식 (3.9)로부터 결합밀도함수를 다음과 같이 구할 수 있다.

$$f(x,y) = f_{X|Y}(x|y) f_Y(y)$$

이는 Y의 주변확률밀도함수와 Y가 주어졌을 때 X의 조건부확률밀도함수의 곱으로부터 X와 Y의 결합확률밀도함수를 구할 수 있음을 나타낸다. 위의 식은 이산형 확률변수의 경우 확률질량함수에 대해 성립하는 사실이 연속형 확률변수인 경우 확률밀도함수에 성립한다는 사실을 보여 주고 있다.

예 3.10

(X, Y)의 결합확률밀도함수가 $f(x,y) = \lambda^2 e^{-\lambda y},\quad 0 \leq x \leq y$라고 한다.

(a) $Y=y$일 때 X의 조건부확률밀도함수를 구하여라.

(b) $X=x$일 때 Y의 조건부확률밀도함수를 구하여라.

풀이

(a) 예 3.4에서 구한 것과 같이 Y의 주변확률밀도함수는 $f_Y(y) = \lambda^2 ye^{-\lambda y}$, $y>0$이다. 따라서 $Y=y$일 때 X의 조건부확률밀도함수는 다음과 같다.

$$f_{X|Y}(x|y) = \frac{f(x,y)}{f_Y(y)} = \frac{\lambda^2 e^{-\lambda y}}{\lambda^2 ye^{-\lambda y}} = \frac{1}{y}, \quad 0 \le x \le y$$

따라서 $Y=y$일 때 X의 조건부분포가 Uniform$(0, y)$이다.

(b) X의 주변확률밀도함수는 $f_X(x) = \lambda e^{-\lambda x}$, $x>0$이므로 $X=x$일 때 Y의 조건부확률밀도함수는 다음과 같다.

$$f_{Y|X}(y|x) = \frac{f(x,y)}{f_X(y)} = \frac{\lambda^2 e^{-\lambda y}}{\lambda e^{-\lambda x}} = \lambda e^{-\lambda(y-x)}, \quad y \ge x$$

따라서 $X=x$일 때 Y의 조건부분포는 지수분포를 x만큼 평행 이동한 것을 나타낸다.

예 3.11

(X, Y)는 이변량정규분포를 따르는 확률변수라고 한다.

(a) $X=x$일 때 Y의 조건부확률밀도함수를 구하여라.

(b) $Y=y$일 때 X의 조건부확률밀도함수를 구하여라.

풀이

(a) 3.3절에서 구한 X의 주변확률밀도함수는 다음과 같으므로

$$f_X(x) = \frac{1}{\sqrt{2\pi\sigma_X^2}} \exp\left(-\frac{1}{2}\left(\frac{x-\mu_X}{\sigma_X}\right)^2\right)$$

$X=x$일 때 Y의 조건부확률밀도함수는 다음과 같다.

$$f_{Y|X}(y|x) = \frac{f(x,y)}{f_X(x)}$$

$$= \frac{\dfrac{1}{2\pi\sigma_X\sigma_Y\sqrt{1-\rho^2}}\exp\left[-\dfrac{1}{2(1-\rho^2)}\left(\left(\dfrac{y-\mu_Y}{\sigma_Y}-\rho\dfrac{x-\mu_X}{\sigma_X}\right)^2+(1-\rho^2)\left(\dfrac{x-\mu_X}{\sigma_X}\right)^2\right)\right]}{\dfrac{1}{\sqrt{2\pi\sigma_X^2}}\exp\left(-\dfrac{1}{2}\left(\dfrac{x-\mu_X}{\sigma_X}\right)^2\right)}$$

$$= \frac{1}{\sqrt{2\pi\sigma_Y^2(1-\rho^2)}}\exp\left(-\frac{1}{2\sigma_Y^2(1-\rho^2)}\left(y-\mu_Y-\rho\frac{\sigma_Y}{\sigma_X}(x-\mu_X)\right)^2\right)$$

즉 $X=x$일 때 Y의 조건부분포는 다음과 같다.

$$Y|X=x \sim N\left(\mu_Y+\rho\frac{\sigma_Y}{\sigma_X}(x-\mu_X),\ (1-\rho^2)\sigma_Y^2\right)$$

(b) 같은 방법으로 $Y=y$일 때 X의 조건부분포는 다음과 같음을 보일 수 있다.

$$X|Y=y \sim N\left(\mu_X+\rho\frac{\sigma_X}{\sigma_Y}(y-\mu_Y),\ (1-\rho^2)\sigma_X^2\right)$$

3.6 결합확률변수의 변환

이 절에서는 X와 Y의 결합분포를 이용하여 $Z=g(X,Y)$의 확률분포를 구하는 방법을 알아보고자 한다. 먼저 $Z=X+Y$인 경우부터 다루도록 하자.

3.6.1 합의 분포

X와 Y가 이산형 확률변수일 때 두 확률변수의 합이 z인 사건은 여러 가지 가능한 경우가 있다. 예를 들어 음이 아닌 정수의 값을 가지는 확률변수 X와 Y에 대하여 합이 5인 경우는 다음과 같은 6가지 경우가 있을 수 있다.

$$(X=0, Y=5),\ (X=1, Y=4),\ (X=2, Y=3),$$

$$(X=3, Y=2),\ (X=4, Y=5),\ (X=5, Y=0)$$

이처럼 두 이산형 확률변수의 합이 z인 사건은 여러 가지 가능한 x에 대하여 $X=x$ 이고 $Y=z-x$일 때이다. 따라서 $X+Y=z$일 확률은 다음과 같이 구할 수 있다.

$$P(Z=z) = P(X+Y=z) = \sum_x P(X=x,\, Y=z-x)$$

이를 확률질량함수로 표현하면 다음과 같다.

$$p_Z(z) = \sum_x p(x, z-x) \tag{3.10}$$

만약 X와 Y가 서로 독립이면 Z의 확률질량함수는 다음과 같이 표현할 수 있다.

$$p_Z(z) = \sum_x p_X(x) p_Y(z-x)$$

예 3.12

$X \sim Poisson(\lambda_1)$, $Y \sim Poisson(\lambda_2)$이고 서로 독립일 때 $Z = X+Y$의 확률분포를 구하여라.

풀이

음이 아닌 정수 값을 가지는 포아송 확률변수 X와 Y의 합이 n이 되는 경우는 $\{X=0, Y=n\}$, $\{X=1, Y=n-1\}$, $\cdots$, $\{X=n, Y=0\}$이 있다. 따라서 $Z = X+Y$의 확률질량함수는 다음과 같다.

$$\begin{aligned} P(Z=n) &= \sum_{k=0}^{n} P(X=k, Y=n-k) = \sum_{k=0}^{n} P(X=k)P(Y=n-k) \\ &= \sum_{k=0}^{n} \frac{\lambda_1^k e^{-\lambda_1}}{k!} \frac{\lambda_2^{n-k} e^{-\lambda_2}}{(n-k)!} = \frac{e^{-(\lambda_1+\lambda_2)}}{n!} \sum_{k=0}^{n} \frac{n!}{k!\,(n-k)!} \lambda_1^k \lambda_2^{n-k} \\ &= \frac{e^{-(\lambda_1+\lambda_2)}}{n!} (\lambda_1+\lambda_2)^n = \frac{(\lambda_1+\lambda_2)^n e^{-(\lambda_1+\lambda_2)}}{n!} \end{aligned}$$

따라서 $Z = X+Y \sim Poisson(\lambda_1+\lambda_2)$이다.

이번에는 X와 Y가 연속형 확률변수일 때 $Z = X+Y$의 확률밀도함수를 구하여 보자. X와 Y의 합이 z보다 작은 영역은 $\{-\infty < X < \infty,\ Y < z-X\}$로 나타낼 수

있으므로 Z의 누적분포함수 $F_Z(z)$는 다음과 같다.

$$\begin{aligned} F_Z(z) &= P(Z \le z) = P(X+Y \le z) \\ &= \int_{-\infty}^{\infty}\int_{-\infty}^{z-x} f(x,y)\,dy\,dx \\ &= \int_{-\infty}^{\infty}\int_{-\infty}^{z} f(x,v-x)\,dv\,dx \quad (\text{안쪽 적분에서 } v=y+x\text{로 변환하였을 때}) \\ &= \int_{-\infty}^{z}\int_{-\infty}^{\infty} f(x,v-x)\,dx\,dv \quad (\text{적분 순서를 바꾸었을 때}) \end{aligned}$$

이를 z로 미분한 Z의 확률밀도함수 $f_Z(z)$는 다음과 같다.

$$f_Z(z) = \frac{d}{dz}F_Z(z) = \int_{-\infty}^{\infty} f(x, z-x)\,dx \tag{3.11}$$

만약 X와 Y가 서로 독립이면 Z의 확률밀도함수는 다음과 같이 표현할 수 있다.

$$f_Z(z) = \int_{-\infty}^{\infty} f_X(x) f_Y(z-x)\,dx$$

연속형 확률변수에 대하여 합의 확률밀도함수를 구하는 식 (3.11)과 이산형 확률변수에 대해 합의 확률질량함수를 구하는 식 (3.10)을 비교하면 합 대신에 적분을 사용하였고 확률질량함수 대신에 확률밀도함수를 사용한다는 점을 제외하고는 근본적으로 같다는 것을 알 수 있다.

예 3.13

X와 Y 모두 지수분포 $\mathrm{Exp}(1/\lambda)$를 따르는 확률변수이며 서로 독립일 때 $Z=X+Y$의 확률분포를 구하여라.

풀이

합의 확률밀도함수를 구하는 식 (3.11)에 의하여 $Z=X+Y$의 확률밀도함수는 다음과 같이 구할 수 있다.

$$f_Z(z) = \int_{-\infty}^{\infty} f_X(x) f_Y(z-x)\,dx$$

지수분포의 확률밀도함수는 0보다 큰 영역에서만 양의 값을 가지므로 위의 적분에서 함수 $f_X(x)f_Y(z-x)$는 $0<x<z$인 경우만 양의 값을 가진다. 따라서 Z의 확률밀도함수는 다음과 같다.

$$\begin{aligned} f_Z(z) &= \int_0^z \lambda e^{-\lambda x}\lambda e^{-\lambda(z-x)}dx \\ &= \int_0^z \lambda^2 e^{-\lambda z}dx = \lambda^2 z e^{-\lambda z}, \qquad z>0 \end{aligned}$$

이는 감마분포의 확률밀도함수이므로 $Z \sim \text{Gamma}(2, 1/\lambda)$이다.

척도모수가 $1/\lambda$로 같으며 서로 독립인 지수분포의 합이 감마분포가 된다는 사실은 서로 독립인 감마분포의 합이 감마분포가 된다는 사실로 확장될 수 있다.

예 3.14

$X \sim \text{Gamma}(\alpha, 1/\lambda)$, $Y \sim \text{Gamma}(\beta, 1/\lambda)$이고 서로 독립일 때 $Z=X+Y$의 확률분포를 구하여라.

풀이

지수분포의 합과 마찬가지로 감마분포의 확률밀도함수는 0보다 큰 영역에서만 양의 값을 가지므로 $Z=X+Y$의 확률밀도함수를 구하는 식 (3.11)에서 x에 대한 적분의 범위는 $0<x<z$로 축소된다. 따라서 Z의 확률밀도함수는 다음과 같다.

$$\begin{aligned} f_Z(z) &= \int_{-\infty}^{\infty} f_X(x)f_Y(z-x)dx \\ &= \int_0^z \frac{\lambda^a}{\Gamma(\alpha)}x^{\alpha-1}e^{-\lambda x}\frac{\lambda^\beta}{\Gamma(\beta)}(z-x)^{\beta-1}e^{-\lambda(z-x)}dx \\ &= \int_0^z \frac{\lambda^{\alpha+\beta}}{\Gamma(a)\Gamma(\beta)}x^{\alpha-1}(z-x)^{\beta-1}e^{-\lambda z}dx \\ &= \int_0^1 \frac{\lambda^{\alpha+\beta}}{\Gamma(\alpha)\Gamma(\beta)}(uz)^{\alpha-1}(z-uz)^{\beta-1}e^{-\lambda z}z\,du \quad (\text{단 } u=\frac{x}{z}) \end{aligned}$$

$$= \frac{\lambda^{\alpha+\beta}}{\Gamma(\alpha+\beta)} z^{\alpha+\beta-1} e^{-\lambda z} \int_0^1 \frac{\Gamma(\alpha+\beta)}{\Gamma(\alpha)\Gamma(\beta)} u^{\alpha-1}(1-u)^{\beta-1} du$$

$$= \frac{\lambda^{\alpha+\beta}}{\Gamma(\alpha+\beta)} z^{\alpha+\beta-1} e^{-\lambda z}, \quad z > 0$$

위에서 $\frac{\Gamma(\alpha+\beta)}{\Gamma(\alpha)\Gamma(\beta)} u^{\alpha-1}(1-u)^{\beta-1}$은 $\mathrm{Beta}(\alpha, \beta)$의 확률밀도함수이므로 이 함수를 구간 $(0, 1)$에서 적분한 값은 1이 되어 마지막 등식을 얻을 수 있다. 따라서 $Z \sim \mathrm{Gamma}(\alpha+\beta, 1/\lambda)$이다.

3.6.2 곱의 분포

확률변수 X와 Y의 합의 확률분포를 구하는 유사한 방법으로 X와 Y의 곱의 확률분포도 구할 수 있다. $Z = XY$의 누적분포함수를 구하기 위해 X의 값이 양수인 부분과 음수인 부분으로 나누어 생각할 수 있다. 양수인 부분에서는 XY가 z보다 작은 영역은 $\left\{X > 0,\ Y < \frac{z}{X}\right\}$로 나타낼 수 있으며 음수인 부분에서는 $\left\{X < 0,\ Y > \frac{z}{X}\right\}$로 나타낼 수 있다. 따라서 Z의 확률밀도함수 $F_Z(z)$는 다음과 같다.

$$F_Z(z) = P(XY \le z) = P(Y \le z/X, X > 0) + P(Y \ge z/X, X < 0)$$

$$= \int_0^\infty \int_{-\infty}^{\frac{z}{x}} f(x, y)\, dy\, dx + \int_{-\infty}^0 \int_{\frac{z}{x}}^\infty f(x, y)\, dy\, dx$$

$$= \int_0^\infty \int_{-\infty}^{z} f\left(x, \frac{v}{x}\right) \frac{1}{x}\, dv\, dx + \int_{-\infty}^0 \int_{-\infty}^{z} f\left(x, \frac{v}{x}\right)\left(-\frac{1}{x}\right) dv\, dx$$

(안쪽 적분에서 $v = xy$라 할 때)

$$= \int_{-\infty}^\infty \int_{-\infty}^{z} \left|\frac{1}{x}\right| f\left(x, \frac{v}{x}\right) dv\, dx\Big\}$$

$$= \int_{-\infty}^{z} \int_{-\infty}^\infty \left|\frac{1}{x}\right| f\left(x, \frac{v}{x}\right) dx\, dv$$

이를 z로 미분한 Z의 확률밀도함수 $f_Z(z)$는 다음과 같다.

$$f_Z(z) = \int_{-\infty}^\infty \left|\frac{1}{x}\right| f\left(x, \frac{z}{x}\right) dx$$

같은 방법으로 $Z=\frac{Y}{X}$의 확률밀도함수를 구하면 다음과 같음을 확인할 수 있다.

$$f_Z(z)=\int_{-\infty}^{\infty}|x|f(x,xz)\,dx \tag{3.12}$$

예 3.15

$X \sim N(0,1)$, $Y \sim N(0,1)$이며 서로 독립일 때 $Z=\frac{Y}{X}$의 확률밀도함수를 구하여라.

풀이

위의 주어진 식 (3.12)를 이용하면 $Z=\frac{Y}{X}$의 확률밀도함수는 다음과 같다.

$$\begin{aligned} f_Z(z) &= \int_{-\infty}^{\infty}|x|f(x,xz)\,dx \\ &= \int_{-\infty}^{\infty}|x|\frac{1}{\sqrt{2\pi}}e^{-\frac{x^2}{2}}\frac{1}{\sqrt{2\pi}}e^{-\frac{(xz)^2}{2}}dx \\ &= \int_{-\infty}^{\infty}|x|\frac{1}{2\pi}e^{-\frac{x^2(1+z^2)}{2}}dx \end{aligned}$$

적분 안의 함수는 y축에 대칭인 함수이므로 Z의 확률밀도함수는 다음과 같다.

$$f_Z(z)=\int_0^{\infty}\frac{1}{\pi}xe^{-\frac{x^2(1+z^2)}{2}}dx = \frac{1}{\pi(1+z^2)}, \quad -\infty<z<\infty$$

2.2.6절에서 소개한 것처럼 예 3.15의 확률밀도함수를 가지는 확률분포를 **코쉬분포**(Cauchy distribution)라고 한다.

3.6.3 이변량 확률변수의 변환

지금까지는 두 확률변수의 합과 곱의 확률분포를 구하는 방법을 다루었다. 이제 두 확률변수의 일반적인 변수변환에 의하여 만들어진 새로운 확률변수의 확률분포를 구하는 방법을 알아보기로 하자. 함수 $g(\cdot)$의 역함수가 존재하고 미분 가능할 때 X의 확률밀도함수로부터 식 (2.15)에 의하여 $Y=g(X)$의 확률밀도함수를 구할 수 있는 것과 같이 이변량 확률변수에 대하여도 변환하는 함수의 역함수가 존재하고 미분 가능하면 (X, Y)의 결합확률밀도함수로부터 변환한 확률변수의 결합확률밀도함수를 구할 수 있다.

X와 Y는 결합확률밀도함수 $f_{X,Y}(x,y)$를 갖는 연속형 확률변수이고 새로운 확률변수 U, V는 다음과 같다고 하자.

$$U=g_1(X, Y), \quad V=g_2(X, Y)$$

이때 다음이 성립하는 함수 h_1과 h_2가 존재하며

$$X=h_1(U, V), \quad Y=h_2(U, V)$$

이 함수가 미분 가능하면 다음 정리에 의하여 (U, V)의 결합확률밀도함수를 구할 수 있다.

정리 3.1

$u=g_1(x,y)$, $v=g_2(x,y)$에 대해 $x=h_1(u,v)$, $y=h_2(u,v)$인 함수 $h_1(\cdot,\cdot)$와 $h_2(\cdot,\cdot)$가 존재하고 이 함수가 미분 가능할 때, $U=g_1(X, Y)$, $V=g_2(X, Y)$의 결합확률밀도함수 $f_{U,V}(u,v)$는 다음과 같다.

$$f_{U,V}(u,v) = f_{X,Y}(h_1(u,v), h_2(u,v))\,|J(u,v)|.$$

단, $J(u,v)=\begin{vmatrix} \dfrac{\partial x}{\partial u} & \dfrac{\partial x}{\partial v} \\ \dfrac{\partial y}{\partial u} & \dfrac{\partial y}{\partial v} \end{vmatrix} = \begin{vmatrix} \dfrac{\partial}{\partial u}h_1(u,v) & \dfrac{\partial}{\partial v}h_1(u,v) \\ \dfrac{\partial}{\partial u}h_2(u,v) & \dfrac{\partial}{\partial v}h_2(u,v) \end{vmatrix}$ 이다.

이 정리는 2장에서 변수변환에 관한 정리를 이변량 확률분포로 확장한 것으로 증명은 생략하기로 하겠다.

위 정리를 이용하는 예를 위하여 $X\sim N(0,1)$, $Y\sim N(0,1)$이며 서로 독립일 때, $U=X$, $V=X+Y$라고 하고 U, V의 결합확률분포를 구하여 보자. 이 경우 X와 Y의 결합확률밀도함수는 다음과 같다.

$$f_{X,Y}(x,y) = f_X(x) f_Y(y) = \frac{1}{2\pi}\exp\left(-\frac{x^2}{2} - \frac{y^2}{2}\right).$$

또한 g_1, g_2는 다음과 같다.

$$g_1(x,y) = x, \quad g_2(x,y) = x + y$$

이때 $X = U,\ Y = V - U$이므로 역함수 h_1과 h_2는 다음과 같다.

$$h_1(u,v) = u, \quad h_2(u,v) = v - u$$

따라서 J는 다음과 같고

$$J = \begin{vmatrix} \frac{\partial x}{\partial u} & \frac{\partial x}{\partial v} \\ \frac{\partial y}{\partial u} & \frac{\partial y}{\partial v} \end{vmatrix} = \begin{vmatrix} 1 & 0 \\ -1 & 1 \end{vmatrix} = 1,$$

최종적으로 U, V의 결합확률밀도함수는 다음과 같다.

$$\begin{aligned} f_{U,V}(u,v) &= f_{X,Y}(u, v-u) \\ &= \frac{1}{2\pi}\exp\left(-\frac{u^2}{2} - \frac{(v-u)^2}{2}\right) \\ &= \frac{1}{2\pi}\exp\left(-u^2 + uv - \frac{v^2}{2}\right) \end{aligned}$$

즉 U와 V의 결합분포는 다음과 같음을 알 수 있다.

$$\begin{pmatrix} U \\ V \end{pmatrix} \sim N_2\left(\begin{pmatrix} 0 \\ 0 \end{pmatrix}, \begin{pmatrix} 1 & 1 \\ 1 & 2 \end{pmatrix}\right)$$

여기서 V의 주변확률밀도함수를 구하고 싶으면 U에 대해 적분해 주면 된다.

3.7 R을 이용한 실습

이 절에서는 R을 이용하여 도표, 그래프나 확률밀도함수를 그려 보는 것에 대해 학습하고자 한다. R은 다른 통계 프로그램보다 우수한 그래픽 성능을 가지고 있다. R의 다양한 그래픽 함수와 옵션에 대해 알아보고, 예를 통하여 구현해 보도록 하자.

그래픽을 구현할 때 점, 선, 면 등의 기하학적 차이에 따라 사용되는 함수 일부는 〈표 3.3〉에 제시된 바와 같다. 또한 〈표 3.4〉에는 이미 지정된 특별한 형태의 그래픽을 구현하는 R 함수들 일부를 제시하였다. 사용에 따른 세부 기타 옵션은 도움말을 참조하면 된다.

〈표 3.3〉과 〈표 3.4〉에 제시된 이외에도 R에서는 여러 그래픽 함수를 이용하여 원하는 대로 데이터를 다양하게 표현할 수 있다. 지면 관계 및 사용 빈도를 고려하여 많은 것을 생략하였으며, 이제 데이터를 살펴보고 표현하는 데 가장 빈번하게 사용하는 몇 개의 함수에 대해 구체적으로 살펴보도록 하자.

표 3.3 형태에 따른 그래픽 함수

도형	함수	의미
점	points(x, y)	(x, y) 좌표에 점을 추가
선	abline(a, b) abline(h=a) abline(v=b)	기울기 b, 절편 a인 직선을 출력 y축의 값을 a로 갖는 x축과 평행한 수평(horizontal) 참조 직선을 출력 x축의 값을 b로 갖는 x축과 수직인 수직(vertical) 참조 직선을 출력
	lines(x, y)	(x, y) 좌표를 연결하는 선을 추가
	curve(수식, ...)	2차원 이상의 수식에 해당하는 선을 추가
면	box( )	그래프를 감싸는 테두리를 추가
	rect(x0, y0, x1, y1)	좌표 (x0, y0), (x0, y1), (x1, y0), (x1, y1)을 연결하는 사각형 추가
	polygon(x, y)	x와 y로부터 주어지는 좌표들을 연결하는 다각형을 추가
문자	title( )	제목과 부제목을 추가
	text(x, y, labels=, ...)	(x, y) 좌표에 문자를 추가
	mtext(text, side=, line=, ...)	그래프의 side와 line 인수로 정의된 위치에 문자 출력
범례	legend(x, y, legend=)	(x, y) 좌표에 위치하는 legend 인수에 주어진 범례를 출력
좌표축	axis(side, opt)	side 인수가 1이면 아래쪽, 2이면 왼쪽, 3이면 위쪽, 4이면 오른쪽에 축을 추가하고 opt 자리에 다양한 옵션으로 눈금 또는 참조선을 추가할 수 있음

표 3.4 형태에 따른 그래픽 함수

함수	의미
barplot(x)	x의 값에 대한 막대그래프 표현
boxplot(x)	x에 대한 상자그림 표현
contour(x, y, z)	벡터 x, y와 행렬 z에 대해 2차원 등고선그래프를 표현
coplot(x~y/z)	z의 값에 따라 x와 y의 2차원 그래프 작성
hist(x)	x의 도수에 대한 히스토그램을 표현
matplot(x, y)	행렬 x의 열별로 y의 지정된 형식에 따라 2차원 그래프 표현
mosaicplot(x)	다차원 분할표에 대해 범주별 비율이나 주변 합계를 구분된 사각형의 면적으로 표현
pairs(x)	x가 행렬이나 데이터프레임인 경우 x의 산점도 행렬 표현
persp(x, y, z)	3차원의 그래프를 2차원의 xy 평면에 투영한 투시도를 표현
pie(x)	x에 대한 원형 그래프 표현
plot(x) plot(x, y)	x의 값에 대한 1차원 그래프 또는 산점도 표현 x와 y의 2차원 그래프 표현
qqnorm(x)	누적정규확률 그래프 표현
qqplot(x, y)	x의 분위수에 대한 y의 분위수를 그래프로 표현
symbols(x, y, ...)	(x, y) 좌표에 기호가 정의된 인수의 값에 따라 크기, 색 등이 다르게 표현된 심볼 그래프 표현

3.7.1 히스토그램

히스토그램(histogram)은 양적 자료를 그림으로 나타내는 방법 중 가장 대표적인 것으로 분포의 대략적인 형태 등 모집단의 개략적인 정보를 파악하는 데 유용하다. 히스토그램은 자료를 기초로 작성된 도수분포표에 근거하여 작성된다. 즉 도수분포표에서 해당되는 계급의 상대도수를 높이로 하는 막대로 분포의 형태를 나타낸 그림이다. R에서 히스토그램을 작성하는 함수는 hist()로써 〈표 3.5〉에 제시한 일부 옵션을 이용하면 보다 다양하고 자세하게 작성할 수 있다.

표 3.5 hist 함수의 옵션

옵션	의미
breaks=	적절한 인자를 설정하여 막대의 구간을 지정하며, 기본적으로 Sturges 방법으로 막대의 너비를 $\log_2 n+1$ 로 지정
freq=TRUE/FALSE	TRUE인 경우 히스토그램 막대가 각 구간별 데이터의 도수로 작성하고, FALSE인 경우 각 구간의 확률밀도로 작성, 디폴트는 TRUE
main=" "	히스토그램의 제목 출력
xlab=" ", ylab=" "	x축과 y축 이름 출력
xlim=c(x0, x1), ylim=c(y0, y1)	x축과 y축 범위 지정
border=" "	히스토그램 막대의 테두리 색 지정
col=" "	히스토그램 막대의 색 지정, 참고로 colors( ) 함수를 이용하여 R에서 사용가능한 색의 종류를 확인할 수 있다.

예 3.16

다음의 자료는 어떤 학교 방학 영어 캠프에 참가한 초등학생들 중 30명의 키와 몸무게를 조사한 것이다. 자료를 이용하여 키와 몸무게 각각에 대해 상대도수를 이용한 히스토그램을 그려 보아라. (단, 히스토그램의 제목은 "OO에 대한 히스토그램", y축 제목은 "상대도수", x축 제목은 "키(cm)" 또는 "몸무게(kg)", 히스토그램 막대의 색은 회색(gray)으로 지정하여라.)

번호	키(cm)	몸무게(kg)	번호	키(cm)	몸무게(kg)
1	135	26	16	133	31
2	146	33	17	149	34
3	153	54	18	141	32
4	154	32	19	164	47
5	139	25	20	146	37
6	131	44	21	149	46
7	149	44	22	147	36
8	137	31	23	152	47
9	143	36	24	140	33
10	146	35	25	143	42

번호	키(cm)	몸무게(kg)	번호	키(cm)	몸무게(kg)
11	141	28	26	148	32
12	136	28	27	149	32
13	154	36	28	141	29
14	151	48	29	137	34
15	155	36	30	135	30

R 프로그램 및 결과

❶
```
> height <- c(135, 146, 153, 154, 139, 131, 149, 137, 143, 146,
  141, 136, 154, 151, 155, 133, 149, 141, 164, 146, 149, 147,
  152, 140, 143, 148, 149, 141, 137, 135)
```
❷
```
> weight <- c(26, 33, 54, 32, 25, 44, 44, 31, 36, 35, 28, 28, 36,
  48, 36, 31, 34, 32, 47, 37, 46, 36, 47, 33, 42, 32, 32, 29, 34,
  30)
```
❸
```
> hist(height, freq=FALSE, main="키에 대한 히스토그램",
  ylab="상대도수", xlab="키(cm)", col="gray")
```
❹
```
> lines(density(height))
```
❺

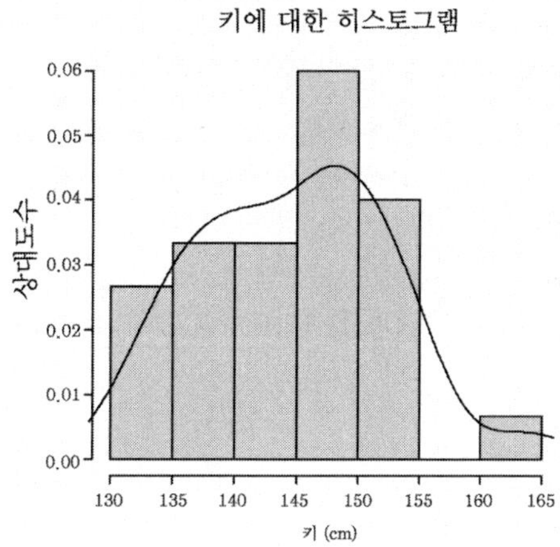

❻
```
> hist(weight, probability=TRUE, main="몸무게에 대한 히스토그램",
  ylab="상대도수", xlab="몸무게(kg)", col="gray")
```
❼
```
> lines(density(weight))
```

❽

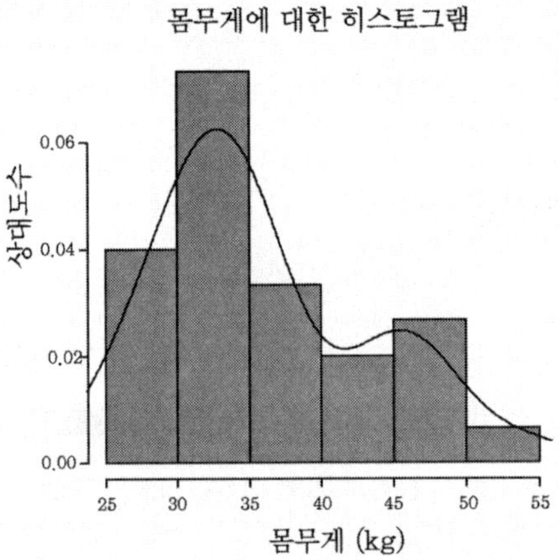

해설

❶	1번부터 30번까지 키 자료를 벡터형식으로 만들어 `height` 객체로 생성한다.
❷	1번부터 30번까지 몸무게 자료를 벡터형식으로 만들어 `weight` 객체로 생성한다.
❸	`hist` 함수를 이용하여 `height` 데이터에 대한 히스토그램을 그린다. 상대도수로 표현하기 위해 옵션으로 `"freq=FALSE"`를 지정하고 `plot`의 제목으로 `main="키에 대한 히스토그램"`, y축의 제목으로 `ylab="상대도수"`, x축의 제목으로 `xlab="키(cm)"`로 지정한다. 히스토그램의 막대 색상은 R에서 제공하는 회색인 `col="gray"`로 지정한다.
❹	`height`에 대한 확률밀도함수의 추정치를 히스토그램에 선으로 겹쳐 그린다.
❺	`height`에 대한 히스토그램과 확률밀도함수 그림 결과이다.
❻	`weight` 데이터에 대한 히스토그램을 그린다. 옵션에서 `prob=TRUE`는 상대도수로 표현하기위한 또 다른 방법이다.
❼	`weight`에 대한 확률밀도함수의 추정치를 히스토그램에 선으로 겹쳐 그린다.
❽	`weight`에 대한 히스토그램과 확률밀도함수 그림 결과이다.

3.7.2 플롯 함수

plot() 함수는 R에서 대표적인 고수준의 그래픽 함수로써 가장 많이 활용된다. plot 함수의 옵션을 이용하거나, plot 함수와 다른 그래픽 함수를 적절히 융합하여 사용하면 동일한 데이터를 다양한 형태의 그래프로 표현할 수 있다. 이러한 점이 바로 R이 다른 통계 프로그램에 비해 우수한 그래픽 성능을 가진 이유이다. 〈표 3.6〉은 plot 함수의 옵션 중에 자주 사용되는 일부를 나타낸 것이다.

표 3.6 plot 함수의 옵션

옵션		의미
type=	"p"	점(points)으로 그래프를 그림
	"l"	선(lines)으로 그래프를 그림
	"b"	점과 선으로 이어 그래프를 그림
	"o"	선이 점 위에 겹쳐진 형태로 그래프를 그림
	"h"	히스토그램 형태의 수직선으로 그래프를 그림
	"s"	계단 모양(steps)의 그래프를 그림
	"n"	비어 있는 플롯을 제공함(no plotting)
lty=	1	선의 형태를 실선(solid)으로 함
	2	선의 형태를 파선(dashed)으로 함
	3	선의 형태를 점선(dotted)으로 함
lwd=		선의 두께(line width)를 지정
pch=		점을 표시하는 기호를 지정 직접 원하는 기호를 지정 가능 ex) pch="*" R에서 제공하는 기호를 지정(1~25) ex) pch=1
main=" "		그래프의 제목을 출력
xlab=" ", ylab=" "		x축과 y축 이름을 출력
xlim=c(x0, x1), ylim=c(y0, y1)		x축과 y축의 범위를 지정
col=" "		그래프의 색을 지정
bg=" "		그래프의 배경화면 색 지정
cex=		문자나 점의 크기 설정

예 3.17

아래와 같이 R을 이용하여 데이터 x와 y를 생성하였다.

```
> x <- seq(from=0, to=2, by=0.1)*pi
> y <- cos(x)
```

plot() 함수를 이용하여 다음과 같이 4개의 그래프를 그렸을 때, 각 그래프에 해당하는 R Code를 작성하여라.

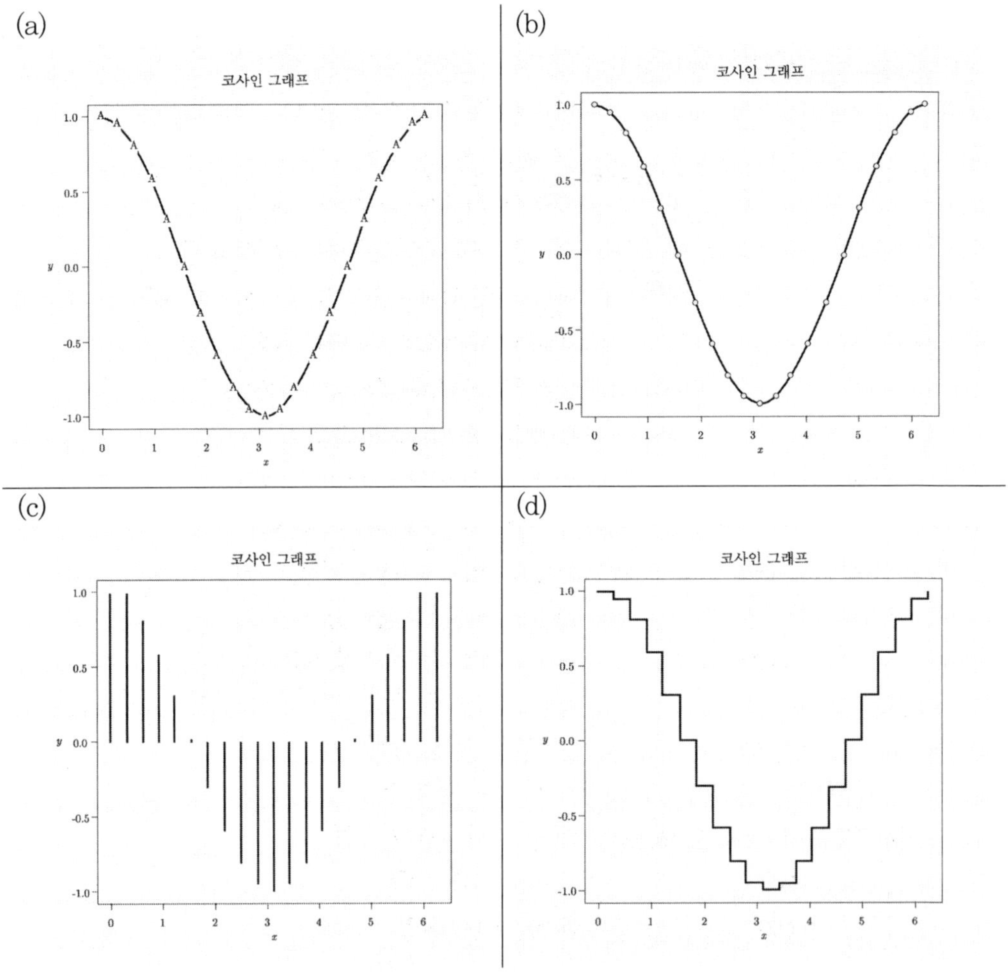

R 프로그램 및 결과

```
    # (a) 그래프
❶ > plot(x, y, type="b", pch="A", main="코사인 그래프")
    # (b) 그래프
❷ > plot(x, y, type="o", main="코사인 그래프")
    # (c) 그래프
❸ > plot(x, y, type="h", main="코사인 그래프")
    # (d) 그래프
❹ > plot(x, y, type="s", main="코사인 그래프")
```

해설	
❶	점 모양을 A로 하여 `pch="A"`와 선으로 이은 `type="b"`를 이용한 그림이다.
❷	선이 점 위에 겹쳐진 형태인 `type="o"`를 이용한 그림이다.
❸	수직선 형태인 `type="h"`를 이용한 그림이다.
❹	수평선 우선의 계단모양 형태인 `type="s"`를 이용한 그림이다.

연습문제

1 세 개의 상자에는 각각 1, 2, 3, 4가 적혀 있는 네 장의 카드가 들어 있다. 각 상자에서 임의로 카드를 한 장씩 선택하여 X와 Y를 다음과 같이 정의할 때, X와 Y의 결합확률분포를 구하여라.

X = 세 장의 카드 중 가장 작은 값, Y = 세 장의 카드 중 가장 큰 값

2 X와 Y는 다음과 같은 결합분포를 가지고 있다.

		y		
		10	20	30
x	0	$\frac{1}{9}$	$\frac{1}{9}$	0
	1	$\frac{1}{6}$	0	$\frac{1}{6}$
	2	0	$\frac{2}{9}$	$\frac{2}{9}$

(a) X의 주변분포를 구하여라.
(b) Y의 주변분포를 구하여라.
(c) $Y=10$일 때 X의 조건부분포를 구하여라.

3 두 연속형 확률변수 X와 Y의 결합확률밀도함수가 다음과 같다.

$$f(x,y) = 2, \quad 0 < x < y < 1$$

(a) X의 주변확률밀도함수를 구하여라.
(b) Y의 주변확률밀도함수를 구하여라.
(c) X와 Y는 서로 독립인지 확인하여라.

4 확률변수 X와 Y의 결합확률밀도함수가 다음과 같다.

$$f(x,y) = cx^2y, \; 0 < x < 1, 0 < y < 1, 0 < x+y < 1$$

(a) 상수 c를 구하여라.

(b) X의 주변확률밀도함수를 구하여라.

(c) $X=x$로 주어졌을 때, Y의 조건부확률밀도함수를 구하여라.

(d) $P(X< Y)$를 구하여라.

5 두 연속형 확률변수 X와 Y의 결합확률밀도함수가 다음과 같다.

$$f(x,y) = 2xe^{-(x+2xy)} \quad 0<x<\infty,\ 0<y<\infty$$

(a) X의 주변확률밀도함수를 구하여라.

(b) Y의 주변확률밀도함수를 구하여라.

(c) X와 Y는 서로 독립인지 확인하여라.

6 $X \sim \text{Exp}(\theta_1)$, $Y \sim \text{Exp}(\theta_2)$이며 서로 독립일 때 $X+Y$의 확률밀도함수를 구하여라.

7 이산확률변수 X의 확률질량함수가 $p(x)=\dfrac{x+2}{10}$, $x=-1,0,1,2$일 때, $Y=(X-1)^2$의 확률질량함수를 구하여라.

8 연속확률변수 X의 확률밀도함수가 $f(x)=4x^3$, $0<x<1$일 때, $Y=2\log X$의 확률밀도함수를 구하여라.

9 $X \sim Poisson(\lambda_1)$, $Y \sim Poisson(\lambda_2)$이며 서로 독립이다. $X+Y=n$일 때 X의 조건부분포를 구하여라.

10 $X \sim \text{Geometric}(p)$, $Y \sim \text{Geometric}(p)$이며 서로 독립일 때, 다음 물음에 답하여라.

(a) 2 이상의 자연수 n에 대하여 $P(X+Y=n)$를 구하여라.

(b) $X+Y=n$일 때, X의 조건부분포를 구하여라. (단, n은 2 이상의 자연수)

11 $N \sim Poisson(\lambda)$이고, $N=n$일 때 X의 조건부분포는 $B(n,p)$이다.

(a) $P(X=0)$을 구하여라.

(b) X의 확률분포를 구하여라.

12 두 연속형 확률변수 X와 Y의 결합확률밀도함수가 다음과 같다.

$$f(x,y)=\frac{\lambda^2}{2}e^{-\frac{\lambda}{2}(x+y)},\ \ 0<x<y<\infty\,,\ \lambda>0$$

(a) X의 주변확률밀도함수를 구하여라.

(b) $X=x$일 때 Y의 조건부확률밀도함수를 구하여라.

13 두 연속형 확률변수 X와 Y에 대하여 $Z=X-Y$의 확률밀도함수를 구하여라.

14 $X\sim \mathrm{Exp}(1)$, $Y\sim \mathrm{Exp}(1)$이며 서로 독립이다. $T=X-Y$일 때, 다음 물음에 답하여라.

(a) T의 누적분포함수 $F_T(t)$를 구하여라.

(b) T의 확률밀도함수 $f_T(t)$를 구하여라.

15 두 연속형 확률변수 X와 Y에 대하여 $Z=\frac{Y}{X}$의 확률밀도함수는 식 (3.12)로 주어짐을 보여라.

16 $N\sim Poisson(\lambda)$이고, $N=n$일 때 X의 조건부분포는 $N(n,1)$이라고 한다. $P(X<0)$을 표준정규분포의 누적확률 $\Phi(z)=P(N(0,1)<z)$를 사용하여 나타내어라.

17 X와 Y는 서로 독립이며, 확률밀도함수가 $f(x)=2e^{-2x}$, $x>0$인 지수분포를 따르는 확률변수일 때, 다음 물음에 답하여라.

(a) $S=X+Y$, $T=X-Y$라 할 때, S와 T의 결합확률밀도함수를 구하여라.

(b) (a)의 결합확률밀도함수로부터 S의 확률밀도함수를 구하여라.

18 X와 Y는 지수분포 $\mathrm{Exp}(1/\lambda)$를 따르는 확률변수이고 서로 독립이다. S와 T를 다음과 같이 정의할 때

$$S=X+Y,\quad T=\frac{X}{X+Y}$$

다음 물음에 답하여라.

(a) S와 T의 결합확률밀도함수를 구하여라.

(b) T의 확률분포를 구하여라.

19 $X \sim \text{Gamma}(\alpha, 1/\lambda)$, $Y \sim \text{Gamma}(\beta, 1/\lambda)$이고 서로 독립이다. S와 T를 다음과 같이 정의할 때

$$S = X + Y, \quad T = \frac{X}{X+Y}$$

다음 물음에 답하여라.

(a) S와 T의 결합확률밀도함수를 구하여라.

(b) T의 확률분포를 구하여라.

20 X, Y는 각각 자유도가 r_1, r_2이며 서로 독립인 카이제곱분포를 따르는 확률변수라고 하자, 다음을 보여라.

(a) $U = X/(X+Y)$는 $\alpha = r_1/2$, $\beta = r_2/2$인 베타분포를 갖는다.

(b) $V = Y/(X+Y)$는 $\alpha = r_2/2$, $\beta = r_1/2$인 베타분포를 갖는다.

21 X와 Y의 결합밀도함수 $f(x, y)$를 다음과 같이 나타낼 수 있을 때 X와 Y는 독립임을 보여라. 단, a, b, c, d는 상수임.

$$f(x, y) = g(x)h(y), \quad a \le x \le b, \; c \le y \le d$$

22 R에 내장되어 있는 cars 데이터를 가지고 스피드(speed)와 거리(dist) 각각에 대해 상대도수를 이용한 히스토그램을 그려라. (단, 히스토그램은 적당한 제목을 지정하되, y축 제목은 "상대도수", x축 제목은 "스피드" 혹은 "거리", 히스토그램 막대의 색은 파란색(blue)으로 지정하여라.)

23 평균이 $\frac{1}{6}$인 지수분포에서 난수를 1000개 발생시키고, 그 난수의 히스토그램과 $\text{Exp}(\frac{1}{6})$분포의 확률밀도함수를 같은 좌표상에 그려라. 또한 발생된 난수의 평균, 분산과 이론적인 값들을 비교하여라.

제 4 장

기댓값

4.1 확률변수의 기댓값

자료 $x_1, x_2, \ldots, x_m$를 대표하는 값으로 자료의 평균은 다음과 같다.

$$\bar{x} = \frac{1}{m}\sum_{i=1}^{m} x_i$$

만약 각 자료 값에서 도수(frequency)가 n_i라면 자료의 평균은 다음과 같이 나타낼 수 있다.

$$\bar{x} = \sum_{i=1}^{m}\left(\frac{n_i}{N}\right)x_i, \quad \text{단} \quad N = \sum_{i=1}^{m} n_i$$

이는 각 자료 값에서 도수의 비율을 가중값으로 사용한 가중평균이다. 위의 평균을 구하는 식과 다른 점은 가중값으로 $\frac{1}{m}$ 대신에 $\frac{n_i}{N}$를 사용하였다는 것이다.

대푯값으로 가중평균이 적절한 한 가지 예를 들어 살펴보자. N장의 카드에서 임의로 카드를 한 장 선택하여 그 카드에 쓰여 있는 금액만큼 상금을 받는다고 할 때 평균 상금을 구하여 보도록 하자. N장의 카드 중 n_1장에는 상금이 x_1, n_2장에는 상금이 $x_2, \cdots, n_m$장에는 상금이 x_m이라고 쓰여 있다고 한다. 이때 상금의 종류별 단순한 평균인 $\bar{x} = \frac{1}{m}\sum_{i=1}^{m} x_i$를 평균 상금이라고 말할 수는 없다. 이 평균은 상금의 종류 $x_1, x_2, \cdots, x_m$에 같은 가중값을 주고 구한 값이기 때문이다. 만약 상금 x_1이 쓰여 있는 카드가 다른 카드에 비해 많다면 x_1이 쓰여 있는 카드를 선택할 확률이 다른 상금이 쓰여 있는 카드를 선택할 확률에 비해 클 것이다. 예를 들어 x_1이 쓰여 있는 카드가 x_2가 쓰여 있는 카드의 2배라면 상금이 x_1이 될 확률은 x_2가 될 확률의 2배라고 할 수 있다. 따라서 평균 상금을 구하기 위해서는 x_1에 주는 가중값을 x_2에 주는 가중값의 2배로 하여야 할 것이다. 이처럼 각 값을 가질 확률이 다르면 이러한 값의 평균을 구할 때 확률을 가중값으로 사용한 가중평균을 사용하여야 할 것이다.

여러 가지 값의 중심 위치를 나타내는 대푯값으로 가중평균을 이용하는 개념은 확률변수에 대해서도 적용될 수 있다. 확률변수는 여러 가지 값 중 하나의 값을 가지며 각 값을 가질 확률은 서로 다를 수 있다. 따라서 확률변수가 가지는 평균적인 값[5)]은 각 값의 확률을 가중값으로 한 가중평균이 될 것이다. 이산형 확률변수 X가 가질 수 있는 값이 $x_1, x_2, \cdots$이고 각 값의 확률이 $p(x_i)$일 때 X의 평균적인 값은 다음과 같다.

$$\sum_i x_i p(x_i) \tag{4.1}$$

이번에는 연속형 확률변수의 평균적인 값을 구하는 방법을 생각하여 보자. 연속형 확률변수에 대하여는 각 값의 확률이 주어지지 않으므로 이산형 확률변수처럼 식 (4.1)에 주어진 방법으로 평균적인 값을 구할 수는 없다. 구간 $[a, b)$에서 값을 가지는 연속형 확률변수 X의 평균적인 값을 근사적으로 구하도록 하자. 구간 $[a, b)$를 n개의 소 구간으로 나누고

$$[x_1, x_2), [x_2, x_3), \ \ldots \ , [x_n, x_{n+1}), \quad \text{단} \quad a = x_1 < x_2 < x_3 < \ \ldots \ < x_{n+1} = b$$

로 나누고 새로운 확률변수 Y를 다음과 같이 정의하자.

$$X \in [x_i,\ x_{i+1})\text{일 때} \quad \Leftrightarrow \quad Y = x_i$$

확률변수 Y는 X의 값이 소 구간 $[x_i, x_{i+1})$에 속할 때 이 구간의 좌측 끝 값인 x_i로 정의하였으므로 X와 Y의 값의 차이는 소 구간의 폭보다 작게 된다. 따라서 소 구간이 폭이 작을수록 X와 Y는 가까워진다고 할 수 있다.

한편 Y가 가질 수 있는 값은 $x_1, x_2, \cdots, x_n$ 중 하나이므로 이산형 확률변수이고 각 값에서의 확률은 다음과 같다.

$$P(Y = x_i) \ = P(x_i \le X < x_{i+1})$$

따라서 Y의 평균적인 값은 식 (4.1)에 의하여 다음과 같이 구할 수 있다.

$$\sum_{i=1}^{n} x_i P(x_i \le X < x_{i+1})$$

5) 보통 평균이라는 용어는 여러 가지 값이 있을 때 이 값의 중심을 나타내는 대푯값을 나타낼 때 사용한다. 확률변수는 여러 가지 가능한 값 중 하나의 값만 가지므로 여기서는 평균적인 값이라는 모호한 표현을 사용하였다. 한편 확률변수의 평균을 같은 확률분포를 가지는 확률변수의 값을 무한히 반복하여 얻은 값의 평균으로 해석할 수도 있을 것이다.

소 구간의 길이가 짧을 때 $P(x_i \le X < x_{i+1}) \approx f(x_i)(x_{i+1}-x_i)$이므로 위의 평균은 근사적으로 다음과 같이 나타낼 수 있다.

$$\sum_{i=1}^{n} x_i f(x_i)(x_{i+1}-x_i)$$

각 소 구간의 길이가 0에 수렴할 때 이 값은 다음 값으로 수렴한다.

$$\int_a^b x f(x)\,dx \tag{4.2}$$

즉 소 구간의 폭이 작아질 때 Y는 X에 근접하고 Y의 평균은 식 (4.2)에 수렴하므로 연속형 확률변수 X의 평균적인 값은 (4.2)라고 할 수 있다. 마찬가지로 확률변수 X의 값의 범위가 $(-\infty, \infty)$일 때 X의 평균적인 값은 다음과 같다고 할 수 있다.

$$\int_{-\infty}^{\infty} x f(x)dx \tag{4.3}$$

이산형 확률변수의 평균적인 값 (4.1)과 비교하면 확률질량함수와 합 대신에 확률밀도함수와 적분을 이용한 점 외에는 근본적으로 같은 식이다.

식 (4.1) 또는 (4.3)의 값이 존재할 때 이 값을 확률변수의 **기댓값**(expected value)이라고 하고 $E(X)$ 또는 μ로 나타낸다.

정의 4.1

이산형 확률변수 X의 기댓값은 다음과 같고

$$E(X) = \sum_i x_i p(x_i),$$

연속형 확률변수 X의 기댓값은 다음과 같다.

$$E(X) = \int_{-\infty}^{\infty} x f(x)dx.$$

확률변수의 기댓값은 그 확률변수의 특성을 하나의 실수 값으로 표현한 것이다. 기댓값은 확률을 가중값으로 사용한 확률분포의 중심위치를 나타낸 값이라고 할 수 있다. 이런 관점에서 확률변수의 기댓값을 모집단(확률분포)의 중심위치를 나타낸 모평균(population mean)이라고 한다.

예 4.1

이산형 확률변수 X의 확률질량함수가 다음과 같을 때 X의 기댓값을 구하여라.

x	−1	0	1	2
$p_X(x)$	0.1	0.2	0.3	0.4

풀이

이산형 확률변수 X의 기댓값은 다음과 같다.

$$E(X) = (-1)\times 0.1 + 0\times 0.2 + 1\times 0.3 + 2\times 0.4 = 1.0$$

2장에서 다룬 여러 확률분포의 기댓값을 구하여 보자. 기댓값을 구하는데 주로 이용되는 것은 전체 영역에서 확률질량함수의 합과 확률밀도함수의 적분은 1이 된다는 사실이다. 여기에서 여러 확률분포의 기댓값을 구하는 방법을 자세히 설명하는 이유는 다른 계산에서도 활용될 수 있기 때문이다.

먼저 이항분포의 기댓값을 구하여 보자. X가 시행횟수는 n이고 성공의 확률이 p인 이항분포를 따르는 확률변수일 때 X의 기댓값은 다음과 같다.

$$\begin{aligned} E(X) &= \sum_{k=0}^{n} k\binom{n}{k}p^k(1-p)^{n-k} = \sum_{k=1}^{n}\frac{n!}{(k-1)!(n-k)!}p^k(1-p)^{n-k} \\ &= \sum_{l=0}^{n-1}\frac{n!}{l!(n-1-l)!}p^{l+1}(1-p)^{n-1-l} \quad (\text{단 } l=k-1) \\ &= np\sum_{l=0}^{n-1}\frac{(n-1)!}{l!(n-1-l)!}p^l(1-p)^{n-1-l} \end{aligned}$$

위 식에서 $\sum_{l=0}^{n-1}\frac{(n-1)!}{l!(n-1-l)!}p^l(1-p)^{n-1-l}$은 시행횟수 $(n-1)$, 성공의 확률 p인 이항분포의 모든 확률의 합이므로 1이 된다. 따라서 이항분포의 기댓값은 다음과 같다.

$$E(X) = np$$

이항분포에서 $n=1$인 경우인 베르누이 시행의 기댓값은 성공의 확률 p가 된다.

유사한 방법으로 포아송분포의 기댓값을 구할 수 있다. 포아송분포를 따르는 확률변수 X의 기댓값은 다음과 같이 나타낼 수 있다.

$$\begin{aligned} E(X) &= \sum_{k=0}^{\infty} k\frac{\lambda^k}{k!}e^{-\lambda} = \sum_{k=1}^{\infty}\frac{\lambda^k}{(k-1)!}e^{-\lambda} \\ &= \lambda\sum_{k=1}^{\infty}\frac{\lambda^{k-1}}{(k-1)!}e^{-\lambda} = \lambda\sum_{l=0}^{\infty}\frac{\lambda^l}{l!}e^{-\lambda} \end{aligned}$$

위 식에서 합 $\sum_{l=0}^{\infty}\frac{\lambda^l}{l!}e^{-\lambda}$은 포아송분포의 모든 확률의 합이므로 1이 된다. 따라서 포아송분포의 기댓값은 λ이다.

기하분포의 기댓값을 구하는 방법은 두 가지가 있다. 첫 번째는 급수의 합을 이용하는 방법이다. 기하분포를 따르는 확률변수 X의 기댓값은 다음과 같이 나타낼 수 있다.

$$\begin{aligned} E(X) &= \sum_{k=1}^{\infty} k(1-p)^{k-1}p = p\sum_{k=1}^{\infty} k(1-p)^{k-1} \\ &= p\left(1 + 2(1-p) + 3(1-p)^2 + \cdots\right) \end{aligned} \tag{4.4}$$

양변에 $(1-p)$를 곱하면 위의 식은 다음과 같이 나타낼 수 있다.

$$(1-p)E(X) = p\left((1-p) + 2(1-p)^2 + 3(1-p)^3 + \cdots\right) \tag{4.5}$$

식 (4.4)와 식 (4.5)의 차를 구하면 다음과 같으므로

$$\begin{aligned} pE(X) &= p\left(1+(1-p)+(1-p)^2+\cdots\right) \\ &= p\left(\frac{1}{1-(1-p)}\right) = 1 \end{aligned}$$

기하분포의 기댓값은 $E(X) = \frac{1}{p}$이다.

기하분포의 기댓값을 구하는 두 번째 방법은 미분을 이용하는 것이다. 기하분포의 기댓값은 다음과 같이 나타낼 수 있다.

$$E(X) = \sum_{k=1}^{\infty} k(1-p)^{k-1}p = p\sum_{k=1}^{\infty} k(1-p)^{k-1}$$

위 식에서 $k(1-p)^{k-1}$는 $-(1-p)^k$를 p에 대하여 미분한 것으로 볼 수 있다. 합과 미분의 순서를 바꿀 수 있다면 기댓값은 다음과 같이 구할 수 있다.

$$\begin{aligned} E(X) &= p\sum_{k=1}^{\infty} \frac{d}{dp}(-(1-p)^k) = p\frac{d}{dp}\left(-\sum_{k=1}^{\infty}(1-p)^k\right) \\ &= p\frac{d}{dp}\left(-\frac{1-p}{p}\right) = \frac{1}{p} \end{aligned}$$

합과 미분의 순서를 항상 바꿀 수 있는 것은 아니지만 위 식에서는 합과 미분의 순서를 바꾸어도 상관이 없다.

이번에는 연속형 확률분포의 기댓값을 구하여 보자. 확률밀도함수가 (2.10)으로 주어지는 감마분포를 따르는 확률변수 X의 기댓값은 다음과 같이 나타낼 수 있다.

$$\begin{aligned} E(X) &= \int_0^{\infty} x\frac{\lambda^{\alpha}}{\Gamma(\alpha)}x^{\alpha-1}e^{-\lambda x}\,dx = \int_0^{\infty} \frac{\lambda^{\alpha}}{\Gamma(\alpha)}x^{\alpha}e^{-\lambda x}\,dx \\ &= \frac{\Gamma(\alpha+1)}{\Gamma(\alpha)\lambda}\int_0^{\infty} \frac{\lambda^{\alpha+1}}{\Gamma(\alpha+1)}x^{(\alpha+1)-1}e^{-\lambda x}dx \end{aligned}$$

이항분포나 포아송분포의 기댓값을 구할 때 확률질량함수의 합은 1이라는 사실을 이용한 것처럼 감마분포의 기댓값을 구할 때에도 확률밀도함수의 적분은 1이라는 사실을 이용할 수 있다. 위 식에서 적분 안의 함수는 $\mathrm{Gamma}(\alpha+1, 1/\lambda)$의 확률밀도함수이므로 적분은 1이 된다. 따라서 기댓값은 다음과 같다.

$$E(X) = \frac{\Gamma(\alpha+1)}{\Gamma(\alpha)\lambda} = \frac{\alpha\Gamma(\alpha)}{\Gamma(\alpha)\lambda} = \frac{\alpha}{\lambda}.$$

감마분포의 확률밀도함수를 식 (2.12)로 나타낼 때는 기댓값이 $\alpha\beta$가 된다. 지수분포나 카이제곱분포는 감마분포의 특별한 경우이므로 감마분포의 기댓값으로부터 지수분포의 기댓값을 알 수 있다. 지수분포는 감마분포에서 $\alpha=1$인 경우이므로 $X \sim \mathrm{Exp}(1/\lambda)$일 때 $E(X)=\frac{1}{\lambda}$이다. 또한 자유도가 r인 카이제곱분포는 $\alpha=\frac{r}{2}$이고 $\frac{1}{\lambda}=2$인 감마분포이므로 $X \sim \chi^2(r)$일 때 $E(X)=r$이다.

정규분포의 기댓값은 적분을 통해 직접 구하는 것이 쉽지 않다. 그러나 정규분포의 확률밀도함수가 대칭이라는 사실을 이용하여 기댓값을 유추할 수 있다. $N(\mu,\sigma^2)$을 따르는 확률변수 X의 기댓값은 다음과 같이 나타낼 수 있다.

$$E(X) = \int_{-\infty}^{\infty} x \frac{1}{\sqrt{2\pi\sigma^2}} e^{-\frac{(x-\mu)^2}{2\sigma^2}} dx$$

$$= \mu + \int_{-\infty}^{\infty} (x-\mu) \frac{1}{\sqrt{2\pi\sigma^2}} e^{-\frac{(x-\mu)^2}{2\sigma^2}} dx$$

$$= \mu + \int_{-\infty}^{\infty} t \frac{1}{\sqrt{2\pi\sigma^2}} e^{-\frac{t^2}{2\sigma^2}} dt \quad (\text{단 } t = x-\mu)$$

위 식에서 적분 안의 함수는 원점에 대칭인 함수이다. 따라서 적분 값이 존재한다면 그 값은 0이 될 수밖에 없다. 여기서 설명하지는 않겠지만 이 적분 값이 존재한다는 사실을 확인할 수 있다. 따라서 정규분포 $N(\mu,\sigma^2)$의 기댓값은 μ이다.

베타분포의 기댓값은 다음과 같이 구할 수 있다.

$$E(X) = \int_0^1 x \frac{\Gamma(\alpha+\beta)}{\Gamma(\alpha)\Gamma(\beta)} x^{\alpha-1}(1-x)^{\beta-1} dx$$

$$= \frac{\Gamma(\alpha+\beta)}{\Gamma(\alpha)\Gamma(\beta)} \int_0^1 x^{\alpha}(1-x)^{\beta-1} dx$$

$$= \frac{\Gamma(\alpha+\beta)}{\Gamma(\alpha)\Gamma(\beta)} \frac{\Gamma(\alpha+1)\Gamma(\beta)}{\Gamma(\alpha+\beta+1)} \int_0^1 \frac{\Gamma(\alpha+\beta+1)}{\Gamma(\alpha+1)\Gamma(\beta)} x^{\alpha+1-1}(1-x)^{\beta-1} dx$$

$$= \frac{\Gamma(\alpha+\beta)}{\Gamma(\alpha)} \frac{\Gamma(\alpha+1)}{\Gamma(\alpha+\beta+1)}$$

$$= \frac{\alpha}{(\alpha+\beta)}$$

참고로 모든 확률분포의 기댓값이 항상 존재하는 것은 아니다. 예를 들어 코쉬분포의 기댓값은 존재하지 않는다. 코쉬분포의 확률밀도함수는 다음과 같다.

$$f(x) = \frac{1}{\pi(1+x^2)}, \quad -\infty < x < \infty$$

따라서 기댓값은 다음과 같다.

$$\int_{-\infty}^{\infty} \frac{x}{\pi(1+x^2)} dx$$

적분 안의 함수는 원점에 대칭인 함수이므로 적분 값이 존재한다면 0이 될 것이다. 문제는 위의 적분 값이 존재하지 않는다는 사실이다. 이는 적분의 범위를 양의 구간과 음의 구간으로 나누어 생각해 보면 알 수 있는데, 양의 구간에서는 다음과 같이 무한대이다.

$$\int_0^{\infty} \frac{x}{(1+x^2)} dx \ \geq \int_1^{\infty} \frac{x}{(1+x^2)} dx \ \geq \int_1^{\infty} \frac{1}{2x} dx = \infty$$

마찬가지 방법으로 0보다 작은 음의 구간에서도 적분은 음의 무한대가 됨을 확인할 수 있다. 따라서 전체 범위에서 적분 값은 $\infty - \infty$ 형태가 되어 적분 값이 존재하지 않는다. 즉 코쉬분포는 확률밀도함수가 $x=0$에 대칭이므로 중심은 0이지만 기댓값은 존재하지 않는다.

4.2 확률변수의 함수의 기댓값

앞 절에서는 확률변수의 기댓값을 구하는 방법을 다루었다. 이 절에서는 확률변수 X의 함수인 $Y=g(X)$의 기댓값을 구하는 방법을 살펴보도록 하자. X의 확률분포로부터 X의 기댓값을 구할 수 있는 것처럼 $Y=g(X)$의 기댓값을 구하기 위해서는 Y의 확률분포를 알아야 한다. 따라서 Y의 기댓값을 구하기 위해서는 먼저 X의 확률분포(확률질량함수 또는 확률밀도함수)로부터 $Y=g(X)$의 확률분포(확률질량함수 또는 확률밀도함수)를 구해야 한다.

Y의 확률질량함수 또는 확률밀도함수를 $p_Y(y)$또는 $f_Y(y)$라고 할 때 $Y=g(X)$의 기댓값은 다음과 같다.

$$E[g(X)] = E(Y) = \begin{cases} \sum_i y_i p_Y(y_i) & \text{(이산형 확률변수의 경우)} \\ \int_{-\infty}^{\infty} y f_Y(y)\, dy & \text{(연속형 확률변수의 경우)} \end{cases}$$

예를 들어 X가 지수분포를 따르는 확률변수일 때 $Y=2X$의 기댓값을 구해 보자. X의 확률밀도함수는 $f_X(x) = \lambda e^{-\lambda x}$, $x \geq 0$이므로 정리 2.1에 의하여 $Y=2X$의 확률밀도함수는 다음과 같다.

$$\begin{aligned} f_Y(y) &= \frac{1}{2} f_X\left(\frac{y}{2}\right) \\ &= \frac{\lambda}{2} e^{-\frac{\lambda}{2}y}, \quad y \geq 0 \end{aligned}$$

따라서 Y의 기댓값은 다음과 같다.

$$\begin{aligned} E(Y) &= \int_0^\infty y f_Y(y)\, dy \\ &= \int_0^\infty y \frac{\lambda}{2} e^{-\frac{\lambda}{2}y} = \frac{2}{\lambda} \end{aligned}$$

위 방법을 이용하여 $Y=g(X)$의 기댓값을 구하기 위해서는 먼저 Y의 확률분포를 구해야 하는 번거로움이 있다. 그러나 다음 정리에 의하면 Y의 확률분포를 구하지 않고 X의 확률분포를 이용하여 Y의 기댓값을 바로 구할 수 있음을 알 수 있다.

정리 4.1

이산형 확률변수 X의 확률질량함수를 $p_X(x)$라고 할 때 $g(X)$의 기댓값은 다음과 같다.

$$E[g(X)] = \sum_i g(x_i) p_X(x_i)$$

또 연속형 확률변수 X의 확률밀도함수를 $f_X(x)$라고 할 때 $g(X)$의 기댓값은 다음과 같다.

$$E[g(X)] = \int_{-\infty}^{\infty} g(x) f_X(x)\, dx \tag{4.6}$$

증명

이 정리의 증명은 X가 연속형 확률변수이고 $g(\cdot)$는 역함수가 존재하고 미분 가능한 경우만 다루기로 하겠다. 다른 경우도 근본적으로 증명방법은 같다고 할 수 있다. $g(\cdot)$의 역함수가 존재하고 미분 가능할 때 정리 2.1에 의하여 $Y=g(X)$의 확률밀도함수 $f_Y(y)$는 다음과 같다.

$$f_Y(y) = f_X(g^{-1}(y)) \cdot \left|\frac{d}{dy}g^{-1}(y)\right|$$

따라서 Y의 기댓값은 다음과 같이 나타낼 수 있다.

$$\begin{aligned} E(Y) &= \int_{-\infty}^{\infty} y f_{Y(y)}\, dy \\ &= \int_{-\infty}^{\infty} y f_X(g^{-1}(y)) \cdot \left|\frac{d}{dy}g^{-1}(y)\right| dy \end{aligned}$$

$g^{-1}(y)=t$라고 할 때 위의 적분 값은 다음과 같이 표현할 수 있다.

$$\begin{aligned} &\int_{-\infty}^{\infty} y f_X(g^{-1}(y)) \cdot \left|\frac{d}{dy}g^{-1}(y)\right| dy \\ &= \int_{-\infty}^{\infty} g(t) f_X(t) \cdot \left|\frac{d}{dy}g^{-1}(y)\right| \cdot \left|\frac{dy}{dt}\right| dt \end{aligned}$$

한편 $t=g^{-1}(y)$일 때 다음을 얻을 수 있으므로

$$1 = \frac{dy}{dy} = \frac{dy}{dt} \cdot \frac{dt}{dy} = \frac{dy}{dt} \cdot \frac{dg^{-1}(y)}{dy}$$

Y의 기댓값은 다음과 같이 나타낼 수 있다.

$$\int_{-\infty}^{\infty} g(t) f_X(t)\, dt$$

◀

예 4.2

이산형 확률변수 X의 확률질량함수가 다음과 같다.

x	−1	0	1	2
$p_X(x)$	0.1	0.2	0.3	0.4

(a) X^2의 확률분포를 구하여라.

(b) X^2의 확률분포를 이용하여 X^2의 기댓값을 구하여라.

(c) 정리 4.1을 이용하여 X^2의 기댓값을 구하여라.

풀이

(a) X의 가능한 값 $-1,\ 0,\ 1,\ 2$를 제곱하면 $1,\ 0,\ 1,\ 4$가 되므로 $Y=X^2$의 확률질량함수를 구하면 다음과 같다.

y	0	1	4
$p_Y(y)$	0.2	0.4	0.4

(b) (a)에서 구한 확률질량함수를 이용하여 Y의 기댓값을 구하면 다음과 같다.

$$E(Y)\ =\ \sum_i y_i p_Y(y_i) = 0\times 0.2 + 1\times 0.4 + 4\times 0.4\ =\ 2$$

(c) 정리 4.1을 이용하여 X^2의 기댓값을 구하면 다음과 같다.

$$\begin{aligned} E(X^2) = \sum_i x_i^2 p_X(x_i)\ &=\ (-1)^2\times 0.1\ +\ 0^2\times 0.2 + 1^2\times 0.3 + 2^2\times 0.4 \\ &=\ 2 \end{aligned}$$

이 값은 (b)에서 구한 값과 같음을 확인할 수 있다.

$E[g(X)]$의 기댓값을 구할 때 한 가지 주의할 사항은 $E[g(X)]\ \neq g[E(X)]$라는 사실이다. 예를 들어 $E\left(\dfrac{1}{X}\right)$의 값을 구할 때 $E(X)$의 값을 구한 후 역수를 취한 $\dfrac{1}{E(X)}$로 계산하는 것은 올바른 방법이 아니다. 예를 통해 이를 확인하여 보자. X의 확률분포가 다음과 같을 때

$$X = \begin{cases} 1, & 0.5\text{의 확률로} \\ 2, & 0.5\text{의 확률로} \end{cases}$$

$\dfrac{1}{X}$의 확률분포는 다음과 같다.

$$\frac{1}{X} = \begin{cases} 1, & 0.5\text{의 확률로} \\ \frac{1}{2}, & 0.5\text{의 확률로} \end{cases}$$

이때 $E(X) = 1.5$이고 $E\left(\frac{1}{X}\right) = 0.75$이다. 따라서 $E\left(\frac{1}{X}\right) \neq \frac{1}{E(X)}$임을 알 수 있다.

X의 확률분포를 이용하여 $g(X)$의 기댓값을 구하는 정리 4.1은 결합확률변수의 경우에도 확장될 수 있다.

정리 4.2

이산형 확률변수 $(X_1, X_2, \cdots, X_n)$의 결합확률질량함수를 $p(x_1, x_2, \cdots, x_n)$이라고 할 때 $g(X_1, X_2, \cdots, X_n)$의 기댓값은 다음과 같다.

$$E[g(X_1, X_2, \cdots, X_n)] = \sum_{x_1}\sum_{x_2} \cdots \sum_{x_n} g(x_1, x_2, \cdots, x_n) p(x_1, x_2, \cdots, x_n)$$

또한 연속형 확률변수 $(X_1, X_2, \cdots, X_n)$의 결합확률밀도함수를 $f(x_1, x_2, \cdots, x_n)$이라고 할 때 $g(X_1, X_2, \cdots, X_n)$의 기댓값은 다음과 같다.

$$\begin{aligned} &E[g(X_1, X_2, \cdots, X_n)] \\ &= \int_{-\infty}^{\infty}\int_{-\infty}^{\infty} \cdots \int_{-\infty}^{\infty} g(x_1, x_2, \cdots, x_n) f(x_1, x_2, \cdots, x_n)\, dx_1 dx_2 \cdots dx_n \end{aligned}$$

위의 정리를 이용하면 다음과 같은 결과를 얻을 수 있다.

정리 4.3

두 확률변수 X와 Y가 서로 독립일 때 다음이 성립한다.

$$E[g(X)h(Y)] = E[g(X)]E[h(Y)]$$

증명

증명은 X와 Y 모두 연속형 확률변수인 경우만 다루기로 하겠다. X와 Y가 독립이므로 결합확률밀도함수는 $f(x, y) = f_X(x) f_Y(y)$이 된다. 따라서 다음 결과를 얻을 수 있다.

$$\begin{aligned}
E[g(X)h(Y)] &= \int_{-\infty}^{\infty}\int_{-\infty}^{\infty} g(x)h(y)f(x,y)\,dxdy \\
&= \int_{-\infty}^{\infty}\int_{-\infty}^{\infty} g(x)h(y)f_X(x)f_Y(y)\,dxdy \\
&= \left(\int_{-\infty}^{\infty} g(x)f_X(x)dx\right)\left(\int_{-\infty}^{\infty} h(y)f_Y(y)\,dy\right) \\
&= E[g(X)]\,E[h(Y)]
\end{aligned}$$ ◀

정리 4.3에서 $g(x)=x$이고 $h(y)=y$이면 서로 독립인 X와 Y에 대하여 다음이 성립한다.

$$E(XY) = E(X)E(Y)$$

즉 서로 독립인 확률변수에 대하여 곱의 기댓값은 각각 기댓값의 곱이 된다. 이러한 관계는 서로 독립인 확률변수에 대해서만 성립하며 일반적인 확률변수에 대해서는 성립하지 않는다.

예 4.3

$X \sim \mathrm{Exp}(1/\lambda_1)$, $Y \sim \mathrm{Exp}(1/\lambda_2)$이고 서로 독립일 때 XY의 기댓값을 구하여라.

풀이

X와 Y가 서로 독립이므로 정리 4.3에 의하여 $E(XY) = E(X)E(Y)$이다. X와 Y의 기댓값은 각각 $\frac{1}{\lambda_1}$과 $\frac{1}{\lambda_2}$이므로 $E(XY) = \frac{1}{\lambda_1\lambda_2}$이다.

정리 4.4

상수 $a, b_1, b_2, \ldots, b_n$에 대하여 다음이 성립한다.

$$E\left(a+\sum_{i=1}^{n} b_i X_i\right) = a+\sum_{i=1}^{n} b_i E(X_i)$$

증명

이 정리의 증명도 연속형 확률변수의 경우만 다루도록 하겠다. $X_1, X_2, \cdots, X_n$의 결합확률밀도함수를 $f(x_1, x_2, \cdots, x_n)$라고 할 때 다음 결과를 얻을 수 있다.

$$E\left(a+\sum_{i=1}^{n} b_i X_i\right)$$

$$= \int_{-\infty}^{\infty}\int_{-\infty}^{\infty}\cdots\int_{-\infty}^{\infty}(a+b_1x_1+b_2x_2+\cdots+b_nx_n)f(x_1, x_2, \ldots, x_n)\,dx_1\cdots dx_n$$

$$= a+b_1\int_{-\infty}^{\infty}\int_{-\infty}^{\infty}\cdots\int_{-\infty}^{\infty}x_1 f(x_1, x_2, \ldots, x_n)\,dx_1\cdots dx_n$$

$$+\cdots+b_n\int_{-\infty}^{\infty}\int_{-\infty}^{\infty}\cdots\int_{-\infty}^{\infty}x_n f(x_1, x_2, \ldots, x_n)\,dx_1\cdots dx_n$$

$$= a+b_1E(X_1)+\cdots+b_nE(X_n)$$ ◀

위 정리는 확률변수의 선형결합[6]의 기댓값은 각 확률변수의 기댓값의 선형결합과 같다는 사실을 말해 주고 있다. 즉 확률변수에 대해 합을 하는 것과 기댓값을 구하는 것은 순서를 바꾸어 계산하여도 된다는 것을 말한다. 이 정리는 확률변수의 독립성과는 무관하게 항상 성립한다. 반면 정리 4.3은 확률변수가 독립일 경우에만 성립한다. 즉 곱과 기댓값의 순서를 바꾸기 위해서는 확률변수들이 서로 독립이어야 한다.

정리 4.4를 이용하면 베르누이 분포의 기댓값으로부터 이항분포의 기댓값을 쉽게 구할 수 있다. 시행횟수가 n인 이항분포는 베르누이 시행을 n번 반복하여 성공한 횟수에 대한 확률분포이므로 이항분포를 따르는 확률변수 X는 베르누이 분포를 따르는 확률변수 n개의 합이라고 할 수 있다. 즉 $X \sim B(n,p)$이고 $Y_i \sim Bernoulli(p)$일 때, X는 다음과 같이 나타낼 수 있다.[7]

$$X = \sum_{i=1}^{n} Y_i$$

베르누이 분포를 따르는 확률변수 Y_i의 기댓값은 p이므로 $E(X) = \sum_{i=1}^{n} E(Y_i) = np$임을 알 수 있다.

---

6) 확률변수의 선형결합이란 각 확률변수에 상수를 곱하여 더한 형태를 말한다.
7) 위 식에서 좌변과 우변이 같다는 것은 좌변의 확률분포와 우변의 확률분포가 같다는 것을 의미한다. 두 확률변수의 확률분포가 같을 때 두 확률변수가 같다고 표현하기도 한다.

4.3 분산과 표준편차

모평균(기댓값)이 모집단(확률분포)의 중심위치를 나타낸 값인 반면 중심위치로부터 얼마만큼 퍼져 있는지를 나타낸 값이 **분산**(variance)이다. 확률변수의 모평균을 μ라고 할 때 분산은 $(X-\mu)^2$의 기댓값으로 정의된다. 확률변수 X의 분산을 $Var(X)$ 또는 σ^2로 나타낸다. 또 분산의 양의 제곱근을 **표준편차**(standard deviation)라고 하며 σ로 나타낸다.

정의 4.2

확률변수 X의 분산은 편차 제곱의 평균으로 다음과 같다.

$$Var(X) = E(X-\mu)^2 \tag{4.7}$$

분산을 구하는 위 식은 다음과 같이 나타낼 수 있다.

$$\begin{aligned} Var(X) &= E(X-\mu)^2 = E(X^2 - 2\mu X + \mu^2) \\ &= E(X^2) - 2\mu E(X) + \mu^2 = E(X^2) - \mu^2 \\ &= E(X^2) - [E(X)]^2 \end{aligned} \tag{4.8}$$

즉 분산은 확률변수의 제곱의 기댓값에서 기댓값의 제곱을 뺀 것이다. 식 (4.7)을 사용하여 분산을 구하는 것보다 식 (4.8)을 이용한 계산이 간편할 수도 있다.

예 4.4

이산형 확률변수 X의 확률질량함수가 다음과 같을 때 X의 분산을 구하여라.

x	−1	0	1	2
$p_X(x)$	0.1	0.2	0.3	0.4

풀이

X의 기댓값은 1이므로 X의 분산은 다음과 같다.

$$\begin{aligned} Var(X) &= E(X-1)^2 \\ &= (-1-1)^2 \times 0.1 + (0-1)^2 \times 0.2 + (1-1)^2 \times 0.3 + (2-1)^2 \times 0.4 \\ &= 1.0 \end{aligned}$$

한편 예 4.2에서 구한 X^2의 기댓값은 $E(X^2)=2$이므로 다음과 같이 분산을 구할 수도 있다.

$$Var(X) = E(X^2) - [E(X)]^2 = 2-1 = 1$$

2장에서 다룬 몇 가지 확률분포의 분산을 구하여 보자. X가 성공의 확률이 p인 베르누이 분포를 따르는 확률변수일 때 X^2의 기댓값은 다음과 같다.

$$E(X^2) = 0^2 \times (1-p) + 1^2 \times p = p$$

따라서 X의 분산은 다음과 같다.

$$Var(X) = E(X^2) - E(X)^2 = p - p^2 = p(1-p)$$

이항분포를 따르는 확률변수 X에 대하여 X^2의 기댓값을 직접 구하는 것은 쉽지 않다. 하지만 $X^2 = X(X-1) + X$임을 이용하여 X^2의 기댓값은 다음과 같이 구할 수 있다.

$$E(X^2) = E[X(X-1)] + E(X)$$

한편 $X(X-1)$의 기댓값은 다음과 같이 구할 수 있다.

$$\begin{aligned} E[X(X-1)] &= \sum_{k=0}^{n} k(k-1)\frac{n!}{k!(n-k)!}p^k(1-p)^{n-k} \\ &= \sum_{k=2}^{n} \frac{n!}{(k-2)!(n-k)!}p^k(1-p)^{n-k} \\ &= n(n-1)p^2 \sum_{k=2}^{n} \frac{(n-2)!}{(k-2)!(n-k)!}p^{k-2}(1-p)^{n-k} \\ &= n(n-1)p^2 \sum_{l=0}^{n-2} \frac{(n-2)!}{l!(n-2-l)!}p^{l}(1-p)^{n-2-l} \qquad (\text{단 } l = k-2) \end{aligned}$$

이 식에서 $\sum_{l=0}^{n-2} \frac{(n-2)!}{l!(n-2-l)!} p^l (1-p)^{n-2-l}$은 시행횟수는 $n-2$이고 성공의 확률이 p인 이항분포의 모든 확률의 합이므로 1이 된다. 따라서 $E[X(X-1)] = n(n-1)p^2$이며 X^2의 기댓값은 다음과 같다.

$$E(X^2) \ = E[X(X-1)] + E(X) \ = n(n-1)p^2 + np$$

따라서 X의 분산은 다음과 같다.

$$\begin{aligned} Var(X) \ &= E(X^2) - [E(X)]^2 \ = n(n-1)p^2 + np - (np)^2 \\ &= np(1-p) \end{aligned}$$

포아송분포의 경우도 이와 같은 방법으로 계산하면 분산이 λ임을 알 수 있다.

연속형 확률분포의 예로 감마분포의 분산을 구하여 보자. 확률밀도함수가 (2.10)으로 주어지는 감마분포를 따르는 확률변수 X에 대하여 X^2의 기댓값은 다음과 같이 나타낼 수 있다.

$$\begin{aligned} E(X^2) &= \int_0^\infty x^2 \frac{\lambda^a}{\Gamma(\alpha)} x^{\alpha-1} e^{-\lambda x} dx = \int_0^\infty \frac{\lambda^a}{\Gamma(\alpha)} x^{\alpha+1} e^{-\lambda x} dx \\ &= \frac{\Gamma(\alpha+2)}{\Gamma(\alpha)\lambda^2} \int_0^\infty \frac{\lambda^{\alpha+2}}{\Gamma(\alpha+2)} x^{(\alpha+2)-1} e^{-\lambda x} dx \end{aligned}$$

위 식에서 적분 안의 함수는 Gamma$(\alpha+2, 1/\lambda)$의 확률밀도함수이므로 적분은 1이 된다. 따라서 X^2의 기댓값은 다음과 같다.

$$E(X^2) \ = \frac{\Gamma(\alpha+2)}{\Gamma(\alpha)\lambda^2} \ = \frac{\alpha(\alpha+1)}{\lambda^2}$$

한편 $E(X) = \frac{\alpha}{\lambda}$이므로 X의 분산은 $Var(X) = \frac{\alpha}{\lambda^2}$이다. 이로부터 지수분포 Exp$(1/\lambda)$의 분산은 $\frac{1}{\lambda^2}$이고 자유도가 n인 카이제곱분포의 분산은 $2n$임을 알 수도 있다. 감마분포의 확률밀도함수를 식 (2.12)의 형태로 표기한 경우에는 분산이 $\alpha\beta^2$임을 쉽게 확인할 수 있다.

$N(\mu, \sigma^2)$을 따르는 확률변수 X의 분산은 다음과 같이 구할 수 있다.

$$Var(X) = E(X-\mu)^2 = \int_{-\infty}^{\infty} (x-\mu)^2 \frac{1}{\sqrt{2\pi\sigma^2}} e^{-\frac{(x-\mu)^2}{2\sigma^2}} dx$$

$$= \sigma^2 \int_{-\infty}^{\infty} \frac{t^2}{\sqrt{2\pi}} e^{-\frac{1}{2}t^2} dt \quad (\text{단 } t = \frac{x-\mu}{\sigma})$$

$$= 2\sigma^2 \int_0^{\infty} t^2 \frac{1}{\sqrt{2\pi}} e^{-\frac{1}{2}t^2} dt \quad (\text{적분 안의 함수가 } y\text{축에 대칭이므로})$$

$$= \sigma^2 \int_0^{\infty} u \frac{1}{\sqrt{2\pi}} e^{-\frac{u}{2}} \frac{1}{\sqrt{u}} du \quad (\text{단 } u = t^2)$$

$$= \sigma^2 \int_0^{\infty} \frac{1}{\frac{1}{2}\sqrt{\pi}} \left(\frac{1}{2}\right)^{\frac{3}{2}} u^{\frac{3}{2}-1} e^{-\frac{u}{2}} du$$

위 식에서 적분 안의 함수는 Gamma$\left(\frac{3}{2}, \frac{1}{2}\right)$의 확률밀도함수이다. 참고로 $\Gamma\left(\frac{3}{2}\right) = \frac{1}{2}\Gamma\left(\frac{1}{2}\right) = \left(\frac{1}{2}\right)\sqrt{\pi}$ 이다. 따라서 적분 값은 1이며 $N(\mu, \sigma^2)$의 분산은 $Var(X) = \sigma^2$이다.

베타분포의 분산을 구하기 위해서 기댓값을 구하는 방법과 유사하게 $E(X^2)$을 구하면

$$E(X^2) = \frac{\alpha(\alpha+1)}{(\alpha+\beta)(\alpha+\beta+1)}$$

이 되고, 따라서 분산은 다음과 같이 구할 수 있다.

$$Var(X) = E(X^2) - [E(X)]^2 = \frac{\alpha\beta}{(\alpha+\beta+1)(\alpha+\beta)^2}.$$

다음 정리는 확률변수 X에 상수를 더하거나 곱하였을 때 분산이 어떻게 변하는지를 보여 주고 있다.

정리 4.5

상수 a와 b에 대하여 다음이 성립한다.

(i) $Var(a+X) = Var(X)$

(ii) $Var(bX) = b^2 Var(X)$

(iii) $Var(a+bX) = b^2 Var(X)$

증명

$E(a+X)=a+E(X)$이므로 $a+X$의 분산은 다음과 같다.

$$Var(a+X)=E[a+X-(a+E(X))]^2=E[X-E(X)]^2=Var(X)$$

또 $E(bX)=bE(X)$이므로 bX의 분산은 다음과 같다.

$$Var(bX)=E[bX-bE(X)]^2=b^2E[X-E(X)]^2=b^2Var(X)$$

앞의 두 성질에 의하여 $Var(a+bX)=Var(bX)=b^2Var(X)$임을 확인할 수 있다.

◀

위 정리는 확률변수를 a만큼 평행이동하여도 퍼진 정도를 측정하는 분산은 변하지 않는다는 사실과 분산은 제곱의 기댓값 형태이기 때문에 확률변수에 b를 곱할 때 분산은 b^2배가 된다는 사실을 말해 주고 있다.

다음은 확률변수가 기댓값으로부터 일정한 거리 이상 떨어질 확률의 부등식에 대한 정리이다.

정리 4.6 **[체비세프 부등식, Tchebychev inequality]**

X의 기댓값이 μ이고 분산이 σ^2일 때 임의의 실수 $t>0$에 대하여 다음 부등식이 성립한다.

$$P(|X-\mu|\ge t)\le\frac{\sigma^2}{t^2}$$

증명

증명은 X가 연속형 확률변수인 경우만 다루기로 하겠다. 확률변수 X가 기댓값 μ로부터 t 이상 떨어질 확률은 다음과 같이 나타낼 수 있다.

$$\begin{aligned}P(|X-\mu|\ge t)&=P(X\le\mu-t \text{ 또는 } X\ge\mu+t)\\&=\int_{-\infty}^{\mu-t}f(x)dx+\int_{\mu+t}^{\infty}f(x)dx\end{aligned}$$

$x\le\mu-t$이거나 $x\ge\mu+t$일 때 $\left(\frac{x-\mu}{t}\right)^2\ge 1$이므로 다음 부등식이 성립한다.

$$
\begin{aligned}
&\int_{-\infty}^{\mu-t} f(x)dx + \int_{\mu+t}^{\infty} f(x)dx \\
&\le \int_{-\infty}^{\mu-t} \left(\frac{x-\mu}{t}\right)^2 f(x)dx + \int_{\mu+t}^{\infty} \left(\frac{x-\mu}{t}\right)^2 f(x)dx \\
&\le \int_{-\infty}^{\infty} \left(\frac{x-\mu}{t}\right)^2 f(x)dx = \frac{\sigma^2}{t^2}
\end{aligned}
$$

◀

체비세프 부등식에서 $t = k\sigma$일 때 다음 부등식을 얻을 수 있다.

$$
P(|X-\mu| \ge k\sigma) \le \frac{1}{k^2}
$$

즉 확률변수가 기댓값으로부터 표준편차의 k배 이상 떨어진 값을 가질 확률은 $\frac{1}{k^2}$보다 작다는 것을 의미한다. 예를 들어 기댓값으로부터 표준편차의 2배 이상 떨어진 값을 가질 확률은 $\frac{1}{4}$보다 작으며 3배 이상 떨어진 값을 가질 확률은 $\frac{1}{9}$보다 작다. 이 부등식은 X의 확률분포에 관계없이 항상 성립하는 부등식이다.

4.4 델타 방법

X의 확률분포를 알고 있다고 하더라도 $g(\cdot)$가 복잡한 형태의 함수라면 $Y = g(X)$의 기댓값과 분산을 구하는 것이 쉽지 않을 수 있다. 이 절에서는 X의 기댓값과 분산을 이용하여 $Y = g(X)$의 근사적인 기댓값과 분산을 구하는 **델타 방법**(delta method)을 알아보도록 하자.

확률변수 X의 기댓값과 분산을 μ_X와 σ_X^2라고 하자. 함수 $Y = g(X)$에 대하여 μ_X를 중심으로 테일러 전개를 하면 다음을 얻을 수 있다.

$$
g(X) = g(\mu_X) + g'(\mu_X)(X-\mu_X) + \frac{g''(\mu_X)}{2}(X-\mu_X)^2 + \cdots \tag{4.9}
$$

한편 X의 기댓값이 μ_X이므로 X는 μ_X에 가까울 것으로 생각할 수 있다. 즉 체비세프 부등식이 의미하는 것과 같이 X가 μ_X에서 멀리 떨어진 값을 가질 확률은 작다고

할 수 있다. $|X-\mu_X|$의 값이 작으면 k가 클수록 $(X-\mu_X)^k$는 0에 가까운 값을 가지게 된다. 따라서 식 (4.9)의 우변에 주어진 값은 처음 몇 항의 값에 크게 의존하게 될 것이다.

테일러 전개에서 처음 세 항을 이용하여 $Y=g(X)$의 근사적인 기댓값을 구하면 다음과 같다.

$$\begin{aligned} E(g(X)) &\approx g(\mu_X) + g'(\mu_X)E(X-\mu_X) + \frac{g''(\mu_X)}{2}E(X-\mu_X)^2 \\ &= g(\mu_X) + \frac{g''(\mu_X)}{2}\sigma_X^2 \end{aligned}$$

또 테일러 전개에서 처음 두 항을 이용하여 $Y=g(X)$의 근사적 분산을 구하면 다음과 같다.

$$\begin{aligned} Var(g(X)) &\approx Var(g(\mu_X)+g'(\mu_X)(X-\mu_X)) \\ &= (g'(\mu_X))^2\sigma_X^2 \end{aligned}$$

이처럼 확률변수의 함수가 복잡하여 그 함수의 정확한 평균과 분산을 구하기 어려운 경우에 근사적인 값을 구하는 것이 델타 방법이다. 한편 $Y=g(X)$의 근사적 기댓값과 분산을 구할 때 테일러 전개에서 사용하는 항의 수를 늘리면 좀 더 정확한 값을 알 수 있겠지만 계산하는 과정이 복잡해질 것이다.

예 4.5

$X \sim Uniform(0,1)$일 때 다음 물음에 답하여라.

(a) $Y = \sqrt{X}$의 기댓값과 분산을 구하여라.

(b) 델타 방법을 사용하여 $Y = \sqrt{X}$의 근사적인 기댓값과 분산을 구하여라.

풀이

(a) $Y = \sqrt{X}$의 기댓값과 분산은 다음과 같다.

$$E(\sqrt{X}) = \int_0^1 \sqrt{x}\,dx = \frac{2}{3}$$

$$Var(\sqrt{X}) = E(X) - [E(\sqrt{X})]^2 = \frac{1}{2} - \left(\frac{2}{3}\right)^2 = \frac{1}{18}$$

(b) $g(x) = \sqrt{x}$일 때 $g'(x) = \frac{1}{2\sqrt{x}}$이고 $g''(x) = -\frac{1}{4}x^{-3/2}$이다. 한편 $\mu_X = \frac{1}{2}$이고 $\sigma_X^2 = \frac{1}{12}$이므로 $\sqrt{X}$의 근사적인 기댓값과 분산은 다음과 같다.

$$E(\sqrt{X}) \approx g(\mu_X) + \frac{g''(\mu_X)}{2}\sigma_X^2$$

$$= \sqrt{\frac{1}{2}} + \frac{1}{2}\left(-\frac{1}{4}2\sqrt{2}\right)\frac{1}{12} = 0.678$$

$$Var(\sqrt{X}) \approx (g'(\mu_X))^2\sigma_X^2$$

$$= \left(\frac{\sqrt{2}}{2}\right)^2\frac{1}{12} = \frac{1}{24}$$

4.5 공분산

공분산(covariance)은 두 확률변수의 선형관계의 정도를 측정한 값이다. 두 확률변수 X와 Y의 기댓값을 각각 μ_X와 μ_Y라고 할 때 $(X-\mu_X)(Y-\mu_Y)$의 기댓값을 공분산이라고 하며 $Cov(X, Y)$로 나타낸다.

정의 4.3

확률변수 X와 Y의 공분산은 다음과 같다.

$$Cov(X, Y) = E[(X-\mu_X)(Y-\mu_Y)]$$

한편 공분산을 구하는 식은 다음과 같이 나타낼 수 있다.

$$Cov(X, Y) = E[(X-\mu_X)(Y-\mu_Y)] = E(XY - \mu_X Y - \mu_Y X + \mu_X\mu_Y)$$

$$= E(XY) - \mu_X\mu_Y - \mu_Y\mu_X + \mu_X\mu_Y = E(XY) - \mu_X\mu_Y$$

$$= E(XY) - E(X)E(Y)$$

즉 공분산은 두 확률변수의 곱의 기댓값에서 각 기댓값의 곱을 뺀 값이다. 한편 $Cov(X,X) = Var(X)$이다. 분산은 하나의 확률변수에 대하여 퍼진 정도를 측정하는 값인 반면 공분산은 이차원에서 분포 형태(퍼진 정도)를 이용하여 두 확률변수 사이의 선형관계를 측정한 값이다. X가 증가할 때 Y가 증가하면 $(X-\mu_X)(Y-\mu_Y)$는 양의 값을 가지며 X가 증가할 때 Y가 감소하면 $(X-\mu_X)(Y-\mu_Y)$는 음의 값을 가지게 된다. 따라서 X와 Y의 결합분포가 양의 기울기를 가지는 직선에 집중되어 있을수록 공분산은 양의 큰 값을 가지며 음의 기울기를 가지는 직선에 집중되어 있을수록 공분산은 음의 큰 값을 가진다. 한편 공분산의 값이 0이라는 것은 두 변수 사이에 선형관계가 없음을 나타낸다.

예 4.6

다음과 같은 결합확률질량함수를 가지는 확률변수 X와 Y의 공분산을 구하여라.

X와 Y의 결합분포

		y				
		-1	$-\sqrt{\frac{1}{2}}$	0	$\sqrt{\frac{1}{2}}$	1
x	-1	0	0	$\frac{1}{8}$	0	0
	$-\sqrt{\frac{1}{2}}$	0	$\frac{1}{8}$	0	$\frac{1}{8}$	0
	0	$\frac{1}{8}$	0	0	0	$\frac{1}{8}$
	$\sqrt{\frac{1}{2}}$	0	$\frac{1}{8}$	0	$\frac{1}{8}$	0
	1	0	0	$\frac{1}{8}$	0	0

풀이

주어진 결합분포로부터 X의 주변확률분포를 구하면 다음과 같다.

x	-1	$-\sqrt{\frac{1}{2}}$	0	$\sqrt{\frac{1}{2}}$	1
$p_X(x)$	$\frac{1}{8}$	$\frac{1}{4}$	$\frac{1}{4}$	$\frac{1}{4}$	$\frac{1}{8}$

이로부터 X의 기댓값은 0임을 알 수 있다. 결합분포가 X와 Y에 대하여 대칭이므로 Y의 주변확률분포도 X의 주변확률분포와 같고 Y의 기댓값은 0이 된다. 또한 $E(XY)=0$임을 쉽게 확인할 수 있다. 따라서 $Cov(X, Y) = 0$이다.

예 4.6에서 주어진 결합분포는 원점을 중심으로 반지름이 1인 원 위의 대칭적인 8개의 점에 균일한 확률을 가지는 이산형 분포이다. 따라서 X와 Y의 결합분포는 원 위에서 대칭적인 확률을 가지므로 선형관계는 없다고 할 수 있다.

예 4.7

다음과 같은 결합확률밀도함수를 가지는 확률변수 X와 Y의 공분산을 구하여라.

$$f(x,y) = x+y, \quad 0 \le x \le 1,\ 0 \le y \le 1$$

풀이

결합확률밀도함수를 이용하여 X와 Y의 기댓값을 구하면 다음과 같다.

$$E(X) = \int_0^1\int_0^1 x(x+y)\,dy\,dx = \int_0^1\left(x^2+\frac{x}{2}\right)dx = \frac{7}{12}$$

$$E(Y) = \int_0^1\int_0^1 y(x+y)\,dx\,dy = \int_0^1\left(\frac{y}{2}+y^2\right)dx = \frac{7}{12}$$

또 XY의 기댓값은 다음과 같으므로

$$E(XY) = \int_0^1\int_0^1 xy(x+y)dydx = \int_0^1\left(\frac{x^2}{2}+\frac{x}{3}\right)dx = \frac{1}{3}$$

공분산은 $Cov(X, Y) = \frac{1}{3} - \left(\frac{7}{12}\right)^2 = -\frac{1}{144}$이다.

X와 Y가 서로 독립이면 두 확률변수 사이에는 어떤 연관성도 없다고 할 수 있으므로 X와 Y의 선형관계를 측정하는 공분산의 값은 0이어야 할 것이다. 이는 두 확률변수가 독립일 때 $E(XY) = E(X)E(Y)$이므로 X와 Y의 공분산이 0임을 쉽게 확인할 수 있다. 한편 두 확률변수의 공분산이 0이라는 사실이 서로 독립임을 의미하지는 않는다. 이는 앞에서 다룬 원형관계를 가지는 예 4.6을 통하여 확인할 수 있다. 원형관계를 가지는 두 확률변수의 공분산은 0이지만 두 확률변수는 서로 독립이 아니다. 이는 $P(X=1) = P(Y=1) = \frac{1}{8}$이지만 $P(X=1, Y=1) = 0$이라는 것으로부터 X와 Y가 서로 독립이 아님을 확인할 수 있다. 즉 공분산이 0이라는 것은 두 확률변수 사이에 선형관계가 없다는 것이지 서로 독립이라는 것을 의미하지는 않는다.

확률변수에 상수를 더하거나 곱하였을 때 분산이 가지는 성질과 유사하게 공분산도 다음과 같은 성질을 가지고 있다.

정리 4.7

상수 a와 확률변수 X, X_1, X_2, Y에 대하여 다음이 성립한다.

(i) $Cov(X+a, Y) = Cov(X, Y)$

(ii) $Cov(aX, Y) = aCov(X, Y)$

(iii) $Cov(X_1 + X_2, Y) = Cov(X_1, Y) + Cov(X_2, Y)$

증명

상수 a에 대하여 $E(X+a) = E(X)+a$, $E(aX) = aE(X)$이므로 $X+a$와 Y의 공분산은 다음과 같다.

$$Cov(X+a, Y) = E[(X+a - E(X+a))(Y - E(Y))] = E[(X - E(X))(Y - E(Y)]$$
$$= Cov(X, Y)$$

또 aX와 Y의 공분산은 다음과 같다.

$$Cov(aX, Y) = E[(aX - E(aX))(Y - E(Y))] = aE[(X - E(X))(Y - E(Y))]$$
$$= aCov(X, Y)$$

한편 $X_1 + X_2$와 Y의 공분산은 다음과 같이 구할 수 있다.

$$
\begin{aligned}
Cov(X_1+X_{2,}Y) &= E[(X_1+X_2-E(X_1+X_2))(Y-E(Y)] \\
&= E[(X_1-E(X_1))(Y-E(Y))] + E[(X_1-E(X_1))(Y-E(Y))] \\
&= Cov(X_{1,}Y)+Cov(X_{2,}Y)
\end{aligned}
$$

◀

정리 4.7의 세 번째 성질을 확장하면 $\sum_{i=1}^{m} a_i X_i$와 $\sum_{j=1}^{n} b_j Y_j$의 공분산을 구하는 식은 다음과 같이 나타낼 수 있다.

$$
\begin{aligned}
& Cov\left(\sum_{i=1}^{m} a_i X_i,\ \sum_{j=1}^{n} b_j Y_j\right) \\
&= \sum_{i=1}^{m} Cov\left(a_i X_i,\ \sum_{j=1}^{n} b_j Y_j\right) = \sum_{i=1}^{m}\sum_{j=1}^{n} Cov(a_i X_i, b_j Y_j) \\
&= \sum_{i=1}^{m}\sum_{j=1}^{n} a_i b_j Cov(X_i, Y_j)
\end{aligned}
$$

한편 $Var(X) = Cov(X,X)$이므로 위 식으로부터 두 확률변수의 합의 분산은 다음과 같이 나타낼 수 있다.

$$
\begin{aligned}
Var(X+Y) &= Cov(X+Y, X+Y) \\
&= Cov(X,X) + 2Cov(X,Y) + Cov(Y,Y) \\
&= Var(X) + 2Cov(X,Y) + Var(Y)
\end{aligned}
$$

같은 방법으로 n개의 확률변수 $X_1, X_2, \cdots, X_n$의 합의 분산은 다음과 같이 나타낼 수 있다.

$$
Var\left(\sum_{i=1}^{n} X_i\right) = Cov\left(\sum_{i=1}^{n} X_i, \sum_{j=1}^{n} X_j\right) = \sum_{i=1}^{n}\sum_{j=1}^{n} Cov(X_i, X_j)
$$

따라서 서로 독립인 확률변수 $X_1, X_2, \cdots, X_n$의 합의 분산은 다음과 같다.

$$
Var\left(\sum_{i=1}^{n} X_i\right) = \sum_{i=1}^{n} Var(X_i) \qquad (4.10)
$$

서로 독립인 확률변수의 합의 분산을 구하는 식 (4.10)을 이용하면 베르누이 분포의 분산으로부터 이항분포의 분산을 구할 수 있다. 시행횟수가 n인 이항분포를 따르는 확률변수는 베르누이 분포를 따르는 서로 독립인 확률변수 n개의 합이라고 할 수 있다. 베르누이 분포의 분산은 $p(1-p)$이므로 이항분포의 분산은 $np(1-p)$이다.

공분산은 두 확률변수 사이의 선형관계를 측정하는 값이라고 하였다. 그런데 공분산은 상대적인 값이 아니어서 이 값을 이용하여 선형관계의 정도를 측정하는 것은 쉽지 않다. 예를 들어 $2X$와 $2Y$의 선형관계는 X와 Y의 선형관계와 같다고 할 수 있지만 $Cov(2X, 2Y) = 4Cov(X, Y)$로 공분산이 4배가 된다. 구체적인 예로 학생 30명 중 임의로 선택된 학생의 키와 체중을 나타내는 확률변수를 X와 Y라고 하자. 일반적으로 키가 클수록 체중도 증가하는 경향이 있으므로 키와 체중 사이에는 양의 선형관계가 있을 것이다. 이때 키를 나타내는 단위로 m나 cm를 사용할 수 있다. 그런데 키의 단위로 cm를 사용하였을 때의 공분산은 m를 사용하였을 때의 100배가 된다. 이처럼 같은 확률변수에 대하여도 사용하는 단위에 따라 공분산은 다른 값을 가지게 되므로 공분산의 값을 이용하여 선형관계의 정도를 판단하는 것은 쉽지 않다.

상관계수(correlation coefficient)는 두 변수 사이의 선형관계를 상대적인 값으로 나타낸 것이며 $Corr(X, Y)$ 또는 ρ로 나타낸다.

정의 4.4

확률변수 X와 Y의 상관계수는 다음과 같다.

$$Corr(X, Y) = \frac{Cov(X, Y)}{\sqrt{Var(X)}\sqrt{Var(Y)}}$$

예 4.8

다음과 같은 결합확률밀도함수를 가지는 확률변수 X와 Y의 상관계수를 구하여라.

$$f(x, y) = x + y, \quad 0 \le x \le 1, \quad 0 \le y \le 1$$

풀이

예 4.7에서 구한 것처럼 X와 Y의 기댓값은 모두 $\frac{7}{12}$이며 공분산은 $-\frac{1}{144}$이다.

한편 X^2의 기댓값은 다음과 같으므로

$$E(X^2) = \int_0^1 \int_0^1 x^2 (x+y)\, dy\, dx = \int_0^1 \left(x^3 + \frac{x^2}{2} \right) dx = \frac{5}{12}$$

X의 분산은 $Var(X) = E(X^2) - [E(X)]^2 = \frac{5}{12} - \left(\frac{7}{12}\right)^2 = \frac{11}{144}$이다. 같은 방법으로 Y의 분산도 $Var(Y) = \frac{11}{144}$이 된다. 따라서 X와 Y의 상관계수는 다음과 같다.

$$\rho = -\frac{1/144}{\sqrt{11/144}\,\sqrt{11/144}} = -\frac{1}{11}$$

상관계수의 정의로부터 상수 a, b, c, d에 대하여 다음이 성립함을 알 수 있다.

$$Corr(aX+b, cY+d) = \begin{cases} Corr(X, Y), & ac > 0\text{일 때} \\ -Corr(X, Y), & ac < 0\text{일 때} \end{cases}$$

즉 상관계수는 선형변환에 관계없이 일정한 값을 가진다. 또한 상관계수는 다음과 같은 성질을 가지고 있음을 보일 수 있다.

정리 4.8

두 확률변수 X와 Y의 상관계수 ρ는 다음과 같은 성질을 갖는다.

(i) $-1 \le \rho \le 1$

(ii) $\rho = 1$일 필요충분 조건은 상수 a와 양의 상수 b에 대하여 $P(Y = a + bX) = 1$이다.

(iii) $\rho = -1$일 필요충분 조건은 상수 a와 음의 상수 b에 대하여 $P(Y = a + bX) = 1$이다.

여기서 $P(Y = a + bX) = 1$이라는 것은 (X, Y)는 직선 $y = a + bx$ 위에서만 값을 가질 확률이 1임을 의미한다.

증명

(i), (ii)와 (iii)을 개별적이 아니라 한꺼번에 증명하도록 하겠다. X와 Y의 표준편차를

σ_X와 σ_Y라고 할 때 $\dfrac{X}{\sigma_X}+\dfrac{Y}{\sigma_Y}$의 분산은 다음과 같다.

$$\begin{aligned} Var\left(\frac{X}{\sigma_X}+\frac{Y}{\sigma_Y}\right) &= Var\left(\frac{X}{\sigma_X}\right)+Var\left(\frac{Y}{\sigma_Y}\right)+2Cov\left(\frac{X}{\sigma_X},\frac{Y}{\sigma_Y}\right) \\ &= \frac{Var(X)}{\sigma_X^2}+\frac{Var(Y)}{\sigma_Y^2}+2\frac{Cov(X,Y)}{\sigma_X\sigma_Y} = 2(1+\rho) \end{aligned}$$

분산은 항상 음이 아닌 값을 가지므로 위 식에서 $\rho\geq-1$이어야 한다. 또한 위 식으로부터 $\rho=-1$인 경우는 $Var\left(\dfrac{X}{\sigma_X}+\dfrac{Y}{\sigma_Y}\right)=0$일 때이다. 한편 확률변수의 분산이 0이라는 것은 확률변수가 오직 하나의 값만 가진다는 것을 의미한다. 즉 $\rho=-1$인 경우는 $\dfrac{X}{\sigma_X}+\dfrac{Y}{\sigma_Y}$이 하나의 값만 가질 때이며, 이 값을 상수 c라고 할 때 다음이 성립한다.

$$\begin{aligned} \rho=-1 &\Leftrightarrow \frac{X}{\sigma_X}+\frac{Y}{\sigma_Y} = c(\text{상수}) \\ &\Leftrightarrow Y = c\sigma_Y-\frac{\sigma_Y}{\sigma_X}X \end{aligned}$$

또한 $\dfrac{X}{\sigma_X}-\dfrac{Y}{\sigma_Y}$의 분산은 다음과 같으므로

$$\begin{aligned} Var\left(\frac{X}{\sigma_X}-\frac{Y}{\sigma_Y}\right) &= Var\left(\frac{X}{\sigma_X}\right)+Var\left(\frac{Y}{\sigma_Y}\right)-2Cov\left(\frac{X}{\sigma_X},\frac{Y}{\sigma_Y}\right) \\ &= \frac{Var(X)}{\sigma_X^2}+\frac{Var(Y)}{\sigma_Y^2}-2\frac{Cov(X,Y)}{\sigma_X\sigma_Y} = 2(1-\rho), \end{aligned}$$

$\rho\leq1$이 된다. 위 식으로부터 다음이 성립한다.

$$\begin{aligned} \rho=1 &\Leftrightarrow Var\left(\frac{X}{\sigma_X}-\frac{Y}{\sigma_Y}\right)=0 \\ &\Leftrightarrow \frac{X}{\sigma_X}-\frac{Y}{\sigma_Y} = c\ (\text{상수}) \end{aligned}$$

$$\Leftrightarrow \quad Y \; = \; -c\sigma_Y + \frac{\sigma_Y}{\sigma_X} X$$

X와 Y의 표준편차 σ_X, σ_Y가 모두 양수임을 감안하면 정리의 내용이 증명되었음을 알 수 있다. ◀

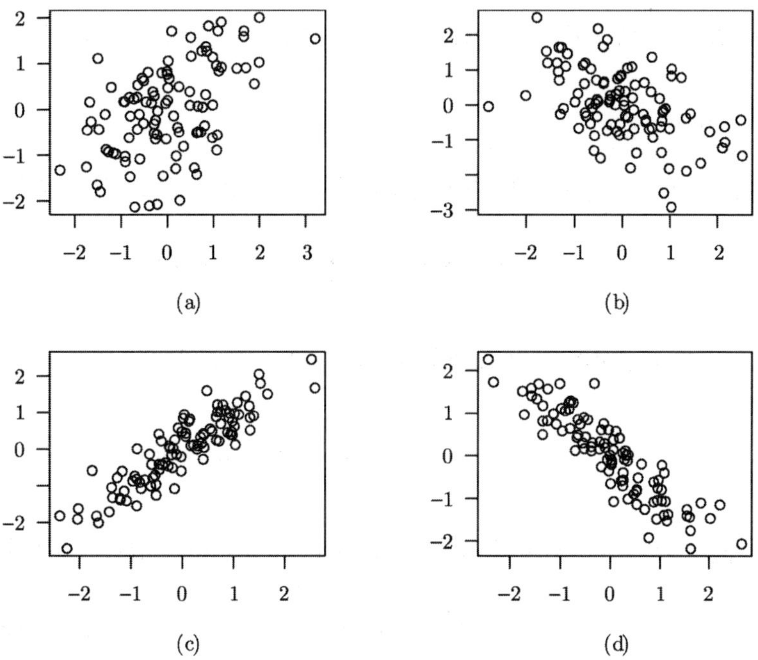

그림 4.1 확률변수의 상관계수 예:
(a) $\rho = 0.5$, (b) $\rho = -0.5$, (c) $\rho = 0.9$, (d) $\rho = -0.9$

상관계수는 두 확률변수의 선형관계를 상대적인 값으로 나타낸 것이며 이 값의 절댓값이 클수록 두 확률변수의 선형관계는 강하다고 할 수 있다. 정리 4.8에 의하여 상관계수는 -1과 1 사이의 값을 가지므로 선형관계에 가까울수록 상관계수의 절댓값은 1에 가까워진다. X와 Y 사이에 완벽한 양의 선형관계가 있다면 상관계수는 1의 값을 가지며 반대로 완벽한 음의 선형관계가 있다면 상관계수는 -1이 된다. 그림 4.1은 네 가지 경우의 상관계수의 값을 보여 주고 있다. 그림에서 볼 수 있는 것처럼 상관계수의 절댓값이 클수록 두 확률변수 간에 강한 선형관계가 있음을 알 수 있다.

4.6 조건부분포의 기댓값과 분산

확률분포의 기댓값과 분산을 구하는 것과 같이 조건부분포에 대해서도 기댓값과 분산을 구할 수 있다. 조건부분포를 이용한 기댓값과 분산을 **조건부기댓값**(conditional expectation)과 **조건부분산**(conditional variance)이라고 한다. $Y=y$로 주어졌을 때 X의 조건부기댓값을 $E(X|Y=y)$, 조건부분산을 $Var(X|Y=y)$로 나타낸다.

정의 4.5

$Y=y$로 주어졌을 때 이산형 확률변수 X의 조건부기댓값은 다음과 같고

$$E(X|Y=y)=\sum_i x_i p_{X|Y}(x_i|y)$$

연속형 확률변수 X의 조건부기댓값은 다음과 같다.

$$E(X|Y=y)=\int_{-\infty}^{\infty} x f_{X|Y}(x|y)dx$$

마찬가지로 $Y=y$로 주어졌을 때 $g(X)$의 조건부기댓값은 다음과 같다.

$$E[g(X)|Y=y]=\begin{cases}\sum_i g(x_i)p_{X|Y}(x_i|y) & (\text{이산형 확률변수의 경우}) \\ \int_{-\infty}^{\infty} g(x)f_{X|Y}(x|y)dx & (\text{연속형 확률변수의 경우})\end{cases}$$

확률분포의 기댓값과 분산을 확률밀도함수나 확률질량함수를 이용하여 구하는 것과 같이 조건부기댓값과 조건부분산은 조건부확률밀도함수나 조건부확률질량함수로부터 구할 수 있다. X의 분산을 $Var(X)=E(X^2)-(E(X))^2$로 구하는 것처럼 $Y=y$로 주어졌을 때 X의 조건부분산 $Var(X|Y=y)$은 다음과 같이 구할 수 있다.

$$Var(X|Y=y)=E(X^2|Y=y)-(E(X|Y=y))^2$$

예 4.9

X와 Y의 결합확률질량함수가 다음과 같다.

		y		
		1	2	3
x	0	$\frac{1}{12}$	$\frac{3}{12}$	$\frac{1}{12}$
	1	$\frac{2}{12}$	$\frac{2}{12}$	$\frac{3}{12}$

(a) $E(Y|X=0)$과 $Var(Y|X=0)$을 구하여라.

(b) $E(Y|X=1)$과 $Var(Y|X=1)$을 구하여라.

풀이

(a) $X=0$일 때 Y의 조건부분포는 다음과 같다.

y	1	2	3
$P(Y=y\|X=0)$	$\frac{1}{5}$	$\frac{3}{5}$	$\frac{1}{5}$

따라서 조건부기댓값 $E(Y|X=0)$은 다음과 같다.

$$E(Y|X=0) = 1\times\frac{1}{5} + 2\times\frac{3}{5} + 3\times\frac{1}{5} = 2$$

한편 $E(Y^2|X=0)$은 다음과 같으므로

$$E(Y^2|X=0) = 1^2\times\frac{1}{5} + 2^2\times\frac{3}{5} + 3^2\times\frac{1}{5} = \frac{22}{5}$$

조건부분산 $Var(Y|X=0)$은 다음과 같다.

$$Var(Y|X=0) = E(Y^2|X=0) - [E(Y|X=0)]^2 = \frac{2}{5}$$

(b) $X=1$일 때 Y의 조건부분포는 다음과 같으므로

y	1	2	3
$P(Y=y\mid X=1)$	$\frac{2}{7}$	$\frac{2}{7}$	$\frac{3}{7}$

조건부기댓값과 조건부분산은 다음과 같다.

$$E(Y|X=1) = \frac{15}{7}, \quad Var(Y|X=1) = \frac{34}{49}$$

예 4.10

(X, Y)는 이변량정규분포를 따르는 확률변수라고 한다. $X=x$일 때 Y의 조건부기댓값을 구하여라.

풀이

예 3.10에서 구한 것처럼 $X=x$일 때 Y의 조건부분포는 다음과 같다.

$$Y|X=x \sim N\left(\mu_Y + \rho\frac{\sigma_Y}{\sigma_X}(x-\mu_X),\ (1-\rho^2)\sigma_Y^2\right)$$

따라서 $X=x$일 때 Y의 조건부기댓값은 다음과 같다.

$$E(Y|X=x) = \mu_Y + \rho\frac{\sigma_Y}{\sigma_X}(x-\mu_X)$$

참고로 이 조건부기댓값을 다르게 표현하면 다음과 같이 나타낼 수 있다.

$$\mu_Y + \frac{Cov(X, Y)}{Var(X)}(x-\mu_X)$$

표본 자료 $(X_1, Y_1), (X_2, Y_2), \cdots, (X_n, Y_n)$에 대하여 위의 조건부기댓값에 대응되는 표본에서의 값은 다음과 같다.

$$\overline{Y} + \frac{\sum_{i=1}^{n}(X_i-\overline{X})(Y_i-\overline{Y})}{\sum_{i=1}^{n}(X_i-\overline{X})^2}(x-\overline{X})$$

이는 단순회귀분석에서 회귀 추정식과 일치함을 쉽게 확인할 수 있다.

예 4.11

X와 Y의 결합확률밀도함수가 $f(x,y)=\lambda^2 e^{-\lambda y}$, $0 \le x \le y$라고 한다.

(a) $Y=y$일 때 X의 조건부기댓값과 조건부분산을 구하여라.

(b) $X=x$일 때 Y의 조건부기댓값과 조건부분산을 구하여라.

풀이

(a) 예 3.9에서 구한 것과 같이 $Y=y$일 때 X의 조건부확률밀도함수는 $f_{X|Y}(x|y) = \frac{1}{y}$, $0 \le x \le y$이므로 X와 X^2의 조건부기댓값은 다음과 같다.

$$E(X|Y=y) = \int_0^y x\frac{1}{y}\,dx = \frac{y}{2}$$

$$E(X^2|Y=y) = \int_0^y x^2\frac{1}{y}\,dx = \frac{y^2}{3}$$

이다. 따라서 X의 조건부기댓값은 $\frac{y}{2}$이며 조건부분산은 $\frac{y^2}{12}$이다.

(b) $X=x$일 때 Y의 조건부확률밀도함수는 $f_{Y|X}(y|x) = \lambda e^{-\lambda(y-x)}$, $y \ge x$이므로 Y와 Y^2의 조건부기댓값은 다음과 같다.

$$E(Y|X=x) = \int_x^\infty y\lambda e^{-\lambda(y-x)}\,dy = x+\frac{1}{\lambda}$$

$$E(Y^2|X=x) = \int_x^\infty y^2\lambda e^{-\lambda(y-x)}\,dy = x^2+\frac{2x}{\lambda}+\frac{2}{\lambda^2}$$

따라서 Y의 조건부기댓값은 $x+\frac{1}{\lambda}$이며 조건부분산은 $\frac{1}{\lambda^2}$이다.

$Y=y$일 때 X의 조건부기댓값 $E(X|Y=y)$은 주어진 y의 값이 변함에 따라 달라진다. 즉 조건부기댓값은 주어지는 Y의 값에 의해 결정되므로 확률변수 Y의 함수라고 할 수 있다. 이를 나타내기 위해 조건부기댓값을 $E(X|Y)$로 표현하기도 한다. $E(X|Y)$는 확률변수 Y의 함수이므로 조건부기댓값에 대하여 Y의 확률분포를 이용하여 기댓값을 구할 수 있다. 다음 정리는 이렇게 구한 값이 X의 기댓값과 같다는 사실을 보여 주고 있다.

정리 4.9

확률변수 X와 Y에 대하여 다음이 성립한다.

$$E[E(X|Y)] = E(X) \tag{4.11}$$

증명

여기에서도 증명은 연속형 확률변수인 경우만 다루도록 하겠다. 주어진 Y의 값에 따라 달라지는 조건부기댓값 $E[E(X|Y)]$에 대하여 다시 기댓값을 구하면 다음과 같이 나타낼 수 있다.

$$E[E(X|Y)] = \int_{-\infty}^{\infty} E(X|Y=y) f_Y(y) dy$$

위 식은 $g(Y)$의 기댓값을 구하는 식 $E[g(Y)] = \int_{-\infty}^{\infty} g(y) f_Y(y) dy$에서 $g(y) = E(X|Y=y)$로 생각하면 이해가 빠를 것이다. $Y=y$일 때 X의 조건부기댓값 $E(X|Y=y)$는 다음과 같으므로

$$E(X|Y=y) = \int_{-\infty}^{\infty} x f_{X|Y}(x|y) dx$$

$E[E(X|Y)]$는 다음과 같다.

$$E[E(X|Y)] = \int_{-\infty}^{\infty} \left(\int_{-\infty}^{\infty} x f_{X|Y}(x|y) dx \right) f_Y(y) dy$$

한편 $f_{X|Y}(x|y) f_Y(y) = f(x,y)$이므로 다음이 성립한다.

$$E[E(X|Y)] = \int_{-\infty}^{\infty} \int_{-\infty}^{\infty} x f(x,y)\, dx\, dy = E(X)$$ ◀

위 정리의 의미를 알아보기 위해 다음과 같은 예를 생각하여 보자. 어느 고등학교 1학년에 1반 40명, 2반 30명, 3반 30명의 총 100명의 학생이 있다고 한다. X를 이 학교 1학년 학생 중 임의로 선택된 학생의 키라고 하고 Y를 이 학생이 소속된 반이라

고 하자. 이때 Y의 확률분포는 다음과 같다.

$$Y = \begin{cases} 1, & \dfrac{40}{100} \text{의 확률로} \\ 2, & \dfrac{30}{100} \text{의 확률로} \\ 3, & \dfrac{30}{100} \text{의 확률로} \end{cases}$$

$E(X|Y=1)$은 선택된 학생이 1반에 속하므로 1반 학생의 평균 키가 된다. 마찬가지로 $E(X|Y=2)$는 2반 학생의 평균 키이며 $E(X|Y=3)$은 3반 학생의 평균 키이다. 따라서 $E(X|Y)$의 기댓값은 다음과 같다.

$$\begin{aligned} &E[E(X|Y)] \\ &\quad = E(X|Y=1)P(Y=1) + E(X|Y=2)P(Y=2) + E(X|Y=3)P(Y=3) \\ &\quad = (1\text{반평균키}) \times \frac{40}{100} + (2\text{반평균키}) \times \frac{30}{100} + (3\text{반평균키}) \times \frac{30}{100} \end{aligned}$$

이 값은 전체 1학년 학생 100명의 평균 키임을 쉽게 확인할 수 있다. $E(X)$ 역시 전체 1학년 학생의 평균 키이므로 $E[E(X|Y)]$와 $E(X)$는 같음을 알 수 있다. 일반적으로 전체 모집단을 Y의 값에 따라 나눌 때(예를 들어 반으로 나누는 경우) $E(X|Y)$는 각 부분에서 X의 기댓값 또는 평균(예를 들어 반 평균)이 된다. $E[E(X|Y)]$는 각 부분의 평균값에 대하여 다시 평균(각 반 평균의 평균)을 구한 것이며 이 값은 전체 모집단을 나누지 않고 구한 전체 평균과 같다. 한편 정리 4.9는 모든 확률변수에 대해 성립하므로 X와 Y의 역할을 바꾸어도 성립한다. 즉 다음 식이 성립한다.

$$E[E(Y|X)] = E(Y) \tag{4.12}$$

예 4.12

예 4.9에서 주어진 확률분포에 대하여 $E[E(Y|X)]$를 구하고 이 값이 Y의 주변분포를 이용하여 구한 기댓값 $E(Y)$와 같음을 보여라.

풀이

이산형 확률변수 X는 0 또는 1의 값을 가지며 $P(X=0)=\frac{5}{12}$, $P(X=1)=\frac{7}{12}$ 이다. 예 4.9에서 구한 조건부기댓값으로부터 $E(Y|X)$의 기댓값은 다음과 같다.

$$E[E(Y|X)] = E(Y|X=0) \times P(X=0) + E(Y|X=1) \times P(X=1)$$
$$= 2 \times \frac{5}{12} + \frac{15}{7} \times \frac{7}{12} = \frac{25}{12}$$

한편 Y의 주변분포는 다음과 같으므로

$$P(Y=1) = \frac{3}{12},\ P(Y=2) = \frac{5}{12},\ P(Y=3) = \frac{4}{12}$$

Y의 기댓값은 다음과 같다.

$$E(Y) = 1 \times P(Y=1) + 2 \times P(Y=2) + 3 \times P(Y=3) = \frac{25}{12}$$

이 값은 앞에서 구한 $E[E(Y|X)]$와 같음을 알 수 있다.

예 4.13

X와 Y의 결합확률밀도함수가 $f(x,y) = \lambda^2 e^{-\lambda y},\ 0 \le x \le y$라고 한다.

(a) $E[E(X|Y)]$를 구하고 이 값이 $E(X)$와 같음을 확인하여라.

(b) $E[E(Y|X)]$를 구하고 이 값이 $E(Y)$와 같음을 확인하여라.

풀이

(a) 앞의 예 4.11에서 구한 것처럼 $E(X|Y=y) = \frac{y}{2}$이고 Y의 확률밀도함수는 $f_Y(y) = \lambda^2 y e^{-\lambda y},\ y > 0$이므로 $E(X|Y)$의 기댓값은 다음과 같다.

$$E[E(X|Y)] = E\left(\frac{Y}{2}\right) = \int_0^\infty \frac{y}{2} f_Y(y)dy = \int_0^\infty \frac{1}{2}\lambda^2 y^2 e^{-\lambda y}dy = \frac{1}{\lambda}$$

한편 X의 확률밀도함수는 $f_X(x) = \lambda e^{-\lambda x},\ x > 0$이므로 X의 기댓값은 다음과 같다.

$$E(X) = \int_0^\infty x f_X(x)\,dx = \int_0^\infty x\lambda e^{-\lambda x}\,dx = \frac{1}{\lambda}$$

위의 두 값으로부터 $E[E(X|Y)] = E(X)$임을 확인할 수 있다.

(b) $E(Y|X=x) = x + \dfrac{1}{\lambda}$이고 X의 확률밀도함수는 $f_X(x) = \lambda e^{-\lambda x},\ x > 0$ 이므로 $E(Y|X)$의 기댓값은 다음과 같다.

$$E[E(Y|X)] = E\left(X + \frac{1}{\lambda}\right) = \int_0^\infty \left(x + \frac{1}{\lambda}\right)\lambda e^{-\lambda x}\,dx = \frac{2}{\lambda}$$

한편 Y의 확률밀도함수는 $f_Y(x) = \lambda^2 y e^{-\lambda y},\ x > 0$이므로 Y의 기댓값은 다음과 같다.

$$E(Y) = \int_0^\infty \lambda^2 y^2 e^{-\lambda y}\,dy = \frac{2}{\lambda}$$

위의 두 값으로부터 $E[E(Y|X)] = E(Y)$임을 확인할 수 있다.

주어진 Y의 값에 따라 달라지는 $E(X|Y)$의 기댓값을 구할 수 있는 것처럼 $E(X|Y)$의 분산도 구할 수 있다. 또한 Y의 확률분포를 이용하여 조건부분산 $Var(X|Y)$의 기댓값도 구할 수 있다. 다음 정리는 X의 분산은 조건부기댓값의 분산과 조건부분산의 기댓값의 합이라는 사실을 보여 주고 있다.

정리 4.10

확률변수 X와 Y에 대하여 다음이 성립한다.

$$Var(X) = Var[E(X|Y)] + E[Var(X|Y)]$$

증명

$E(X|Y)$의 분산은 다음과 같이 구할 수 있다.

$$\begin{aligned} Var[E(X|Y)] &= E[E(X|Y)]^2 - [E(E(X|Y))]^2 \\ &= E[E(X|Y)]^2 - [E(X)]^2 \end{aligned} \tag{4.13}$$

위 식은 $g(Y)$의 분산을 구하는 식 $Var(g(Y)) = E[g(Y)]^2 - [E(g(Y))]^2$에서 $g(Y) = E(X|Y)$로 생각하면 된다. 한편 조건부분산은 $Var(X|Y) = E(X^2|Y) -$

$(E(X|Y))^2$이므로 조건부분산의 기댓값은 다음과 같다.

$$E[Var(X|Y)] = E[E(X^2|Y) - (E(X|Y))^2]$$
$$= E(X^2) - E[E(X|Y)]^2 \qquad (4.14)$$

식 (4.13)과 (4.14)에 의하여 다음이 성립한다.

$$Var(E(X|Y)) + E(Var(X|Y)) = E(X^2) - [E(X)]^2 = Var(X)$$ ◀

위 정리의 의미를 알아보기 위하여 다시 n_1명, n_2명, n_3명으로 이루어진 세 반에서 임의로 선택된 학생의 키에 대한 예를 살펴보도록 하자. $E(X|Y)$는 각 반의 평균이므로 $Var[E(X|Y)]$는 반 평균 간의 분산을 나타낸다. 또 $Var(X|Y)$는 각 반에서 학생 키의 분산을 나타낸다. 따라서 $E[Var(X|Y)]$는 각 반의 분산을 평균한 값이다. 이를 좀 더 자세히 알아보기 위해 i반에 소속된 j번째 학생의 키를 a_{ij}라고 하자. 전체 학생의 수를 n이라고 하고 i반의 학생의 수를 n_i라고 할 때 각 반의 평균과 분산은 다음과 같다.

$$E(X|Y=i) = \frac{1}{n_i}\sum_{j=1}^{n_i} a_{ij}$$
$$Var(X|Y=i) = \frac{1}{n_i}\sum_{j=1}^{n_i} (a_{ij} - \overline{a_i})^2$$

위에서 $\overline{a_i} = \frac{1}{n_i}\sum_{j=1}^{n_i} a_{ij}$이다. 전체 학생 키의 평균을 $\overline{a} = \frac{1}{n}\sum_{i=1}^{3}\sum_{j=1}^{n_i} a_{ij}$라고 할 때 반 평균 간의 분산 $Var[E(X|Y)]$은 다음과 같다.

$$Var[E(X|Y)] = \frac{1}{n}\sum_{i=1}^{3} n_i(\overline{a_i} - \overline{a})^2$$

각 반의 인원이 n_i이므로 반 평균의 분산을 구할 때 n_i를 가중값으로 하여 분산을 구하여야 한다. 또 각 반의 분산의 평균은 다음과 같다.

$$E[Var(X|Y)] = \sum_{i=1}^{3} Var(X|Y=i)P(Y=i)$$

$$= \sum_{i=1}^{3}\left(\frac{1}{n_i}\sum_{j=1}^{n_i}(a_{ij}-\overline{a_i})^2\right)\frac{n_i}{n} = \frac{1}{n}\sum_{i=1}^{3}\sum_{j=1}^{n_i}(a_{ij}-\overline{a_i})^2$$

따라서 다음 결과를 얻을 수 있다.

$$Var[E(X|Y)] + E[Var(X|Y)] = \frac{1}{n}\sum_{i=1}^{3} n_i(\overline{a_i}-\overline{a})^2 + \frac{1}{n}\sum_{i=1}^{3}\sum_{j=1}^{n_i}(a_{ij}-\overline{a_i})^2$$

한편 임의로 선택된 학생의 키 X의 분산은 다음과 같고

$$Var(X) = \frac{1}{n}\sum_{i=1}^{3}\sum_{j=1}^{n_i}(a_{ij}-\overline{a})^2,$$

위의 식은 다음과 같이 나타낼 수 있다.

$$\frac{1}{n}\sum_{i=1}^{3}\sum_{j=1}^{n_i}(a_{ij}-\overline{a})^2 = \frac{1}{n}\sum_{i=1}^{3} n_i(\overline{a_i}-\overline{a})^2 + \frac{1}{n}\sum_{i=1}^{3}\sum_{j=1}^{n_i}(a_{ij}-\overline{a_i})^2 \quad (4.15)$$

따라서 다음 식이 성립함을 확인할 수 있다.

$$Var(X) = Var[E(X|Y)] + E[Var(X|Y)]$$

식 (4.15)는 일원배치 실험계획법에서 다음을 나타내는 식이다.

총변동(total variation)
= 계급간변동(between class variation) + 계급내변동(within class variance)

예 4.14

예 4.9에서 주어진 확률분포에 대하여 다음 물음에 답하여라.

(a) $Var[E(Y|X)]$를 구하여라.

(b) $E[Var(Y|X)]$를 구하여라.

(c) 위에서 구한 두 값의 합이 $Var(Y)$와 같음을 확인하여라.

풀이

(a) 예 4.9에서 구한 $E(Y|X)$의 값을 이용하여 $(E(Y|X))^2$의 기댓값을 구하면 다음과 같고

$$E[E(Y|X)]^2 = [E(Y|X=0)]^2 \times P(X=0) + [E(Y|X=1)]^2 \times P(X=1)$$

$$= 2^2 \times \frac{5}{12} + \left(\frac{15}{7}\right)^2 \times \frac{7}{12} = \frac{365}{84}$$

$E(Y|X)$의 기댓값은 다음과 같다.

$$E[E(Y|X)] = E(Y) = \frac{25}{12}$$

따라서 조건부기댓값의 분산은 다음과 같다.

$$Var[E(Y|X)] = E[E(Y|X)]^2 - [E(E(Y|X))]^2 = \frac{5}{1008}$$

(b) 조건부분산 $Var(Y|X)$의 기댓값은 다음과 같다.

$$E[Var(Y|X)] = Var(Y|X=0) \times P(X=0) + Var(Y|X=1) \times P(X=1)$$

$$= \frac{2}{5} \times \frac{5}{12} + \frac{34}{49} \times \frac{7}{12} = \frac{12}{21}$$

(c) Y의 주변분포를 이용하면 $Var(Y) = \frac{83}{144}$임을 알 수 있다. 이 값은 (a)와 (b)에서 구한 값의 합임을 확인할 수 있다.

앞의 정리 4.9와 4.10을 활용하여 랜덤합(random sum)의 기댓값과 분산을 구할 수 있다. 더하는 항의 수가 랜덤인 경우를 랜덤합이라고 한다. 랜덤합의 한 가지 예로 다음 경우를 생각할 수 있다. 수리공이 i번째 고장이 난 부품을 수리하는 데 걸리는 시간을 X_i라고 하고 고장 난 부품의 수를 N이라고 하자. 이 경우 X_i와 N 모두 랜덤이다. 이때 고장 난 부품을 수리하는 데 걸리는 총 시간을 T라고 하면 $T = \sum_{i=1}^{N} X_i$로 나타낼 수 있다. X_i는 모두 독립이고 같은 분포를 가지고 있으며 N과 독립일 때 T의 기댓값과 분산을 구하여 보도록 하자.

$N=n$으로 주어지면 $T = \sum_{i=1}^{n} X_i$이 되어 고정된 항의 합이 된다. 따라서 $N=n$일 때 T의 조건부기댓값은 다음과 같다.

$$E(T|N=n) \ = E(\sum_{i=1}^{N} X_i|N=n) \ = E(\sum_{i=1}^{n} X_i) \ = nE(X_1)$$

위에서 두 번째 등식은 X_i와 N이 독립이기 때문에 성립한다. 위 식으로부터 $E(T|N) = NE(X_1)$임을 알 수 있다. 정리 4.9에 의하여 T의 기댓값은 다음과 같다.

$$E(T) \ = E[E(T|N)] \ = E[NE(X_1)] \ = E(X_1)E(N)$$

한편 $N=n$일 때 T의 조건부분산은 다음과 같으므로

$$Var(T|N=n) \ = Var(\sum_{i=1}^{N} X_i|N=n) \ = Var(\sum_{i=1}^{n} X_i) \ = n\,Var(X_1)$$

T의 분산은 다음과 같다.

$$\begin{aligned} Var(T) &= Var[E(T|N)] \ + E[\,Var(T|N)] \\ &= Var[NE(X_1)] \ + E[N Var(X_1)] \ = [E(X_1)]^2\,Var(N) \ + Var(X_1)E(N) \end{aligned}$$

예 4.15

어느 상점에 하루 동안 방문하는 손님의 수는 Poisson(5)를 따른다고 한다. 또 손님 한 명이 구매하는 금액의 기댓값과 표준편차는 각각 10, 3이라고 한다. 손님의 수와 손님이 구매하는 금액은 서로 독립일 때, 이 상점 하루 판매액의 기댓값과 분산을 구하여라.

풀이

하루 동안 방문하는 손님의 수를 N, i번째 손님이 구매하는 금액을 X_i라고 할 때 이 상점의 하루 판매액은 $T = \sum_{i=1}^{N} X_i$로 나타낼 수 있다. 따라서 하루 판매액의 기댓값과 분산은 다음과 같다.

$$E(T) \ = \ E(X_1)\,E(N) \ = \ 10 \cdot 5 \ = 50$$

$$Var(T) \ = \ \left[E(X_1)\right]^2 Var(N) + Var(X_1)E(N) \ = 10^2 \cdot 5 + 9 \cdot 5 \ = 545$$

4.7 적률생성함수

확률변수 X에 대하여 e^{tX}의 기댓값을 X의 **적률생성함수**(moment generating function)라고 한다. 적률생성함수는 t의 값에 따라 달라지므로 t의 함수가 된다.

정의 4.6

확률변수 X에 대하여 e^{tX}의 기댓값이 존재할 때 이를 적률생성함수라고 하며 $M(t)$로 나타낸다. 즉 적률생성함수는 다음과 같다.

$$M(t) = E(e^{tX})$$

적률생성함수가 가지는 한 가지 특징은 확률분포를 결정지어 준다는 것이다. 즉 서로 다른 확률분포는 같은 적률생성함수를 가질 수 없어서 적률생성함수를 보면 어떤 확률분포인지 알 수 있게 된다. 적률생성함수는 이러한 특징을 이용하여 확률분포를 구하는 데 이용되기도 한다.

일반적으로 모든 확률분포에 대하여 적률생성함수가 존재하는 것은 아니다. 그러나 이 책에서 다루는 대부분의 확률분포에 대해서는 적률생성함수가 존재하며 다음과 같은 성질을 가지고 있다.

(i) $t=0$일 때 $e^{tX}=1$이므로 $M(0)=1$이다.

(ii) 적률생성함수를 미분하면 다음과 같으므로

$$M'(t) = \frac{d}{dt}\int_{-\infty}^{\infty} e^{tx}f(x)dx = \int_{-\infty}^{\infty}\frac{d}{dt}(e^{tx}f(x))dx$$

$$= \int_{-\infty}^{\infty} xe^{tx}f(x)dx$$

$M'(0) = E(X)$이다.

(iii) 적률생성함수를 k번 미분하면 다음과 같으므로

$$M^{(k)}(t) = \frac{d^k}{dt^k}\int_{-\infty}^{\infty} e^{tx}f(x)dx = \int_{-\infty}^{\infty}\frac{d^k}{dt^k}(e^{tx}f(x))dx$$

$$= \int_{-\infty}^{\infty} x^k e^{tx} f(x) dx$$

$M^{(k)}(0) = E(X^k)$이다.

$E(X^k)$를 확률변수 X의 k차 **적률**(moment)이라고 한다. 위의 성질에 의하여 X의 모든 적률은 $M(t)$로부터 구할 수 있다. 이러한 이유로 $M(t)$를 적률생성함수라고 한다. 이처럼 적률생성함수는 확률분포의 모든 적률을 결정하고 나아가서 확률분포까지 결정하게 된다. 즉 적률생성함수를 알면 확률분포를 알 수 있게 된다.

여러 확률분포의 적률생성함수를 구하여 보자. X가 성공의 확률이 p인 베르누이 분포를 따르는 확률변수일 때 X의 적률생성함수는 다음과 같다.

$$M(t) = E(e^{tX}) = (1-p) + pe^t$$

이항분포를 따르는 확률변수 X의 적률생성함수는 다음과 같이 나타낼 수 있다.

$$M(t) = E(e^{tX}) = \sum_{k=0}^{n} e^{tk} \frac{n!}{k!(n-k)!} p^k (1-p)^{n-k}$$

$$= \sum_{k=0}^{n} \frac{n!}{k!(n-k)!} (pe^t)^k (1-p)^{n-k}$$

이 합은 이항정리에 의하여 $(1-p+pe^t)^n$이다. 즉 이항분포의 적률생성함수는 다음과 같다.

$$M(t) = (1-p+pe^t)^n$$

이 적률생성함수의 1차 미분과 2차 미분을 구하면 다음과 같으므로

$$M'(t) = n(1-p+pe^t)^{n-1} pe^t$$
$$M''(t) = n(n-1)(1-p+pe^t)^{n-2}(pe^t)^2 + n(1-p+pe^t)^{n-1} pe^t$$

X와 X^2의 기댓값은 다음과 같음을 알 수 있다.

$$E(X) = M'(0) = np$$
$$E(X^2) = M''(0) = n(n-1)p^2 + np$$

포아송분포의 적률생성함수는 다음과 같이 나타낼 수 있다.

$$M(t) = \sum_{k=0}^{\infty} e^{tk} \frac{\lambda^k}{k!} e^{-\lambda} = e^{-\lambda} \sum_{k=0}^{\infty} \frac{(\lambda e^t)^k}{k!}$$

실수 a에 대하여 $\sum_{k=0}^{\infty} \frac{a^k}{k!} = e^a$이므로 포아송분포의 적률생성함수는 다음과 같다.

$$M(t) = e^{-\lambda} e^{\lambda e^t} = e^{\lambda(e^t - 1)} \tag{4.16}$$

연속형 확률분포인 감마분포의 적률생성함수는 다음과 같이 나타낼 수 있다.

$$\begin{aligned} M(t) &= \int_0^{\infty} e^{tx} \frac{\lambda^\alpha}{\Gamma(\alpha)} x^{\alpha-1} e^{-\lambda x} dx = \int_0^{\infty} \frac{\lambda^\alpha}{\Gamma(\alpha)} x^{\alpha-1} e^{-(\lambda-t)x} dx \\ &= \left(\frac{\lambda}{\lambda-t}\right)^\alpha \int_0^{\infty} \frac{(\lambda-t)^\alpha}{\Gamma(\alpha)} x^{\alpha-1} e^{-(\lambda-t)x} dx \end{aligned}$$

$t < \lambda$일 때 적분 안의 함수는 $\text{Gamma}\left(\alpha, \frac{1}{\lambda-t}\right)$의 확률밀도함수이므로 적분은 1이 된다. 따라서 감마분포의 적률생성함수는 다음과 같다.

$$M(t) = \left(\frac{\lambda}{\lambda-t}\right)^\alpha, \quad \text{단 } t < \lambda \tag{4.17}$$

표준정규분포의 적률생성함수는 다음과 같이 나타낼 수 있다.

$$\begin{aligned} M(t) &= \int_{-\infty}^{\infty} e^{tx} \frac{1}{\sqrt{2\pi}} e^{-\frac{x^2}{2}} dx = \int_{-\infty}^{\infty} \frac{1}{\sqrt{2\pi}} e^{-\frac{1}{2}(x-t)^2 + \frac{1}{2}t^2} dx \\ &= e^{\frac{1}{2}t^2} \int_{-\infty}^{\infty} \frac{1}{\sqrt{2\pi}} e^{-\frac{1}{2}(x-t)^2} dx \end{aligned}$$

위 식에서 적분 안의 함수는 $N(t, 1)$의 확률밀도함수이므로 적분은 1이 된다. 따라서 표준정규분포의 적률생성함수는 다음과 같다.

$$M(t) = e^{\frac{1}{2}t^2}$$

적률생성함수는 다음과 같은 성질을 가지고 있음을 보일 수 있다.

정리 4.11

(i) 확률변수 X의 적률생성함수를 $M_X(t)$라고 할 때, $Y = a + bX$의 적률생성함수는 $M_Y(t) = e^{at}M_X(bt)$이다.

(ii) 확률변수 X와 Y가 서로 독립이고 적률생성함수가 각각 $M_X(t)$와 $M_Y(t)$일 때 $Z = X + Y$의 적률생성함수는 $M_Z(t) = M_X(t)M_Y(t)$이다.

증명

(i) $Y = a + bX$의 적률생성함수는 다음과 같이 구할 수 있다.

$$M_Y(t) = E(e^{tY}) = E(e^{at+btX}) = e^{at}E(e^{btX}) = e^{at}M_X(bt)$$

(ii) X와 Y의 적률생성함수가 $M_X(t)$와 $M_Y(t)$일 때 $Z = X + Y$의 적률생성함수는 다음과 같이 나타낼 수 있다.

$$M_Z(t) = E(e^{tZ}) = E(e^{tX+tY})$$

X와 Y는 서로 독립이므로 정리 4.3에 의하여 $E(e^{tX}e^{tY}) = E(e^{tX})E(e^{tY})$이다. 따라서 Z의 적률생성함수는 다음과 같다.

$$M_Z(t) = E(e^{tX})E(e^{tY}) = M_X(t)M_Y(t)$$ ◀

예 4.16

$N(\mu,\sigma^2)$을 따르는 확률변수 X의 적률생성함수를 구하여라.

풀이

표준정규분포를 따르는 확률변수를 Z라고 할 때 $X = \mu + \sigma Z$로 나타낼 수 있다. Z의 적률생성함수는 $M_Z(t) = e^{\frac{t^2}{2}}$이므로 X의 적률생성함수는 다음과 같다.

$$M_X(t) = e^{\mu t}M_Z(\sigma t) = e^{\mu t + \frac{1}{2}\sigma^2 t^2} \quad (4.18)$$

적률생성함수를 이용하면 다음 예와 같이 서로 독립인 확률변수 X와 Y의 합

$Z = X + Y$의 확률분포를 구할 수 있다.

예 4.17

서로 독립인 두 확률변수 X와 Y에 대하여 적률생성함수를 이용하여 $Z = X + Y$의 확률분포를 구하여라.

(a) $X \sim Poisson(\lambda_1)$, $Y \sim Poisson(\lambda_2)$일 때 $Z = X + Y$의 확률분포를 구하여라.

(b) $X \sim \Gamma(\alpha_1, 1/\lambda)$, $Y \sim \Gamma(\alpha_2, 1/\lambda)$ 일 때 $Z = X + Y$의 확률분포를 구하여라.

(c) $X \sim N(\mu_1, \sigma_1^2)$, $Y \sim N(\mu_2, \sigma_2^2)$일 때 $Z = X + Y$의 확률분포를 구하여라.

풀이

(a) 기댓값이 λ인 포아송분포의 적률생성함수는 $M(t) = e^{\lambda(e^t - 1)}$이므로 X와 Y의 적률생성함수는 $M_X(t) = e^{\lambda_1(e^t - 1)}$와 $M_Y(t) = e^{\lambda_2(e^t - 1)}$이다. 정리 4.11에 의하여 $Z = X + Y$의 적률생성함수는 다음과 같다.

$$\begin{aligned} M_Z(t) &= M_{X(t)} M_{Y(t)} = e^{\lambda_1(e^t - 1)} e^{\lambda_2(e^t - 1)} \\ &= e^{(\lambda_1 + \lambda_2)(e^t - 1)} \end{aligned}$$

이를 포아송분포의 적률생성함수를 나타낸 식 (4.16)과 비교할 때 λ 대신에 $\lambda_1 + \lambda_2$를 사용한 것 외에는 같은 형태임을 알 수 있다. 따라서 $M_Z(t)$는 기댓값이 $\lambda_1 + \lambda_2$인 포아송분포의 적률생성함수이므로 $X + Y \sim Poisson(\lambda_1 + \lambda_2)$이다.

(b) $\text{Gamma}(\alpha, 1/\lambda)$의 적률생성함수는 $\left(\frac{\lambda}{\lambda - t}\right)^{\alpha}$이므로 $Z = X + Y$의 적률생성함수는 다음과 같다.

$$\begin{aligned} M_Z(t) &= M_X(t) M_Y(t) = \left(\frac{\lambda}{\lambda - t}\right)^{\alpha_1} \left(\frac{\lambda}{\lambda - t}\right)^{\alpha_2} \\ &= \left(\frac{\lambda}{\lambda - t}\right)^{\alpha_1 + \alpha_2} \end{aligned}$$

이를 감마분포의 적률생성함수를 나타낸 식 (4.17)과 비교할 때 $M_Z(t)$는

$\alpha = \alpha_1 + \alpha_2$인 감마분포의 적률생성함수임을 알 수 있다. 따라서 $X+Y \sim$ Gamma$(\alpha_1 + \alpha_2, 1/\lambda)$이다.

(c) $N(\mu, \sigma^2)$의 적률생성함수는 $e^{\mu t + \frac{1}{2}\sigma^2 t^2}$이므로 $Z = X + Y$의 적률생성함수는 다음과 같다.

$$M_Z(t) = M_X(t)M_Y(t) = e^{\mu_1 t + \frac{1}{2}\sigma_1^2 t^2} e^{\mu_2 t + \frac{1}{2}\sigma_2^2 t^2}$$

$$= e^{(\mu_1 + \mu_2)t + \frac{1}{2}(\sigma_1^2 + \sigma_2^2)t^2}$$

이를 정규분포의 적률생성함수를 나타낸 식 (4.18)과 비교할 때 $M_Z(t)$는 $\mu = \mu_1 + \mu_2$, $\sigma^2 = \sigma_1^2 + \sigma_2^2$인 정규분포의 적률생성함수임을 알 수 있다. 따라서 $X + Y \sim N(\mu_1 + \mu_2, \sigma_1^2 + \sigma_2^2)$이다.

지금까지 다룬 여러 확률분포들의 기댓값, 분산과 적률생성함수를 정리하면 〈표 4.1〉과 같다.

표 4.1 여러 확률분포의 기댓값, 분산과 적률생성함수

확률분포	기댓값	분산	적률생성함수
$Bernoullli(p)$	p	$p(1-p)$	$(1-p+pe^t)$
$B(n,p)$	np	$np(1-p)$	$(1-p+pe^t)^n$
$Poisson(\lambda)$	λ	λ	$e^{\lambda(e^t-1)}$
$Uniform(a,b)$	$\frac{a+b}{2}$	$\frac{(b-a)^2}{12}$	$\frac{1}{(b-a)t}(e^{bt}-e^{at})$
Exp$(1/\lambda)$	$\frac{1}{\lambda}$	$\frac{1}{\lambda^2}$	$\frac{\lambda}{\lambda-t}$
$Gamma(\alpha,1/\lambda)$	$\frac{\alpha}{\lambda}$	$\frac{\alpha}{\lambda^2}$	$\left(\frac{\lambda}{\lambda-t}\right)^\alpha$
$N(\mu,\sigma^2)$	μ	σ^2	$e^{\mu t+\frac{1}{2}\sigma^2 t^2}$

4.8 R을 이용한 실습

함수란 특정한 작업을 독립적으로 수행하는 프로그램 코드의 집합체로서, R 객체의 하나이다. 만약 R 내부에 사용자가 원하는 함수가 없을 경우 새로운 함수를 생성해서 사용해야 한다. 함수를 생성하는 형식은 〈표 4.2〉와 같으며, 이 절에서는 R에서 함수를 정의하여 생성하는 방법과 함수의 적분에 관해 살펴보도록 한다. 이것은 R에서 제공하고 있는 패키지에 있는 함수 이외에 새로운 것을 만들어야 할 필요가 있을 때 유용하며, 함수를 간단히 적분하거나 확률변수의 기댓값 등을 구하는 데 팁이 될 수 있다.

표 4.2 함수 생성법

표현	의미

함수명 <- function(arg1, arg2, …)
{
body of function
}
	arg1, arg2, … 은 함수가 사용하는 인수들이고, body of function은 함수가 호출되었을 때 수행하게 될 프로그램 코드이다. 함수를 정의한 후에 인수들에 값을 넣어 함수명을 부르면 함수의 내용이 수행된다.

예 4.18

표준정규분포를 따르는 난수 1000개를 생성하여라. 그리고 표본평균과 표본분산을 구하는 함수를 만들고 실행하여 값을 구한 후 기존에 R에 존재하는 평균과 분산을 구하는 함수를 이용한 결과와 비교하여라.

R 명령문 및 결과

```
    # 표준정규분포를 따르는 난수 생성
❶ > set.seed(1)
❷ > y <- rnorm(1000)

    # 평균을 구하는 함수생성
❸ > new_mean <- function(x){
❹ + sum(x)/length(x)
❺ + }
❻ > new_mean(y)
```

```
❼     [1] -0.01875946
❽   > mean(y)
❾     [1] -0.01875946

      # 분산을 구하는 새로운 함수생성
❿   > new_var <- function(x){
⓫   + sum((x-new_mean(x))^2)/(length(x)-1)
⓬   + }
⓭   > new_var(y)
⓮     [1] 0.9722526
⓯   > var(y)
⓰     [1] 0.9722526
```

해설

❶ 난수를 생성할 때마다 동일한 결과 값을 얻을 수 있도록 seed number를 지정한다.
❷ 표준정규분포를 따르는 난수 1000개 생성하여 y에 저장한다.
❸ function 함수를 이용하여 x에 대한 평균을 구하는 함수명 new_mean을 정의한다. 함수를 만들 때 중괄호({)로 시작하여 생성할 함수를 입력한다.
❹ 평균을 구하는 식으로 지정한다. 즉 $\frac{1}{n}\sum_{i=1}^{n} x_i$을 수행하는 명령문을 함수로 지정한다. length()는 데이터의 길이를 구하는 함수이다.
❺ 함수 입력을 마치면 중괄호 (})를 써서 끝낸다.
❻ 평균을 구하는 함수에 y를 대입하여 new_mean(y)를 실행한다.
❼ 함수식으로 평균 값이 계산된 결과이다.
❽ R에 내장되어 있는 평균을 구하는 함수인 mean을 수행한다.
❾ 실행 결과, 평균을 구하는 함수식을 만들어서 구한 값과 R에 내장되어 있는 함수의 값이 같음을 알 수 있다.
❿ function 함수를 이용하여 x에 대한 함수를 생성하여 new_var로 지정한다.
⓫ 위에서 구한 new_mean을 이용하여 분산을 구하는 식으로 함수를 지정한다. 즉 $\frac{1}{n-1}\sum_{i=1}^{n}(x_i-\overline{x})^2$을 수행하는 명령문을 함수로 지정한다.
⓬ 함수 입력을 마친다.
⓭ 분산을 구하는 함수식에 y를 대입하여 new_var(y)를 실행한다.
⓮ 함수식으로 분산 값이 계산된 결과이다.

⓯	R에 내장되어 있는 분산을 구하는 함수인 `var`을 이용하여 계산한다.
⓰	실행 결과, 분산을 구하는 함수식을 만들어서 구한 값과 R에 내장되어 있는 함수의 값이 같음을 알 수 있다.

예 4.19

입력된 일변량 자료에 대해 최솟값(min), 최댓값(max), 평균(mean), 중앙값(med), 분산(var), 제1사분위수(Q1)와 제3사분위수(Q3)를 제공하는 함수 basic.stat을 작성하여라. 표준정규분포에서 난수 1000개를 생성하고 이 함수에 대입하여 계산된 통계량 값들을 확인하여라.

R 명령문 및 결과

```
❶ > basic.stat <- function(x) {
❷ + a <- min(x); b <- quantile(x, 0.25); c <- mean(x)
❸ + d <- median(x); e <- quantile(x, 0.75); f <- max(x)
❹ + return(list(min=a, Q1=b, mean=c, med=d, Q3=e, max=f))
❺ + }
❻ + xx <- rnorm(1000)
❼ + nstat <- basic.stat(xx)
❽ > nstat$Q1
❾         25%
    -0.6560191
❿ > nstat$mean
⓫   [1] 0.03204972
```

해설

❶	`x`에 대한 여러 지정한 기초통계량들을 구하는 함수 `basic.stat`을 정의한다.
❷	최솟값, 1사분위수, 평균을 `a`, `b`, `c`에 저장한다.
❸	중앙값, 3사분위수, 최댓값을 `d`, `e`, `f`에 저장한다.
❹	계산된 `a`부터 `f`까지의 값을 돌려주는데 `list`문을 사용하여 각 명칭을 지정된 대로 한다. 예를 들어 중앙값은 `med`로 한다.
❺	함수 입력을 마치면 중괄호 (`}`)를 써서 끝낸다.
❻	표준정규분포를 따르는 난수 1000개 생성하여 `xx`에 저장한다.
❼	`xx`를 `basic.stat` 함수에 대입하여 결과를 `nstat`에 저장한다.
❽	제1사분위수를 확인한다. `nstat`을 치면 전체를 확인할 수 있기도 하다.

❾	실행 결과
❿	평균을 확인한다.
⓫	실행 결과

예 4.20

데이터가 주어졌을 때 히스토그램, 상자그림, 정규분포분위수 대조도, 확률밀도함수의 추정치를 2×2 형태의 그림으로 제공하는 함수 data.plot을 작성하여라. 표준정규분포를 따르는 난수 200개를 생성하여 작성된 함수에 대입하여 그림을 그려 보아라.

R 명령문 및 결과

```
> data.plot <- function(x){
+ par(mfrow=c(2,2))
+ hist(x,main="Histogtam")
+ boxplot(x,main="Boxplot")
+ qqnorm(x,main="Normal Q-Q plot")
+ plot(density(x),main="Density plot")
+ }
> x <- rnorm(200); data.plot(x)
```

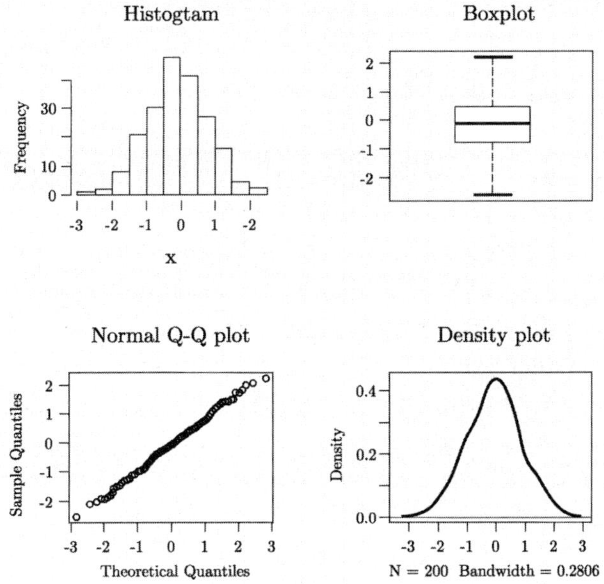

해설

❶	x에 대한 네 가지 그림을 그리는 함수 `data.plot`을 정의한다.
❷	그림을 가로 2, 세로 2개로 그린다.
❸	x의 히스토그램을 그리고 제목을 넣는다.
❹	x의 상자그림을 그리고 제목을 넣는다.
❺	x의 정규분포분위수 대조도(`Normal Q-Q plot`)를 그리고 제목을 넣는다.
❻	x의 확률밀도함수 추정치를 그리고 제목을 넣는다.
❼	함수 정의를 마친다.
❽	표준정규분포에서 난수 200개를 발생하고 `data.plot` 함수에 적용한다.
❾	실행 결과

예 4.21

함수 $f(x) = \frac{3}{4}(1-x^2)$을 정의하고 R을 이용하여 구간 (−0.5, 1)에서 이 함수를 적분한 값을 구하여라. 또한 표준정규분포를 따르는 확률변수 X에 대하여 $P(X \le 1.3)$의 값을 R을 이용한 적분을 통해 구하여라.

풀이

R에서는 integrate() 라는 함수가 하나의 인자를 갖는 함수를 유한, 혹은 무한의 구간에서 수치 적분한 근삿값을 제공한다. 이를 이용하면, 연속형 확률변수의 확률, 기댓값, 분산 등을 쉽게 계산할 수 있다.

R 명령문 및 결과

```
❶ > fx <- function(x){3*(1-x^2)/4}
❷ > integrate(fx, lower=-0.5, upper=1)
❸   0.8413448 with absolute error < 1.5e-05
❹ > fx <- function(x){exp(-x^2/2)/sqrt(2*pi)}
❺ > integrate(fx, lower=-Inf, upper=1.3)
❻   0.9031995 with absolute error < 1.7e-07
```

해설

❶	x에 대한 함수 $f(x) = 3(1-x^2)/4$를 정의한다.
❷	$\int_{-0.5}^{1} f(x)dx$ 값을 구한다.
❸	결과와 오차가 함께 제공된다.

❹	표준정규분포의 확률밀도함수를 정의한다.
❺	$P(-\infty < X \leq 1.3)$의 값을 적분으로 구한다.
❻	결과와 오차가 함께 제공된다. `pnorm(1.3)`의 값과 비교해 보면 같음을 알 수 있다.

연습문제

1 $N \sim Poisson(\lambda)$일 때 $E\left(\frac{1}{(N+1)(N+2)}\right)$을 구하여라.

2 $X \sim \text{Gamma}(\alpha, \beta)$일 때 $E(X^3)$을 구하여라.

3 $X \sim \text{Beta}(\alpha, \beta)$일 때 $E[X^3(1-X)^2]$을 구하여라.

4 X와 Y는 다음과 같은 결합분포를 가지고 있다.

		y		
		10	20	30
x	0	$\frac{1}{9}$	$\frac{1}{9}$	0
	1	$\frac{1}{6}$	0	$\frac{1}{6}$
	2	0	$\frac{2}{9}$	$\frac{2}{9}$

(a) X의 주변분포를 이용하여 $E(X)$를 구하여라.

(b) $Y=10, 20, 30$일 때 각각 X의 조건부기댓값을 구하여라.

(c) 위 결과를 이용하여 $E(E(X|Y))$를 구하고, (a)에서 구한 값과 같은지 확인하여라.

(d) $Y=10$일 때 X의 조건부분산을 구하여라.

5 확률변수 X는 1 또는 2의 값을 가지며 $P(X=1)=\frac{2}{3}$, $P(X=2)=\frac{1}{3}$이다. $X=x$일 때 Y의 조건부분포는 $N(x, x^2)$이다. 이때 Y의 기댓값과 분산을 구하여라.

6 X와 Y는 다음과 같은 결합분포를 가지고 있다.

		y			
		0	1	2	3
x	0	0.1	0.2	0.3	0.0
	1	0.0	0.2	0.1	0.1

(a) 각 X의 값에서 $E(Y|X)$와 $Var(Y|X)$를 구하여라.

(b) 위 결과를 이용하여 $E(E(Y|X))$를 구하여라.

(c) $Var(E(Y|X))$를 구하여라.

(d) $E(Var(Y|X))$를 구하여라.

7 이산 확률변수 X와 Y의 결합분포가 오른쪽 표와 같을 때, 다음 물음에 답하여라.

		Y		
		-1	0	1
X	-1	$\frac{1}{8}$	0	$\frac{4}{8}$
	1	0	$\frac{2}{8}$	$\frac{1}{8}$

(a) $E(Y|X=-1)$과 $E(Y|X=1)$을 구하여라.

(b) $Var(Y|X=-1)$와 $Var(Y|X=1)$을 구하여라.

(c) $Var[E(Y|X)]$를 구하여라.

(d) $E[Var(Y|X)]$를 구하여라.

8 두 연속형 확률변수 X와 Y의 결합확률밀도함수가 다음과 같다고 한다.

$$f(x,y)=\frac{\lambda^2}{2}e^{-\frac{\lambda}{2}(x+y)},\ 0<x<y<\infty,\ \lambda>0$$

(a) $E(Y)$를 구하여라.

(b) $X=x$일 때 Y의 조건부기댓값을 구하여라.

(c) 위의 결과를 이용하여 $E(E(Y|X))$를 구하여라.

(d) $X=x$일 때 Y의 조건부분산을 구하여라.

9 두 확률변수 X와 Y의 결합확률밀도함수가 다음과 같다고 한다.

$$f(x,y)=4x^3e^{-(y+2)x},\quad x>0, y>0$$

(a) $E(Y|X=x)$를 구하여라.

(b) (a)의 결과를 이용하여 $E[E(Y|X)]$를 구하여라.

(c) $E[Var(Y|X)]$를 구하여라.

(d) $Var(Y)$를 구하여라.

10 두 연속형 확률변수 X와 Y의 결합확률밀도함수가 다음과 같다고 한다.

$$f(x,y) = e^{-y}, \quad 0 < x < y < \infty$$

(a) $E(X|Y)$와 $Var(X|Y)$를 구하여라.

(b) 위 결과를 이용하여 $E(E(X|Y))$를 구하여라.

(c) $Var(E(X|Y))$를 구하여라.

(d) $E(Var(X|Y))$를 구하여라.

11 두 연속형 확률변수 X와 Y의 결합확률밀도함수가 다음과 같다고 한다.

$$f(x,y) = \frac{1}{y}\exp(-y - \frac{x}{y}), \quad 0 < x < \infty, \quad 0 < y < \infty$$

(a) $E(X|Y=y)$ 를 구하여라.

(b) 위의 결과를 이용하여 $E[E(X|Y)]$를 구하여라.

(c) $E[Var(X|Y)]$를 구하여라.

(d) $Var[E(X|Y)]$를 구하여라.

12 X와 Y가 서로 독립일 때 $E(X|Y) = E(X)$임을 보여라.

13 $X \sim \text{Exp}(\theta)$이며 $X = x$일 때 U의 조건부분포는 $Uniform(0, x)$이다. 이때 U의 기댓값과 분산을 구하여라.

14 $N \sim Poisson(\lambda)$이며 $N = n$일 때 X의 조건부분포는 $Binomial(n, p)$이다. 이때 X의 기댓값과 분산을 구하여라.

15 $X \sim Uniform(0,1)$이며 $X = x$일 때 Y의 조건부분포는 $N(x, x^2)$이다. 이때 $Cov(X, Y)$의 값을 구하여라.

16 $N \sim B(m,p)$, $X_k \sim N(1, 2^2), k = 1, 2, \ldots$이고 모두 서로 독립이다.

(a) $Y=\sum_{k=1}^{N} kX_k$일 때, $E(Y)$를 구하여라.

(b) $Z=\sum_{k=1}^{N} X_k$일 때, $Var(Z)$를 구하여라.

17 $N \sim \text{Poisson}(\lambda)$이며 $N=n$일 때 X의 조건부분포는 $\text{Uniform}(0, n)$이다. 이때 X의 기댓값과 분산을 구하여라.

18 확률변수 N은 Poisson(3)을 따르고, $N=n$으로 주어졌을 때 X의 조건부분포는 $\text{B}\left(n, \frac{1}{3}\right)$이다.

(a) $X=0$일 확률을 구하여라. 단, $P(X=0 \mid N=0)=1$로 하기로 한다.

(b) $X=0$일 때, N의 조건부분포를 구하여라.

19 $X \sim N(5, 2^2)$일 때 델타 방법을 사용하여 $Y=X^2$의 근사적 기댓값과 분산을 구하여라.

20 $X \sim \text{Exp}(2)$일 때 델타 방법을 사용하여 $Y=\frac{1}{X}$의 근사적 기댓값과 분산을 구하여라.

21 확률변수 X와 Y는 서로 독립이며 각각의 기댓값이 μ_X, μ_Y이고 분산이 σ_X^2, σ_Y^2일 때 XY의 분산을 구하여라.

22 확률변수 X, Y, Z는 서로 독립이며 각각의 기댓값이 μ_X, μ_Y, μ_Z이고 분산이 $\sigma_X^2, \sigma_Y^2, \sigma_Z^2$일 때 XYZ의 분산을 구하여라.

23 $N \sim Poisson(\lambda)$일 때 $Y=X_1 \cdot X_2 \cdots X_N$의 기댓값을 구하여라. 단, 각 X_i들의 기댓값은 양수 μ이고, X_i들은 서로 독립이며 또한 N과도 서로 독립이다.

24 다음 물음에 답하여라.

(a) X가 평균이 λ인 포아송분포를 따를 때, $E(X^3)$을 구하여라.

(b) X가 평균이 $1/\lambda$인 지수분포를 따를 때, $E(X^3)$를 구하여라.

25 확률변수 X의 적률생성함수가 $M(t)=(1-2t)^{-5}$일 때, $E(X)$와 $Var(X)$를 구하여라.

26 확률변수 X의 적률생성함수가 $M(t)=e^{2t+t^2}$이다.

(a) X의 기댓값과 분산을 구하여라.

(b) $W=(X-2)^2$의 분산을 구하여라.

(c) 델타 방법을 사용하여 $Y=e^X$의 근사적인 기댓값과 분산을 구하여라.

27 확률변수 X의 적률생성함수가 $M(t)=\frac{1}{4}e^t+\frac{3}{4}e^{2t}$일 때 X의 기댓값과 분산을 구하여라.

28 $X \sim N(\mu, \sigma^2)$일 때, $Y=aX+b$ (단, a, b는 상수)의 적률생성함수를 구하고, 이를 이용하여 Y의 확률분포를 구하여라.

29 $X \sim \text{Gamma}(\alpha, 1/\lambda)$일 때 $Y=cX$의 적률생성함수를 구하고, 이를 이용하여 Y의 확률분포를 밝혀라. 단 c는 양의 상수이다.

30 $X_1, X_2, \ldots, X_n$이 Geometricc(p)로부터의 랜덤샘플일 때, $Y=\sum_{i=1}^{n} X_i$의 분포가 $NB(n,p)$임을 적률생성함수를 이용하여 보여라.

31 X_1과 X_2는 서로 독립이며 다음과 같은 분포를 가지는 확률변수이다.

$$X_i=\begin{cases} 0, & p_0\text{의 확률로} \\ 1, & p_1\text{의 확률로} \\ 2, & p_2\text{의 확률로} \end{cases} \quad (\text{단 } p_0+p_1+p_2=1),\ i=1,\ 2$$

(a) X_1의 적률생성함수를 구하여라.

(b) $Y=X_1+X_2$의 적률생성함수를 구하여라.

(c) $Y = X_1 + X_2$의 적률생성함수를 이용하여 $E(Y^2)$을 구하여라.

32 $N \sim \text{Poisson}(\lambda)$이고, $N = n$일 때 X의 조건부분포는 $\text{B}(n, p)$이다. 이항분포와 포아송분포의 적률생성함수를 이용하여 다음 물음에 답하여라.

(a) $E(e^{tX} \mid N = n)$을 구하여라.

(b) (a)의 결과를 이용하여 $E(e^{tX})$를 구하여라.

(c) (b)의 결과를 이용하여 X의 확률분포를 구하여라.

33 X_1, X_2가 확률질량함수 $f(x) = \dfrac{x}{6}$, $x = 1, 2, 3$을 따르는 서로 독립인 확률변수일 때, 적률생성함수를 이용하여 $Y = X_1 + X_2$의 분포를 구하여라.

34 확률변수 X가 $N(1, 4)$를 따를 때 $P(-1.2 \le X \le 2.2)$를 R을 이용하여 다음의 두 가지 방법으로 구하여라.

(a) 정규분포의 누적확률을 구하는 R 내장함수 사용하기

(b) R에서 적분을 통해 구하기

35 $X \sim \text{Exp}(3)$일 때, R에서 적분함수 integrate()를 이용하여 X의 평균과 분산을 정의대로 구하여라. 이 분포에서 난수 200개를 발생시키고, 표본평균과 표본분산을 앞에서 구한 이론적인 값과 비교하여라.

제 5 장

랜덤샘플

확률변수 $X_1, X_2, \dots, X_n$이 서로 독립(independent)이며 동일한(identical) 분포(distribution)를 따를 때 이를 **랜덤샘플**(random sample) 혹은 **랜덤표본**, **확률표본**, **임의표본**이라고 한다. 이 장에서는 랜덤샘플의 여러 성질에 대해 알아보고자 한다.

5.1 표본평균과 표본분산

통계학의 주요한 목표 중의 하나는 주어진 자료인 랜덤샘플을 이용하여 모집단의 성질을 규명하고자 하는 것이다. 모집단의 특성을 나타내는 대표적인 값으로 중심 위치와 퍼진 정도를 나타내는 모평균과 모분산이 있다. 랜덤샘플에서 이 두 값에 대응되는 것이 **표본평균**(sample mean)과 **표본분산**(sample variance)이다. 랜덤샘플 $X_1, X_2, \cdots, X_n$에 대하여 표본평균 $\overline{X}$와 표본분산 S^2은 다음과 같다.

$$\overline{X} = \frac{1}{n}\sum_{i=1}^{n} X_i, \quad S^2 = \frac{1}{n-1}\sum_{i=1}^{n}(X_i - \overline{X})^2$$

다음 정리는 모집단의 확률분포와 상관없이 표본평균과 표본분산의 기댓값은 모평균과 모분산임을 보여 주고 있다.

정리 5.1

$X_1, X_2, \cdots, X_n$이 $E(X_i) = \mu$, $Var(X_i) = \sigma^2$인 랜덤샘플일 때 다음이 성립한다.

(i) $E(\overline{X}) = \mu, \quad Var(\overline{X}) = \dfrac{\sigma^2}{n}$

(ii) $E(S^2) = \sigma^2$

증명

기댓값의 성질에 의하여 표본평균의 기댓값은 다음과 같다.

$$E(\overline{X}) = E\left(\frac{1}{n}\sum_{i=1}^{n} X_i\right) = \frac{1}{n}\sum_{i=1}^{n} E(X_i) = \mu$$

한편 $X_1, X_2, \cdots, X_n$은 서로 독립이므로 표본평균의 분산은 다음과 같다.

$$Var(\overline{X}) = \frac{1}{n^2} Var\left(\sum_{i=1}^{n} X_i\right) = \frac{1}{n^2}\sum_{i=1}^{n} Var(X_i) = \frac{\sigma^2}{n}$$

표본분산은 다음과 같이 나타낼 수 있으므로

$$S^2 = \frac{1}{n-1}\sum_{i=1}^{n}(X_i - \overline{X})^2 = \frac{1}{n-1}\left(\sum_{i=1}^{n} X_i^2 - n\overline{X}^2\right),$$

S^2의 기댓값은 다음과 같이 나타낼 수 있다.

$$E(S^2) = \frac{1}{n-1}\left(\sum_{i=1}^{n} E(X_i^2) - nE(\overline{X}^2)\right)$$

한편 $E(X_i^2) = Var(X_i) + (E(X_i))^2 = \sigma^2 + \mu^2$이고 $E(\overline{X}^2) = Var(\overline{X}) + (E(\overline{X}))^2$ $= \frac{\sigma^2}{n} + \mu^2$ 이므로 표본분산의 기댓값은 다음과 같다.

$$\begin{aligned} E(S^2) &= \frac{1}{n-1}\left(\sum_{i=1}^{n}(\mu^2 + \sigma^2) - n\left(\mu^2 + \frac{\sigma^2}{n}\right)\right) \\ &= \sigma^2 \end{aligned}$$

◀

5.2 카이제곱분포, t-분포, F-분포

정규분포를 따르는 랜덤샘플의 성질을 규명하기 위해 정규분포로부터 유도되는 몇 가지 확률분포를 알아보도록 하자.

5.2.1 카이제곱분포

카이제곱분포는 감마분포의 특별한 경우이다. 확률밀도함수가 식 (2.12)로 주어지는 감마분포에서 $\alpha = \frac{n}{2}$(n은 양의 정수)이고 $\beta = 2$인 확률분포를 카이제곱분포라고 한다.

정의 5.1

식 (2.12)에서 $\alpha = \frac{n}{2}, \beta = 2$ 인 감마분포를 자유도(degree of freedom)가 n인 카이제곱분포라고 하며 $\chi^2(n)$으로 나타낸다.

자유도 n인 카이제곱분포는 $\text{Gamma}\left(\frac{n}{2}, 2\right)$이므로 $X \sim \chi^2(n)$일 때 X의 확률밀도함수는 다음과 같다.

$$f(x) = \frac{1}{\Gamma\left(\frac{n}{2}\right)2^{\frac{n}{2}}} x^{\frac{n}{2}-1} e^{-\frac{x}{2}}, \quad x \geq 0.$$

감마분포의 기댓값과 분산으로부터 자유도 n인 카이제곱분포의 기댓값과 분산은 n과 $2n$임을 알 수 있다. 또한 카이제곱분포의 적률생성함수는 $M(t) = (1-2t)^{-\frac{n}{2}}$ 이다.

정규분포와 카이제곱분포의 연관성은 예 2.16을 통하여 알 수 있다. $Z \sim N(0,1)$일 때 $X = Z^2$의 확률밀도함수는 다음과 같음을 보였다.

$$f_X(x) = \frac{1}{\sqrt{\pi}\, 2^{\frac{1}{2}}} x^{\frac{1}{2}-1} e^{-\frac{1}{2}x}, \ x \geq 0.$$

이는 자유도가 1인 카이제곱분포의 확률밀도함수이다. 즉 $Z \sim N(0,1)$일 때 $Z^2 \sim \chi^2(1)$이다.

카이제곱분포가 가지는 한 가지 특징은 서로 독립인 카이제곱분포의 합은 다시 카이제곱분포가 된다는 사실이다. 예 4.17에서 보인 것처럼 X_1이 $\text{Gamma}(\alpha_1, \beta)$를 따르고 X_2가 $\text{Gamma}(\alpha_2, \beta)$를 따르며 서로 독립일 때 $X_1 + X_2$는 $\text{Gamma}(\alpha_1 + \alpha_2, \beta)$를 따른다. 이와 관련하여 다음 정리를 얻을 수 있다.

정리 5.2

$X_1 \sim \chi^2(m)$, $X_2 \sim \chi^2(n)$이고 서로 독립일 때 $X_1 + X_2 \sim \chi^2(m+n)$이다.

다음 정리는 카이제곱분포를 따르는 확률변수의 차이도 적절한 조건 하에서 카이제곱분포를 따른다는 것을 보여 주고 있다.

정리 5.3

서로 독립인 확률변수 X_1과 X_2에 대하여 $Y = X_1 + X_2$라 하자. 이때, $Y \sim \chi^2(m)$이고 $X_1 \sim \chi^2(n)$이면 $X_2 \sim \chi^2(m-n)$이다.

증명

X_1, X_2, Y의 적률생성함수를 각각 $M_{X_1}(t), M_{X_2}(t), M_Y(t)$라 하자. X_1과 X_2는 독립이므로 Y의 적률생성함수는 $M_Y(t) = M_{X_1}(t)M_{X_2}(t)$ 이다. Y와 X_1은 자유도가 m과 n인 카이제곱분포를 따르므로 $M_Y(t) = (1-2t)^{-\frac{m}{2}}$, $M_{X_1}(t) = (1-2t)^{-\frac{n}{2}}$이다. 따라서 X_2의 적률생성함수는 $M_{X_2}(t) = (1-2t)^{-\frac{m-n}{2}}$ 이다. 이는 자유도가 $(m-n)$인 카이제곱분포의 적률생성함수이므로 $X_2 \sim \chi^2(m-n)$임을 알 수 있다. ◀

5.2.2 t-분포

t-분포는 표준정규분포와 유사한 특징을 가지는 확률분포이다. 표준정규분포와 같이 0을 중심으로 대칭적인 확률분포를 가지고 있다. 한 가지 차이점은 표준정규분포에 비하여 꼬리가 두껍다는 것이며, t-분포의 정의는 다음과 같다.

정의 5.2

$Z \sim N(0,1)$, $U \sim \chi^2(n)$이며 서로 독립일 때

$$T = \frac{Z}{\sqrt{U/n}}$$

의 확률분포를 자유도 n인 t-분포라고 하며 $T \sim t(n)$으로 나타낸다.

$T \sim t(n)$일 때 X의 확률밀도함수는 다음과 같다.

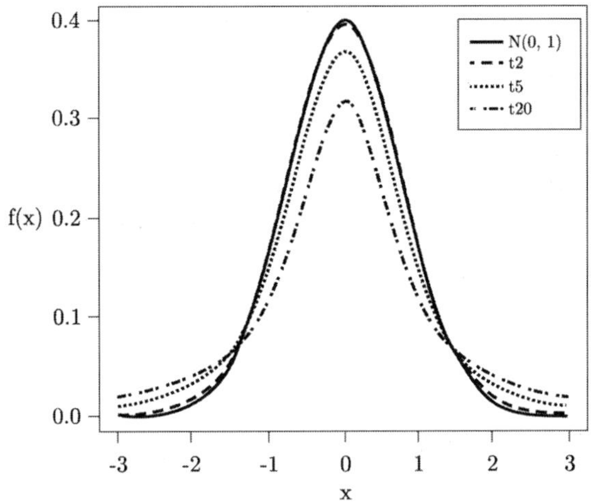

그림 5.1 표준정규분포와 자유도 2, 5, 20인 t-분포의 확률밀도함수

$$f(x) = \frac{\Gamma((n+1)/2)}{\sqrt{n\pi}\,\Gamma(n/2)}\left(1+\frac{x^2}{n}\right)^{-\frac{n+1}{2}}, \qquad -\infty < x < \infty$$

이 확률밀도함수는 3장의 이변량 확률변수의 변환인 정리 3.1을 이용하면 유도할 수 있으나 여기서는 생략하기로 한다. [그림 5.1]은 표준정규분포와 자유도 2, 5, 20인 t-분포의 확률밀도함수를 나타낸 것이다. 자유도가 증가할수록 t-분포는 중심부분은 높아지고 꼬리부분은 얇아지면서 표준정규분포에 가까이 가는 것을 알 수 있다.

5.2.3 *F*-분포

정의 5.3

$U \sim \chi^2(m)$, $V \sim \chi^2(n)$이며 서로 독립일 때

$$F = \frac{U/m}{V/n}$$

의 확률분포를 자유도 (m, n)인 F-분포라고 하며 $F \sim F(m, n)$으로 나타낸다.

$X \sim F(m, n)$일 때 X의 확률밀도함수는 다음과 같다.

$$f(x) = \frac{\Gamma((m+n)/2)}{\Gamma(m/2)\Gamma(n/2)}\left(\frac{m}{n}\right)^{m/2} x^{m/2-1}\left(1+\frac{m}{n}x\right)^{-(m+n)/2}, \ x \ge 0$$

F-분포는 다음과 같은 성질을 가지고 있다.

- 정의 5.2에 의하면, $X \sim t(n)$일 때 $X = \dfrac{Z}{\sqrt{U/n}}$로 나타낼 수 있고 Z와 U가 서로 독립이므로 Z^2과 U도 서로 독립이다. 따라서 X^2의 확률분포는 다음과 같다.

$$X^2 = \frac{Z^2/1}{U/n} \sim F(1, n)$$

  즉 자유도 n인 t-분포를 따르는 확률변수를 제곱하면 자유도 $(1, n)$인 F-분포를 따른다.

- $X \sim F(m, n)$일 때 $X = \dfrac{U/m}{V/n}$로 나타낼 수 있으므로 X^{-1}의 확률분포는 다음과 같다.

$$X^{-1} = \frac{V/n}{U/m} \sim F(n, m)$$

  즉 자유도 (m, n)인 F-분포를 따르는 확률변수의 역수는 자유도 (n, m)인 F-분포를 따른다.

5.3 정규 랜덤샘플

이 절에서는 정규분포에서 나온 랜덤샘플의 성질을 살펴보도록 하자. 먼저 다음 정리는 서로 독립이며 정규분포를 따르는 확률변수의 선형결합은 다시 정규분포를 따른다는 것을 보여 주고 있다.

정리 5.4

$X_i \sim N(\mu_i, \sigma_i^2)$, $i = 1, 2, \cdots, n$이며 서로 독립일 때 $\sum_{i=1}^{n} a_i X_i$의 확률분포는 다음과 같다.

$$\sum_{i=1}^{n} a_i X_i \sim N\left(\sum_{i=1}^{n} a_i \mu_i, \sum_{i=1}^{n} a_i^2 \sigma_i^2\right)$$

증명

$N(\mu_i, \sigma_i^2)$을 따르는 확률변수 X_i의 적률생성함수는 $e^{\mu_i t + \frac{1}{2}\sigma_i^2 t^2}$이므로 $Y = \sum_{i=1}^{n} a_i X_i$의 적률생성함수 $M_Y(t)$는 다음과 같다.

$$
\begin{aligned}
M_Y(t) &= E(e^{t\sum_{i=1}^{n} a_i X_i}) = E(e^{ta_1 X_1}) E(e^{ta_2 X_2}) \cdots E(e^{ta_n X_n}) \\
&= e^{a_1\mu_1 t + \frac{1}{2}a_1^2\sigma_1^2 t^2} e^{a_2\mu_2 t + \frac{1}{2}a_2^2\sigma_2^2 t^2} \cdots e^{a_n\mu_n t + \frac{1}{2}a_n^2\sigma_n^2 t^2} \\
&= e^{(\sum_{i=1}^{n} a_i\mu_i)t + \frac{1}{2}(\sum_{i=1}^{n} a_i^2\sigma_i^2)t^2}.
\end{aligned}
$$

이는 $\mu = \sum_{i=1}^{n} a_i\mu_i$이고 $\sigma^2 = \sum_{i=1}^{n} a_i^2\sigma_i^2$인 정규분포의 적률생성함수이므로 Y의 확률분포는 다음과 같다.

$$
Y \sim N(\sum_{i=1}^{n} a_i\mu_i, \sum_{i=1}^{n} a_i^2\sigma_i^2) \qquad ◀
$$

$\overline{X}$는 $X_1, X_2, \cdots, X_n$의 선형결합이므로 정리 5.4에 의하여 표본평균의 확률분포는 정규분포임을 알 수 있다. 한편 $E(\overline{X}) = \mu$, $Var(\overline{X}) = \frac{\sigma^2}{n}$이므로 다음 정리를 얻을 수 있다.

정리 5.5

$X_1, X_2, \cdots, X_n$이 $N(\mu, \sigma^2)$로부터의 랜덤샘플일 때 표본평균 $\overline{X}$는 기댓값 μ, 분산 $\frac{\sigma^2}{n}$인 정규분포를 따른다. 즉 표본평균의 확률분포는 다음과 같다.

$$
\overline{X} \sim N\left(\mu, \frac{\sigma^2}{n}\right)
$$

위 정리는 정규분포를 따르는 랜덤샘플에서 표본평균의 확률분포를 말하여 주고 있다. 다음으로 표본분산의 확률분포를 구하여 보도록 하자. 이를 위해 먼저 표본평균과 표본분산은 독립임을 보이도록 하자. 이변량정규분포를 따르는 두 확률변수에 대해 공분산이 0일 때 서로 독립인 것과 같이 정규분포를 따르는 여러 확률변수 사이에도 공분산이 0이면 서로 독립이다. $\overline{X}$와 $(X_k - \overline{X})$ 모두 $X_1, X_2, \cdots, X_n$의 선형결합이므로 정규분포를 따르며, 공분산을 구하면 다음과 같다.

$$\begin{aligned} Cov(\overline{X}, X_k - \overline{X}) &= Cov\left(\frac{1}{n}\sum_{i=1}^{n} X_i,\ X_k - \frac{1}{n}\sum_{j=1}^{n} X_j\right) \\ &= \frac{1}{n}\sum_{i=1}^{n} Cov(X_i, X_k) - \frac{1}{n^2}\sum_{i=1}^{n}\sum_{j=1}^{n} Cov(X_i, X_j) \\ &= \frac{\sigma^2}{n} - \frac{n\sigma^2}{n^2} = 0 \end{aligned}$$

따라서 $\overline{X}$와 $(X_k - \overline{X})$는 서로 독립이다. 표본분산 S^2은 다음 통계량의 함수이므로

$$(X_1 - \overline{X}, X_2 - \overline{X}, \cdots, X_n - \overline{X}),$$

$\overline{X}$와 S^2도 서로 독립이다. 한편 $\sum_{i=1}^{n}(X_i - \mu)^2$을 다음과 같이 나타낼 수 있고

$$\sum_{i=1}^{n}(X_i - \mu)^2 = \sum_{i=1}^{n}(X_i - \overline{X})^2 + n(\overline{X} - \mu)^2$$

다음이 성립하므로

$$\sum_{i=1}^{n}\left(\frac{X_i - \mu}{\sigma}\right)^2 \sim \chi^2(n), \quad \frac{n(\overline{X} - \mu)^2}{\sigma^2} \sim \chi^2(1)$$

정리 5.3과 위의 내용에 의하여 다음 결과를 얻을 수 있다.

정리 5.6

$X_1, X_2, \cdots, X_n$이 $N(\mu, \sigma^2)$로부터의 랜덤샘플일 때 다음이 성립한다.

(a) 표본평균 $\overline{X}$와 표본분산 S^2은 서로 독립이다.

(b) $\dfrac{(n-1)S^2}{\sigma^2} = \dfrac{1}{\sigma^2}\sum_{i=1}^{n}(X_i - \overline{X})$은 자유도가 $(n-1)$인 카이제곱분포를 따른다. 즉,

$$\frac{(n-1)S^2}{\sigma^2} \sim \chi^2(n-1)$$

정규분포에서 표본평균 $\overline{X}$ 의 확률분포는 $N\left(\mu, \frac{\sigma^2}{n}\right)$이므로 다음 결과를 얻을 수 있다.

$$\frac{\sqrt{n}(\overline{X}-\mu)}{\sigma} \sim N(0,1)$$

위 식에서 모표준편차 σ 대신 표본표준편차 S를 사용하면 $t-$분포임을 보일 수 있다.

정리 5.7

$X_1, X_2, \cdots, X_n$이 $N(\mu, \sigma^2)$로부터의 랜덤샘플일 때 $\frac{\sqrt{n}(\overline{X}-\mu)}{S}$의 확률분포는 다음과 같다.

$$\frac{\sqrt{n}(\overline{X}-\mu)}{S} \sim t(n-1)$$

증명

$\frac{\sqrt{n}(\overline{X}-\mu)}{S}$의 분모와 분자를 모두 σ로 나누면 다음과 같이 나타낼 수 있다.

$$\frac{\sqrt{n}(\overline{X}-\mu)}{S} = \frac{\sqrt{n}(\overline{X}-\mu)/\sigma}{\sqrt{(n-1)S^2/\sigma^2(n-1)}}$$

이때 $\frac{\sqrt{n}(\overline{X}-\mu)}{\sigma} \sim N(0,1)$이며 $\frac{(n-1)S^2}{\sigma^2} \sim \chi^2(n-1)$이므로 $\frac{\sqrt{n}(\overline{X}-\mu)}{S}$는 다음과 같이 나타낼 수 있다.

$$\frac{\sqrt{n}(\overline{X}-\mu)}{S} = \frac{N(0,1)}{\sqrt{\chi^2(n-1)/(n-1)}}$$

한편 $\overline{X}$와 S^2은 서로 독립이므로 $\frac{\sqrt{n}(\overline{X}-\mu)}{S} \sim t(n-1)$이다. ◀

5.4 순서통계량

$X_1, X_2, \cdots, X_n$이 랜덤샘플일 때 이들을 작은 값부터 차례대로 늘어놓은 통계량을 **순서통계량**(order statistic)이라고 한다. k번째로 작은 통계량을 $X_{(k)}$라고 할 때 순서통계량은 다음을 만족한다.

$$X_{(1)} \leq X_{(2)} \leq \cdots \leq X_{(n)}$$

순서통계량의 확률분포를 구하여 보자. 비록 $X_{(k)}$는 $X_1, X_2, \cdots, X_n$ 중의 하나의 값을 가지지만 $X_{(k)}$의 확률분포가 X_i의 확률분포와 같지는 않다. $X_{(k)}$의 확률분포는 $X_1, X_2, \cdots, X_n$ 모두의 영향을 받기 때문이다. 예를 들어 X_1, X_2, X_3이 1부터 5까지 정수 값을 가지는 이산형 확률분포의 랜덤샘플일 때 $X_{(1)} = 2,\ X_{(2)} = 3,\ X_{(3)} = 5$일 확률을 구하여 보자. $X_{(1)} = 2,\ X_{(2)} = 3,\ X_{(3)} = 5$인 사건은 X_1, X_2, X_3 중 가장 작은 값은 2, 가장 큰 값은 5, 나머지 하나는 3이라는 것을 나타내며 구체적으로 X_1, X_2, X_3가 2, 3, 5 중 어떤 값을 가지는지 나타내지는 않는다. $X_1 = 2$, $X_2 = 3, X_3 = 5$일 수도 있으며 $X_1 = 3, X_2 = 2, X_3 = 5$일 수도 있다. X_1, X_2, X_3이 2, 3, 5 중 하나씩 값을 가질 경우의 수는 $3!$이며 X_1, X_2, X_3이 랜덤샘플이므로 각 경우의 확률은 같다. 따라서 $X_{(1)} = 2, X_{(2)} = 3, X_{(3)} = 5$일 확률은 다음과 같다.

$$P(X_{(1)} = 2, X_{(2)} = 3, X_{(3)} = 5) = 3!P(X_1 = 2, X_2 = 3, X_3 = 5)$$

또 $X_{(3)} \leq 3$일 확률은 X_1, X_2, X_3이 모두 3 이하라는 사건과 같으므로 다음과 같이 나타낼 수 있다.

$$P(X_{(3)} \leq 3) = P(X_1 \leq 3,\ X_2 \leq 3,\ X_3 \leq 3) = (P(X_1 \leq 3))^3$$

이 예에서처럼 순서통계량 $X_{(i)}$의 확률분포는 $X_1, X_2, \cdots, X_n$ 모두의 영향을 받기 때문에 X_i의 확률분포와 같지는 않다.

$X_1, X_2, \cdots, X_n$이 확률밀도함수 $f(x)$, 누적분포함수 $F(x)$를 가지는 확률분포로부터의 랜덤샘플일 때 순서통계량 $X_{(k)}$의 확률분포를 구하여 보자. 간단히 구할 수 있는 경우가 최댓값과 최솟값이다. $X_{(n)}$은 $X_1, X_2, \cdots, X_n$ 중 최댓값이다. 사건 $X_{(n)} \leq x$는 $X_1, X_2, \cdots, X_n$ 모두 x 이하라는 것을 의미한다. 따라서 $X_{(n)}$의 누적분포함수

$F_{X_{(n)}}(x)$는 다음과 같다.

$$\begin{aligned} F_{X_{(n)}}(x) = P(X_{(n)} \le x) &= P(X_1 \le x, X_2 \le x, \cdots, X_n \le x) \\ &= P(X_1 \le x)P(X_2 \le x) \cdots P(X_n \le x) \\ &= (F(x))^n \end{aligned}$$

이를 미분한 $X_{(n)}$의 확률밀도함수 $f_{X_{(n)}}(x)$는 다음과 같다.

$$f_{X_{(n)}}(x) = n(F(x))^{n-1}f(x)$$

예 5.1

$X_1, X_2, \ldots, X_n$이 $Uniform(0,1)$로부터의 랜덤샘플일 때 $X_{(n)}$의 확률분포를 구하여라.

풀이

$Uniform(0,1)$의 확률밀도함수와 누적분포함수는 각각 $f(x)=1$, $F(x)=x$, $0<x<1$이므로 $X_{(n)}$의 확률밀도함수는 다음과 같다.

$$f_{X_{(n)}}(x) = n(F(x))^{n-1}f(x) = nx^{n-1}, \quad 0<x<1$$

이는 베타분포의 확률밀도함수로 $X_{(n)} \sim \text{Beta}(n,1)$임을 알 수 있다.

이번에는 최솟값의 확률분포를 구하도록 하자. $X_{(1)}$은 $X_1, X_2, \cdots, X_n$ 중에서 최솟값이다. 사건 $\{X_{(1)} > x\}$는 $X_1, X_2, \cdots, X_n$ 모두 x보다 크다는 것을 의미한다. 따라서 $X_{(1)}$의 누적분포함수 $F_{X_{(1)}}(x)$는 다음과 같다.

$$\begin{aligned} F_{X_{(1)}}(x) = P(X_{(1)} \le x) &= 1 - P(X_{(1)} > x) \\ &= 1 - P(X_1 > x, X_2 > x, \cdots, X_n > x) \\ &= 1 - P(X_1 > x)P(X_2 > x) \cdots P(X_n > x) \\ &= 1 - (1 - F(x))^n \end{aligned}$$

따라서 $X_{(1)}$의 확률밀도함수 $f_{X_{(1)}}(x)$는 이를 미분하여 얻을 수 있는데 다음과 같다.

$$f_{X_{(1)}}(x) = n(1-F(x))^{n-1}f(x)$$

예 5.2

$X_1, X_2, \cdots, X_n$이 $Uniform(0,1)$로부터의 랜덤샘플일 때 $X_{(1)}$의 확률분포를 구하여라.

풀이

$Uniform(0,1)$의 확률밀도함수와 누적분포함수는 각각 $f(x)=1$, $F(x)=x$, $0<x<1$이므로 $X_{(1)}$의 확률밀도함수는 다음과 같다.

$$f_{X_{(1)}}(x) = n(1-F(x))^{n-1}f(x) = n(1-x)^{n-1}, \quad 0<x<1$$

따라서 $X_{(1)} \sim \mathrm{Beta}(1,n)$이다.

예 5.3

각 부품의 수명이 평균이 $1/\lambda$인 지수분포를 따를 때 독립인 n개의 부품이 직렬로 연결된 시스템의 수명에 대한 확률분포를 구하여라.

풀이

각 부품의 수명을 X_i라고 할 때 전체 시스템은 직렬로 연결되어 있기 때문에 시스템의 수명은 n개 중 가장 먼저 고장이 나는 시간인 $\min(X_1, X_2, \cdots, X_n) = X_{(1)}$이다. 따라서 시스템의 수명에 대한 확률밀도함수는 다음과 같다.

$$\begin{aligned} f_{X_{(1)}}(x) &= n(1-F(x))^{n-1}f(x) = n(e^{-\lambda x})^{n-1}\lambda e^{-\lambda x} \\ &= n\lambda e^{-n\lambda x}, \ x>0 \end{aligned}$$

따라서 시스템의 수명의 확률분포는 $\mathrm{Exp}(\frac{1}{n\lambda})$이다. 지수분포에서 $\frac{1}{\lambda}$은 평균적인 대기시간(수명)이라고 하였다. 직렬 연결된 전체 시스템의 평균 수명은 $\frac{1}{n\lambda}$이라는 것을 알 수 있다.

이제 $X_1, X_2, \cdots, X_n$ 중에서 k번째로 작은 통계량인 $X_{(k)}$의 확률분포를 구하여 보자. 순서통계량 $X_{(k)}$가 x보다 작거나 같은 경우는 $X_1, X_2, \cdots, X_n$ 중 x보다 작은 것의 수가 k개 이상일 때이다. 따라서 $(X_{(k)} \le x)$일 확률은 $X_1, X_2, \cdots, X_n$ 중 x보다 작은 것의 수가 k개 이상일 확률과 같다. 이 확률은 이항분포의 확률을 이용하여 구할 수 있다.

확률변수 X_i에 대하여 확률변수 I_i를 다음과 같이 정의하자.

$$I_i = \begin{cases} 1, & X_i \le x\text{일 때} \\ 0, & X_i > x\text{일 때} \end{cases}$$

I_i는 0 또는 1의 값을 가지는 베르누이 확률변수이며 1의 값을 가질 확률은 다음과 같다.

$$P(I_i = 1) = P(X_i \le x) = F(x)$$

따라서 $X_1, X_2, \cdots, X_n$ 중 x보다 작은 것의 수인 $\sum_{i=1}^{n} I_i$는 시행횟수는 n이고 성공 확률이 $F(x)$인 이항분포를 따르게 된다. 즉 다음이 성립한다.

$$\sum_{i=1}^{n} I_i \sim B(n, F(x))$$

$X_{(k)}$의 누적분포함수 $F_{X_{(k)}}(x)$는 다음과 같이 나타낼 수 있다.

$$\begin{aligned} F_{X_{(k)}}(x) &= P(X_{(k)} \le x) = P(X_1, X_2, \ldots, X_n \text{ 중 } x\text{보다 작은 것의 수 } \ge k) \\ &= P\left(\sum_{i=1}^{n} I_i \ge k\right) \\ &= \sum_{l=k}^{n} \frac{n!}{l!(n-l)!}[F(x)]^l[1-F(x)]^{n-l} \end{aligned}$$

이를 미분하여 구한 $X_{(k)}$의 확률밀도함수 $f_{X_{(k)}}(x)$는 다음과 같다.

$$f_{X_{(k)}}(x) = \frac{d}{dx}\left(\sum_{l=k}^{n} \frac{n!}{l!(n-l)!}[F(x)]^l[1-F(x)]^{n-l}\right)$$

$$= \sum_{l=k}^{n} \frac{n!}{l!(n-l)!} \left(l[F(x)]^{l-1}[1-F(x)]^{n-1} f(x) - (n-l)[F(x)]^{l}[1-F(x)]^{n-l-1} f(x) \right)$$

$$= \sum_{l=k}^{n} \frac{n!}{(l-1)!(n-l)!} [F(x)]^{l-1}[1-F(x)]^{n-l} f(x)$$

$$- \sum_{l=k}^{n-1} \frac{n!}{l!(n-l-1)!} [F(x)]^{l}[1-F(x)]^{n-l-1} f(x)$$

$$= \sum_{l=k}^{n} \frac{n!}{(l-1)!(n-l)}! \, [F(x)]^{l-1}[1-F(x)]^{n-l} f(x)$$

$$- \sum_{m=k+1}^{n} \frac{n!}{(m-1)!(n-m)!} [F(x)]^{m-1}[1-F(x)]^{n-m} f(x) \quad (\text{단 } m = l+1)$$

$$= \frac{n!}{(k-1)!(n-k)!} [F(x)]^{k-1}[1-F(x)]^{n-k} f(x)$$

이를 요약하면 다음과 같은 정리를 얻을 수 있다.

정리 5.8

$X_1, X_2, \cdots, X_n$이 확률밀도함수 $f(x)$, 누적분포함수 $F(x)$를 가지는 확률분포로부터의 랜덤샘플일 때 $X_{(k)}$의 확률밀도함수는 다음과 같다.

$$f_{X_{(k)}}(x) = \frac{n!}{(k-1)!(n-k)!} [F(x)]^{k-1}[1-F(x)]^{n-k} f(x)$$

k번째 순서통계량 $X_{(k)}$가 x에 위치하기 위해서는 $X_1, X_2, \cdots, X_n$ 중에서 하나는 x의 값을 가져야 하며 $(k-1)$개는 x보다 작은 값, $(n-k)$개는 x보다 큰 값을 가져야 한다. 이를 바탕으로 앞의 정리는 다음과 같이 해석할 수 있다.

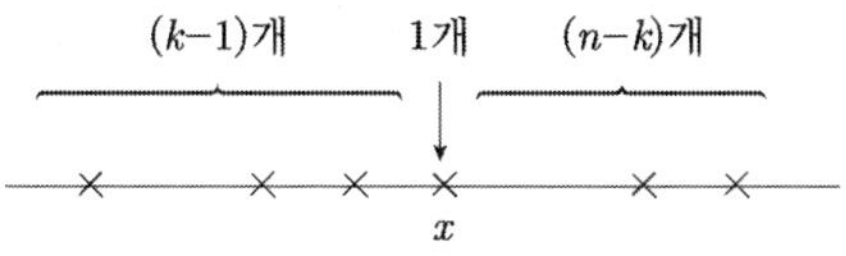

그림 5.2 n개의 자료를 $(k-1)$개, 1개, $(n-k)$개로 나누는 경우

- $\frac{n!}{(k-1)!(n-k)!}$은 [그림 5.2]와 같이 n개의 자료를 x보다 작은 첫 번째 그룹, x 값을 가지는 두 번째 그룹, x보다 큰 세 번째 그룹으로 나눌 때 첫 번째 그룹에 $(k-1)$개, 두 번째 그룹에 1개, 세 번째 그룹에 $(n-k)$개가 오도록 배정하는 경우의 수이다.
- $[F(x)]^{k-1}$는 정해진 $(k-1)$개의 자료가 x보다 작을 확률이다.
- $[1-F(x)]^{n-k}$는 정해진 $(n-k)$개의 자료가 x보다 클 확률이다.
- $f(x)$는 정해진 하나의 자료가 x에 위치할 확률밀도함수이다.

예 5.4

$X_1, X_2, \cdots, X_n$이 $Uniform(0, 1)$로부터의 랜덤샘플일 때 $X_{(k)}$의 확률분포를 구하여라.

풀이

$Uniform(0, 1)$의 확률밀도함수와 누적분포함수는 각각 $f(x) = 1$, $F(x) = x$, $0 < x < 1$이므로 $X_{(k)}$의 확률밀도함수는 다음과 같다.

$$f_{X_{(k)}}(x) = \frac{n!}{(k-1)!(n-k)!} x^{k-1}(1-x)^{n-k}, \quad 0 < x < 1$$

따라서 $X_{(k)} \sim \text{Beta}(k, n-k+1)$이다.

$X_{(k)}$의 확률밀도함수에 대한 직관적 설명을 확장하면 $X_{(i)}$와 $X_{(j)}$의 결합분포를 구할 수 있다.

정리 5.9

$X_1, X_2, \cdots, X_n$이 확률밀도함수 $f(x)$, 누적분포함수 $F(x)$를 가지는 확률분포로부터의 랜덤샘플일 때 $i < j$인 경우에 $X_{(i)}$와 $X_{(j)}$의 결합확률밀도함수는 다음과 같다.

$$f_{X_{(i)}, X_{(j)}}(u, v) = \frac{n!}{(i-1)!(j-i-1)!(n-j)!} \times [F(u)]^{i-1}[F(v)-F(u)]^{j-i-1}[1-F(v)]^{n-j} f(u) f(v)$$

단 위의 결합확률밀도함수에서 $u < v$이다.

앞의 결합확률밀도함수는 [그림 5.3]을 참고하여 다음과 같이 해석할 수 있다.

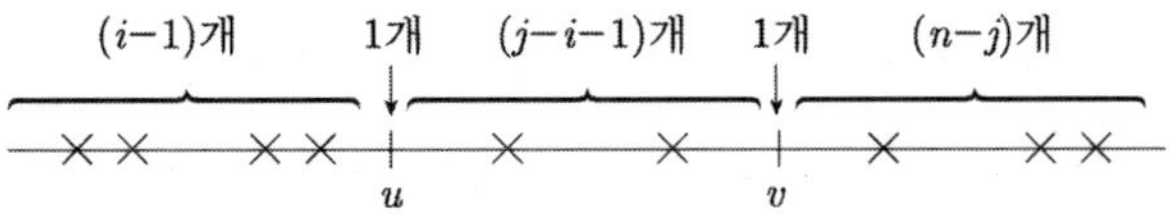

그림 5.3 n개의 자료를 $(i-1)$개, 1개, $(j-i-1)$개, 1개, $(n-j)$개로 나누는 경우

- $\dfrac{n!}{(i-1)!(j-i-1)!(n-j)!}$은 n개의 자료를 u보다 작은 첫 번째 그룹, u 값을 가지는 두 번째 그룹, u와 v 사이의 값을 가지는 세 번째 그룹, v 값을 가지는 네 번째 그룹, v보다 큰 값을 가지는 다섯 번째 그룹으로 나눌 때 첫 번째 그룹에 $(i-1)$개, 두 번째 그룹에 1개, 세 번째 그룹에 $(j-i-1)$개, 네 번째 그룹에 1개, 다섯 번째 그룹에 $(n-j)$개가 오도록 배정하는 경우의 수이다.
- $[F(u)]^{i-1}$은 정해진 $(i-1)$개의 자료가 u보다 작을 확률이다.
- $[F(v)-F(u)]^{j-i-1}$은 정해진 $(j-i-1)$개의 자료가 u와 v 사이에 올 확률이다.
- $[1-F(v)]^{n-j}$는 정해진 $(n-j)$개의 자료가 v보다 클 확률이다.
- $f(u)$와 $f(v)$는 정해진 두 개의 자료가 u와 v에 위치할 확률밀도함수이다.

예 5.5

$X_1, X_2, \cdots, X_n$이 $Uniform(0,1)$로부터의 랜덤샘플이라고 한다.

(a) $X_{(1)}$와 $X_{(n)}$의 결합확률밀도함수를 구하여라.

(b) $X_{(n)} - X_{(1)}$의 확률분포를 구하여라.

풀이

(a) $Uniform(0,1)$의 확률밀도함수와 누적분포함수는 각각 $f(x) = 1, F(x) = x,\ 0 < x < 1$이므로 $U = X_{(1)}$와 $V = X_{(n)}$의 결합확률밀도함수는 다음과 같다.

$$f_{U,V}(u,v) = \frac{n!}{(n-2)!}[F(v) - F(u))]^{n-2} f(u) f(v)$$

$$= n(n-1)(v-u)^{n-2},\ 0 < u < v < 1.$$

(b) $X_{(n)} - X_{(1)}$의 분포를 구하기 위해 $R = V - U,\ S = U$라고 하자. 이때 $U = S,\ V = R + S$이고 U와 V의 범위가 모두 0과 1 사이이므로 R과 S의 범위는 $0 < S < 1,\ 0 < R + S < 1$을 만족하는 영역이다. 한편

$$J = \begin{vmatrix} \frac{\partial u}{\partial r} & \frac{\partial u}{\partial s} \\ \frac{\partial v}{\partial r} & \frac{\partial v}{\partial s} \end{vmatrix} = \begin{vmatrix} 0 & 1 \\ 1 & 1 \end{vmatrix} = -1$$

이므로 정리 3.1에 의하여 R과 S의 결합확률밀도함수는 다음과 같다.

$$f_{R,S}(r,s) = n(n-1)r^{n-2},\ 0 < r < 1 - s,\ 0 < s < 1.$$

여기서 R의 주변확률밀도함수는 R과 S의 결합확률밀도함수를 S에 대하여 적분하여 구할 수 있다. 즉 R의 확률밀도함수는 다음과 같다.

$$f_R(r) = \int_{-\infty}^{\infty} f_{R,S}(r,s) ds$$

$$= \int_0^{1-r} n(n-1)r^{n-2} ds = n(n-1)r^{n-2}(1-r),\ 0 < r < 1.$$

이는 베타분포의 확률밀도함수이므로 다음을 얻을 수 있다.

$$X_{(n)} - X_{(1)} \sim \text{Beta}(n-1, 2)$$

5.5 R을 이용한 실습

이 절에서는 R을 이용하여 $t-$분포와 $F-$분포에 대해 간단히 살펴보고 후반부는 R을

이용하여 프로그램을 작성할 때 유용하게 쓰일 수 있는 제어문의 활용에 대하여 살펴 보겠다.

5.5.1 t–분포와 F–분포

예 5.6

구간 $(-4, 4)$에서 표준정규분포의 확률밀도함수와 자유도가 각각 1, 3, 25인 t–분포의 확률밀도함수를 함께 그려서 형태를 비교해 보아라.

R 명령문 및 결과

```
❶ > x <- seq(-4,4,by=0.01)
❷ > plot(x, dnorm(x), type="l", main="Density of N(0,1), t(1),
   + t(3) and t(25)", xlab="x", ylab="Density")
❸ > lines(x, dt(x, df=1), lty=4, lwd=2)
❹ > lines(x, dt(x, df=3), lty=3, lwd=2)
❺ > lines(x, dt(x, df=25), lty=5, lwd=2)
❻ > legend(2.0, 0.4, cex=0.7,
   + legend=c('N(0,1)','t(25)','t(3)','t(1)'),
   + lty=c(1,5,3,4), lwd=c(1,2,2,2))
```

❼

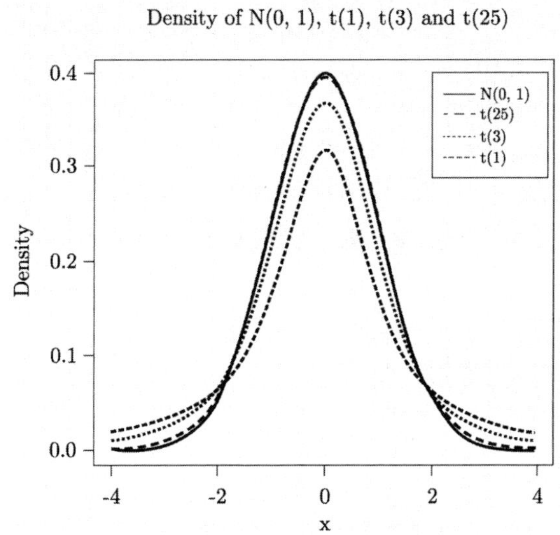

해설	
❶	-4에서 4까지 0.01씩 증가시키면서 x축 좌표를 만든다.
❷	N(0,1)의 x에서 확률밀도함수 값을 구하여 선으로 그린다. 그림 제목과 각 축의 명칭을 지정해 준다.
❸	x에서 t(1)의 확률밀도함수 값을 지정된 선(lty)의 두께(lwd)로 연결하여 그림에 덧붙인다.
❹	x에서 t(3)의 확률밀도함수 값을 지정된 선의 두께로 연결하여 그림에 덧붙인다.
❺	x에서 t(25)의 확률밀도함수 값을 지정된 선의 두께로 연결하여 그림에 덧붙인다.
❻	x좌표 2.0, y좌표 0.4인 지점부터 범례를 만들 박스를 그리고 각 명칭과 선 형태, 선 굵기를 지정하여 범례를 지정한다.
❼	결과를 보면 t-분포는 좌우 대칭이고 표준정규분포보다 꼬리 부분이 두터우며, 자유도가 커지면 t-분포는 표준정규분포에 가까워짐을 알 수 있다.

예 5.7

자유도가 $(10, 15)$인 $F-$분포를 따르는 난수를 200개 발생시켜서 히스토그램을 그려 보아라. 이 히스토그램에 $F(10, 15)$의 확률밀도함수를 겹쳐서 그려라.

R 명령문 및 결과

❶
```
> data <- rf(200, 10, 15)
```
❷
```
> hist(data, probability=TRUE, ylim=c(0,1.0),
+ main="F(10,15) 자료의 히스토그램과 확률밀도함수", ylab="Density",
+ xlab="x")
```
❸
```
> xx <- seq(0, 5.5, by=0.01)
```
❹
```
> lines(xx, df(xx,10,15),lty=5, lwd=2)
```
❺

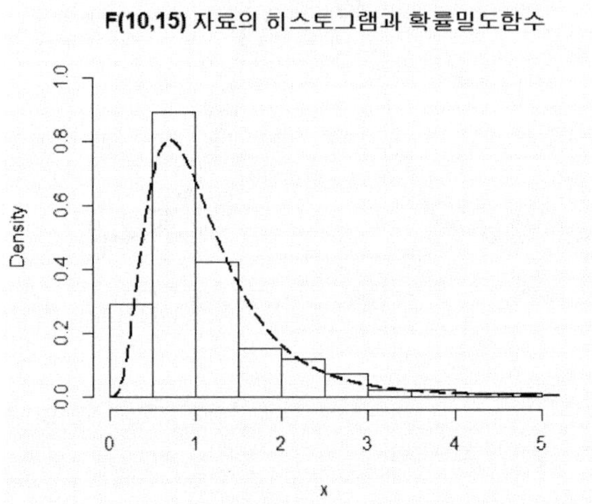

해설

❶	F(10,15)에서 자료를 200개 생성한다.
❷	각 제목과 y축의 범위를 주어 상대도수 히스토그램을 작성한다.
❸	x축을 0에서부터 5.5까지 0.01 간격으로 분할하여 좌표를 만든다.
❹	x좌표에서 F(10,15)의 확률밀도함수 값을 구하고 지정한 선의 형태로 연결하여 그린다.
❺	히스토그램의 형태가 확률밀도함수와 상당히 유사하다. 자료에 따라 형태가 조금 바뀔 수 있다.

5.5.2 제어문의 사용

제어문은 크게 조건문과 반복문으로 나뉜다. 조건문이란 데이터를 조건에 따라서 추가, 추출하거나 변경하는 것이며, 반복문이란 특정 연산 또는 알고리즘을 사용자가 원하는 만큼 반복 실행하는 것을 뜻한다.

R에서 조건문을 사용하기 위한 형태는 〈표 5.1〉과 같다.

표 5.1 조건문 사용법

표현	의미
if(조건){수식}	조건을 만족하면 수식을 시행, 만족하지 않으면 그냥 넘어감
if(조건){수식1} else{수식2}	조건을 만족하면 수식1을 시행하고, 만족하지 않으면 수식2를 시행
ifelse(test, yes, no)	test가 TRUE이면 인수 yes를 반환하고, FALSE이면 인수 no를 반환
switch(EXPR, ...)	$n(\geq 3)$개의 조건에 대한 분기함수이며, ifelse( ) 함수는 2개의 조건에 대한 분기함수

예 5.8

−5부터 5까지 공차가 1인 수열 데이터를 x로 생성한 후, ifelse() 함수를 사용하여 0보다 작은 데이터를 모두 0으로 변경하여라.

R 명령문 및 결과

```
❶ > x <- seq(from=-5, to=5, by=1)
❷ > ifelse(x<0, 0, x)
❸   [1] 0 0 0 0 0 0 1 2 3 4 5
```

해설	
❶	-5부터 5까지 1씩 증가하는 수열로 벡터 x를 생성한다.
❷	x<0을 만족하면 0으로 출력하고, 그렇지 않으면 x를 출력한다.
❸	실행 결과, x<0인 원소는 0으로 출력되었고, 그렇지 않은 원소는 x값 그대로 출력되었다.

참고로, `x[x<0] <- 0`이라고 하고, x를 확인해 보면 같은 결과를 얻을 수 있음을 알 수 있다.

R에서 반복문을 사용하기 위한 사용 형태는 〈표 5.2〉와 같다.

표 5.2 반복문 사용법

표현	의미
for(반복수에 대한 정보){수식}	반복수에 대한 정보만큼 수식을 반복해서 시행
while(조건){수식}	전체 반복 횟수는 모르지만 조건을 만족하는 동안 수식을 반복해서 시행하는 경우 사용
repeat( )	멈추어야 하는 조건을 만날 때까지 해당 작업을 반복해서 시행

예 5.9

반복문 함수를 이용하여 다음의 문제에 해당하는 명령문을 작성하여라.

(1) $\sum_{x=1}^{100} x$

(2) $1^2 + 2^2 + \cdots + 10^2$

R 명령문 및 결과

```
   # (1)번
❶ > ans <- 0
❷ > for(i in 1:100){
❸ + ans <- ans+i
❹ + }
❺ > ans
❻   [1] 5050
```

```
     # (1)번의 다른 프로그램
❼  > x <- seq(from=1, to=100, by=1)
❽  > ans1 <- 0
❾  + for(i in 1:100){
❿  + ans1 <- ans1+x[i]
⓫  + }
   >
     # (2)번
⓬  > sqans <- 0
⓭  > for(i in 1:10){
⓮  + sqans <- sqans +i^2
⓯  + }
⓰  > sqans
⓱    [1] 385

     # while( ) 함수를 이용한 (2)번의 다른 프로그램
⓲  > x <- 1
⓳  > sqans1 <- 0
⓴  > while(x <= 10) {
㉑  + sqans1 <- sqans1 + x^2
㉒  + x <- x+1
㉓  + }
   >
     # sum( ) 함수를 이용한 (2)번의 다른 프로그램
㉔  > sum((1:10)^2)
```

해설

❶ 반복문 수행 시 구하고자 하는 ans를 0으로 초깃값을 지정해 준 후 반복문이 수행되면서 값이 새롭게 저장될 수 있도록 지정한다.

❷ for문에서 i가 위치한 곳에 1, 2, …, 100까지 수행되고 반복문을 시작할 때 중괄호({)로 시작한다.

❸ ans에 i를 더해진 값을 ans로 새롭게 지정. 먼저 i=1부터 시작해서 ans<-ans+1이 실행된 후 반복문이 종료. 다시 i=2일 때 ans+2 실행. i=100일 때에는 i=99까지 실행된 ans에 ans+100을 수행하고 반복문이 종료된다.

❹ 반복문을 종료한다.

❺ ans를 실행한다.

❻	1+2+⋯+100값이 출력된 결과이다.
❼	객체 x를 1부터 100까지 1씩 증가하는 수열로 지정한다.
❽	초깃값을 0으로 지정한다.
❾	i가 1부터 100인 경우까지 반복문 수행한다.
❿	x[i]에 반복문이 시행됨에 따라 x[1], x[2], …, x[100], 즉 x의 i번째 위치한 원소가 ans1에 더해져서 새로운 ans1값으로 지정된다.
⓫	반복문을 종료하고 ans1을 실행하게 되면 위의 결과와 같은 값이 출력된다.
⓬	구하고자 하는 값을 객체 sqans로 하여 초깃값을 0으로 지정한다.
⓭	i가 1부터 10인 경우까지 반복문 수행한다.
⓮	반복문이 수행됨에 따른 i값의 제곱을 sqans에 더하여 새로운 sqans로 지정한다.
⓯	반복문을 종료한다.
⓰	sqans를 실행한다.
⓱	$1^2+2^2+\cdots+10^2$이 출력된 결과이다.
⓲	x의 초깃값을 1로 지정한다.
⓳	sqans의 초깃값을 0으로 지정한다.
⓴	while문을 이용하여 x<=10을 만족할 때까지만 반복문을 수행한다.
㉑	초기 x 값이 1이므로 조건 x<=10을 만족하기 때문에 sqans+x^2을 수행한다.
㉒	그리고 x에 1을 더한 값을 새로운 x로 지정한다.
㉓	반복문을 종료한다. ※ x는 2가 되었고, 다시 while문에서 x<=10을 만족하므로 sqans+x^2을 수행한다. 그리고 x+1을 수행한다. 이 작업을 x<=10을 만족하지 않을 때까지 반복문을 수행한다. 즉 x는 10이 될 때까지 수행하고 11이 되면 멈춘다.
㉔	수열 1:10 각각에 제곱을 하여 더하는 것이다. 실행하면 위와 동일한 값이 출력된다.

연습문제

1 $X \sim N(1,1)$, $Y \sim N(2,2^2)$, $Z \sim N(3,3^2)$이며 서로 독립일 때 다음 통계량의 확률분포를 구하여라.

(a) $(X-1)^2 + \dfrac{(Y-2)^2}{4} + \dfrac{(Z-3)^2}{9}$

(b) $\dfrac{\sqrt{2}(X-1)}{\sqrt{\dfrac{(Y-2)^2}{4} + \dfrac{(Z-3)^2}{9}}}$

(c) $\dfrac{(X-1)^2 + \dfrac{(Y-2)^2}{4}}{\dfrac{2(Z-3)^2}{9}}$

2 $Z \sim N(0,1)$, $X \sim N(0,2^2)$, $Y \sim N(0,4^2)$이며 서로 독립일 때, 다음 확률변수의 확률분포를 구하여라.

(a) $\left(Z - \dfrac{2Z+X}{4}\right)^2 + \left(\dfrac{X}{2} - \dfrac{2Z+X}{4}\right)^2$

(b) $\left(Z - \dfrac{2Z+X}{4}\right)^2 + \left(\dfrac{X}{2} - \dfrac{2Z+X}{4}\right)^2 + \dfrac{Y^2}{16}$

3 $X_1, X_2, \ldots, X_n$은 $N(\mu, \sigma^2)$로부터의 랜덤샘플이고 $Y_1, Y_2, \ldots, Y_n$은 $N(\mu, 3\sigma^2)$로부터의 랜덤샘플이며 서로 독립이다. 적절한 상수 c $(c \neq 0)$에 대하여 다음과 같이 정의된 확률변수 W가 특정한 확률분포를 가질 때, 그 확률분포와 상수 c를 구하여라.

$$W = c\frac{\overline{X} - \overline{Y}}{\sqrt{\sum_{i=1}^{n}(X_i - \overline{X})^2 + \frac{1}{3}\sum_{i=1}^{n}(Y_i - \overline{Y})^2}}$$

4 $X_1 \sim N(4,3^2)$, $X_2 \sim N(1,3^2)$이며 서로 독립일 때, $Y = (X_1-4)^2 + (X_2-1)^2$의 기댓값과 분산을 구하여라.

5 $X_1, X_2, \ldots, X_n$이 $N(0,\sigma^2)$로부터의 랜덤샘플이며, $Y_1, Y_2, \ldots, Y_n$이 $N(1,\sigma^2)$로부터의 랜덤샘플이고, 서로 독립이다.

(a) $W=\dfrac{\dfrac{1}{n-1}\sum_{i=1}^{n}(Y_i-\overline{Y})^2}{n\overline{X}^2}$의 확률분포를 구하여라.

(b) $E(\overline{X}^4)$을 구하여라.

6 X와 Y는 서로 독립이고 각각 $N(0,3^2)$을 따르는 확률변수이다. 또한 $W\sim \text{Exp}(1)$인 확률변수이다. $P(X^2+Y^2\le 1)=P(W\le \alpha)$인 상수 α의 값을 구하여라.

7 X와 Y가 서로 독립이고 각각 $N(0,4^2)$을 따르는 확률변수이며 $Z\sim \text{Gamma}(1,3)$일 때, $P(X^2+Y^2>1)=P(Z>\alpha)$이 성립하는 상수 α의 값을 구하여라.

8 $X\sim t(10)$, $Y\sim F(1,10)$, $Z\sim F(10,1)$이며 α는 $P(X\ge\alpha)=0.05$를 만족하는 상수이다.

(a) $P(Y\ge\beta)=0.1$일 때 α와 β의 관계식을 구하여라.

(b) $P(Z\le\gamma)=0.1$일 때 α와 γ의 관계식을 구하여라.

9 $X, Y, Z\sim \text{Exp}(1/\lambda)$이며 서로 독립일 때 $\dfrac{2X}{Y+Z}$의 확률분포를 구하여라.

10 (X, Y)는 이변량정규분포를 따르는 확률변수일 때, $Y-E(Y|X)$와 X는 서로 독립임을 보여라.

11 $X_1, X_2, \ldots, X_m$이 $N(0, 3\sigma^2)$로부터의 랜덤샘플이고 $Y_1, Y_2, \ldots, Y_n$이 $N(\mu, \sigma^2)$로부터의 랜덤샘플이며 서로 독립이다. $W=\sum_{i=1}^{m}a_iX_i$라고 할 때, $\overline{X}$와 W가 서로 독립일 조건을 구하여라. 단, a_i, $i=1,2,\cdots,m$은 상수임.

12 $X_{ij}\sim N(\mu_i,\sigma^2)$, $i=1,2,\cdots,m$, $j=1,2,\cdots,n$이며 서로 독립이다.

(a) $\dfrac{1}{\sigma^2}\sum_{i=1}^{m}\sum_{j=1}^{n}(X_{ij}-\overline{X_i})^2$의 확률분포를 구하여라. 단 $\overline{X_i}=\dfrac{1}{n}\sum_{j=1}^{n}X_{ij}$이다.

(b) $\mu_1 = \mu_2 = \cdots = \mu_m$일 때 $\frac{n}{\sigma^2}\sum_{i=1}^{m}(\overline{X_i} - \overline{X})^2$의 확률분포를 구하여라. 단 $\overline{X} = \frac{1}{mn}\sum_{i=1}^{m}\sum_{j=1}^{n}X_{ij}$이다.

13 $X_1, X_2, \cdots, X_n$이 Gamma(α, β)로부터의 랜덤샘플이다.

(a) $\overline{X}$의 확률분포를 구하여라.

(b) $\alpha = 1$일 때 $c\overline{X} \sim \chi^2(2n)$인 상수 c를 구하여라.

14 어떤 주머니에 숫자 1, 2, 3, 4가 적힌 네 개의 공이 들어 있다. 이제 무작위로 두 개의 공을 추출해서 공에 적힌 숫자를 (X_1, X_2)라 하자.

(a) 순서통계량 $(X_{(1)}, X_{(2)})$의 결합확률질량함수를 구하여라.

(b) $X_{(2)} - X_{(1)}$의 확률질량함수를 구하여라.

15 $X_1, X_2, \cdots, X_n$이 $Uniform(0, 1)$로부터의 랜덤샘플이다.

(a) $X_{(j)} = y$일 때 $X_{(i)}$의 조건부분포를 구하여라. 단 $i < j$이다.

(b) $X_{(i)} - X_{(i-2)}$의 확률밀도함수를 구하여라. 단 $3 \le i \le n$이다.

16 $X_1, X_2, \ldots, X_n$이 확률밀도함수가 $f(x) = e^{-x}, x > 0$인 모집단으로부터 뽑은 랜덤샘플이다.

(a) $X_{(1)}$의 확률밀도함수를 구하여라.

(b) $X_{(1)}$의 기댓값과 분산을 구하여라.

17 $X_1, X_2, \cdots, X_n$을 평균이 $\theta, \theta > 0$인 지수분포로부터 얻은 랜덤샘플이다.

(a) $X_{(1)}$의 확률밀도함수를 구하라.

(b) $X_{(n)}$의 확률밀도함수를 구하라.

(c) $X_{(n)} - X_{(1)}$의 확률분포를 구하여라.

18 $X_{(1)}, X_{(2)}, \cdots, X_{(5)}$는 평균이 3인 지수분포에서 얻은 5개의 독립 관측 값들의 순서통계량이다.

(a) $X_{(3)}$ 의 확률밀도함수를 구하라.

(b) $X_{(4)}$ 가 5보다 작을 확률을 구하라.

(c) $P(1 < X_{(1)})$을 구하라.

19 $X_1, X_2, \cdots, X_n$이 $\mathrm{Exp}(1/\lambda)$로부터의 랜덤샘플이고, $i < j$일 때 $X_{(i)}$와 $X_{(j)}$의 결합 확률밀도함수를 구하여라.

20 $X_1, X_2, \cdots, X_n$이 확률질량함수 $p(k) = (1-p)^{k-1}p, \quad k = 1, 2, \cdots$를 가지는 기하분포로부터의 랜덤샘플이다.

(a) $P(X_{(i)} \le k)$를 구하여라.

(b) $P(X_{(i)} = k)$를 구하여라.

21 순서통계량에 관한 다음의 질문에 답하여라.

(a) $X_1, X_2, \ldots, X_{10}$이 Uniform(0, 1)로부터의 랜덤샘플일 때, $E(X_{(10)} - X_{(9)})$을 구하여라.

(b) $X_1, X_2, \ldots, X_{10}$이 평균이 1인 지수분포로부터의 랜덤샘플일 때, $X_{(1)}$의 적률생성함수를 구하여라.

22 $X_1, X_2, \cdots, X_m$은 $N(\mu_X, \sigma^2)$로부터의 랜덤샘플이고 $Y_1, Y_2, \cdots, Y_n$은 $N(\mu_Y, \sigma^2)$로부터의 랜덤샘플이며 서로 독립이다. 이때,

$$T = \frac{(\overline{X} - \overline{Y}) - (\mu_X - \mu_Y)}{S_p\sqrt{\dfrac{1}{m} + \dfrac{1}{n}}}$$

의 확률분포가 $t(m+n-2)$임을 보여라. 단

$$S_p^2 = \frac{1}{m+n-2}\left(\sum_{i=1}^{m}(X_i - \overline{X})^2 + \sum_{j=1}^{n}(Y_j - \overline{Y})^2\right)$$

이다.

23 $X_1, X_2, \ldots, X_n$이 $N(0, \sigma^2)$로부터의 랜덤샘플이다.

(a) $Y=(X_1-X_2)^2$일 때, $E(Y)$와 $Var(Y)$를 구하여라.

(b) $W_1=\left(X_1-\dfrac{X_1+X_2}{2}\right)^2+\left(X_2-\dfrac{X_1+X_2}{2}\right)^2$, $W_2=(\overline{X})^2$에 대하여 $P(W_1\ge 1)=P(W_2\ge c)$일 때, 상수 c를 구하여라.

24 $X_k \sim N(ck,\sigma^2)$, $k=1,2,\cdots,n$이며 서로 독립이다. 단 c는 상수이다.

(a) $\dfrac{\sum_{k=1}^{n} kX_k}{\sum_{k=1}^{n} k^2}$ 의 확률분포를 구하여라.

(b) $c=0$일 때 $\dfrac{(\sum_{k=1}^{n} kX_k)^2}{\sigma^2\sum_{k=1}^{n} k^2}$과 $\dfrac{\sum_{k=1}^{n} X_k^2}{\sigma^2}$의 확률분포를 구하여라.

$\sum_{k=1}^{n} X_k^2 = \sum_{k=1}^{n}\left(X_k-k\dfrac{\sum_{i=1}^{n} iX_i}{\sum_{i=1}^{n} i^2}\right)^2+\dfrac{(\sum_{k=1}^{n} kX_k)^2}{\sum_{k=1}^{n} k^2}$ 임을 이용하여 다음 물음에 답하여라.

(c) 각 k에 대하여 $\left(X_k-k\dfrac{\sum_{i=1}^{n} iX_i}{\sum_{i=1}^{n} i^2}\right)$와 $\sum_{i=1}^{n} iX_i$는 서로 독립임을 설명하여라.

(d) $c=0$일 때 $\dfrac{1}{\sigma^2}\sum_{k=1}^{n}\left(X_k-k\dfrac{\sum_{i=1}^{n} iX_i}{\sum_{i=1}^{n} i^2}\right)^2$ 의 확률분포를 구하여라.

25 다음과 같은 정리 5.7의 내용을 확인해보는 R 프로그램을 작성하여라.

> $X_1, X_2, \ldots, X_n$이 $N(\mu,\sigma^2)$로부터의 랜덤샘플일 때, $T=\dfrac{\sqrt{n}(\overline{X}-\mu)}{S}$라 하면 $T\sim t(n-1)$이다.

여기서, $n=100$, $\mu=3$, $\sigma^2=2$로 하고, 500회 반복하여 T의 값을 생성한 후, 이것들로 "Histogram of T"라는 제목으로 히스토그램을 그려라. 또한 자유도가 $(n-1)$인 $t-$분포의 확률밀도함수를 겹쳐 그려서 히스토그램과 비교하여라.

26 $t-$분포와 $F-$분포의 관계를 R을 이용하여 다음과 같이 확인하여라.

(a) 자유도가 10인 $t-$분포를 따르는 랜덤샘플 $X_1, X_2, \cdots, X_{1000}$을 발생시켜서 그것들의 제곱으로 히스토그램을 그려라. 단, 히스토그램의 제목은 "Histogram of t(10)^2 and pdf of F(1,10)"로 하여라.

(b) $F(1,10)$분포의 확률밀도함수를 히스토그램에 겹쳐 그려서 비교하여라.

(c) 이 결과로부터 얻은 결론을 서술하여라.

제6장

확률변수의 극한

실수의 수열 $\{a_n\}$에 대하여 a_n이 a로 수렴한다는 의미는 a를 중심으로 아무리 작은 구간을 잡아도 충분히 큰 n에 대하여 a_n 이후의 원소는 모두 이 구간에 들어간다는 것이다. 즉 임의의 양수 t에 대하여 다음 조건을 만족하는 n이 존재할 때 $a_n \to a$라고 한다.

$$|a_m - a| < t, \quad m \geq n \text{일 때}$$

실수의 수열에 대한 극한의 개념은 확률변수의 수열로 확장될 수 있다. 통계학에서 극한을 생각하는 이유는 모집단에서 추출한 자료의 수가 늘어날 때 통계량이 어떠한 성질을 가지는지 알아보기 위해서이다. 예를 들어 자료의 수 n이 증가할 때 표본평균이 가지는 성질은 확률변수에 대한 수열을 통해 파악할 수 있다.

이 장에서는 확률변수의 수열 $\{X_n\}$에 대하여 X_n이 X로 수렴하는 의미에 대하여 다루고자 한다. 확률변수는 표본공간에서 실수로의 함수이므로 X_n은 $X_n(\omega)$로 나타낼 수 있다. 여기서 ω는 표본공간에 속하는 원소를 나타낸다. $X_n(\omega)$은 실수이므로 기본적으로 $\{X_n(\omega)\}$는 실수의 수열이라고 할 수 있다. 따라서 X_n이 X로 수렴한다는 것을 다음과 같이 정의하는 것이 한 가지 방법일 것이다.

$$\text{표본공간의 모든 원소 } \omega\text{에 대하여} \qquad X_n(\omega) \to X(\omega)$$

실제로 위 정의에서 표본공간의 모든 ω에서 수렴할 필요는 없고 수렴하는 ω를 모아 놓은 집합의 확률이 1이면 된다. 이러한 수렴의 정의를 almost sure convergence라고 한다. 통계학에서는 위의 정의 외에도 확률변수의 수렴에 대한 다른 몇 가지 정의를 더 사용하고 있다.

임의의 양수 t에 대하여 다음이 성립할 때

$$P(|X_n - X| > t) \to 0$$

X_n이 X로 **확률수렴**(convergence in probability)한다고 하며 기호로 $X_n \xrightarrow{p} X$와 같이 나타낸다. 확률수렴은 X_n과 X의 차이가 일정한 값 이상일 확률이 0으로 수렴한다는 것이다.

6.1 대수의 법칙

$X_1, X_2, \cdots, X_n$이 랜덤샘플이라고 하자. 표본의 크기 n이 커질 때 표본평균이 모평균으로 수렴한다는 것을 **대수의 법칙**(law of large numbers)이라고 한다. 자료의 수가 n이라는 것을 나타내기 위해 표본평균을 $\overline{X}_n$으로 나타내기도 한다.

정리 6.1 [대수의 법칙]

$X_1, X_2, \cdots, X_n$이 기댓값 μ, 분산 σ^2인 확률분포부터의 랜덤샘플일 때 임의의 양수 t에 대하여 다음이 성립한다.

$$P(|\overline{X}-\mu|>t) \ \rightarrow \ 0.$$

즉 $\overline{X} \xrightarrow{p} \mu$이다.

증명

정리 4.6에서 주어진 체비세프 부등식에 의하여 다음 부등식이 성립한다.

$$P(|\overline{X}-\mu|>t) \le \frac{Var(\overline{X})}{t^2} = \frac{\sigma^2}{nt^2}$$

n이 커질 때 $\dfrac{\sigma^2}{nt^2}$은 0으로 수렴하므로 $P(|\overline{X}-\mu|>t) \rightarrow 0$임을 알 수 있다. ◀

다음은 확률수렴하는 확률변수 간의 연산에 관한 유용한 정리이다. 이 정리의 증명은 생략하기로 한다.

정리 6.2

두 확률변수 X_n, Y_n, $n=1,2,\cdots$이 각각 실수 μ, ν로 확률수렴할 때, 다음이 성립한다.

(a) $X_n + Y_n \xrightarrow{p} \mu+\nu$　　(b) $X_n - Y_n \xrightarrow{p} \mu-\nu$

(c) $X_n Y_n \xrightarrow{p} \mu\nu$　　(d) $\dfrac{X_n}{Y_n} \xrightarrow{p} \dfrac{\mu}{\nu}$, 단, $\nu \neq 0$.

예 6.1

X_n이 $B(n,\theta)$를 따르는 확률변수일 때, $\frac{X_n}{n}$이 θ로 확률수렴함을 보여라.

풀이 임의의 $\epsilon > 0$에 대해,

$$P\left(\left|\frac{X_n}{n}-\theta\right| \geq \epsilon\right) \leq E\left[\left(\frac{X_n}{n}-\theta\right)^2\right]\Big/\epsilon^2 = \frac{\theta(1-\theta)}{n\epsilon^2}.$$

그러므로,

$$\lim_{n\to\infty} P\left(\left|\frac{X_n}{n}-\theta\right| \geq \epsilon\right) = 0$$

이 성립하고, $\frac{X_n}{n} \xrightarrow{p} \theta$ 임을 알 수 있다.

예 6.2

확률변수 X, X_n과 Y_n의 관계가 다음과 같을 때, X_n이 X로 확률수렴함을 보여라.

$$X_n = X + Y_n,\ \ E(Y_n) = \frac{1}{n},\ \ Var(Y_n) = \frac{\sigma^2}{n},\ \ \sigma > 0.$$

풀이 삼각부등식에 의하면 실수 a, b에 대해 $|a+b| \leq |a| + |b|$가 성립한다. 여기서, $a = Y_n - E(Y_n)$ 그리고 $b = E(Y_n)$이라 하면,

$$|Y_n| \leq |Y_n - E(Y_n)| + \frac{1}{n}$$

이고, $\epsilon > 0$에 대해

$$\begin{aligned} P(|X_n - X| \geq \epsilon) &= P(|Y_n| \geq \epsilon) \\ &\leq P\left(|Y_n - E(Y_n)| + \frac{1}{n} \geq \epsilon\right) \\ &= P\left(|Y_n - E(Y_n)| \geq \epsilon - \frac{1}{n}\right) \\ &\leq \frac{Var(Y_n)}{\left(\epsilon - \frac{1}{n}\right)^2} \end{aligned}$$

$$= \frac{\sigma^2}{n\left(\epsilon - \frac{1}{n}\right)^2} \rightarrow 0, \ n \rightarrow \infty.$$

이 성립한다. 그러므로, $X_n \xrightarrow{p} X$라 할 수 있다. 이 증명을 정리 6.2를 이용하려면 우선, $Y_n \xrightarrow{p} 0$을 먼저 보이고 정리의 (a)를 적용하면 된다.

6.2 분포수렴

확률변수의 수렴에 대한 또 다른 정의는 누적분포함수를 이용한 것이다. X_n의 누적분포함수를 F_n, X의 누적분포함수를 F라고 할 때 $F_n(x)$이 $F(x)$으로 수렴한다는 것을 이용한 정의이다. 여기서 모든 x에 대하여 $F_n(x) \rightarrow F(x)$일 필요는 없으며 $F(\cdot)$가 연속인 모든 x에서 수렴하기만 하면 된다.

정의 6.1

$X_1, X_2, \cdots$이 누적분포함수 $F_1, F_2, \cdots$를 갖는 확률변수의 수열이고 확률변수 X의 누적분포함수는 F라고 하자. $F(\cdot)$가 연속인 모든 점 x에서 다음이 성립할 때

$$\lim_{n \rightarrow \infty} F_n(x) = F(x)$$

X_n이 X로 **분포수렴**(convergence in distribution)한다고 한다. 이를 $X_n \xrightarrow{d} X$와 같이 나타낸다.

위의 분포수렴에 대한 정의에서 모든 x에 대하여 $F_n(x)$이 $F(x)$로 수렴한다는 것을 이용하지 않고 $F(\cdot)$가 연속인 점 x에서만 $F_n(x) \rightarrow F(x)$이면 된다는 것을 사용하였다. 이를 알아보기 위해 한 가지 예를 살펴보도록 하자. $Z_1, Z_2, \cdots, Z_n$이 $N(0,1)$로부터의 랜덤샘플이라고 할 때 표본평균의 수열을 생각하여 보자. $Z_1, Z_2, \cdots, Z_n$의 표본평균을 X_n이라고 할 때 X_n은 기댓값 0, 분산 $\frac{1}{n}$인 정규분포를 따른다.

X_n의 분산이 0으로 수렴하므로 X_n은 상수로 수렴한다고 할 수 있다. X_n의 기댓값이 0이므로 직관적으로 볼 때 X_n은 0으로 수렴한다고 볼 수 있다.

한편 X_n의 누적분포함수 $F_n(x)$는 다음과 같이 나타낼 수 있다.

$$F_n(x) = \int_{-\infty}^{x} \frac{\sqrt{n}}{\sqrt{2\pi}} e^{-\frac{n}{2}t^2} dt = \int_{-\infty}^{\sqrt{n}x} \frac{1}{\sqrt{2\pi}} e^{-\frac{y^2}{2}} dy \quad (\text{단 } y = \sqrt{n}t).$$

표본의 크기 n이 커질 때 $\sqrt{n}x$의 극한은 다음과 같으므로

$$\sqrt{n}x \rightarrow \begin{cases} -\infty, & x < 0\text{일 때} \\ 0, & x = 0\text{일 때} \\ \infty, & x > 0\text{일 때} \end{cases}$$

X_n의 누적분포함수의 극한은 다음과 같다.

$$F_n(x) \rightarrow \begin{cases} 0, & x < 0\text{일 때} \\ 0.5, & x = 0\text{일 때} \\ 1, & x > 0\text{일 때} \end{cases}$$

그러나 이러한 극한을 누적분포함수로 가지는 확률분포는 존재하지 않는다. 2장에서 설명한 것처럼 누적분포함수는 항상 우측에서 연속이어야 하지만 위에서 구한 $F_n(x)$의 극한은 $x = 0$에서 우측에서 연속인 함수가 아니다. 한편 위에서 설명한 것과 같이 직관적으로 볼 때 X_n은 0으로 수렴한다고 할 수 있다. X를 항상 0의 값을 가지는 확률변수라고 할 때 X의 누적분포함수 $F(x)$는 다음과 같다.

$$F(x) \rightarrow \begin{cases} 0, & x < 0\text{일 때} \\ 1, & x \geq 0\text{일 때} \end{cases}$$

이 함수는 $x = 0$을 제외한 점에서는 $F_n(x)$의 극한 값과 같다. 즉 다음이 성립하며

$$\lim_{n \rightarrow \infty} F_n(x) = F(x), \quad x \neq 0\text{일 때}$$

$x = 0$은 함수 $F(x)$의 불연속점이다.

예 6.3

확률변수의 열 $X_2, X_3, X_4, \ldots$이 다음과 같은 누적분포함수를 갖는다고 할 때, X_n이 Exp(1)으로 분포수렴함을 보여라.

$$F_{X_n}(x) = \begin{cases} 1-\left(1-\dfrac{1}{n}\right)^{nx}, & x > 0 \\ 0, & x \le 0 \end{cases}$$

풀이

X를 Exp(1)을 따르는 확률변수라 하면, $x \le 0$일 때는

$$F_{X_n}(x) = F_X(x) = 0,\ n = 2, 3, 4, \cdots$$

이고, $x > 0$일 때는

$$\begin{aligned} \lim_{n \to \infty} F_{X_n}(x) &= \lim_{n \to \infty}\left(1-\left(1-\frac{1}{n}\right)^{nx}\right) \\ &= 1-\lim_{n \to \infty}\left(1-\frac{1}{n}\right)^{nx} \\ &= 1-e^{-x} \\ &= F_X(x) \end{aligned}$$

이므로, 모든 x에 대해 $\lim_{n \to \infty} F_{X_n}(x) = F(x)$가 성립한다. 그러므로, $X_{(n)} \xrightarrow{d} \text{Exp}(1)$이 성립한다.

예 6.4

$X_1, X_2, \cdots, X_n$이 $Uniform(0, \theta)$로부터의 랜덤샘플일 때 $X_{(n)}$이 분포수렴하는 극한을 구하여라.

풀이

$X_{(n)} = \max(X_1, X_2, \cdots, X_n)$의 누적분포함수 $F_n(x)$는 다음과 같다.

$$\begin{aligned} F_n(x) &= P[\max(X_1, X_2, \cdots, X_n) \le x] \\ &= P(X_1 \le x)P(X_2 \le x) \cdots P(X_n \le x) \\ &= \left(\frac{x}{\theta}\right)^n, \quad 0 \le x \le \theta \text{일 때} \end{aligned}$$

이 함수의 극한은 다음과 같다.

$$\lim_{n\to\infty} F_n(x) = \begin{cases} 0, & x < \theta \text{ 일 때} \\ 1, & x = \theta \text{ 일 때} \end{cases}$$

한편 항상 θ의 값을 가지는 확률변수를 X라고 할 때 X의 누적분포함수 $F(x)$는 다음과 같다.

$$F(x) = \begin{cases} 0, & x < \theta \text{일 때} \\ 1, & x \ge \theta \text{일 때} \end{cases}$$

$0 \le x \le \theta$인 모든 x에 대하여 $\lim_{n\to\infty} F_n(x) = F(x)$이다. 따라서 $X_{(n)} \xrightarrow{d} \theta$이다.

위 예는 $Uniform(0, \theta)$로부터의 랜덤샘플의 최댓값 $X_{(n)}$은 θ로 수렴한다는 사실을 보여 주고 있다. 다음의 예는 예 6.4에서 최댓값이 얼마나 빨리 θ로 수렴하는지 보여 주고 있다.

예 6.5

$X_1, X_2, \cdots, X_n$이 $Uniform(0, \theta)$로부터의 랜덤샘플일 때 $Y_n = n(\theta - X_{(n)})$이 분포수렴하는 극한을 구하여라.

풀이

Y_n의 누적분포함수 $F_n(y)$는 다음과 같다.

$$
\begin{aligned}
F_n(y) &= P(n(\theta - X_{(n)}) \le y) = 1 - P(n(\theta - X_{(n)}) > y) \\
&= 1 - P\left(X_{(n)} < \theta - \frac{y}{n}\right) \\
&= 1 - \left(1 - \frac{y}{n\theta}\right)^n, \quad 0 < y < n\theta
\end{aligned}
$$

이 함수의 극한은 다음과 같다.

$$\lim_{n \to \infty} F_n(y) = 1 - e^{-\frac{y}{\theta}}, \quad y > 0.$$

이는 $\mathrm{Exp}(\theta)$의 누적분포함수이므로 다음이 성립한다.

$$n(\theta - X_{(n)}) \xrightarrow{d} \mathrm{Exp}(\theta)$$

X_n이 X로 분포수렴한다는 것을 보이기 위해서는 X_n의 누적분포함수가 X의 누적분포함수로 수렴한다는 사실을 보여야 한다. 이 방법 외에 분포수렴을 보일 수 있는 다른 방법은 X_n의 적률생성함수가 X의 적률생성함수로 수렴한다는 사실을 보이는 것이다. 다음 정리의 증명은 이 교재에서 다루는 수준을 넘어서기 때문에 생략하겠지만 확률변수의 극한을 구할 때 유용하게 쓰일 수 있다.

정리 6.3

$X_1, X_2, \cdots$의 적률생성함수를 $M_1(t), M_2(t), \cdots$라고 하고 X의 적률생성함수를 $M(t)$라고 하자. 모든 t에 대하여 다음이 성립할 때

$$\lim_{n \to \infty} M_n(t) = M(t),$$

$X_n \xrightarrow{d} X$이다.

예 6.6

$X_n \sim Poisson(\lambda_n)$이며 $\lambda_n \to \infty$라고 한다. 이때 X_n을 표준화한 Z_n이 분포수

렴하는 극한을 구하여라.

$$Z_n = \frac{X_n - E(X_n)}{\sqrt{Var(X_n)}} = \frac{X_n - \lambda_n}{\sqrt{\lambda_n}}$$

풀이

Z_n의 적률생성함수 $M_{Z_n}(t)$는 다음과 같이 나타낼 수 있다.

$$M_{Z_n}(t) = E(e^{tZ_n}) = E\left[e^{t\left(\frac{X_n - \lambda_n}{\sqrt{\lambda_n}}\right)}\right] = E\left(e^{-t\sqrt{\lambda_n} + \frac{t}{\sqrt{\lambda_n}}X_n}\right)$$

$$= e^{-t\sqrt{\lambda_n}} E\left(e^{\frac{t}{\sqrt{\lambda_n}}X_n}\right) = e^{-t\sqrt{\lambda_n}} M_{X_n}\left(\frac{t}{\sqrt{\lambda_n}}\right)$$

위에서 $M_{X_n}(t)$는 $Poisson(\lambda_n)$ 분포를 따르는 X_n의 적률생성함수이다. $Poisson(\lambda)$의 적률생성함수는 $M(t) = e^{\lambda(e^t - 1)}$이므로 Z_n의 적률생성함수는 다음과 같다.

$$M_{Z_n}(t) = e^{-t\sqrt{\lambda_n}} e^{\lambda_n\left(e^{\frac{t}{\sqrt{\lambda_n}}} - 1\right)} = e^{-t\sqrt{\lambda_n} + \lambda_n\left(e^{\frac{t}{\sqrt{\lambda_n}}} - 1\right)}$$

한편 테일러 전개에 의하여 $e^x = \sum_{k=0}^{\infty} \frac{x^k}{k!}$이므로 다음이 성립한다.

$$e^{\frac{t}{\sqrt{\lambda_n}}} = \sum_{k=0}^{\infty} \frac{1}{k!}\left(\frac{t}{\sqrt{\lambda_n}}\right)^k = 1 + \frac{t}{\sqrt{\lambda_n}} + \frac{1}{2}\left(\frac{t}{\sqrt{\lambda_n}}\right)^2 + \sum_{k=3}^{\infty} \frac{1}{k!}\left(\frac{t}{\sqrt{\lambda_n}}\right)^k$$

따라서 Z_n의 적률생성함수는 다음과 같다.

$$M_{Z_n}(t) = e^{-t\sqrt{\lambda_n} + \lambda_n\left(1 + \frac{t}{\sqrt{\lambda_n}} + \frac{1}{2}\left(\frac{t}{\sqrt{\lambda_n}}\right)^2 + \sum_{k=3}^{\infty}\frac{1}{k!}\left(\frac{t}{\sqrt{\lambda_n}}\right)^k - 1\right)} = e^{\frac{t^2}{2} + \sum_{k=3}^{\infty}\frac{1}{k!}\frac{t^k}{\lambda_n^{k/2-1}}}$$

λ_n이 커질 때 $\sum_{k=3}^{\infty} \frac{1}{k!} \frac{t^k}{\lambda_n^{k/2-1}}$는 0으로 수렴하므로 $M_{Z_n}(t) \rightarrow e^{\frac{t^2}{2}}$이다. $e^{\frac{t^2}{2}}$은 표준정규분포의 적률생성함수이므로 $Z_n \xrightarrow{d} N(0,1)$이다.

예 6.7

$X \sim Poisson(900)$일 때 $P(X > 950)$의 근삿값을 구하여라.

풀이

앞의 예에 의하여 $\dfrac{X-900}{\sqrt{900}}$이 표준정규분포에 근사하므로 다음이 성립한다.

$$P(X > 950) = P\left(\frac{X-900}{\sqrt{900}} > \frac{950-900}{\sqrt{900}}\right) \approx P(N(0,1) > 1.67) = 0.04779$$

참고로 포아송분포로부터 직접 구한 $P(X > 950)$의 값은 0.04712이다.

다음은 확률변수의 극한분포를 유도할 때 유용한 정리를 소개하고자 한다. 정리 6.2와 마찬가지로 증명은 생략하기로 한다.

정리 6.4 [Slutsky 정리]

확률변수 $X_n, n=1,2,\cdots$이 실수 c로 확률수렴하고, $Y_n, n=1,2,\cdots$이 확률변수 Y로 분포수렴하는 경우에 다음이 성립한다. (즉 $X_n \xrightarrow{p} c,\ Y_n \xrightarrow{d} Y$)

(a) $X_n + Y_n \xrightarrow{d} c + Y$ (b) $X_n - Y_n \xrightarrow{d} c - Y$

(c) $X_n Y_n \xrightarrow{d} cY$ (d) $\dfrac{Y_n}{X_n} \xrightarrow{d} \dfrac{Y}{c}$, 단 $c \neq 0$.

6.3 중심극한정리

모집단의 확률분포에 상관없이 랜덤샘플의 표본평균을 표준화하면 자료의 수가 증가할 때 표준정규분포에 가까워진다는 것이 **중심극한정리**(central limit theorem)이다.

정리 6.5 [중심극한정리]

$X_1, X_2, \cdots, X_n$이 기댓값 μ, 분산 σ^2인 확률분포부터의 랜덤샘플이다. $S_n = \sum_{i=1}^{n} X_i$이라고 할 때 다음이 성립한다.

$$Z_n = \frac{S_n - n\mu}{\sqrt{n}\sigma} = \frac{(\overline{X} - \mu)}{\sigma / \sqrt{n}} \quad \xrightarrow{d} \quad N(0,1)$$

즉 $\Phi(x)$를 표준정규분포의 누적분포함수라고 할 때, 다음 결과를 얻을 수 있다.

$$\lim_{n \to \infty} P\left(\frac{S_n - n\mu}{\sqrt{n}\sigma} \le x\right) = P(N(0,1) \le x) = \Phi(x).$$

증명

Z_n의 적률생성함수 $M_{Z_n}(t)$는 다음과 같이 나타낼 수 있다.

$$\begin{aligned} M_{Z_n}(t) &= E\left(e^{\frac{t}{\sqrt{n}} \sum_{i=1}^{n} \frac{(X_i - \mu)}{\sigma}}\right) = E\left(e^{\sum_{i=1}^{n} \frac{t}{\sqrt{n}} Y_i}\right) = \left[E\left(e^{\frac{t}{\sqrt{n}} Y}\right)\right]^n \\ &= \left[M_Y\left(\frac{t}{\sqrt{n}}\right)\right]^n \qquad (6.1) \end{aligned}$$

위 식에서 $Y_i = \dfrac{X_i - \mu}{\sigma}$이고, Y는 Y_i들 가운데 하나이며, M_Y는 Y의 적률생성함수이다. $M_Y(s)$를 0을 중심으로 테일러 전개하면 다음과 같다.

$$M_Y(s) = M_Y(0) + M_Y{}'(0)s + \frac{1}{2} M_Y{}''(0)s^2 + \sum_{k=3}^{\infty} \frac{1}{k!} M_Y{}^{(k)}(0)s^k.$$

적률생성함수의 성질에 의하여 $M_Y(0) = 1$, $M_Y{}'(0) = E(Y) = 0$, $M_Y{}''(0) = E(Y^2) = 1$이므로 다음이 성립한다.

$$M_Y(s) = 1 + \frac{1}{2}s^2 + \sum_{k=3}^{\infty} \frac{1}{k!} M_Y{}^{(k)}(0)s^k$$

이를 식 (6.1)에 대입하면 Z_n의 적률생성함수를 다음과 같이 나타낼 수 있다.

$$M_{Z_n}(t) = \left[1+\frac{1}{2}\left(\frac{t}{\sqrt{n}}\right)^2 + \sum_{k=3}^{\infty}\frac{1}{k!}M_Y{}^{(k)}(0)\left(\frac{t}{\sqrt{n}}\right)^k\right]^n$$

$$= \left[1+\frac{1}{n}\left(\frac{1}{2}t^2 + \sum_{k=3}^{\infty}\frac{1}{k!}M_Y{}^{(k)}(0)\frac{t^k}{n^{k/2-1}}\right)\right]^n.$$

한편 $\lim_{n\to\infty} a_n = a$일 때 $\lim_{n\to\infty}\left(1+\frac{a_n}{n}\right)^n = e^a$이므로 Z_n의 적률생성함수의 극한은 다음과 같다.

$$M_{Z_n}(t) \quad \to \quad e^{\frac{t^2}{2}}$$

$e^{\frac{t^2}{2}}$은 표준정규분포의 적률생성함수이므로 $Z_n \ \xrightarrow{d}\ N(0,1)$이다. ◀

중심극한정리는 서로 독립이며 같은 분포를 가지는 확률변수의 합을 표준화하면 정규분포에 가까이 간다는 것을 말해 주고 있다. 즉 같은 분포를 가지며 독립인 n개의 확률변수의 합의 형태로 표현될 수 있는 것은 기댓값 0, 분산 1이 되도록 표준화하였을 때 표준정규분포에 수렴함을 알 수 있다. 이러한 사항은 모집단의 분포가 무엇이든 상관없이 성립하며, 연속형 확률분포가 아닌 경우에도 성립한다. 예를 들어 이항분포는 베르누이 분포의 합으로 나타낼 수 있으므로 이항분포를 따르는 확률변수를 표준화하면 시행 횟수가 증가할 때 표준정규분포로 수렴한다. 즉 $X_n \sim B(n,p)$이고 Y_i는 서로 독립이며 $Bernoulli(p)$를 따르는 확률변수일 때 $X_n = Y_1 + Y_2 + \cdots + Y_n$이므로 다음이 성립한다.

$$\frac{X_n - np}{\sqrt{np(1-p)}} \quad \xrightarrow{d} \quad N(0,1)$$

또한 앞에서 다룬 예 6.6도 중심극한정리로 설명할 수 있다. $X_n \sim Poisson(\lambda_n)$인 확률변수 X_n은 예 4.17에 의하여 포아송분포를 따르는 확률변수의 합으로 표현할 수 있다. 즉 $Y_i \sim Poisson\left(\frac{\lambda_n}{n}\right)$라고 하고, $X_n = Y_1 + Y_2 + \cdots + Y_n$이라고 나타낼 수 있다. 따라서 $\frac{\lambda_n}{n}$이 어느 정도 일정한 수준을 유지하면 중심극한정리에 의하여 X_n을 표준화한 것은 표준정규분포에 수렴하게 된다.

예 6.8

$X \sim B(100, 0.5)$일 때 $P(X \geq 60)$의 근삿값을 구하여라.

풀이

앞에서 설명한 것과 같이 이항분포를 표준화한 것은 시행횟수가 커질 때 표준정규분포에 수렴하게 된다. X의 기댓값은 50이고 분산은 25이므로 $\dfrac{X-50}{\sqrt{25}}$은 표준정규분포에 가깝게 된다. 따라서 다음 결과를 얻을 수 있다.

$$P(X \geq 60) = P\left(\frac{X-50}{\sqrt{25}} \geq \frac{60-50}{\sqrt{25}}\right) \approx P(N(0,1) \geq 2) = 0.0228.$$

6.4 R을 이용한 실습

이 절에서는 R을 활용해서 모집단의 분포와 상관없이 중심극한정리가 성립하는 것을 모의실험을 통해 살펴보기로 한다.

예 6.9

구간 $(0,1)$에서 균일분포를 따르는 랜덤샘플 $X_1, X_2, \cdots, X_{100}$을 500회 생성하여 표본평균의 표본분포가 중심극한정리에 부합하는지 R을 이용하여 확인하여라.

풀이

모집단이 $Uniform(0,1)$의 기댓값이 $\dfrac{1}{2}$, 분산이 $\dfrac{1}{12}$임을 기억하고, 다음과 같이 R 프로그램을 작성하면 결과를 얻을 수 있다.

R 명령문 및 결과

```
> z<-numeric(500)
> ndata<-100; mu<-1/2; sigma2<-1/12
> for(i in 1:length(z)) {
+   x<-runif(ndata, 0, 1)
+   z[i]<-sqrt(ndata)*(mean(x)-mu)/sqrt(sigma2)
```

```
❻ + }
❼ > hist(z, prob=T, main="CLT of Uniform Distribution")
❽ > curve(dnorm(x, 0, 1), add=T, col=2, lwd=2)
❾
```

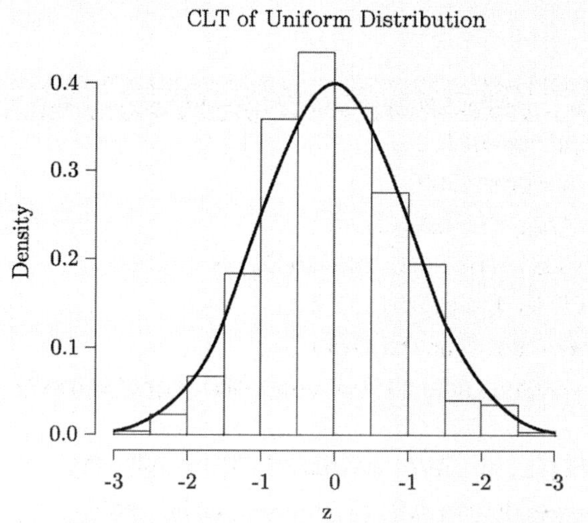

해설

❶ `numeric` 함수를 이용해 숫자 0으로 이루어진 길이가 500인 벡터를 생성한다.

❷ 자료수(`ndata`), 평균(`mu`)과 분산(`sigma2`) 값들을 각각 저장한다.

❸ `for` 함수를 이용한 반복문의 시작. `z`벡터의 길이에 해당되는 500번의 반복문을 실행한다.

❹ $U(0,1)$을 따르는 난수 100개를 생성한다.

❺ 생성된 난수들의 평균을 표준화한 것을 `z`벡터의 `i`번째 값으로서 입력한다.

❻ `for` 함수를 이용한 반복문의 종료를 뜻한다.

❼ 총 500개의 표본평균을 표준화한 값들을 이용해서 히스토그램을 작성한다.

❽ 중심극한정리를 만족하는지 확인하기 위해서 표준정규분포의 확률밀도함수를 `dnorm` 함수를 통해 생성한다. 이를 `curve` 함수를 이용해 히스토그램 위에 덧붙인다.

❾ 히스토그램이 표준정규분포의 확률밀도함수에 가까운 것을 보면 중심극한정리의 내용이 타당함을 유추할 수 있다.

다음의 예는 표본 크기의 변화에 따른 중심극한정리의 성립을 확인해 보고자 하는 것이다.

예 6.10

구간 (0,1)에서 균일분포를 따르는 모집단에서 표본의 크기가 각각 10, 100, 1000개인 랜덤샘플의 경우에 중심극한정리에 부합하는 정도를 R을 이용하여 확인하여라.

풀이

R 명령문 및 결과

```
❶ > par(mfrow=c(1,3))
❷ > z<- numeric(500)
❸ > mu<-1/2; sigma2<-1/12
❹ > for(ndata in c(10,100,1000)) {
❺ + for(i in 1:length(z)) {
❻ +    x<-runif(ndata,0,1)
❼ + z[i]<-sqrt(ndata)*(mean(x)-mu)/sqrt(sigma2)
❽ +        }
❾ +   hist(z, prob=T, main=c("균일분포 n=",j))
❿ +   curve(dnorm(x,0,1), add=T, col="red")
⓫ +  }
⓬
```

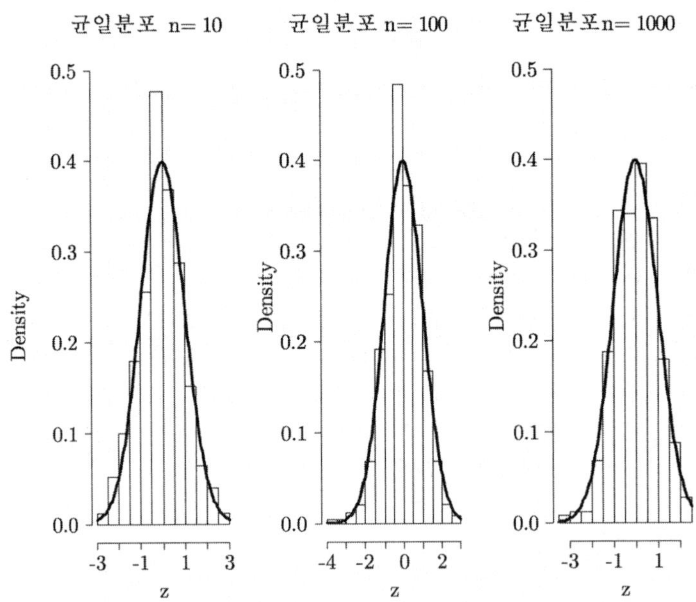

해설

❶ par 함수의 mfrow 옵션을 통해, 생성될 graphic output들이 1행 3열의 형태로 출력되도록 설정한다.

❷ 길이가 500인 z벡터를 생성한다. for문 안에서 계산될 z벡터의 원소들을 저장하기 위해 미리 저장 공간을 만들어 둔 것이라고 생각하면 된다.
❸ 균일분포의 평균(mu)과 분산(sigma2) 값들을 각각 저장한다.
❹ 데이터 개수(ndata)가 10, 100, 1000인 경우의 반복문을 실행한다.
❺ i가 1, 2, ⋯, 500인 경우의 반복문을 실행한다.
❻ $U(0,1)$을 따르는 ndata개의 난수를 생성한다.
❼ 생성된 난수 x들을 표준화한 값을 z벡터의 i번째 원소로서 입력한다.
❽ index i에 대한 반복문을 종료한다.
❾ 표준화된 z벡터 값들에 대한 히스토그램을 작성한다.
❿ 표준정규분포의 확률밀도함수를 curve 함수를 이용해 덧붙인다.
⓫ index ndata에 대한 반복문을 종료한다.
⓬ 표본의 크기가 커질수록 히스토그램이 표준정규분포의 확률밀도함수에 더욱 근사한 분포를 보이는 것을 알 수 있다. 즉 중심극한정리의 타당함을 확인할 수 있다.

예 6.11

이항분포 $B\left(6, \dfrac{1}{6}\right)$을 따르는 랜덤샘플 $X_1, X_2, \cdots, X_{100}$을 반복 생성하여 표본평균의 분포가 중심극한정리에 부합하는지 R을 이용하여 확인하여라.

풀이

R 명령문 및 결과

```
> zn<-numeric(300)
> for(i in 1:300) {
+    y<-rbinom(100, 6, 1/6)
+    zn[i]<-sqrt(100)*(mean(y)-1)/sqrt(5/6)
+ }
> hist(zn, prob=T, ylim=c(0,0.5), main="CLT of Binomial")
+ curve(dnorm(x,0,1), add=T, col=2)
```

❽

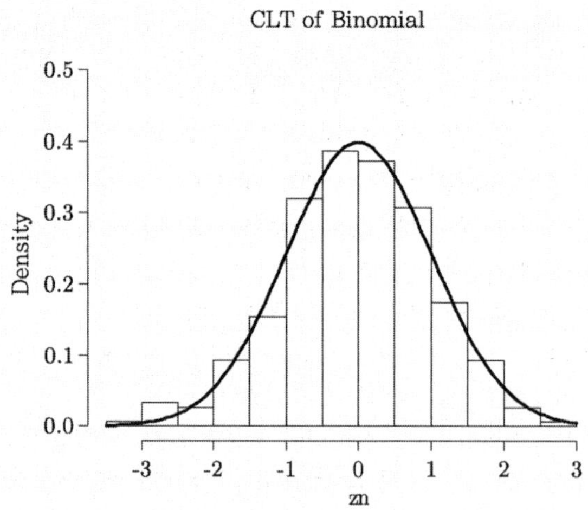

해설

❶	길이가 300인 zn벡터를 생성한다.
❷	i가 1,2,…,300인 경우의 반복문을 실행한다.
❸	이항분포 $B(6,1/6)$을 따르는 난수 100개를 생성한다.
❹	랜덤샘플들의 표준화된 값을 zn벡터의 i번째 원소로서 입력한다.
❺	반복문을 종료한다.
❻	zn벡터를 이용해 히스토크램을 생성한다.
❼	표준정규분포의 확률밀도함수를 덧붙인다.
❽	히스토그램과 표준정규분포의 확률밀도함수를 보면 두 분포 형태가 매우 유사함을 확인할 수 있다.

예 6.12

평균이 3인 지수분포를 따르는 랜덤샘플 $X_1, X_2, \cdots, X_{150}$의 표본평균의 표본분포가 중심극한정리에 부합하는지 R을 이용하여 살펴보아라.

풀이

R 명령문 및 결과

```
❶ > q<-numeric(500)
❷ > for(i in 1:500) {
❸ +   y<-rexp(150, 1/3)
```

```
❹  +   q[i]<-sqrt(150)*(mean(y)-3)/sqrt(9)
❺  + }
❻  > hist(q, prob=T, main="CLT of Exp")
❼  > curve(dnorm(x,0,1), add=T, col=2)
```

❽

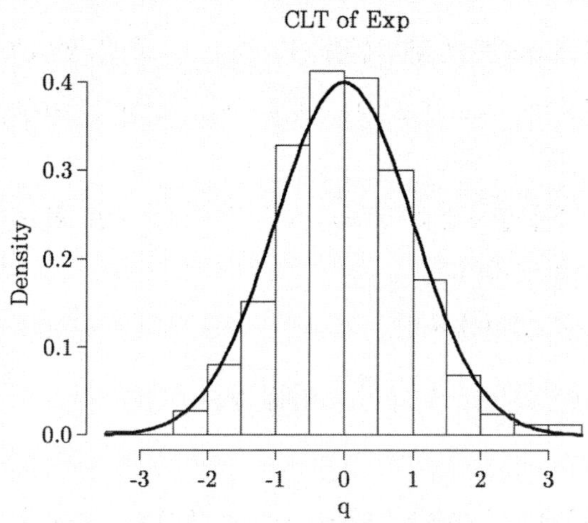

해설

❶ 길이가 500인 벡터를 생성한다.

❷ 반복문을 실행한다.

❸ 지수분포 Exp(3)을 따르는 난수 150개를 생성한다.

❹ 랜덤샘플들의 표준화된 값을 q벡터에 입력한다.

❺ 반복문을 종료한다.

❻ q벡터의 원소들을 이용해 히스토그램을 생성한다.

❼ 표준정규분포의 확률밀도함수를 덧붙인다.

❽ 히스토그램과 표준정규본포의 확률밀도함수를 보면 두 분포 형태가 매우 유사함을 확인할 수 있다.

연습문제

1 $X_1, X_2, \cdots, X_n$이 평균이 θ인 지수분포로부터의 랜덤샘플일 때, 표본평균 $\overline{X}$의 극한분포를 설명하여라.

2 평균이 λ인 포아송분포로부터 랜덤샘플 $X_1, X_2, \cdots, X_n$을 얻었을 때, 표본의 크기 n이 커짐에 따라 표본평균 $\overline{X}$가 모평균 λ로 확률수렴함을 보여라.

3 $X_1, X_2, \ldots, X_n$이 확률밀도함수 $f(x) = e^{-x+\theta}$, $x \geq 1$인 확률분포로부터의 랜덤샘플일 때 다음 물음에 답하여라.

(a) $\overline{X}$의 극한분포를 설명하여라.

(b) 최솟값을 $X_{(1)}$라 할 때, $X_{(n)} \xrightarrow{p} \theta$임을 보여라.

4 확률변수 X_i의 기댓값이 각각 $E(X_i) = \mu$, 분산이 $Var(X_i) = \sigma_i^2$이라고 하고, $X_1, X_2, \cdots, X_n$이 서로 독립이라고 하자. $\lim_{n \to \infty} n^{-2} \sum_{i=1}^{n} \sigma_i^2 = 0$이면 $\overline{X}$가 μ로 확률수렴함을 보여라.

5 $X_1, X_2, \ldots, X_n$이 $Uniform(0,1)$으로부터의 랜덤샘플일 때, 기하평균을 $Z_n = (\Pi_{i=1}^{n} X_i)^{1/n}$이라 하면 $Z_n \xrightarrow{p} c$가 성립한다. c값을 구하여라.

6 $X_1, X_2, \ldots, X_n$이 $Uniform(\theta, 1)$으로부터의 랜덤샘플이고 $Y_n = n(X_{(1)} - \theta)$일 때, 다음 물음에 답하여라.

(a) $Y_n = n(X_{(1)} - \theta)$의 누적분포함수를 구하여라.

(b) $Y_n = n(X_{(1)} - \theta)$이 분포수렴하는 극한을 구하여라.

7 $X_1, X_2, \cdots, X_n$이 $Uniform(-\theta, \theta)$로부터의 랜덤샘플일 때 다음 물음에 답하여라.

(a) $n(\theta - \max_{1 \leq i \leq n}|X_i|)$이 분포수렴하는 극한을 구하여라.

(b) $n(\min_{1 \leq i \leq n}|X_i|)$이 분포수렴하는 극한을 구하여라.

8 $X \sim B(n,p)$이고 $np = \lambda$일 때 적률생성함수를 이용하여 n이 커질 때 X의 확률분포는 $Poisson(\lambda)$로 분포수렴함을 보여라.

9 $X_1, X_2, \ldots, X_n$이 확률밀도함수가 $f(x) = 2x,\ 0 < x < 1$인 확률분포로부터의 랜덤샘플일 때, $Y_n = \sqrt{n}\,X_{(1)}$의 극한분포를 구하려 한다.

(a) $P\left(X_{(1)} \le \dfrac{y}{\sqrt{n}}\right)$를 구하여라.

(b) $Y_n = \sqrt{n}\,X_{(1)}$이 분포수렴하는 극한을 구하여라.

10 $X_1, X_2, \cdots, X_{450}$이 확률밀도함수 $f(x) = 2x,\ \ 0 < x < 1$인 확률분포로부터의 랜덤샘플일 때 $P(\sum_{i=1}^{450} X_i > 295)$의 근삿값을 구하여라.

11 $X_1, X_2, \cdots, X_{40}$은 독립이며 평균이 $\lambda = 1$인 포아송분포를 따르는 확률변수들이다. $P(\sum_{i=1}^{40} X_i > 15)$의 근삿값을 구하여라.

12 $X_1, X_2, \cdots, X_{30}$은 $f(x) = 2x,\ 0 \le x \le 1$인 확률밀도함수를 갖는 랜덤샘플이고 $S = \sum_{i=1}^{30} X_i$라고 할 때, 중심극한정리를 이용하여 $P(S \le 10)$의 근삿값을 구하여라.

13 X는 성공 확률이 p인 베르누이 시행에서 r번째 성공까지의 시행횟수를 나타내는 음이항분포를 따르는 확률변수이다. r이 커질 때 $\dfrac{pX - r}{\sqrt{r(1-p)}}$이 표준정규분포로 분포수렴하는 이유를 설명하여라.

14 $X_n \sim \text{Gamma}(n, 1/\lambda)$일 때 다음 물음에 답하여라.

(a) $Y_n = aX_n + b$이라 할 때, Y_n의 기댓값이 0이고 표준편차가 1이 되도록 하는 상수 a와 b를 구하여라.

(b) 위에서 정의한 Y_n은 n이 커질 때 표준정규분포에 분포수렴하는 이유를 설명하여라.

15 $X_1, X_2, \cdots, X_n$이 $N(\mu, \sigma^2)$로부터의 랜덤샘플일 때 다음 물음에 답하여라.

(a) $S^2 = \dfrac{1}{n-1}\sum_{i=1}^{n}(X_i - \overline{X})^2$의 적률생성함수를 구하여라.

(b) 위 결과를 이용하여 표본의 크기 n이 커질 때 S^2의 극한을 구하여라.

16 $X_1, X_2, \cdots, X_n$과 $Y_1, Y_2, \cdots, Y_n$은 각각 평균이 μ_1, μ_2이고 분산은 σ_1^2, σ_2^2인 모집단으로부터의 랜덤샘플이고 서로 독립이라 할 때, 다음과 같이 정의된 확률변수 U_n의 극한분포를 구하여라.

$$U_n = \frac{(\overline{X} - \overline{Y}) - (\mu_1 - \mu_2)}{\sqrt{(\sigma_1^2 + \sigma_2^2)/n}}$$

17 누적분포함수가 $F(x)$인 연속형 확률분포로부터의 크기 n인 랜덤샘플 $X_1, X_2, \cdots, X_n$을 추출하였을 때, $Z_n = n[1 - F(X_{(n)})]$의 극한분포가 평균이 1인 지수분포가 됨을 설명하여라.

18 $Poisson(0.5)$를 따르는 랜덤샘플 $X_1, X_2, \cdots X_{200}$을 반복 생성하여 표본평균의 분포가 중심극한정리에 부합하는지 R을 이용하여 확인하여라.

19 R을 이용하여 $X \sim B(500, 0.9)$일 때, $P(X > 440)$의 근삿값을 구하고, 이항분포에서의 실제 값과 비교하여라.

제 7 장

모수의 추정 I

통계학의 주요한 목표는 관측된 자료를 이용하여 우리가 알고자 하는 대상을 규명하고자 하는 것이다. 예를 들어 우리나라 전체 국민의 소득을 알아보기 위해 1000명의 사람을 선택하여 이들의 소득을 조사하였을 때 관측된 자료는 선택된 1000명의 소득이 되며 우리가 알고자 하는 대상은 전체 국민의 소득이 된다. 이처럼 우리가 알고자 하는 대상을 **모집단**(population)이라고 한다. 모집단을 규명하기 위해 우리가 관측하는 자료는 일반적으로 모집단의 일부이며 이 자료를 **표본** 또는 **샘플**(sample)이라고 한다.

0장에서 설명한 것처럼 샘플을 이용하여 모집단에 대한 추론을 할 때 일반적으로 모집단의 모형이나 확률분포에 대한 가정을 하게 된다. 즉 모집단에 대한 가정 하에서 샘플을 이용하여 구체적인 모형이나 확률분포를 추측하게 된다. 예를 들어 전체 국민의 소득이 정규분포를 따른다고 가정하였을 때 정규분포는 모평균과 모분산에 따라 달라지므로 전체 국민 소득은 여러 정규분포 중의 하나가 될 것이다. 이때 1000명의 소득에 대한 샘플을 이용하여 모평균과 모분산을 추측함으로써 모집단에 대한 확률분포를 알아낼 수 있는 것이다. 모집단의 모형이나 확률분포에 대한 가정을 하였을 때 모집단의 구체적인 모형이나 확률분포를 결정지어 주는 값을 **모수**(parameter)라고 한다. 예를 들어 모집단이 정규분포를 따른다고 가정하였을 경우는 μ와 σ^2이 모수가 되며 모집단이 포아송분포를 따른다고 가정하였을 경우는 λ가 모수가 된다.

모집단의 모형이나 확률분포에 대한 가정을 하였을 때 모집단을 규명하는 문제는 모수를 추측하는 문제로 귀결될 수 있다. 모수에 대해 추측한다는 것은 모수의 값을 한 값으로 결정하는 것일 수도 있고 또는 모수의 값이 속할 가능성이 높은 어떤 구간을 정해 주는 것일 수도 있다. 또한 모수에 대한 몇 가지 가설 중 어느 가설이 타당한지 결정하는 것일 수도 있다. 이러한 것을 통계학에서는 **통계적 추론**(statistical inference)이라고 한다. 자료를 이용하여 모집단의 특성을 파악하는 통계학의 기본적인 목표는 자료를 이용하여 모수에 대해 추론을 하는 것으로 단순화될 수 있다. 이러한 단순화는 기본적으로 모집단에 대한 가정을 통해 이루어진 것이다. 만약 이러한 가정이 적절하지 않다면 추론을 통해 얻은 결론도 타당하지 않을 것이다.

자료를 이용하여 우리가 알고자 하는 모집단을 규명하는 일반적인 과정은 다음과 같이 나타낼 수 있다.

- 모집단의 모형이나 확률분포에 대한 가정을 한다.
- 자료를 이용하여 모집단의 모형이나 확률분포를 결정하는 모수에 대하여 추론을 한다.

예를 들어 앞에서 설명한 1000명의 소득을 이용하여 전체 국민의 소득을 규명하는 과정은 다음과 같이 나타낼 수 있다.

- 전체 국민의 소득은 평균 μ이고 분산이 σ^2인 정규분포를 따른다고 가정한다.
- 1000명의 소득을 이용하여 μ와 σ^2에 대하여 추론을 한다.

일반적으로 모집단의 확률분포는 확률밀도함수(확률질량함수)에 의하여 나타낼 수 있으며 이 확률밀도함수(확률질량함수)는 모수에 의하여 결정된다. 모수를 θ로 나타낼 때 확률밀도함수(확률질량함수)는 다음과 같이 나타낸다.

$$f(x|\theta)$$

자료를 이용하여 모집단을 규명하는 것은 모형화를 통하여 모수 θ에 대하여 추론하는 과정이라고 할 수 있다. 앞에서 언급한 바와 같이 통계적 추론에는 자료를 이용하여 모수를 추측하는 **추정**(estimation)과 모수에 대한 가설을 세우고 이 가설의 타당성을 판단하는 **가설검정**(hypothesis testing)이 있고, 추정에는 다시 모수를 한 값으로 추측하는 **점추정**(point estimation)과 모수가 속할 가능성이 높은 구간을 추측하는 **구간추정**(interval estimation)이 있다. 이 장에서는 통계적 추론에서 추정에 관해 살펴보도록 하자.

모수 θ를 하나의 값으로 추측한 것을 일반적으로 $\hat{\theta}$(theta hat)으로 나타내며 이를 **추정량**(estimator)이라고 한다. 추정량은 표본 $X_1, X_2, \cdots, X_n$에 의하여 결정되므로 추정량을 다음과 같이 나타내기도 한다.

$$\hat{\theta} = \hat{\theta}(X_1, X_2, \cdots, X_n)$$

표본을 관측하여 실제 자료를 얻고, 이 자료를 이용하여 구한 추정량의 값을 **추정값**(estimate)이라고 한다. 추정값을 $\hat{\theta}$으로 나타내기도 하는데, 이 경우는 $\hat{\theta} = \hat{\theta}(x_1, x_2, \cdots, x_n)$이 된다. 본 교재에서는 특별한 언급이 없는 한, $\hat{\theta}$은 추정량을 나타내는 것으로 한다.

7.1 최대가능도추정법

모수의 추정 방법으로 가장 널리 이용되는 방법이 **최대가능도추정법**(method of maximum likelihood estimation)이다. 최대가능도추정법은 기본적으로 확률밀도함수 또는 확률질량함수를 가장 크게 하는 θ의 값을 모수의 추정값으로 정하는 방법이다.

$X_1, X_2, \cdots, X_n$이 확률밀도함수(확률질량함수) $f(x|\theta)$를 갖는 모집단으로부터의 랜덤샘플이라 하자. 이때 $\boldsymbol{X} = (X_1, X_2, \cdots, X_n)$의 결합확률밀도함수는 다음과 같다.

$$f(\boldsymbol{x}|\theta) \;=\; f(x_1|\theta)f(x_2|\theta)\ \cdots\ f(x_n|\theta)$$

이 확률밀도함수는 주어진 θ에 대하여 $\boldsymbol{x}$를 관측할 확률밀도를 나타낸다. 확률밀도함수는 고정된 모수 θ의 값에서 $\boldsymbol{x}$의 함수라고 할 수 있다. 최대가능도추정법의 기본적인 아이디어는 이러한 관점에서 벗어나서 결합확률밀도함수를 모수 θ의 함수로 생각한다는 데 있다. 최대가능도추정법에서는 $\boldsymbol{X} = \boldsymbol{x}$를 관측한 후 $\boldsymbol{x}$는 고정되어 있는 것으로 생각하고 확률밀도함수 $f(\boldsymbol{x}|\theta)$를 θ의 함수로 간주하게 된다. 이처럼 확률밀도함수를 $\boldsymbol{x}$의 함수가 아닌 θ의 함수로 생각할 때 이를 **가능도함수**(likelihood function)라고 하며 $L(\theta)$로 나타낸다. 즉 가능도함수는 다음과 같다.

$$L(\theta) \;=\; f(x_1|\theta)f(x_2|\theta)\ \cdots\ f(x_n|\theta) \tag{7.1}$$

기본적으로 가능도함수는 결합확률밀도함수 또는 결합확률질량함수를 나타내지만 이 함수를 보는 관점이 $\boldsymbol{x}$의 함수가 아니라 θ의 함수로 간주한다는 데 차이점이 있다. 위 가능도함수 (7.1)을 최대로 하는 θ를 모수의 추정값으로 정하는 방법을 최대가능도추정법이라고 하며 이 추정값 $\hat{\theta}$를 **최대가능도추정량**(maximum likelihood estimator)이라고 한다. 즉 최대가능도추정량 $\hat{\theta}$는 다음과 같이 정의할 수 있다.

$$\hat{\theta} \;=\; \arg\max_{\theta} L(\theta)$$

위 식에서 $\arg\max_{\theta} L(\theta)$는 함수 $L(\theta)$를 최대로 하는 θ를 말한다.

예 7.1

모수 θ는 θ_1, θ_2 또는 θ_3 중 하나의 값을 갖는다고 한다. 각 모수의 값에서 이산형 확률변수 X의 확률분포가 다음과 같을 때 X를 이용하여 모수 θ의 최대가능도추정량을 구하여라.

x	1	2	3	4	5	6	7
$f(x\|\theta_1)$	0.4	0.2	0.1	0.1	0.1	0.05	0.05
$f(x\|\theta_2)$	0.05	0.05	0.1	0.1	0.2	0.2	0.3
$f(x\|\theta_3)$	0.2	0.1	0.2	0.15	0.15	0.1	0.1

풀이

최대가능도추정량은 각 관측값에서 가능도함수, 즉 확률질량함수를 최대로 하는 모수의 값이다. 예를 들어 관측값이 $X = 1$이라면 $f(1|\theta_1) = 0.4$, $f(1|\theta_2) = 0.05$, $f(1|\theta_3) = 0.2$이므로 θ_1에서 최대가 된다. 따라서 관측값이 $X = 1$일 때 θ의 최대가능도추정량은 $\hat{\theta} = \theta_1$이다. 마찬가지로 $X = x$일 때 최대가능도추정량 $\hat{\theta}$는 $\theta_1, \theta_2, \theta_3$ 중에서 다음을 만족하는 θ이다.

$$f(x|\hat{\theta}) = \max(f(x|\theta_1), f(x|\theta_2), f(x|\theta_3))$$

각 관측 값에서 최대가능도추정량을 구하면 다음과 같다.

x	1	2	3	4	5	6	7
$\hat{\theta}$	θ_1	θ_1	θ_3	θ_3	θ_2	θ_2	θ_2

일반적으로 가능도함수 $L(\theta)$를 최대로 하는 θ를 구하는 것보다 가능도함수에 로그를 취한 **로그가능도함수**(log-likelihood function)를 최대로 하는 θ를 구하는 것이 편리한 경우가 많다. 로그함수는 증가함수이므로 가능도함수 $L(\theta)$와 로그가능도함수 $\log L(\theta)$를 최대로 하는 θ의 값은 같다. 따라서 가능도함수 $L(\theta)$ 대신에 $\log L(\theta)$를 이용하여 최대가능도추정량을 구할 수 있다. 일반적으로 로그가능도함수를 $l(\theta)$로 나타내며 최대가능도추정량은 다음과 같이 나타낼 수 있다.

$$\begin{aligned}\hat{\theta} &= \text{argmax}_\theta \log L(\theta) \\ &= \text{argmax}_\theta\, l(\theta) \\ &= \text{argmax}_\theta \sum_{i=1}^{n} \log f(x_i|\theta)\end{aligned}$$

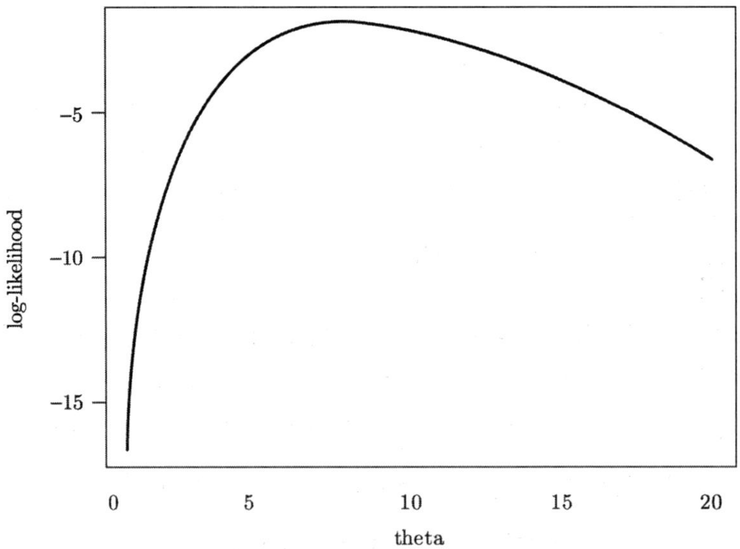

그림 7.1 로그가능도함수의 예

로그가능도함수는 일반적으로 오목함수(위로 볼록한 함수, concave function)이며 θ에 대해 미분 가능한 함수인 경우가 많다. [그림 7.1]은 전형적인 로그가능도함수의 한 예를 보여 주고 있다. 이 그림에서 주어진 로그가능도함수는 어느 점까지는 증가하고 그 이후로는 감소하는 위로 볼록한 형태를 보여 주고 있다. 일반적으로 두 번 미분한 함수의 값이 항상 음수일 때 이 함수는 오목함수가 된다. 오목함수는 함수를 최대로 하는 값이 하나 존재하며 이 함수가 미분 가능하면 미분한 값이 0이 되는 점에서 최대가 된다. 따라서 로그가능도함수를 최대로 하는 θ를 구하는 일반적인 방법은 $l(\theta)$를 미분한 값이 0이 되는 해를 구하는 것이다. 즉 θ의 최대가능도추정량 $\hat{\theta}$는 다음을 만족하는 해이다.

$$\frac{d}{d\theta}l(\theta) = 0$$

예 7.2

$X_1, X_2, \cdots, X_n$이 $Bernoulli(\theta)$로부터의 랜덤샘플일 때 θ의 최대가능도추정량을 구하여라.

풀이

$X_1, X_2, \cdots, X_n$에 대한 로그가능도함수는 다음과 같다.

$$l(\theta) = \sum_{i=1}^{n} \log f(x_i|\theta) = \sum_{i=1}^{n} (x_i \log\theta + (1-x_i)\log(1-\theta))$$

$$= (\log\theta)\sum_{i=}^{n} x_i + (\log(1-\theta))\sum_{i=1}^{n}(1-x_i)$$

이 함수를 θ에 대해 미분하면 다음을 얻을 수 있다.

$$\frac{d}{d\theta}l(\theta) = \frac{\sum_{i=1}^{n} x_i}{\theta} - \frac{n-\sum_{i=1}^{n} x_i}{1-\theta} \tag{7.2}$$

$$\frac{d^2}{d\theta^2}l(\theta) = -\frac{\sum_{i=1}^{n} x_i}{\theta^2} - \frac{n-\sum_{i=1}^{n} x_i}{(1-\theta)^2} \tag{7.3}$$

식 (7.3)으로부터 $\frac{d^2}{d\theta^2}l(\theta) < 0$임을 알 수 있으며 이는 로그가능도함수 $l(\theta)$가 오목함수(concave function)임을 나타낸다. 따라서 최대가능도추정량 $\hat{\theta}$는 $\frac{d}{d\theta}l(\theta) = 0$을 만족하는 해이다. 식 (7.2)로부터 θ의 최대가능도추정량은 $\hat{\theta} = \overline{X}$ 이다.

예 7.3

$X_1, X_2, \cdots, X_n$이 $Poisson(\theta)$로부터의 랜덤샘플일 때 θ의 최대가능도추정량을 구하여라.

풀이

$X_1, X_2, \cdots, X_n$에 대한 로그가능도함수는 다음과 같다.

$$l(\theta) = \sum_{i=1}^{n} \log f(x_i|\theta) = \sum_{i=1}^{n}(x_i \log\theta - \theta - \log(x_i!))$$

$$= \log\theta\sum_{i=}^{n} x_i - n\theta - \sum_{i=1}^{n}\log(x_i!)$$

이 함수를 θ에 대해 미분하면 다음을 얻을 수 있다.

$$\frac{d}{d\theta} l(\theta) = \frac{\sum_{i=1}^{n} x_i}{\theta} - n$$

$$\frac{d^2}{d\theta^2} l(\theta) = -\frac{\sum_{i=1}^{n} x_i}{\theta^2}$$

따라서 로그가능도함수는 오목함수임을 확인할 수 있다. 그러므로 θ의 최대가능도 추정량은 $\frac{d}{d\theta} l(\theta) = 0$을 만족하는 해, $\hat{\theta} = \overline{X}$ 이다.

예 7.4

$X_1, X_2, \cdots, X_n$이 확률밀도함수 $f(x|\theta) = \frac{1}{2\theta} e^{-\frac{|x|}{\theta}}, \quad -\infty < x < \infty$를 따르는 랜덤샘플일 때 θ의 최대가능도추정량을 구하여라.

풀이

$X_1, X_2, \cdots, X_n$에 대한 로그가능도함수는 다음과 같으며

$$l(\theta) = -n\log(2\theta) - \frac{\sum_{i=1}^{n} |x_i|}{\theta},$$

이를 미분한 함수는 다음과 같다.

$$\frac{d}{d\theta} l(\theta) = -\frac{n}{\theta} + \frac{\sum_{i=1}^{n} |x_i|}{\theta^2}$$

따라서 최대가능도추정량은 $\frac{d}{d\theta} l(\theta) = 0$을 만족하는 해, $\hat{\theta} = \frac{1}{n}\sum_{i=1}^{n} |X_i|$이다.

모수가 θ_1, θ_2 두 개인 경우는 모수가 한 개일 때 사용한 방법을 확장하여 최대가능도추정량을 구할 수 있다. 로그가능도함수 $l(\theta_1, \theta_2)$가 미분 가능하고 오목함수일 때 로

그가능도함수를 최대로 하는 θ_1과 θ_2는 $l(\theta_1, \theta_2)$를 θ_1과 θ_2로 미분한 값이 0이 되는 해이다. $l(\theta_1, \theta_2)$가 오목함수인지 판단하는 한 가지 방법은 로그가능도함수를 두 번 미분한 행렬이 음의 정부호 행렬(negative definite matrix)[8]인지 확인하는 것이다.

$$\begin{pmatrix} \frac{d^2}{d\theta_1^2} l(\theta_1, \theta_2) & \frac{d^2}{d\theta_1 d\theta_2} l(\theta_1, \theta_2) \\ \frac{d^2}{d\theta_2 d\theta_1} l(\theta_1, \theta_2) & \frac{d^2}{d\theta_2^2} l(\theta_1, \theta_2) \end{pmatrix}$$

모든 로그가능도함수가 그러한 것은 아니지만 대부분의 로그가능도함수는 미분 가능하며 오목함수이다. 따라서 로그가능도함수를 최대로 하는 θ_1과 θ_2를 구하는 일반적인 방법은 $l(\theta_1, \theta_2)$를 미분한 값이 0이 되는 해를 구하는 것이다. 즉 θ_1과 θ_2의 최대가능도추정량 $\hat{\theta}_1$과 $\hat{\theta}_2$은 다음을 만족하는 해이다.

$$\frac{d}{d\theta_1} l(\theta_1, \theta_2) = 0$$

$$\frac{d}{d\theta_2} l(\theta_1, \theta_2) = 0$$

다음 예는 모수가 두 개인 정규분포의 최대가능도추정량을 구하는 방법을 보여 주고 있다.

예 7.5

$X_1, X_2, \cdots, X_n$이 $N(\mu, \sigma^2)$으로부터의 랜덤샘플일 때 $\theta = (\mu, \sigma^2)$의 최대가능도추정량을 구하여라.

풀이

$X_1, X_2, \cdots, X_n$의 결합확률밀도함수는 다음과 같으므로

$$\prod_{i=1}^{n} \frac{1}{\sqrt{2\pi\sigma^2}} e^{\frac{-(x_i-\mu)^2}{2\sigma^2}} = \left(\frac{1}{2\pi\sigma^2}\right)^{\frac{n}{2}} e^{-\frac{1}{2\sigma^2}\sum_{i=1}^{n}(x_i-\mu)^2}$$

8) 음의 정부호 행렬은 실수의 음수에 해당하는 개념으로 0이 아닌 모든 벡터 x에 대하여 $x^t Ax < 0$일 때 행렬 A를 음의 정부호 행렬이라고 한다.

로그가능도함수는 다음과 같다.

$$l(\mu, \sigma^2) = -\frac{n}{2}\log(2\pi\sigma^2) - \frac{1}{2\sigma^2}\sum_{i=1}^{n}(x_i - \mu)^2$$

로그가능도함수를 μ와 σ^2에 대해 미분하면 다음을 얻을 수 있다.

$$\frac{d}{d\mu}l(\mu, \sigma^2) = \sum_{i=1}^{n}\frac{(x_i - \mu)}{\sigma^2}$$

$$\frac{d}{d\sigma^2}l(\mu, \sigma^2) = -\frac{n}{2\sigma^2} + \frac{\sum_{i=1}^{n}(x_i - \mu)^2}{2(\sigma^2)^2}$$

한 가지 주의할 사항은 위의 로그가능도함수를 미분할 때 σ^2을 하나의 문자로 간주하여 미분하여야 한다. μ와 σ^2의 최대가능도추정량은 $\frac{d}{d\mu}l(\mu, \sigma^2) = 0$과 $\frac{d}{d\sigma^2}l(\mu, \sigma^2) = 0$을 만족하는 해이므로 다음과 같다.

$$\hat{\mu} = \overline{X}, \quad \widehat{\sigma^2} = \frac{1}{n}\sum_{i=1}^{n}(X_i - \overline{X})^2$$

지금까지는 가능도함수가 미분 가능한 경우를 다루었다. 따라서 미분을 통하여 최대가능도추정량을 구할 수 있었다. 그러나 모든 가능도함수가 미분 가능하지는 않다. 다음은 가능도함수가 미분 가능하지 않은 예를 보여 주고 있다.

예 7.6

$X_1, X_2, \cdots, X_n$이 확률밀도함수 $f(x|\theta) = \exp(-(x-\theta)),\ x \geq \theta$를 갖는 랜덤샘플일 때 θ의 최대가능도추정량을 구하여라.

풀이

$X_1, X_2, \cdots, X_n$의 확률밀도함수는 다음과 같다.

$$\begin{aligned} f(x_1, x_2, \cdots, x_n|\theta) &= e^{-(x_1-\theta)} e^{-(x_2-\theta)} \cdots e^{-(x_n-\theta)} \\ &\quad \times I(x_1 \geq \theta) I(x_2 \geq \theta) \cdots I(x_n \geq \theta) \\ &= e^{-(x_1-\theta)} e^{-(x_2-\theta)} \cdots e^{-(x_n-\theta)} I(x_{(1)} \geq \theta) \end{aligned}$$

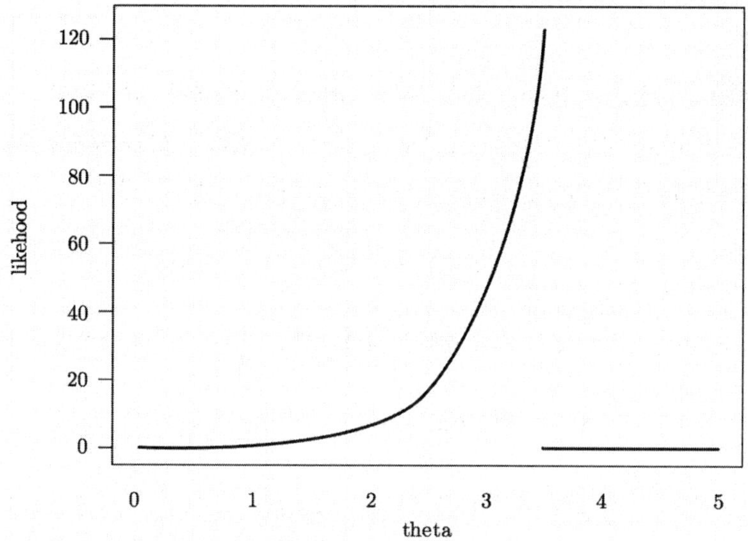

그림 7.2 미분 가능하지 않은 가능도함수의 예

이를 θ의 함수로 나타낸 가능도함수는 [그림 7.2]와 같은 형태를 가진다. 이 가능도함수는 $\theta \leq x_{(1)}$인 영역에서는 증가함수이고 $\theta > x_{(1)}$인 영역에서는 0의 값을 가지므로 $\theta = x_{(1)}$에서 최대가 된다. 따라서 θ의 최대가능도추정량은 $\hat{\theta} = x_{(1)}$이다.

최대가능도추정량이 가지는 성질 중의 하나는 변환된 모수의 최대가능도추정량은 원래 모수의 최대가능도추정량을 그대로 변환하면 된다는 사실이다. 즉 θ의 최대가능도추정량을 $\hat{\theta}$라고 할 때 $h(\theta)$의 최대가능도추정량은 $h(\hat{\theta})$가 된다. 즉 최대가능도추정법에 의한 추정량은 다음 관계가 성립된다.

$$\widehat{h(\theta)} = h(\hat{\theta})$$

예를 들어 θ의 최대가능도추정량이 $\overline{X}$라면 θ^2의 최대가능도추정량은 $(\overline{X})^2$이 된다. 적률추정법에 의한 추정량은 이러한 성질을 가지고 있지 않다.

정리 7.1 [invariance property]

θ의 최대가능도추정량이 $\hat{\theta}$일 때 $h(\theta)$의 최대가능도추정량은 $h(\hat{\theta})$이다.

증명

여기서는 증명을 간단히 하기 위해 $h(\theta)$가 일대일 함수라고 가정을 하겠다. $\eta = h(\theta)$라고 하면 θ는 $h^{-1}(\eta)$로 나타낼 수 있다. 로그가능도함수를 η로 나타낸 함수를 $m(\eta)$라고 할 때 $m(\eta)$는 다음과 같이 나타낼 수 있다.

$$m(\eta) = l(\theta) = l(h^{-1}(\eta))$$

η의 최대가능도추정량은 $m(\eta)$를 최대로 하는 η이므로 $\hat{\eta}$는 다음과 같다.

$$\hat{\eta} = \arg\max_{\eta} m(\eta) = \arg\max_{\eta} l(h^{-1}(\eta))$$

한편 $l(\theta)$는 $\theta = \hat{\theta}$일 때 최대가 되므로 $m(\eta)$는 $h^{-1}(\eta) = \hat{\theta}$일 때 최대가 된다. 즉 $\eta = h(\hat{\theta})$일 때 $m(\eta)$는 최대가 된다. 따라서 η의 최대가능도추정량은 $h(\hat{\theta})$가 된다. $h(\theta)$가 일대일 함수가 아닌 경우는 $h^{-1}(\eta)$를 $h(\theta) = \eta$인 θ의 집합으로 간주하고 위의 증명 과정을 이용하면 $h(\theta)$의 최대가능도추정량이 $h(\hat{\theta})$임을 보일 수 있다. ◀

정리 7.1의 증명 과정은 예를 통해 살펴보면 이해가 빠를 것이다. $X_1, X_2, \cdots, X_n$이 $Poisson(\theta)$로부터의 랜덤샘플일 때 $\eta = \theta^2$의 최대가능도추정량을 구하는 문제를 생각하여 보자. 이에 대한 로그가능도함수는 다음과 같다.

$$l(\theta) = \log\theta \sum_{i=}^{n} x_i - n\theta - \sum_{i=1}^{n} \log(x_i!)$$

$\theta = \sqrt{\eta}$이므로 η의 함수로 나타낸 로그가능도함수 $m(\eta)$는 다음과 같다.

$$m(\eta) = \left(\frac{1}{2}\log\eta\right)\sum_{i=}^{n} x_i - n\sqrt{\eta} - \sum_{i=1}^{n} \log(x_i!)$$

η의 최대가능도추정량을 구하기 위해 $m(\eta)$를 미분하면 다음을 얻을 수 있다.

$$\frac{d}{d\eta}m(\eta) = \frac{\sum_{i=1}^{n} x_i}{2\eta} - \frac{n}{2\sqrt{\eta}}$$

위 식이 0이 될 때는 다음을 만족할 때이다.

$$\frac{1}{n}\sum_{i=1}^{n} x_i = \sqrt{\eta} \tag{7.4}$$

따라서 η의 최대가능도추정량은 다음과 같다.

$$\hat{\eta} = (\overline{X})^2$$

이는 $\hat{\theta} = \overline{X}$ 이므로 앞의 정리가 성립함을 확인할 수 있다. 이 예에서 $\theta = \sqrt{\eta}$이고 $\hat{\theta} = \overline{X}$ 이므로 위의 식 (7.4)는 정리 7.1의 증명에서 $\hat{\theta} = h^{-1}(\eta)$를 나타내는 식이라고 할 수 있다.

7.2 적률추정법

$X_1, X_2, \cdots, X_n$이 확률밀도함수 $f(x|\theta)$를 갖는 모집단으로부터의 랜덤샘플이라고 하자. 이때 $E(X_i^k)$를 모집단의 k차 적률 또는 k차 모적률이라고 하며 μ_k로 나타낸다. 자료 $X_1, X_2, \cdots, X_n$에 대한 X_i^k의 평균을 샘플의 k차 적률 또는 k차 샘플적률이라고 하며 $\overline{X^k}$로 나타낸다.

- k차 모적률(population moment): $\mu_k = E(X^k)$
- k차 샘플적률(sample moment): $\overline{X^k} = \frac{1}{n}\sum_{i=1}^{n} X_i^k$

모적률 μ_k는 모수 θ에 의하여 결정되므로 θ의 함수이다. 이 함수를 $h_k(\theta)$라고 할 때 모적률 μ_k는 다음과 같이 나타낼 수 있다.

$$\mu_k = h_k(\theta)$$

적률추정법의 기본적인 아이디어는 다음과 같이 설명할 수 있다. 대수의 법칙(정리 6.1)에 의하면 자료의 수가 증가하면 랜덤샘플로부터 구한 X_i^k의 평균은 모집단에서 X_i^k의 기댓값으로 수렴하게 된다. 즉 자료의 수가 증가함에 따라 샘플적률은 모적률에 수렴하게 된다.

$$\overline{X^k} = \frac{1}{n}\sum_{i=1}^{n} X_i^k \quad \xrightarrow{p} \quad E(X_i^k) = \mu_k$$

따라서 자료의 수가 충분히 크면 모적률과 샘플적률의 차이는 크지 않을 것으로 기대할 수 있다. 즉 $h_k(\theta) \approx \overline{X^k}$ 일 것이다. 이를 이용하여 θ를 추정하는 한 가지 방법은 다음 식을 만족하는 해를 θ의 추정값으로 정하는 것이다.

$$h_k(\theta) = \overline{X^k} \tag{7.5}$$

이를 **적률추정법**(method of moments estimation)이라고 하며 식 (7.5)를 만족하는 해 $\hat{\theta}$을 **적률추정량**(method of moment estimator)이라고 한다. 즉 적률추정량 $\hat{\theta}$는 아래의 식을 만족하게 된다.

$$h_k(\hat{\theta}) = \overline{X^k} \tag{7.6}$$

적률추정법에서 고려할 한 가지 사항은 몇 차 적률을 사용할 것인가의 문제이다. 일반적으로 k가 클수록 $Var(X^k)$는 커진다. 따라서 k의 값이 커질수록 샘플적률의 변동이 커지기 때문에 가능한 작은 k를 이용하는 것이 적절하다고 할 수 있다. 모수의 수가 하나인 경우는 대부분 1차 적률을 사용하여 모수를 추정하게 된다.

예 7.7

$X_1, X_2, \cdots, X_n$이 $Binomial(m, \theta)$로부터의 랜덤샘플일 때 θ의 적률추정량을 구하여라.

풀이

이항분포의 경우는 1차 모적률과 샘플적률을 이용하여 추정량을 구할 수 있다.

1차 모적률은 $\mu = m\theta$이고 1차 샘플적률은 표본평균이므로 적률추정법에 의하여 θ를 추정하는 식 (7.6)은 다음과 같이 나타낼 수 있다.

$$m\hat{\theta} = \overline{X}$$

따라서 적률추정량은 $\hat{\theta} = \frac{\overline{X}}{m}$이다.

예 7.8

$X_1, X_2, \cdots, X_n$이 $Poisson(\theta)$로부터의 랜덤샘플일 때 θ의 적률추정량을 구하여라.

풀이

포아송분포의 1차 모적률은 $\mu = \theta$이므로 θ를 추정하는 식은 다음과 같이 나타낼 수 있다.

$$\hat{\theta} = \overline{X}$$

따라서 적률추정량은 $\hat{\theta} = \overline{X}$이다.

예 7.9

$X_1, X_2, \cdots, X_n$이 $\text{Gamma}(2, \theta)$로부터의 랜덤샘플일 때 θ의 적률추정량을 구하여라.

풀이

$\text{Gamma}(2, \theta)$의 1차 모적률은 기댓값인 $\mu = 2\theta$이므로 θ를 추정하는 식은 다음과 같이 나타낼 수 있다.

$$2\hat{\theta} = \overline{X}$$

따라서 적률추정량은 $\hat{\theta} = \frac{\overline{X}}{2}$이다.

예 7.10

$X_1, X_2, \cdots, X_n$이 확률밀도함수 $f(x|\theta) = \exp(-(x-\theta)),\ x \geq \theta$를 갖는 랜덤샘플일 때 θ의 적률추정량을 구하여라.

풀이

θ의 적률추정량을 구하기 위해 1차 적률인 기댓값을 구하여 보면 다음과 같으므로

$$E(X) = \int_{\theta}^{\infty} xe^{-(x-\theta)}dx = \theta + \int_{\theta}^{\infty} (x-\theta)e^{-(x-\theta)}dx$$

$$= \theta + \int_{0}^{\infty} ye^{-y}dy = \theta + 1$$

적률추정량 $\hat{\theta}$를 구하는 식은 다음과 같다.

$$\hat{\theta} + 1 = \overline{X}$$

따라서 적률추정량은 $\hat{\theta} = \overline{X} - 1$이다.

위의 예에서 살펴본 것과 같이 모수가 1개인 경우는 일반적으로 1차 적률을 사용하여 모수를 추정하게 된다. 그러나 1차 모적률이 θ와 무관한 값이 나온다면 이를 이용하여 모수의 적률추정량을 구할 수 없다. 이러한 경우에는 2차 적률을 사용하여 추정량을 구할 수 있다. 예를 들어 $X_1, X_2, \cdots, X_n$이 확률밀도함수 $f(x|\theta) = \frac{1}{2\theta}e^{-\frac{|x|}{\theta}}$, $-\infty < x < \infty$를 갖는 랜덤샘플일 때 θ의 적률추정량을 구하여 보자. 이 확률분포의 기댓값은 $E(X) = 0$이므로 1차 적률을 사용하여 모수를 추정할 수 없다. 2차 모적률을 구하면 다음과 같으므로

$$E(X^2) = \int_{-\infty}^{\infty} \frac{x^2}{2\theta}e^{-\frac{|x|}{\theta}}dx = \int_{0}^{\infty} \frac{x^2}{\theta}e^{-\frac{x}{\theta}}dx$$

$$= \theta^2\int_{0}^{\infty} t^2e^{-t}dt \quad (\text{단 } t = \frac{x}{\theta})$$

$$= 2\theta^2$$

2차 적률을 이용하여 θ를 추정하는 식은 다음과 같이 나타낼 수 있다.

$$2\hat{\theta}^2 = \overline{X^2}$$

따라서 적률추정량은 $\hat{\theta} = \sqrt{\frac{1}{2n}\sum_{i=1}^{n} X_i^2}$ 이다.

지금까지는 모수의 수가 하나인 경우를 다루었다. 따라서 미지수 θ는 하나의 방정식 (7.6)으로부터 $\hat{\theta}$를 구할 수 있었다. 그러나 모수의 수가 두 개 이상이라면 미지수가 두 개 이상이라고 할 수 있으므로 모수를 추정하기 위해서는 모수의 수만큼 방정식을 필요로 한다. 확률분포의 모수가 $(\theta_1, \theta_2, \cdots, \theta_r)$로 r개인 경우를 생각하여 보자. 이때 추정해야 할 모수의 수는 r개이므로 $(\theta_1, \theta_2, \cdots, \theta_r)$를 추정하는 방정식은 r개가 필요하며 이는 1차부터 r차까지 적률을 사용하여 방정식을 세울 수 있다. 1차부터 r차까지 모적률은 모수 $(\theta_1, \theta_2, \cdots, \theta_r)$의 함수이다. 이 함수를 $h_1(\cdot), h_2(\cdot), \cdots, h_r(\cdot)$라고 할 때 모적률 $\mu_1, \mu_2, \cdots, \mu_r$은 다음과 같이 나타낼 수 있다.

$$\mu_1 = h_1(\theta_1, \theta_2, \cdots, \theta_r)$$

$$\mu_2 = h_2(\theta_1, \theta_2, \cdots, \theta_r)$$

$$\vdots$$

$$\mu_r = h_r(\theta_1, \theta_2, \cdots, \theta_r)$$

이 모적률이 1차부터 r차까지의 샘플적률과 같다고 놓은 방정식의 해가 적률추정량이 된다. 따라서 적률추정량 $\hat{\theta}_1, \hat{\theta}_2, \cdots, \hat{\theta}_r$은 다음 식을 만족하게 된다.

$$h_1(\hat{\theta}_1, \hat{\theta}_2, \cdots, \hat{\theta}_r) = \overline{X^1}$$

$$h_2(\hat{\theta}_1, \hat{\theta}_2, \cdots, \hat{\theta}_r) = \overline{X^2}$$

$$\vdots$$

$$h_r(\hat{\theta}_1, \hat{\theta}_2, \cdots, \hat{\theta}_r) = \overline{X^r}$$

예 7.11

$X_1, X_2, \cdots, X_n$이 $N(\mu, \sigma^2)$로부터의 랜덤샘플일 때 μ와 σ^2의 적률추정량을 구하여라.

풀이

정규분포는 모수가 $\theta_1 = \mu$, $\theta_2 = \sigma^2$로 2개인 경우이다. 정규분포의 1차와 2차 모적률을 구하면 다음과 같으므로

$$E(X) = \mu$$
$$E(X^2) = \mu^2 + \sigma^2$$

μ와 σ^2을 추정하는 방정식은 다음과 같다.

$$\hat{\mu} = \overline{X}$$
$$\widehat{\mu^2} + \widehat{\sigma^2} = \overline{X^2}$$

이로부터 μ와 σ^2의 적률추정량은 다음과 같다.

$$\hat{\mu} = \overline{X}$$
$$\widehat{\sigma^2} = \overline{X^2} - (\overline{X})^2 = \frac{1}{n}\sum_{i=1}^{n} X_i^2 - (\overline{X})^2 = \frac{1}{n}\sum_{i=1}^{n}(X_i - \overline{X})^2$$

예 7.12

$X_1, X_2, \cdots, X_n$이 Gamma$(\alpha, 1/\lambda)$로부터의 랜덤샘플일 때 α와 λ의 적률추정량을 구하여라.

풀이

감마분포의 1차와 2차 모적률을 구하면 다음과 같으므로

$$E(X) = \frac{\alpha}{\lambda}$$
$$E(X^2) = \frac{\alpha(\alpha+1)}{\lambda^2}$$

α와 λ를 추정하는 방정식은 다음과 같다.

$$\frac{\hat{\alpha}}{\hat{\lambda}} = \overline{X}$$

$$\frac{\hat{\alpha}(\hat{\alpha}+1)}{\hat{\lambda}^2} = \overline{X^2}$$

첫 번째 식으로부터 $\hat{\alpha} = \hat{\lambda}\overline{X}$이며, 이를 두 번째 식에 대입하면 다음을 얻을 수 있다.

$$(\overline{X})^2 + \frac{\overline{X}}{\hat{\lambda}} = \overline{X^2}$$

따라서 α와 λ의 적률추정량은 다음과 같다.

$$\hat{\lambda} = \frac{\overline{X}}{\overline{X^2} - (\overline{X})^2}$$

$$\hat{\alpha} = \frac{(\overline{X})^2}{\overline{X^2} - (\overline{X})^2}$$

적률추정법은 일반적으로 많이 이용되는 추정 방법은 아니다. 적률추정법은 모수의 추정 방법이 직관적이지만 추정량이 가지는 성질이 다른 추정 방법에 비해 우수하지 않을 수도 있기 때문이다. 예 7.10에서 $\theta > 0$임을 알고 있다고 하자. 이때 표본평균이 0.5라면 적률추정법에 의한 θ의 추정값은 $\hat{\theta} = \overline{X} - 1 = -0.5$이다. 이는 θ가 0보다 크다는 사실과 어긋난다.

7.3 추정량의 성질

모수 θ의 추정 방법은 여러 가지가 있을 수 있다. 중요한 문제는 여러 가지 추정법 중에서 최적의 추정 방법을 구하는 것이다. 최적의 추정량을 구하기 위해서는 먼저 추정량이 가지는 성질을 알아야 할 것이다.

정의 7.1

(i) $E(\hat{\theta}) = \theta$일 때 $\hat{\theta}$을 θ의 **비편향추정량**(unbiased estimator) 또는 **불편추정량**이라고 한다.

(ii) 표본의 크기 n이 증가함에 따라 $\hat{\theta} \xrightarrow{p} \theta$일 때 $\hat{\theta}$을 θ의 **일치추정량** (consistent estimator)이라고 한다.

θ의 추정량 $\hat{\theta}$에 대하여 $(E(\hat{\theta})-\theta)$를 $\hat{\theta}$의 **편향**(bias) 또는 **편차**라고 하고 $Bias(\hat{\theta})$으로 나타낸다. 비편향추정량은 편향이 0인 추정량을 말한다. 즉 추정량의 기댓값이 추정하는 모수의 값과 같을 때 비편향추정량이라고 한다. 일치추정량은 표본의 크기가 증가할 때 추정량이 모수의 값으로 수렴하는 추정량을 말한다. 일반적으로 비편향추정량이 일치추정량일 필요는 없으며, 일치추정량이 비편향추정량일 필요도 없다.

예 7.13

$X_1, X_2, \cdots, X_n$이 기댓값 μ, 분산 $\sigma^2>0$인 모집단으로부터의 랜덤샘플이라고 한다.

(a) X_1은 μ의 비편향추정량이지만 일치추정량은 아님을 보여라.

(b) $\overline{X}$는 μ의 비편향추정량이며, 또한 일치추정량임을 보여라.

(c) $\dfrac{n}{n+1}\overline{X}$는 μ의 비편향추정량은 아니지만 일치추정량임을 보여라.

풀이

(a) $E(X_1)=\mu$이므로 X_1은 μ의 비편향추정량임을 알 수 있다. 한편 표본의 크기 n에 상관없이 X_1은 항상 같은 확률분포를 가지며 이는 μ로 수렴하지 않는다. 따라서 X_1은 일치추정량이 아니다.

(b) $E(\overline{X})=\mu$이며 정리 6.1의 대수의 법칙에서 보인 것과 같이 표본평균은 모평균으로 수렴하므로 $\overline{X}$는 μ의 비편향추정량이며 또한 일치추정량이다.

(c) $E\left(\dfrac{n}{n+1}\overline{X}\right) = \dfrac{n}{n+1}\mu \neq \mu$이므로 $\dfrac{n}{n+1}\overline{X}$는 μ의 비편향추정량은 아니다. 한편 $\dfrac{n}{n+1}$은 1로 수렴하며 $\overline{X}$는 μ로 수렴하므로 $\dfrac{n}{n+1}\overline{X}$는 μ로 수렴하게 된다. 따라서 $\dfrac{n}{n+1}\overline{X}$는 μ의 일치추정량이다.

추정량이 가져야 할 바람직한 성질 중의 하나는 일치추정량이어야 한다는 것이다. 어느 추정량이 일치추정량이 아니라면 아무리 표본의 크기를 크게 하여도 모수의 참값에 가까이 가지 않는다는 것을 의미하므로 이 추정량은 큰 의미가 없다고 할 수 있다. 앞의 예에서 모평균의 추정량으로 $\frac{n}{n+1}\overline{X}$와 X_1 중 어느 추정량이 더 의미가 있는지 살펴보도록 하자. X_1은 비편향추정량이므로 추정량의 기댓값은 μ이지만 표본의 크기가 증가하여도 이 추정량은 모평균으로 가까이 가지 않는다. 한편 $\frac{n}{n+1}\overline{X}$는 편향이 $-\frac{1}{n+1}\mu$이므로 비편향추정량은 아니다. 그러나 표본의 크기가 증가하면 이 추정량은 μ로 수렴하게 된다. 즉 표본의 크기가 충분히 크면 $\frac{n}{n+1}\overline{X}$는 추정하는 모평균에 충분히 가까이 있음을 알 수 있다. 따라서 μ에 대한 추정량으로 X_1보다는 $\frac{n}{n+1}\overline{X}$이 더 적절하다고 판단할 수 있다.

모수 θ의 추정량 $\hat{\theta}$가 일치추정량임을 확인할 수 있는 한 가지 방법은 정리 4.6의 체비세프 부등식을 이용하는 것이다. 체비세프 부등식은 확률변수 X의 기댓값이 μ일 때 양의 상수 t에 대하여 다음이 성립한다.

$$P(|X-\mu| \ge t) \le \frac{\sigma^2}{t^2}$$

그런데 부등식의 증명 과정을 보면 모든 확률변수 X에 대하여 다음 부등식이 성립함을 보일 수 있다.

$$P(|X| \ge t) \le \frac{E(X^2)}{t^2} \tag{7.7}$$

위의 부등식 (7.7)을 **마르코프 부등식**(Markov inequality)이라고 한다. 이 부등식을 $(\hat{\theta}-\theta)$에 적용하면

$$P(|\hat{\theta}-\theta| \ge t) \le \frac{E(\hat{\theta}-\theta)^2}{t^2}$$

임을 알 수 있다. 한편 $E(\hat{\theta}-\theta)^2$은 다음과 같이 나타낼 수 있다.

$$\begin{aligned} E(\hat{\theta}-\theta)^2 &= E(\hat{\theta}-E(\hat{\theta})+E(\hat{\theta})-\theta)^2 \\ &= E(\hat{\theta}-E(\hat{\theta}))^2 + 2E(\hat{\theta}-E(\hat{\theta}))(E(\hat{\theta})-\theta) + (E(\hat{\theta})-\theta)^2 \\ &= E(\hat{\theta}-E(\hat{\theta}))^2 + (E(\hat{\theta})-\theta)^2 \end{aligned}$$

$$= Var(\hat{\theta}) + (Bias(\hat{\theta}))^2$$

따라서 $Var(\hat{\theta})$과 $Bias(\hat{\theta})$ 모두 0으로 수렴한다면 $\hat{\theta}$은 일치추정량이 된다.

예 7.14

$X_1, X_2, \cdots, X_n$이 $Poisson(\theta)$로부터의 랜덤샘플일 때 $\hat{\theta} = \overline{X}$는 θ의 일치추정량임을 보여라.

풀이

$\overline{X}$의 기댓값은 $E(\overline{X}) = \theta$이므로 $\overline{X}$의 편향은 0이고 분산 $Var(\overline{X}) = \dfrac{\theta}{n}$는 0으로 수렴하므로 $\overline{X}$는 θ의 일치추정량이다.

예 7.15

$X_1, X_2, \cdots, X_n$이 $N(\mu, \sigma^2)$으로부터의 랜덤샘플이라고 한다.

(a) μ의 최대가능도추정량이 일치추정량임을 보여라.

(b) σ^2의 최대가능도추정량이 일치추정량임을 보여라.

풀이

(a) μ의 최대가능도추정량 $\hat{\mu} = \overline{X}$에 대하여 다음이 성립하므로

$$E(\overline{X}) = \mu, \quad Var(\overline{X}) = \frac{\sigma^2}{n}$$

편향은 0이고 분산은 0으로 수렴한다. 따라서 $\overline{X}$는 μ의 일치추정량이다.

(b) σ^2의 최대가능도추정량은 다음과 같다.

$$\widehat{\sigma^2} = \frac{1}{n}\sum_{i=1}^{n}(X_i - \overline{X})^2$$

한편 $\dfrac{1}{\sigma^2}\sum_{i=1}^{n}(X_i - \overline{X})^2 \sim \chi^2(n-1)$이므로 다음을 얻을 수 있다.

$$E\left(\frac{1}{\sigma^2}\sum_{i=1}^{n}(X_i - \overline{X})^2\right) = (n-1)$$

$$Var\left(\frac{1}{\sigma^2}\sum_{i=1}^{n}(X_i - \overline{X})^2\right) = 2(n-1)$$

따라서 $\widehat{\sigma^2}$의 편향과 분산은 다음과 같다.

$$Bias(\widehat{\sigma^2}) = E\left(\frac{1}{n}\sum_{i=1}^{n}(X_i - \overline{X})^2\right) - \sigma^2 = \frac{n-1}{n}\sigma^2 - \sigma^2 = -\frac{1}{n}\sigma^2 \quad (7.8)$$

$$Var(\widehat{\sigma^2}) = Var\left(\frac{\sigma^2}{n} \cdot \frac{\sum_{i=1}^{n}(X_i - \overline{X})^2}{\sigma^2}\right)$$

$$= \frac{(\sigma^2)^2}{n^2} Var\left(\frac{\sum_{i=1}^{n}(X_i - \overline{X})^2}{\sigma^2}\right) = \frac{2(n-1)}{n^2}(\sigma^2)^2 \quad (7.9)$$

$\widehat{\sigma^2}$의 편향과 분산 모두 0으로 수렴하므로 $\widehat{\sigma^2}$은 σ^2의 일치추정량이다.

7.4 추정량의 효율과 크래머-라오 부등식

이 절에서는 추정량의 비교 방법을 알아보도록 하자. 모수 θ에 대한 여러 추정 방법 중 어느 것이 우수한지 판단하기 위해서는 추정량의 타당한 비교 기준을 먼저 설정해야 할 것이다. 기본적으로 추정량이 θ에 가까울수록 좋은 추정량이라고 할 수 있다. 문제는 θ의 값을 알지 못하기 때문에 추정량이 θ에 얼마만큼 가까운지 정확히 알 수 없다는 것이다. 따라서 추정량의 비교는 확률적으로 할 수밖에 없다. 즉 어떤 추정량이 다른 추정량에 비해 θ에 가까이 있을 확률이 높다면 더 우수한 추정량이라고 할 수 있을 것이다. 만약 비교하는 추정량이 모두 비편향추정량이라면 분산을 이용하여 비교할 수 있다. 비편향추정량의 기댓값은 모수의 참값과 같으므로 분산이 작을수록 추정량이 모수의 참값에 가까이 있을 것으로 기대되기 때문이다.

정의 7.2

θ의 두 비편향추정량 $\hat{\theta}$과 $\tilde{\theta}$에 대하여 다음과 같은 분산의 비율을

$$eff(\hat{\theta}, \tilde{\theta}) = \frac{Var(\tilde{\theta})}{Var(\hat{\theta})}$$

$\tilde{\theta}$에 대한 $\hat{\theta}$의 **상대효율**(relative efficiency)이라고 한다.

두 비편향추정량 $\hat{\theta}$와 $\tilde{\theta}$에 대하여 $eff(\hat{\theta}, \tilde{\theta}) > 1$이면 $\hat{\theta}$의 분산이 $\tilde{\theta}$의 분산보다 작다는 것을 의미하므로 $\hat{\theta}$이 더 좋은 추정량이라고 할 수 있다.

예 7.16

$X_1, X_2, \cdots, X_n$이 평균 μ, 분산 σ^2인 모집단으로부터의 랜덤샘플일 때 μ의 비편향추정량 $\tilde{\mu} = X_1$에 대한 $\hat{\mu} = \overline{X}$의 상대효율을 구하여라.

풀이

$\tilde{\mu} = X_1$에 대한 $\hat{\mu} = \overline{X}$의 상대효율은 다음과 같으므로

$$eff(\overline{X}, X_1) = \frac{Var(X_1)}{Var(\overline{X})} = \frac{\sigma^2}{\sigma^2/n} = n,$$

X_1보다 $\overline{X}$가 더 좋은 추정량이라고 할 수 있다.

추정량의 비교 기준으로 위의 $eff(\hat{\theta}, \tilde{\theta})$를 사용하는 것은 두 추정량이 모두 비편향추정량인 경우는 적절하지만 비편향추정량이 아닌 경우는 적절하지 않다. 일반적인 추정량에 대해서는 기댓값이 θ가 아닐 수 있으므로 추정량의 편향과 분산을 함께 고려하여야 한다. 추정량의 편향과 분산이 작을수록 좋은 추정량이라고 할 수 있다. 이 두 가지를 함께 고려한 것이 **평균제곱오차**(mean squared error)이다. 추정량 $\hat{\theta}$과 모수 θ의 차이의 제곱에 대한 기댓값을 평균제곱오차라고 하며 $MSE(\hat{\theta})$으로 나타낸다. 즉 추정량 $\hat{\theta}$의 평균제곱오차는 다음과 같이 정의할 수 있다.

$$MSE(\hat{\theta}) = E(\hat{\theta} - \theta)^2$$

이 값이 작을수록 추정량이 모수에 가까이 있다고 할 수 있으므로 평균제곱오차가 작을수록 더 좋은 추정량이라고 할 수 있다. 한편 $E(\hat{\theta}-\theta)^2$은 앞에서 살펴본 바에서 다음과 같이 나타낼 수 있다.

$$E(\hat{\theta}-\theta)^2 = Var(\hat{\theta}) + (Bias(\hat{\theta}))^2$$

즉 평균제곱오차는 추정량의 분산과 편향의 제곱의 합임을 알 수 있다.

예 7.17

$X_1, X_2, \cdots, X_n$이 $N(\mu, \sigma^2)$으로부터의 랜덤샘플일 때 다음과 같은 μ와 σ^2의 추정량의 평균제곱오차를 구하여라.

$$\hat{\mu} = \overline{X}, \quad \widehat{\sigma^2} = \frac{1}{n}\sum_{i=1}^{n}(X_i - \overline{X})^2$$

풀이

$\overline{X}$는 μ의 비편향추정량이고 분산은 $\frac{\sigma^2}{n}$이므로 $\overline{X}$의 평균제곱오차는 다음과 같다.

$$MSE(\hat{\mu}) = Var(\hat{\mu}) = \frac{\sigma^2}{n}$$

σ^2의 추정량 $\widehat{\sigma^2}$의 편향과 분산에 대한 식 (7.8)과 (7.9)로부터 $\widehat{\sigma^2}$의 평균제곱오차는 다음과 같다.

$$\begin{aligned} MSE(\widehat{\sigma^2}) &= Var(\widehat{\sigma^2}) + (Bias(\widehat{\sigma^2}))^2 \\ &= \frac{2(n-1)}{n^2}(\sigma^2)^2 + \left(-\frac{\sigma^2}{n}\right)^2 = \frac{(2n-1)}{n^2}(\sigma^2)^2 \end{aligned}$$

추정량의 평균제곱오차를 이용하여 추정량이 일치추정량인지 확인할 수도 있다. 마르코프 부등식에 의하여 다음 부등식이 성립하므로

$$P(|\hat{\theta}-\theta| \geq t) \leq \frac{E(\hat{\theta}-\theta)^2}{t^2} = \frac{MSE(\hat{\theta})}{t^2},$$

추정량의 평균제곱오차가 0으로 수렴하면 이 추정량은 일치추정량이다. 앞의 예에서 $\widehat{\sigma^2}$의 평균제곱오차인 $\frac{(2n-1)}{n^2}(\sigma^2)^2$은 n이 증가할 때 0으로 수렴하므로 $\widehat{\sigma^2}$은 σ^2의 일치추정량임을 알 수 있다.

지금부터는 최적의 추정량을 구하는 방법에 대해 알아보도록 하자. 추정량의 비교 기준으로 평균제곱오차를 사용할 수 있으므로 이 값을 최소로 하는 추정량이 이 기준으로는 최적의 추정량이라고 할 수 있다. 그런데 추정량 $\hat{\theta}$의 평균제곱오차는 모수 θ의 값에 따라 달라지는 함수이다.

$$MSE(\hat{\theta}) \; = \; E(\hat{\theta}-\theta)^2$$

따라서 θ의 함수로 주어지는 추정량의 평균제곱오차를 비교하는 것은 쉽지 않다.

예를 들어 베르누이 분포에서 θ의 최대가능도추정량 $\hat{\theta} = \overline{X}$와 자료와 상관없이 θ의 값을 항상 $\frac{1}{2}$로 추정한 $\tilde{\theta} = \frac{1}{2}$ 중 어느 추정량이 더 좋은지 살펴보도록 하자. $\hat{\theta} = \overline{X}$는 θ의 비편향추정량이므로 평균제곱오차는 다음과 같으며

$$MSE(\hat{\theta}) \; = \; Var(\overline{X}) \; = \; \frac{\theta(1-\theta)}{n}$$

$\tilde{\theta}$의 평균제곱오차는 다음과 같다.

$$MSE(\tilde{\theta}) \; = \; E\left(\frac{1}{2}-\theta\right)^2 = \left(\frac{1}{2}-\theta\right)^2$$

두 추정량을 비교하면 $\theta = \frac{1}{2}$인 근처를 제외한 영역에서는 $\hat{\theta}$의 평균제곱오차가 더 작다. 특히 표본의 크기 n이 증가할수록 $\hat{\theta}$의 평균제곱오차가 작아지는 영역은 더욱 넓어진다. 그러나 $\theta = \frac{1}{2}$일 때 $\tilde{\theta}$의 평균제곱오차는 0이므로 n이 아무리 커질지라도 $\hat{\theta}$의 평균제곱오차가 더 작아질 수는 없다. 즉 n이 충분히 크면 $\theta = \frac{1}{2}$인 경우를 제외하고는 $\hat{\theta} = \overline{X}$의 평균제곱오차가 더 작다고 할 수 있다. 그러나 θ의 값을 알지 못하기 때문에 $\hat{\theta}$가 $\tilde{\theta}$보다 항상 더 좋은 추정량이라고 주장하기는 힘들다.

위에서 설명한 것처럼 θ의 함수로 주어지는 평균제곱오차를 이용하여 모든 추정량을 비교하는 것은 쉽지 않다. 이러한 점 때문에 모든 추정량 중에서 가장 좋은 추정량을 찾는다는 것은 거의 불가능하다고 생각할 수 있다. 한 가지 대안은 특정한 성질을

가지는 추정량으로 한정하고 이 중에서 최적의 추정량을 구하는 것이다. 여기에서는 추정량의 편향이 0인 비편향추정량 중에서 최적의 추정량을 구하는 문제를 생각하여 보자. 비편향추정량의 경우는 평균제곱오차가 분산과 같으므로 분산을 최소로 하는 것이 최적의 추정량이라고 할 수 있다.

비편향추정량 중에서 분산을 최소로 하는 추정량을 구하는 방법을 알아보도록 하자. 한 가지 알려진 사실은 적절한 조건 하에서 비편향추정량의 분산의 하한이 존재한다는 것이다. 즉 비편향추정량의 분산은 어떤 값보다 작을 수는 없으며 이 하한은 모집단의 확률분포에 의하여 결정된다.

이와 관련하여 일반적으로 확률밀도함수와 확률질량함수에 대하여 다음 정리를 얻을 수 있다.

정리 7.2

확률변수 X의 확률밀도함수(확률질량함수)가 $f(x|\theta)$일 때 적절한 조건 하에서 다음이 성립한다.

$$E\left(\frac{d}{d\theta}\log f(X|\theta)\right) = 0, \tag{7.10}$$

$$E\left(\frac{d}{d\theta}\log f(X|\theta)\right)^2 = -E\left(\frac{d^2}{d\theta^2}\log f(X|\theta)\right) \tag{7.11}$$

증명

증명은 연속형 확률분포인 경우만 다루도록 하겠다. 먼저 $\frac{d}{d\theta}\log f(X|\theta)$의 기댓값은 다음과 같이 구할 수 있다.

$$\begin{aligned}E\left(\frac{d}{d\theta}\log f(X|\theta)\right) &= \int_{-\infty}^{\infty}\left(\frac{d}{d\theta}\log f(x|\theta)\right)f(x|\theta)\,dx \\ &= \int_{-\infty}^{\infty}\frac{\frac{d}{d\theta}f(x|\theta)}{f(x|\theta)}f(x|\theta)\,dx = \int_{-\infty}^{\infty}\left(\frac{d}{d\theta}f(x|\theta)\right)dx \\ &= \frac{d}{d\theta}\left(\int_{-\infty}^{\infty}f(x|\theta)\,dx\right) = \frac{d}{d\theta}(1) = 0\end{aligned}$$

한편 로그 확률밀도함수를 θ에 대하여 두 번 미분하면 다음을 얻을 수 있다.

$$\frac{d^2}{d\theta^2}\log f(x|\theta) = \frac{d}{d\theta}\left(\frac{\frac{d}{d\theta}f(x|\theta)}{f(x|\theta)}\right)$$

$$= \frac{\left(\frac{d^2}{d\theta^2}f(x|\theta)\right)f(x|\theta) - \left(\frac{d}{d\theta}f(x|\theta)\right)^2}{(f(x|\theta))^2}$$

$$= \frac{\frac{d^2}{d\theta^2}f(x|\theta)}{f(x|\theta)} - \left(\frac{\frac{d}{d\theta}f(x|\theta)}{f(x|\theta)}\right)^2 = \frac{\frac{d^2}{d\theta^2}f(x|\theta)}{f(x|\theta)} - \left(\frac{d}{d\theta}\log f(x|\theta)\right)^2$$

따라서 식 (7.11)의 우변 값은 다음과 같다.

$$-E\left(\frac{d^2}{d\theta^2}\log f(X|\theta)\right) = -E\left(\frac{\frac{d^2}{d\theta^2}f(X|\theta)}{f(X|\theta)}\right) + E\left(\frac{d}{d\theta}\log f(X|\theta)\right)^2.$$

한편 다음이 성립하므로

$$E\left(\frac{\frac{d^2}{d\theta^2}f(X|\theta)}{f(X|\theta)}\right) = \int_{-\infty}^{\infty}\left(\frac{\frac{d^2}{d\theta^2}f(x|\theta)}{f(x|\theta)}\right)f(x|\theta)\,dx$$

$$= \int_{-\infty}^{\infty}\frac{d^2}{d\theta^2}f(x|\theta)\,dx = \frac{d^2}{d\theta^2}\left(\int_{-\infty}^{\infty}f(x|\theta)\,dx\right)$$

$$= \frac{d^2}{d\theta^2}(1) = 0$$

$E\left(\frac{d}{d\theta}\log f(X|\theta)\right)^2 = -E\left(\frac{d^2}{d\theta^2}\log f(X|\theta)\right)$임을 알 수 있다. ◀

앞의 정리에서 로그가능도함수는 미분 가능하고 미분과 적분의 순서를 바꾸어 계산하였다. 이와 같이 적절한 조건이란 로그가능도의 미분 가능성과 적분과 미분의 순서를 바꿀 수 있는 조건 등을 말한다.

확률밀도함수 또는 확률질량함수가 $f(x|\theta)$인 확률분포를 따르는 확률변수 X에

대하여 $\left(\frac{d}{d\theta}\log f(X|\theta)\right)^2$의 기댓값을 **피셔 정보수**(Fisher information number) 또는 간단히 **정보수**(information number)라고 하며 기호 $I(\theta)$로 나타낸다. 즉 피셔 정보수는 다음과 같다.

$$I(\theta) = E\left(\frac{d}{d\theta}\log f(X|\theta)\right)^2 = -E\left(\frac{d^2}{d\theta^2}\log f(X|\theta)\right)$$

정리 7.2를 포아송분포의 예를 통하여 확인하여 보자. 평균이 θ 인 포아송분포의 확률질량함수는 $f(x|\theta) = \frac{\theta^x e^{-\theta}}{x!}$이므로 $\log f(x|\theta) = x\log\theta - \theta - \log(x!)$이다. 이를 θ에 대해 미분하면 다음과 같다.

$$\frac{d}{d\theta}\log f(x|\theta) = \frac{x}{\theta} - 1$$

따라서 다음이 성립함을 알 수 있다.

$$E\left(\frac{d}{d\theta}\log f(X|\theta)\right) = E\left(\frac{x}{\theta} - 1\right) = 0$$

또한 $\left(\frac{d}{d\theta}\log f(X|\theta)\right)^2$의 기댓값은 다음과 같다.

$$E\left(\frac{d}{d\theta}\log f(X|\theta)\right)^2 = E\left(\frac{X}{\theta} - 1\right)^2 = \frac{1}{\theta}$$

한편 $\log f(x|\theta)$를 θ에 대해 두 번 미분하면 다음과 같으므로

$$\frac{d^2}{d\theta^2}\log f(x|\theta) = -\frac{x}{\theta^2},$$

$-\frac{d^2}{d\theta^2}\log f(X|\theta)$의 기댓값은 다음과 같다.

$$-E\left(\frac{d^2}{d\theta^2}\log f(X|\theta)\right)^2 = E\left(\frac{X}{\theta^2}\right) = \frac{1}{\theta}$$

따라서 $E\left(\frac{d}{d\theta}\log f(X|\theta)\right)^2 = -E\left(\frac{d^2}{d\theta^2}\log f(X|\theta)\right)$임을 확인할 수 있다.

예 7.18

$Bernoulli(\theta)$에 대한 피셔 정보수를 구하여라.

풀이

베르누이 분포의 확률질량함수는 $f(x|\theta) = \theta^x(1-\theta)^{1-x}$이므로 다음을 얻을 수 있다.

$$\frac{d^2}{d\theta^2}\log f(x|\theta) = -\frac{x}{\theta^2} - \frac{1-x}{(1-\theta)^2}$$

따라서 베르누이 분포의 피셔 정보수는 다음과 같다.

$$I(\theta) = E\left(\frac{X}{\theta^2} + \frac{1-X}{(1-\theta)^2}\right) = \frac{1}{\theta(1-\theta)}$$

다음은 비편향추정량이 가지는 분산의 하한을 나타내는 정리 7.4를 증명하기 위해 필요한 보조 정리이다.

정리 7.3

임의의 두 확률변수 U와 V에 대하여 다음 부등식이 성립한다.

$$(Cov(U, V))^2 \le Var(U)\,Var(V)$$

증명

분산은 항상 0보다 크거나 같으므로 모든 실수 a에 대하여 다음이 성립한다.

$$Var(U+aV) = Var(U) + 2aCov(U, V) + a^2 Var(V) \ge 0$$

위의 식을 a에 대한 이차다항식으로 볼 때 항상 0보다 크거나 같기 위해서는 판별식이 0보다 작거나 같아야 한다. 따라서 다음을 얻을 수 있다.

$$(Cov(U, V))^2 - Var(U)\,Var(V) \le 0$$ ◀

위의 정리를 이용하여 아래 주어진 크래머-라오 부등식을 보일 수 있다.

정리 7.4 [크래머-라오 부등식, Cramér-Rao inequality]

랜덤샘플 $X_1, X_2, \cdots, X_n$을 이용한 θ의 비편향추정량 $T = T(\boldsymbol{X})$에 대하여 적절한 조건 하에서 다음 부등식이 성립한다.

$$Var(T) \geq \frac{1}{nI(\theta)}$$

위 부등식에서 $\dfrac{1}{nI(\theta)}$을 크래머-라오 하한(Cramér-Rao lower bound)이라고 한다.

증명

정리 7.3에서 U와 V를 다음과 같이 정의하자.

$$U = T(\boldsymbol{X})$$
$$V = \sum_{i=1}^{n} \frac{d}{d\theta} \log f(X_i | \theta)$$

$\dfrac{d}{d\theta} \log f(X_i|\theta)$, $i = 1, \cdots, n$은 서로 독립이고, $E\left(\dfrac{d}{d\theta} \log f(X_i|\theta)\right) = 0$이므로 V의 분산은 다음과 같다.

$$Var(V) = Var\left(\sum_{i=1}^{n} \frac{d}{d\theta} \log f(X_i|\theta)\right)$$
$$= n\,Var\left(\frac{d}{d\theta} \log f(X_1|\theta)\right) = nE\left(\frac{d}{d\theta} \log f(X_1|\theta)\right)^2 = nI(\theta)$$

따라서 U와 V의 공분산은 다음과 같다.

$$Cov(U, V)$$
$$= Cov\left(T(\boldsymbol{X}), \sum_{i=1}^{n} \frac{d}{d\theta} \log f(X_i|\theta)\right)$$
$$= E\left[T(\boldsymbol{X}) \left(\sum_{i=1}^{n} \frac{d}{d\theta} \log f(X_i|\theta)\right)\right]$$

$$= \int_{-\infty}^{\infty} \cdots \int_{-\infty}^{\infty} T(x_1, x_2, \cdots, x_n) \left(\sum_{i=1}^{n} \frac{\frac{d}{d\theta} f(x_i|\theta)}{f(x_i|\theta)} \right)$$

$$\times f(x_1|\theta) f(x_2|\theta) \cdots f(x_n|\theta) dx_1 \cdots dx_n$$

$$= \int_{-\infty}^{\infty} \cdots \int_{-\infty}^{\infty} T(x_1, x_2, \cdots, x_n) \left[\left(\frac{d}{d\theta} f(x_1|\theta) \right) \cdot f(x_2|\theta) \cdots f(x_n|\theta) \right.$$

$$\left. + \cdots + f(x_1|\theta) f(x_2|\theta) \cdots \left(\frac{d}{d\theta} f(x_n|\theta) \right) \right] dx_1 \cdots dx_n$$

$$= \int_{-\infty}^{\infty} \cdots \int_{-\infty}^{\infty} T(x_1, x_2, \cdots, x_n) \frac{d}{d\theta} \left(f(x_1|\theta) f(x_2|\theta) \cdots f(x_n|\theta) \right) dx_1 \cdots dx_n$$

$$= \frac{d}{d\theta} \left(\int_{-\infty}^{\infty} \cdots \int_{-\infty}^{\infty} T(x_1, x_2, \cdots, x_n) f(x_1|\theta) f(x_2|\theta) \cdots f(x_n|\theta) dx_1 \cdots dx_n \right)$$

$$= \frac{d}{d\theta} E(T(\boldsymbol{X})) = \frac{d}{d\theta}(\theta) = 1$$

따라서 정리 7.3으로부터 다음 부등식을 얻을 수 있다.

$$Var(T) \geq \frac{\left[Cov\left(T, \sum_{i=1}^{n} \frac{d}{d\theta} \log f(X_i|\theta) \right) \right]^2}{Var\left(\sum_{i=1}^{n} \frac{d}{d\theta} \log f(X_i|\theta) \right)} = \frac{1}{nI(\theta)}$$ ◀

크래머-라오 부등식은 비편향추정량이 가질 수 있는 최소의 분산을 보여 주고 있다. 위 정리에 의하여 $T(\boldsymbol{X})$가 θ의 비편향추정량이고 $Var(T(\boldsymbol{X})) = \frac{1}{nI(\theta)}$이라면 $T(\boldsymbol{X})$는 θ의 비편향추정량 중에서 분산이 가장 작은 추정량이다.

예 7.19

$X_1, X_2, \cdots, X_n$이 $Poisson(\theta)$로부터의 랜덤샘플일 때 θ의 추정량 $\hat{\theta} = \overline{X}$는 비편향추정량 중에서 분산이 가장 작은 추정량임을 보여라.

풀이

$\overline{X}$는 θ의 비편향추정량이고 $Var(\overline{X}) = \frac{\theta}{n}$이며, $Poisson(\theta)$의 피셔 정보수는 $I(\theta) = \frac{1}{\theta}$이므로 $Var(\overline{X}) = \frac{1}{nI(\theta)}$이 성립한다. 그러므로 $\overline{X}$는 θ의 비편향추정량 중에서 분산이 가장 작은 추정량이다.

예 7.20

$X_1, X_2, \cdots, X_n$이 $Bernoulli(\theta)$로부터의 랜덤샘플일 때 $\hat{\theta} = \overline{X}$는 비편향추정량 중에서 분산이 가장 작은 추정량임을 보여라.

풀이

$\overline{X}$는 θ의 비편향추정량이고 $Var(\overline{X}) = \frac{\theta(1-\theta)}{n}$, $I(\theta) = \frac{1}{\theta(1-\theta)}$이므로 $Var(\overline{X}) = \frac{1}{nI(\theta)}$이 성립하여 $\overline{X}$는 θ의 비편향추정량 중에서 분산이 가장 작은 추정량이다.

7.5 최대가능도추정량의 점근적 성질

표본의 크기가 커질 때 추정량이 가지는 성질을 점근적 성질(asymptotic property)이라고 한다. 최대가능도추정량이 널리 쓰이는 중요한 이유 중의 하나는 이 추정량이 아주 좋은 점근적 성질을 가지고 있다는 데 있다. 점근적 의미에서 보면 최대가능도추정량은 최적의 추정량이라고 할 수 있다.

최대가능도추정량이 가지는 점근적 성질을 알아보기 위해 이 절에서는 로그가능도함수는 미분 가능하고 최대가능도추정량은 로그가능도함수를 미분하여 0이 되는 해로 주어진다고 가정하겠다. 또한 로그가능도함수에 대한 미분과 적분의 순서를 바꿀 수 있다고 가정하자. 이 교재에서 다루는 대부분의 확률분포는 이러한 가정을 만족한다. 참고로 이러한 가정을 만족하지 않는 대표적인 확률분포가 $Uniform(0, \theta)$이다. $Uniform(0, \theta)$와 같이 확률분포가 값을 가지는 영역이 모수 θ에 따라 달라지는 경우는 가능도함수가 θ에 대해 미분 가능하지 않다. $Uniform(0, \theta)$의 확률밀도함수를 보면 0부터 θ에서만 0이 아닌 상수 값을 가지며 다른 부분에서는 0이므로 가능도함수는 θ에서 미분 가능하지 않다.

최대가능도추정량이 가지는 첫 번째 점근적 성질은 일치추정량이 된다는 것이다. 즉 최대가능도추정량은 표본의 크기가 증가하면 추정하는 모수로 수렴하게 된다. 로그가능도함수를 θ의 함수로 나타낼 때 모수의 참값 θ와 혼동되는 것을 방지하기 위하여 이 절에서는 모수의 참값을 θ_0로 나타내도록 하자. 최대가능도추정량 $\hat{\theta}$는 로그가능도함수를 미분한 값이 0이 되는 해이므로 $\left.\frac{d}{d\theta} l(\theta)\right|_{\theta=\hat{\theta}} = 0$이다.

$X_1, X_2, \cdots, X_n$이 확률밀도함수(확률질량함수) $f(x|\theta)$를 가지는 랜덤샘플일 때 로그가능도함수는 다음과 같으므로

$$l(\theta) = \sum_{i=1}^{n} \log f(X_i|\theta)$$

최대가능도추정량 $\hat{\theta}$에 대하여 다음이 성립한다.

$$\left.\frac{d}{d\theta} \sum_{i=1}^{n} \log f(X_i \mid \theta)\right|_{\theta=\hat{\theta}} = 0 \tag{7.12}$$

여기서 로그가능도함수를 나타낼 때 x_i 대신에 확률변수를 나타내는 X_i를 사용한 이유는 후에 이러한 식의 기댓값을 구하기 때문이다. 식 (7.12)를 n으로 나누고 미분과 합의 순서를 바꾸면 다음 식을 얻을 수 있다.

$$\left.\frac{1}{n} \sum_{i=1}^{n} \frac{d}{d\theta} \log f(X_i \mid \theta)\right|_{\theta=\hat{\theta}} = 0 \tag{7.13}$$

한편 대수의 법칙에 의하여 다음이 성립한다.

$$\frac{1}{n} \sum_{i=1}^{n} \frac{d}{d\theta} \log f(X_i \mid \theta) \rightarrow E\left(\frac{d}{d\theta} \log f(X \mid \theta)\right) \tag{7.14}$$

최대가능도추정량은 (7.13)에 의하여 (7.14)의 좌측 식을 0으로 하는 해임을 알 수 있다. 또한 모수의 참값 θ_0는 우측 식을 0으로 하는 해임을 보일 수 있다. 이는 $\theta = \theta_0$에서 $E\left(\frac{d}{d\theta} \log f(X \mid \theta)\right)$의 값이 0이 된다는 것을 보임으로써 확인할 수 있

다. 적분과 미분의 순서를 바꿀 수 있을 때 $\theta = \theta_0$에서 구한 $E\left(\frac{d}{d\theta}\log f(X \mid \theta)\right)$의 값은 다음과 같다.

$$
\begin{aligned}
&E\left(\frac{d}{d\theta}\log f(X \mid \theta)\bigg|_{\theta=\theta_0}\right) \\
&= \int_{-\infty}^{\infty}\left(\frac{d}{d\theta}\log f(x \mid \theta)\bigg|_{\theta=\theta_0}\right) f(x \mid \theta_0)\,dx \\
&= \int_{-\infty}^{\infty}\frac{\frac{d}{d\theta}f(x \mid \theta)\big|_{\theta=\theta_0}}{f(x \mid \theta_0)} f(x \mid \theta_0)\,dx = \int_{-\infty}^{\infty}\left(\frac{d}{d\theta}f(x \mid \theta)\big|_{\theta=\theta_0}\right) \\
&= \frac{d}{d\theta}\left(\int_{-\infty}^{\infty} f(x \mid \theta)\,dx\right)\bigg|_{\theta=\theta_0} = \frac{d}{d\theta}(1)\bigg|_{\theta=\theta_0} = 0
\end{aligned}
\tag{7.15}
$$

따라서 θ_0는 다음 방정식을 만족하는 해이다.

$$E\left(\frac{d}{d\theta}\log f(X \mid \theta)\right) = 0$$

위에서 설명한 것을 정리하면 식 (7.14)의 좌측을 0으로 하는 해는 최대가능도추정량인 $\hat{\theta}$이고 우측을 0으로 하는 해는 모수의 참값인 θ_0이다. 좌측 식이 우측 식으로 수렴하므로 좌측 식의 해인 $\hat{\theta}$는 우측 식의 해인 θ_0로 수렴할 것으로 기대할 수 있다. 따라서 다음 정리를 얻을 수 있다.

정리 7.5

$X_1, X_2, \cdots, X_n$이 확률밀도함수 $f(x \mid \theta)$를 가지는 랜덤샘플일 때 적절한 조건 하에서 최대가능도추정량 $\hat{\theta}$는 θ의 일치추정량이다. 즉 $\hat{\theta} \xrightarrow{p} \theta$이다.

최대가능도추정량이 가지는 두 번째 점근적 성질은 확률분포에 대한 것이다. 정리 7.5에 의하여 최대가능도추정량 $\hat{\theta}$은 모수의 참값 θ_0로 수렴함을 알 수 있다. 따라서 $(\hat{\theta} - \theta_0)$는 0으로 수렴하게 된다. 그런데 $\sqrt{n}$을 곱해 준 $\sqrt{n}(\hat{\theta} - \theta_0)$는 정규분포로 분포수렴함을 보일 수 있다. 따라서 $\hat{\theta}$는 $\frac{1}{\sqrt{n}}$의 속도로 θ_0에 수렴한다고 할 수 있다.

표본의 크기 n이 커질 때 $\sqrt{n}(\hat{\theta}-\theta_0)$이 수렴하는 확률분포를 **점근분포**(asymptotic distribution) 또는 **극한분포**(limiting distribution)라고 한다.

로그가능도함수를 미분한 $l'(\theta)$를 θ_0에서 테일러 전개하면 다음과 같이 나타낼 수 있다.

$$l'(\theta) = l'(\theta_0) + l''(\theta_0)(\theta-\theta_0) + \cdots$$

위의 테일러 전개를 이용하여 $\theta = \hat{\theta}$에서 $l'(\theta)$의 값을 구하면 다음과 같다.

$$l'(\hat{\theta}) = l'(\theta_0) + l''(\theta_0)(\hat{\theta}-\theta_0) + \cdots \tag{7.16}$$

정리 7.5에서 보인 것처럼 $\hat{\theta}$은 θ_0에 수렴하므로 표본의 크기가 충분히 크면 $(\hat{\theta}-\theta_0)$는 작은 값이 된다. 따라서 위의 테일러 전개한 식 (7.16)에서 뒷부분의 항들은 큰 역할을 하지 못한다. 처음 두 항만 이용하면 $l'(\hat{\theta}) \approx l'(\theta_0) + l''(\theta_0)(\hat{\theta}-\theta_0)$로 나타낼 수 있다. 한편 $l'(\hat{\theta}) = 0$이므로 식 (7.16)을 다르게 표현하면 다음과 같다.

$$(\hat{\theta}-\theta_0) \approx -\frac{l'(\theta_0)}{l''(\theta_0)}$$

이로부터 $\sqrt{n}(\hat{\theta}-\theta_0)$는 다음과 같이 나타낼 수 있다.

$$\sqrt{n}(\hat{\theta}-\theta_0) \approx \frac{\frac{1}{\sqrt{n}}l'(\theta_0)}{-\frac{1}{n}l''(\theta_0)} \tag{7.17}$$

$\sqrt{n}(\hat{\theta}-\theta_0)$의 점근적 확률분포를 구하는 한 가지 방법은 식 (7.17)의 분자의 점근분포와 분모가 수렴하는 값을 찾는 것이다. 다음 정리는 위 식의 분자의 점근분포를 보여 주고 있다.

정리 7.6

적절한 조건 하에서 다음이 성립한다.

$$\frac{1}{\sqrt{n}}l'(\theta_0) \xrightarrow{d} N(0, I(\theta_0))$$

증명

$l(\theta) = \sum_{i=1}^{n} \log f(X_i \mid \theta)$이므로 $l'(\theta_0)$는 다음과 같이 나타낼 수 있다.

$$l'(\theta_0) = \sum_{i=1}^{n} \frac{d}{d\theta} \log f(X_i|\theta) \Big|_{\theta=\theta_0}$$

위 식에서 $Y_i = \frac{d}{d\theta} \log f(X_i|\theta) \Big|_{\theta=\theta_0}$ 라고 할 때 식 (7.15)에 의하여 $E(Y_i) = 0$이다. 한편 Y_i의 분산은 다음과 같다.

$$Var(Y_i) = E(Y_i^2) = E\left(\frac{d}{d\theta} \log f(X \mid \theta) \Big|_{\theta=\theta_0} \right)^2 = I(\theta_0)$$

Y_i들은 서로 독립이며 같은 분포를 가지므로 중심극한정리에 의하여 다음이 성립한다.

$$\frac{1}{\sqrt{n}} l'(\theta_0) = \sqrt{n}\,\overline{Y} \xrightarrow{d} N(0, I(\theta_0))$$ ◀

정리 7.6을 이해하기 위하여 포아송분포의 경우를 생각하여 보자. $Poisson(\theta)$의 확률질량함수는 $f(x|\theta) = \frac{\theta^x e^{-\theta}}{x!}$이므로 $\log f(x|\theta) = x \log\theta - \theta - \log(x!)$이다. 이를 θ_0에서 미분하면 다음과 같다.

$$\frac{d}{d\theta} \log f(x|\theta) \Big|_{\theta=\theta_0} = \frac{x}{\theta_0} - 1$$

따라서 $l'(\theta_0)$는 다음과 같다.

$$\begin{aligned} l'(\theta_0) &= \sum_{i=1}^{n} \frac{d}{d\theta} \log f(X_i \mid \theta) \Big|_{\theta=\theta_0} \\ &= \sum_{i=1}^{n} \left(\frac{X_i}{\theta_0} - 1 \right) \end{aligned}$$

즉 $l'(\theta_0)$는 기댓값은 $E\left(\dfrac{X_i}{\theta_0}-1\right)=0$이고 분산은 $Var\left(\dfrac{X_i}{\theta_0}-1\right)=\dfrac{1}{\theta_0}$인 서로 독립인 항의 합으로 표현할 수 있으므로 중심극한정리에 의하여 다음이 성립한다.

$$\frac{1}{\sqrt{n}}l'(\theta_0) \quad \xrightarrow{d} \quad N\left(0, \frac{1}{\theta_0}\right) \tag{7.18}$$

한편 포아송분포에서 $\theta=\theta_0$일 때, 이에 대한 피셔 정보수는 $\dfrac{1}{\theta_0}$이므로, 정리 7.6이 성립함을 확인할 수 있다.

식 (7.17)에서 분모가 수렴하는 값은 대수의 법칙을 이용하여 구할 수 있다. 분모에 주어진 식은 다음과 같이 나타낼 수 있으며

$$-\frac{1}{n}l''(\theta_0) \;=\; -\frac{1}{n}\sum_{i=1}^{n}\frac{d^2}{d\theta^2}\log f(X_i|\theta)\bigg|_{\theta=\theta_0}$$

$\dfrac{d^2}{d\theta^2}\log f(X_i|\theta)\bigg|_{\theta=\theta_0}$, $i=1,2,\cdots,n$은 서로 독립이며 같은 분포를 가지므로 대수의 법칙에 의하여 다음 정리를 얻을 수 있다.

정리 7.7

적절한 조건 하에서 다음이 성립한다.

$$-\frac{1}{n}l''(\theta_0) \xrightarrow{p} -E\left(\frac{d^2}{d\theta^2}\log f(X|\theta)\bigg|_{\theta=\theta_0}\right)=I(\theta_0)$$

위 정리도 포아송분포의 예를 통하여 확인할 수 있다. 포아송분포에 대하여 $\log f(x|\theta)$를 θ_0에서 두 번 미분하면 다음과 같으므로

$$\frac{d^2}{d\theta^2}\log f(x|\theta)\bigg|_{\theta=\theta_0} \;=\; -\frac{x}{\theta_0^2},$$

식 (7.17)의 분모는 다음과 같이 나타낼 수 있다.

$$-\frac{1}{n}l''(\theta_0) = \frac{1}{n}\sum_{i=1}^{n}\frac{X_i}{\theta_0^2}$$

즉 $-\frac{1}{n}l''(\theta_0)$는 서로 독립이며 같은 분포를 가지는 $\frac{X_i}{\theta_0^2}$의 표본평균이므로 대수의 법칙에 의하여 다음이 성립한다.

$$-\frac{1}{n}l''(\theta_0) \xrightarrow{p} E\left(\frac{X}{\theta_0^2}\right) = \frac{1}{\theta_0}$$

한편 다음이 성립하므로

$$-E\left(\frac{d^2}{d\theta^2}\log f(X\mid\theta)\Big|_{\theta=\theta_0}\right) = E\left(\frac{X}{\theta_0^2}\right) = \frac{1}{\theta_0},$$

포아송분포에 대하여 $-\frac{1}{n}l''(\theta_0) \xrightarrow{p} -E\left(\frac{d^2}{d\theta^2}\log f(X\mid\theta)\Big|_{\theta=\theta_0}\right)$임을 확인할 수 있다.

식 (7.17)과 정리 7.2, 정리 7.6, 정리 7.7을 종합하면 최대가능추정량의 점근분포를 다음과 같이 얻을 수 있다.

정리 7.8

θ의 최대가능도추정량 $\hat{\theta}$에 대하여 적절한 조건 하에서 다음이 성립한다.

$$\sqrt{n}(\hat{\theta}-\theta) \xrightarrow{d} N\left(0, \frac{1}{I(\theta)}\right)$$

최대가능도추정량 $\hat{\theta}$은 일치추정량이고 정리 7.8에 주어진 점근분포로부터 최대가능도추정량의 점근분산은 크래머-라오 하한과 같다. 즉 점근적인 관점에서 볼 때 최대가능도추정량은 비편향추정량이고 분산은 크래머-라오 하한과 같으므로 최소의 분산을 가지는 최적의 추정량이라고 할 수 있다.

예 7.21

$X_1, X_2, \cdots, X_n$이 $Poisson(\theta)$로부터의 랜덤샘플일 때 θ의 최대가능도추정량

$\hat{\theta} = \overline{X}$에 대하여 $\sqrt{n}(\hat{\theta} - \theta)$의 점근분포를 구하여라.

풀이

포아송분포의 피셔 정보수는 $I(\theta) = \dfrac{1}{\theta}$이므로 정리 7.8에 의하여 다음을 얻을 수 있다.

$$\sqrt{n}(\hat{\theta} - \theta) \xrightarrow{d} N(0, \theta)$$

최대가능도추정량 $\hat{\theta}$에 대한 점근분포로부터 $\hat{\theta}$의 분산은 점근적으로 $\dfrac{1}{nI(\theta)}$임을 알 수 있다. 어떤 확률분포에 대해서는 $\hat{\theta}$의 정확한 분산이 $\dfrac{1}{nI(\theta)}$인 경우도 있다. 예를 들어 $Poisson(\theta)$로부터의 랜덤샘플에 대하여 θ의 최대가능도추정량은 $\hat{\theta} = \overline{X}$이며 이 추정량의 분산은 $Var(\overline{X}) = \dfrac{\theta}{n}$이다. $Poisson(\theta)$에 대한 피셔 정보수는 $I(\theta) = \dfrac{1}{\theta}$이므로 $\dfrac{1}{nI(\theta)} = \dfrac{\theta}{n}$는 $\hat{\theta}$의 정확한 분산과 일치함을 알 수 있다.

최대가능도추정량의 점근분포에 대한 정리는 모수가 두 개 이상인 경우로도 확장될 수 있다. 예를 들어 모수가 $\theta = (\theta_1, \theta_2)$로 두 개인 경우 최대가능도추정량 $(\hat{\theta}_1, \hat{\theta}_2)$의 점근분포는 다음과 같은 이변량정규분포가 된다.

정리 7.9

모수 $\theta = (\theta_1, \theta_2)$의 최대가능도추정량 $(\hat{\theta}_1, \hat{\theta}_2)$에 대하여 적절한 조건 하에서 다음이 성립한다.

$$\sqrt{n}\begin{pmatrix} \hat{\theta}_1 - \theta_1 \\ \hat{\theta}_2 - \theta_2 \end{pmatrix} \xrightarrow{d} N_2(0, \boldsymbol{I}^{-1}(\theta))$$

위에서 $\boldsymbol{I}(\theta)$는 다음과 같으며

$$\boldsymbol{I}(\theta) = -\begin{pmatrix} E\left(\dfrac{d^2}{d\theta_1^2}\log f(X \mid \theta_1, \theta_2)\right) & E\left(\dfrac{d^2}{d\theta_1 d\theta_2}\log f(X \mid \theta_1, \theta_2)\right) \\ E\left(\dfrac{d^2}{d\theta_2 d\theta_1}\log f(X \mid \theta_1, \theta_2)\right) & E\left(\dfrac{d^2}{d\theta_2^2}\log f(X \mid \theta_1, \theta_2)\right) \end{pmatrix}$$

이를 **피셔 정보행렬**(Fisher information matrix) 또는 간단히 **정보행렬**이라고 한다.

예 7.22

$X_1, X_2, \cdots, X_n$이 $N(\mu, \sigma^2)$으로부터의 랜덤샘플이라고 한다. 이때, μ와 σ^2의 최대가능도추정량에 대한 점근분포를 구하여라.

풀이

$N(\mu, \sigma^2)$의 로그 확률밀도함수는 다음과 같으므로

$$\log f(x \mid \mu, \sigma^2) = -\frac{1}{2}\log(2\pi\sigma^2) - \frac{(x-\mu)^2}{2\sigma^2}$$

이를 미분하면 다음을 얻을 수 있다.

$$\begin{aligned} \frac{d^2}{d\mu^2}\log f(x \mid \mu, \sigma^2) &= -\frac{1}{\sigma^2} \\ \frac{d^2}{d\mu d\sigma^2}\log f(x \mid \mu, \sigma^2) &= -\frac{x-\mu}{(\sigma^2)^2} \\ \frac{d^2}{d(\sigma^2)^2}\log f(x \mid \mu, \sigma^2) &= \frac{1}{2}\frac{1}{(\sigma^2)^2} - \frac{(x-\mu)^2}{(\sigma^2)^3} \end{aligned}$$

$E(X-\mu)=0,\ E(X-\mu)^2 = \sigma^2$이므로 $N(\mu, \sigma^2)$에 대한 정보행렬은 다음과 같다.

$$\boldsymbol{I}(\theta) = \begin{pmatrix} \frac{1}{\sigma^2} & 0 \\ 0 & \frac{1}{2(\sigma^2)^2} \end{pmatrix}$$

따라서 최대가능도추정량 $(\hat{\mu}, \widehat{\sigma^2})$에 대하여 다음이 성립한다.

$$\sqrt{n}\begin{pmatrix} \hat{\mu}-\mu \\ \widehat{\sigma^2}-\sigma^2 \end{pmatrix} \xrightarrow{d} N_2\left(\begin{pmatrix} 0 \\ 0 \end{pmatrix}, \begin{pmatrix} \sigma^2 & 0 \\ 0 & 2(\sigma^2)^2 \end{pmatrix}\right)$$

최대가능도추정량의 점근분포를 이용하면 모수 θ에 대한 근사적 신뢰구간을 구할

수 있다. 즉 다음이 성립하므로

$$\sqrt{n}(\hat{\theta}-\theta_0) \xrightarrow{d} N\left(0, \frac{1}{I(\theta_0)}\right)$$

n이 충분히 크면 다음을 얻을 수 있다.

$$P\left(-z_{\alpha/2} \le \sqrt{nI(\theta_0)}(\hat{\theta}-\theta_0) \le z_{\alpha/2}\right) \approx 1-\alpha$$

여기서 z_α는 $P(N(0,1) \ge z_\alpha) = \alpha$인 값이다. 따라서 θ_0의 $100(1-\alpha)\%$ 신뢰구간은 다음과 같이 구할 수 있다.

$$\left(\hat{\theta} - \frac{z_{\alpha/2}}{\sqrt{nI(\theta_0)}},\ \hat{\theta} + \frac{z_{\alpha/2}}{\sqrt{nI(\theta_0)}}\right)$$

위 신뢰구간의 문제점은 θ_0의 값을 알지 못하므로 $I(\theta_0)$를 직접 사용할 수 없다는 것이다. 일반적으로 사용되는 두 가지 방법은 다음과 같다.

- 피셔 정보수에서 알 수 없는 값인 θ_0 대신 이의 추정값 $\hat{\theta}$를 이용한다. 즉 $I(\theta_0)$ 대신 $I(\hat{\theta})$를 사용하여 신뢰구간을 구할 수 있다. 즉 θ_0의 $100(1-\alpha)\%$ 근사 신뢰구간은 다음과 같다.

$$\left(\hat{\theta} - \frac{z_{\alpha/2}}{\sqrt{nI(\hat{\theta})}},\ \hat{\theta} + \frac{z_{\alpha/2}}{\sqrt{nI(\hat{\theta})}}\right)$$

- $I(\theta_0)$ 대신 $-\frac{1}{n}\sum_{i=1}^{n}\frac{d^2}{d\theta^2}\log f(X_i|\theta)\Big|_{\theta=\hat{\theta}}$를 사용하여 신뢰구간을 구할 수 있다. 즉 θ_0의 $100(1-\alpha)\%$ 신뢰구간은 다음과 같다.

$$\left(\hat{\theta} - \frac{z_{\alpha/2}}{\sqrt{-\sum_{i=1}^{n}\frac{d^2}{d\theta^2}\log f(X_i|\theta)\Big|_{\theta=\hat{\theta}}}},\ \hat{\theta} + \frac{z_{\alpha/2}}{\sqrt{-\sum_{i=1}^{n}\frac{d^2}{d\theta^2}\log f(X_i|\theta)\Big|_{\theta=\hat{\theta}}}}\right)$$

위의 두 번째 방법을 사용하는 근거는 정리 7.7에 의하여 다음이 성립하고

$$-\frac{1}{n}\sum_{i=1}^{n}\frac{d^2}{d\theta^2}\log f(X_i|\theta)\Big|_{\theta=\theta_0} \xrightarrow{p} I(\theta_0)$$

$\hat{\theta} \xrightarrow{p} \theta_0$이기 때문이다.

예 7.23

$X_1, X_2, \cdots, X_n$이 $Poisson(\theta)$로부터의 랜덤샘플일 때 θ에 대한 $100(1-\alpha)\%$ 근사 신뢰구간을 구하여라.

풀이

θ의 최대가능도추정량은 $\hat{\theta} = \overline{X}$이며 로그 확률밀도함수와 이를 두 번 미분한 함수는 다음과 같다.

$$\log f(x|\theta) = x\log\theta - \theta - \log(x!)$$

$$\frac{d^2}{d\theta^2}\log f(x|\theta) = -\frac{x}{\theta^2}$$

포아송분포의 피셔 정보수는 $I(\theta) = \frac{1}{\theta}$이므로 첫 번째 방법을 사용한 θ에 대한 신뢰구간은 다음과 같다.

$$\left(\hat{\theta} - z_{\alpha/2}\sqrt{\frac{\hat{\theta}}{n}},\ \hat{\theta} + z_{\alpha/2}\sqrt{\frac{\hat{\theta}}{n}}\right)$$

$$= \left(\overline{X} - z_{\alpha/2}\sqrt{\frac{\overline{X}}{n}},\ \overline{X} + z_{\alpha/2}\sqrt{\frac{\overline{X}}{n}}\right)$$

한편 다음이 성립하므로

$$-\frac{1}{n}\sum_{i=1}^{n}\frac{d^2}{d\theta^2}\log f(X_i|\theta)\bigg|_{\theta=\hat{\theta}}$$

$$= \frac{1}{n}\sum_{i=1}^{n}\frac{X_i}{(\hat{\theta})^2} = \frac{1}{n}\sum_{i=1}^{n}\frac{X_i}{\overline{X}^2} = \frac{1}{\overline{X}},$$

두 번째 방법을 사용한 신뢰구간은 첫 번째 신뢰구간과 일치한다.

예 7.24

$X_1, X_2, \cdots, X_n$이 $Bernoulli(\theta)$로부터의 랜덤샘플일 때 θ에 대한 $100(1-\alpha)\%$ 근사 신뢰구간을 구하여라.

풀이

θ의 최대가능도추정량은 $\hat{\theta} = \overline{X}$이며 로그 확률밀도함수와 이를 두 번 미분한 함수는 다음과 같다.

$$\begin{aligned} \log f(x|\theta) &= x\log\theta + (1-x)\log(1-\theta) \\ \frac{d^2}{d\theta^2}\log f(x|\theta) &= -\frac{x}{\theta^2} - \frac{1-x}{(1-\theta)^2} = \frac{-x+2\theta x-\theta^2}{\theta^2(1-\theta)^2} \end{aligned}$$

예 7.18에 의하여 $Bernoulli(\theta)$의 피셔 정보수는 $I(\theta) = \dfrac{1}{\theta(1-\theta)}$이므로 첫 번째 방법을 사용한 θ에 대한 신뢰구간은 다음과 같다.

$$\begin{aligned} &\left(\hat{\theta} - z_{\alpha/2}\sqrt{\frac{\hat{\theta}(1-\hat{\theta})}{n}},\quad \hat{\theta} + z_{\alpha/2}\sqrt{\frac{\hat{\theta}(1-\hat{\theta})}{n}}\right) \\ = &\left(\overline{X} - z_{\alpha/2}\sqrt{\frac{\overline{X}(1-\overline{X})}{n}},\quad \overline{X} + z_{\alpha/2}\sqrt{\frac{\overline{X}(1-\overline{X})}{n}}\right) \end{aligned}$$

한편 베르누이 확률변수에 대하여 $X_i = X_i^2$이므로 다음이 성립한다.

$$\begin{aligned} -\frac{1}{n}\sum_{i=1}^{n}\frac{d^2}{d\theta^2}\log f(X_i|\theta)\bigg|_{\theta=\hat{\theta}} &= \frac{1}{n}\sum_{i=1}^{n}\frac{X_i - 2\hat{\theta}X_i + (\hat{\theta})^2}{(\hat{\theta})^2(1-\hat{\theta})^2} \\ &= \frac{1}{n}\sum_{i=1}^{n}\frac{X_i^2 - 2\hat{\theta}X_i + (\hat{\theta})^2}{(\hat{\theta})^2(1-\hat{\theta})^2} = \frac{1}{n}\sum_{i=1}^{n}\frac{(X_i-\overline{X})^2}{\overline{X}^2(1-\overline{X})^2} \end{aligned}$$

따라서 두 번째 방법을 사용한 신뢰구간은 다음과 같다.

$$\left(\overline{X} - z_{\alpha/2}\sqrt{\frac{\overline{X}^2(1-\overline{X})^2}{\sum_{i=1}^{n}(X_i-\overline{X})^2}},\ \overline{X} + z_{\alpha/2}\sqrt{\frac{\overline{X}^2(1-\overline{X})^2}{\sum_{i=1}^{n}(X_i-\overline{X})^2}}\right)$$

그런데 이 예의 경우는 $\sum_{i=1}^{n}(X_i - \overline{X})^2 = \sum_{i=1}^{n}X_i^2 - n\overline{X}^2 = n\overline{X}(1-\overline{X})$이 성립하므로 이것을 두 번째 방법에 대입해 보면 첫 번째 방법과 같은 것임을 확인할 수 있다.

7.6 R을 이용한 실습

로그가능도를 최대로 하는 모수를 구하는 방법을 이용하여 최대가능도추정량을 R에서 다시 한 번 확인해 보도록 할 것이다. 예제를 이용하여 실제 값과 추정 값을 비교하고 로그가능도함수를 그려서 살펴보도록 하자.

예 7.25

$X_1, X_2, \cdots, X_n$은 평균이 $1/\lambda$인 지수분포로부터의 랜덤샘플이다. R을 이용하여 $\lambda = 2$이고, n이 100일 때 자료를 생성하여 λ의 로그가능도함수를 정의하고, 이것을 최대로 하는 λ 값을 구하여라. 이 결과를 λ의 이론적인 최대가능도추정량의 값과 비교하여라.

풀이

먼저 평균이 $1/\lambda$인 지수분포의 확률밀도 함수가

$$f(x;\lambda) = \lambda e^{-\lambda x},\ 0 < x < \infty,\ \lambda > 0$$

이므로 로그가능도함수는 $l(\theta) = n\log\lambda - \lambda\sum_{i=1}^{n}x_i$이다. 이 함수를 정의하고, 최대로 만드는 λ 값을 구한다. 이것을 λ의 이론적인 최대가능도추정량 $\frac{1}{\overline{X}}$과 비교해 본다.

R 명령문 및 결과

```
❶ > n<-100; lambda<-2
❷ > x<-rexp(n,lambda)
❸ > loglike<-function(lambda){ n*log(lambda)-lambda*sum(x)}
   +
❹ > lambda_mle<-optimize(loglike,interval=c(0,3),maximum=T)$ma
   + ximum
```

```
❺ > exact<-1/mean(x)
❻ > cbind(lambda_mle, exact)
❼       lambda_mle      exact
   [1,]    2.005212  2.005204
```

해설

❶ $n=100,\ \lambda=2$.

❷ 평균이 $1/\lambda$인 지수분포를 따르는 난수를 100개 생성한다. R에서 `rexp` 함수는 $f(x;\lambda)=\lambda e^{-\lambda z}$의 형태에서 λ값을 인자로 입력함.

❸ `function`을 이용해 로그가능도함수를 정의한다.

❹ `optimize` 함수를 이용해 함수 `loglike`를 주어진 `interval`에서 최대로 하는 $\hat{\lambda}$을 구한다.

❺ `mean` 함수를 이용해 랜덤샘플의 표본평균을 계산하여, 이론적인 `mle`를 구한다.

❻ `cbind` 함수를 이용해 $(\hat{\lambda}, 1/\overline{x})$를 열 결합한다.

❼ $\left(\hat{\lambda}, \frac{1}{\overline{x}}\right)=(2.005212, 2.005204)$로 두 값이 거의 일치함을 확인할 수 있다.

optimize 함수는 지정한 구간에서 최솟값 또는 최댓값을 찾아주는 함수이다. optimize 함수 내에서 maximum=T를 설정할 경우, interval 옵션에서 지정한 구간에서의 최댓값을 찾아준다. default는 최솟값이다. 그대로 optimize문을 실행하면 결과로서 maximum과 objective가 나오는데 maximum은 정의된 가능도함수를 최대로 하는 인자의 값을 의미하며 objective는 함수의 최댓값을 의미한다. 우리가 구하고자 하는 최대가능도추정량은 인자인 maximum에 해당하므로 optimize 함수 뒤에 $maximum을 붙여 lambda_mle 객체로 지정하였다.

예 7.26

예 7.25의 경우에 대해 가능도함수와 로그가능도함수의 그림을 R을 이용하여 그려 보아라.

풀이

R 명령문 및 결과

```
❶ > par(mfrow=c(1,2))
❷ > n<-100; truelam<-2
```

```
❸ > x<-rexp(n,truelam) ; lamgrid<-seq(0,4,0.01)
❹ > likelihood<-0; loglike<-0
❺ > for (i in 1:length(lamgrid)) {
❻ +          likelihood[i]<- (lamgrid[i]^n) *
  + exp(-lamgrid[i]*sum(x))
❼ +          loglike[i]<- n*log(lamgrid[i]) - lamgrid[i]*sum(x)
❽ + }
❾ > plot(lamgrid,likelihood,col=2,type='l',lwd=2,
  + main='Likelihood function');abline(v=2.0)
❿ > plot(lamgrid,loglike,col=4,type='l',lwd=2,
  + main='Loglikelihood function');abline(v=2.0)
```

⓫

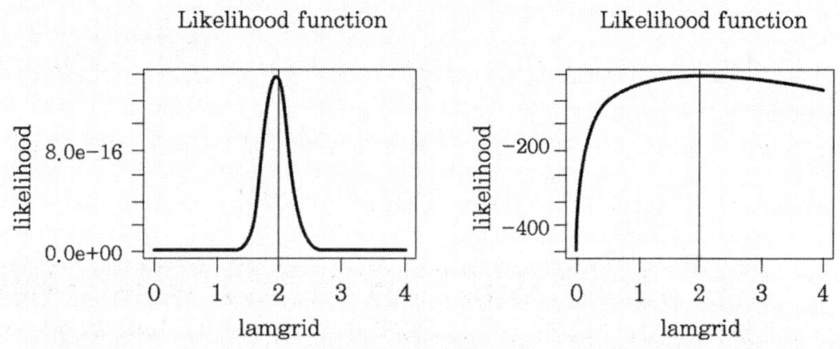

해설

❶ 생성될 graphic output들이 1행 2열의 형태로 출력되도록 설정한다.

❷ $n = 100, \lambda = 2$

❸ $X_1, X_2, \cdots, X_{100} \sim \text{Exp}(1/2)$, $\lambda_{(1)} = 0, \lambda_{(2)} = 0.01, \cdots, \lambda_{(400)} = 3.99, \lambda_{(401)} = 4$

❹ $L(\lambda) = 0$, $l(\lambda) = 0$로 초기화

❺ λ가 0, 0.01, ⋯ , 4인 경우, 총 401번의 반복문을 실행한다.

❻ 가능도함수 $L(\lambda_{(i)})$ 값을 계산하여 이를 `likelihood`의 i번째 원소로서 입력한다.

❼ 로그가능도함수 $l(\lambda_{(i)})$ 값을 계산하여 이를 `loglike`의 i번째 원소로서 입력한다.

❽ 반복문을 종료한다.

❾ x축을 $\lambda_{(i)}$, y축을 $L(\lambda_{(i)})$으로 하는 플롯을 그린다. `abline` 함수를 이용해 $\lambda = 2$일 때의 참조선을 덧붙인다.

❿ x축을 $\lambda_{(i)}$, y축을 $l(\lambda_{(i)})$으로 하는 플롯를 그린다. `abline` 함수를 이용해 $\lambda = 2$일 때의 직선을 덧붙인다.

⓫ λ의 변화에 따른 가능도함수 및 로그가능도함수의 형태를 확인할 수 있다. 두 함수 모두 λ값이 2 근방에서 최댓값을 가지는 것을 확인할 수 있다.

예 7.27

$X_1, X_2, \cdots, X_n$이 모수가 $\lambda > 0$인 포아송분포로부터의 랜덤샘플일 때, R을 이용하여 $n = 100, 1000, 10000$인 경우 λ의 최대가능도추정치를 구하여라. 단 λ의 참값은 3이라고 하자.

풀이

포아송분포의 확률밀도 함수가

$$f(x;\lambda) = \frac{e^{-\lambda}\lambda^x}{x!}, \ x > 0, \ \lambda > 0$$

이므로 로그가능도함수는 $l(\lambda) = -n\lambda + \log\lambda \sum_{i=1}^{n} x_i - \sum_{i=1}^{n} \log x_i$이 된다. 여기서 λ와 관계없는 마지막 항은 배제하고 함수를 작성하면 된다. 예 7.3에서 이미 우리는 λ의 최대가능도추정량이 $\overline{X}$임을 알고 있다.

R 명령문 및 결과

```
❶ > n<-c(100,1000,10000); lambda<-3; lambda_mle<-0; bar_x<-0
❷ > for(i in 1:3) {
❸ + x<-rpois(n[i],lambda)
❹ + loglike<-function(lambda){ log(lambda)*sum(x)-n[i]*lambda }
❺ + lambda_mle[i]<-optimize(loglike, lower=0,
   + upper=lambda+2,maximum=T)$maximum
❻ + bar_x[i]<-mean(x)
❼ + }
❽ > result<-cbind(lambda_mle, bar_x)
❾ > rownames(result)<-c("n=100", "n=1000", "n=10000");
   > round(result,3)
❿          lambda_mle bar_x
   n=100        3.080 3.080
   n=1000       2.956 2.956
   n=10000      3.013 3.013
```

해설	
❶	n=100, 1000, 10000. $\lambda=3$, $\hat{\lambda}^{MLE}=0$(초깃값), $\bar{x}=0$(초깃값).
❷	3번의 반복문을 시행한다.
❸	$Poisson(\lambda)$을 따르는 난수 n_i 개를 생성한다. $i=1,2,3$
❹	$l(\lambda)$를 계산한다. λ와 상관없는 부분은 배제하고 계산해도 된다.
❺	$\hat{\lambda}^{MLE}$를 계산한다.
❻	각 경우에 대해 $\bar{x}$를 계산한다.
❼	반복문을 종료한다.
❽	$n=100, 1000, 10000$인 경우의 ($\hat{\lambda}^{MLE}$, $\bar{x}$)를 열 결합하여 `result`로 한다.
❾	`rownames` 함수를 이용해 객체 `result`의 각 행에 `label`을 달아 준다. `round` 함수를 이용해 `result`의 값들을 반올림하여 소수이하 셋째 자리까지 나타낸다.
❿	생성된 난수의 개수에 따른 ($\hat{\lambda}^{MLE}$, $\bar{x}$)를 확인해 보면 두 값이 모두 일치하는 것을 알 수 있다.

예 7.28

$X_1, X_2, \cdots, X_n$이 이중지수분포 DE(μ, σ)로부터의 랜덤샘플일 때, 확률밀도함수는 아래와 같다.

$$f(x|\mu,\sigma)=\frac{1}{2\sigma}e^{-\frac{|x-\mu|}{\sigma}},\quad -\infty<x<\infty, -\infty<\mu<\infty, \sigma>0.$$

여기서, $\mu=0$이라 하면, σ의 최대가능도추정량(MLE)은 $\hat{\sigma}^{MLE}=\frac{1}{n}\sum_{i=1}^{n}|X_i|$이며, 적률추정량(MME)은 $\hat{\sigma}^{MME}=\sqrt{\frac{1}{2n}\sum_{i=1}^{n}X_i^{\,2}}$으로 구해질 수 있다. 이 두 개의 MLE와 MME를 비교하여 어느 것이 좋은 추정량인지를 확인해보아라.

풀이

R 명령문 및 결과

```
❶ > niter<-1000; n<-100; mu<-0; sigma<-3; best<-0
❷ > for (i in 1:niter) {
❸ + x<-rlaplace(n,mu,sigma)
❹ + mme<-sqrt((1/(2*n))*(sum(x^2)))
```

```
❺ + mle<-sum(abs(x))/n
❻ + ifelse(abs(mle-3)<=abs(mme-3), best[i]<-1, best[i]<-0)
❼ + }
❽ > sum(best)
    [1] 597
```

해설

❶	반복수, 표본의 크기, μ와 σ값과 나중에 필요한 변수를 저장한다.
❷	niter의 값만큼 반복한다.
❸	이중지수분포의 별칭인 라플라스분포에서 $\mu=0, \sigma=3$ 인 경우에 n개를 생성하여 x에 저장한다.
❹	$\mu=0$인 경우에 x로부터 σ의 MME를 계산한다.
❺	$\mu=0$인 경우에 x로부터 σ의 MLE를 계산한다.
❻	σ의 참값인 3과 각 추정량과의 차이를 계산하여 MLE가 MME보다 차이가 적은 것을 센다.
❼	결과를 확인해본다. MLE가 MME보다 좋은 경우가 597개로 전체의 59.7%이다.

1 $X_1, X_2, \cdots, X_n$이 확률밀도함수 $f(x|\theta) = \frac{1}{\Gamma(\theta)2^{\theta}} x^{\theta-1} e^{-\frac{x}{2}}$, $x > 0$인 Gamma $(\theta, 2)$로부터의 랜덤샘플일 때 θ의 적률추정량을 구하여라.

2 모수 θ는 θ_1, θ_2 또는 θ_3 중 하나의 값을 갖는다고 한다. 각 모수의 값에서 이산형 확률변수 X의 확률분포가 다음과 같다고 한다.

x	−3	−2	−1	0	1	2	3
$f(x\|\theta_1)$	0.3	0.15	0.05	0.05	0.05	0.1	0.3
$f(x\|\theta_2)$	0.1	0.1	0.25	0.3	0.15	0.05	0.05
$f(x\|\theta_3)$	0.05	0.05	0.15	0.1	0.35	0.15	0.15

(a) 각 X의 값에서 θ의 최대가능도추정량을 구하여라.

(b) 위와 같은 확률분포를 가지는 서로 독립인 확률변수 X_1과 X_2의 관측값이 -1과 2일 때 θ의 최대가능도추정량을 구하여라.

3 $X_1, X_2, \cdots, X_n$이 확률밀도함수 $f(x|\mu, \sigma) = \frac{1}{\sigma} e^{-\frac{(x-\mu)}{\sigma}}$, $x \ge \mu$, $-\infty < \mu < \infty$, $\sigma > 0$를 가지는 랜덤샘플이다.

(a) μ와 σ의 적률추정량을 구하여라.

(b) μ와 σ의 최대가능도추정량을 구하여라.

4 $X_1, X_2, ..., X_n$이 $Uniform(0, \theta)$로부터의 랜덤샘플일 때, θ의 추정량 $\hat{\theta} = c\overline{X}$에 대한 다음 물음에 답하여라. 단, c는 상수임.

(a) $\hat{\theta} = c\overline{X}$의 평균제곱오차를 구하여라.

(b) $\hat{\theta} = c\overline{X}$ 형태의 추정량 중에서 c 값이 얼마일 때 가장 좋은 추정량이라고 할 수 있는가?

5 $X_1, X_2, \cdots, X_n$이 $Uniform(0, \theta)$로부터의 랜덤샘플일 때 θ의 두 추정량이 다음과

같을 때

$$T_1(X) = \frac{n+1}{n}X_{(n)},\ T_2(X) = X_{(n)}$$

다음 물음에 답하여라.

(a) 두 추정량의 편향을 구하여라.

(b) 두 추정량의 분산을 구하여라.

(c) 두 추정량의 평균제곱오차를 구하여라.

(d) 어느 추정량이 더 좋다고 할 수 있는가?

6 $X_1, X_2, \ldots, X_n$이 이산형 확률분포

$$X = \begin{cases} 0, \text{ with probabilty } & 1-\dfrac{\theta}{2} \\ 1, \text{ with probability } & \dfrac{\theta}{2} \end{cases}$$

(단, $0 \le \theta \le 2$)로부터의 랜덤샘플이다.

(a) θ의 적률추정량을 구하여라.

(b) θ의 최대가능도추정량을 구하여라.

7 $X \sim N(\theta, \sigma_1^2)$, $Y \sim N(\theta, \sigma_2^2)$이며 서로 독립이다. σ_1^2와 σ_2^2는 알려진 상수이며 X와 Y를 이용하여 θ를 추정하려고 한다.

(a) $T_a = aX + (1-a)Y$ (단 $0 < a < 1$)는 θ의 비편향추정량임을 보여라.

(b) 위 형태를 가지는 추정량 T_a 중에서 분산을 최소로 하는 상수 a를 구하여라.

8 $X_1, X_2, \cdots, X_n$이 확률밀도함수 $f(x|\theta) = \frac{1}{2\theta+1}$, $0 \le x \le 2\theta+1$을 따르는 랜덤샘플이다. 다음 물음에 답하여라.

(a) θ의 최대가능도추정량을 구하여라.

(b) 이 분포의 분산에 대한 최대가능도추정량을 구하여라.

9 $X \sim Poisson(\theta)$, $Y \sim Poisson(2\theta)$이며 서로 독립이다. 이때 X와 Y를 이용하

여 θ를 추정하려고 한다. θ의 추정량 $\hat{\theta} = aX + bY$에 대하여 다음 물음에 답하여라.

(a) $\hat{\theta}$가 비편향추정량이 되기 위한 조건을 구하여라.

(b) $\hat{\theta}$의 평균제곱오차를 구하여라.

(c) $\hat{\theta} = aX + bY$ 형태의 비편향추정량 중에서 평균제곱오차가 가장 작은 추정량을 구하여라.

10 $X_1, X_2, \cdots, X_n$이 $N(\theta, \theta^2)$으로부터의 랜덤샘플이다. 단 $\theta > 0$이다.

(a) 상수 c에 대하여 $T_c(X) = c\overline{X} + (1-c)aS$가 θ의 비편향추정량임을 보여라.

단 $a = \dfrac{\sqrt{n-1}\,\Gamma(\frac{n-1}{2})}{\sqrt{2}\,\Gamma(\frac{n}{2})}$이다.

(b) $T_c(X) = c\overline{X} + (1-c)aS$ 형태의 추정량 중 분산을 최소로 하는 상수 c를 구하여라.

(c) $T_{c_1, c_2}(X) = c_1\overline{X} + c_2 aS$ 형태로 주어지는 추정량의 평균제곱오차를 구하여라.

11 $X_1, X_2, \cdots, X_n$과 $Y_1, Y_2, \cdots, Y_n$이 서로 독립이고, 각각 평균 μ_1, μ_2 그리고 분산 σ_1^2과 σ_2^2인 모집단에서의 랜덤샘플이라고 하자. $\overline{X} - \overline{Y}$이 $\mu_1 - \mu_2$의 일치추정량임을 보여라.

12 $X_1, X_2, \cdots, X_n$이 확률밀도함수 $f(x|\theta) = \theta x^{\theta-1}$, $0 < x < 1$, $\theta > 0$을 가지는 랜덤샘플일 때, $\overline{X}$가 $\dfrac{\theta}{\theta+1}$의 일치추정량임을 보여라.

13 $X_1, X_2, \ldots, X_n$이 확률밀도함수가 $f(x|\theta) = \theta e^{-\theta x}$, $x > 0$인 랜덤샘플일 때, 다음 물음에 답하여라.

(a) θ의 적률추정량을 구하여라.

(b) θ의 최대가능도추정량을 구하여라.

(c) $\theta e^{-\theta}$의 최대가능도추정량을 구하여라.

14 $X_1, X_2, \cdots, X_n$이 확률질량함수 $f(x|p) = p(1-p)^{x-1}$, $x = 1, 2, 3, \cdots$, $0 < p < 1$ 인 기하분포로부터의 랜덤샘플이라고 할 때, 다음 물음에 답하여라.

(a) p의 적률추정량을 구하여라.

(b) p의 최대가능도추정량을 구하여라.

15 $X_1, X_2, \ldots, X_n$이 확률질량함수 $f(x|\theta) = \left(\frac{\theta}{2}\right)^{|x|}(1-\theta)^{1-|x|}$, $x = -1, 0, 1$을 가지는 랜덤샘플일 때, 다음 물음에 답하여라.

(a) θ에 대한 적률추정량을 구하여라.

(b) θ에 대한 최대가능도추정량을 구하여라.

16 $X_1, X_2, \cdots, X_n$이 확률밀도함수 $f(x|\theta) = \frac{1}{\theta}e^{-\frac{x}{\theta}}$, $x > 0$을 가지는 랜덤샘플이다. θ의 두 추정량 $\widehat{\theta_1} = c\overline{X}$과 $\hat{\theta}_2 = nX_{(1)}$에 대하여 다음 물음에 답하여라.

(a) $\hat{\theta}_1$의 평균제곱오차를 구하여라.

(b) 위의 평균제곱오차를 최소로 하는 상수 c를 구하여라.

(c) $\hat{\theta}_2$는 θ의 비편향추정량임을 보이고, $\hat{\theta}_2$의 평균제곱오차를 구하여라.

17 Y가 이항분포 $B(n, p)$를 따를 때, $\hat{p}_1 = Y/n$은 p의 비편향추정량이다. p에 대한 다른 추정량으로 $\hat{p}_2 = (Y+1)/(n+2)$을 생각해 볼 때, 다음 물음에 답하여라.

(a) $\hat{p}_2$의 편향을 구하여라.

(b) $\hat{p}_1$과 $\hat{p}_2$의 평균제곱오차를 각각 구하여라.

(c) $MSE(\hat{p}_1) < MSE(\hat{p}_2)$을 만족하는 p값을 구하여라.

18 $X_1, X_2, \ldots, X_n$이 확률질량함수 $f(x|\theta) = \theta^{x-1}(1-\theta)^{2-x}$, $x = 1, 2$를 따르는 랜덤샘플일 때 θ의 비편향추정량에 대한 크래머-라오 하한을 구하여라.

19 $X_1, X_2, \cdots, X_n$이 $N(0, \sigma^2)$로부터의 랜덤샘플이다.

(a) σ^2의 최대가능도추정량을 구하여라.

(b) $(\sigma^2)^2$의 최대가능도추정량을 구하여라.

(c) σ^2에 대한 피셔 정보수를 구하여라.

20 $X_1, X_2, \ldots, X_n$이 확률밀도함수가 $f(x|\theta) = \frac{1}{\theta^2} x e^{-\frac{x}{\theta}}$, $x > 0$인 랜덤샘플일 때, 다음 물음에 답하여라.

(a) θ의 비편향추정량에 대한 크래머-라오 하한을 구하여라.

(b) θ의 최대가능도추정량을 $\hat{\theta}$이라고 할 때, $\sqrt{n}(\hat{\theta} - \theta)$의 점근분포를 구하여라.

21 $X_1, X_2, \cdots, X_n$이 확률밀도함수 $f(x|\alpha) = \frac{\alpha x^{\alpha - 1}}{3^\alpha}$, $0 \le x \le 3$, $\alpha > 0$을 가지는 랜덤샘플이다. $E(X_1)$을 구하고, α의 적률추정량을 구하여라.

22 $Y_1, Y_2, \cdots, Y_n$이 구간 $(\theta, \theta + 1)$에서 균일분포를 따르는 랜덤샘플일 때, θ의 두 추정량을 다음과 같이 정의하자.

$$\hat{\theta}_1 = \overline{Y} - \frac{1}{2}, \; \hat{\theta}_2 = Y_{(n)} - \frac{n}{n+1}$$

(a) $\hat{\theta}_1$과 $\hat{\theta}_2$ 모두 θ의 비편향추정량임을 보여라.

(b) $\hat{\theta}_1$의 $\hat{\theta}_2$에 대한 효율을 구하여라.

23 확률변수 X의 확률밀도함수가 $f(x|\theta) = \theta e^{-\theta x}$, $x > 0$이다.

(a) $\frac{d}{d\theta} \log f(x|\theta)$를 구하고 이를 이용하여 $E\left(\frac{d}{d\theta} \log f(X|\theta)\right) = 0$ 임을 보여라.

(b) $\frac{d^2}{d\theta^2} \log f(x|\theta)$를 구하고 이를 이용하여 $E\left(\frac{d}{d\theta} \log f(X|\theta)\right)^2 = -E\left(\frac{d^2}{d\theta^2} \log f(X|\theta)\right)$임을 보여라.

24 $Y_1, Y_2, \cdots, Y_n$이 평균이 λ인 포아송분포 따르는 랜덤샘플일 때, λ의 두 추정량을 $\hat{\lambda}_1 = (Y_1 + Y_2)/2$과 $\hat{\lambda}_2 = \overline{Y}$라고 하자. $\hat{\lambda}_1$의 $\hat{\lambda}_2$에 대한 효율을 구하여라.

25 $X_1, X_2, \cdots, X_n$이 확률밀도함수 $f(x|\theta) = \frac{1}{\theta}e^{-\frac{x}{\theta}}$, $x > 0$을 가지는 랜덤샘플이다.

(a) θ의 적률추정량을 구하여라.

(b) θ의 최대가능도추정량을 구하여라.

(c) 위에서 구한 최대가능도추정량의 분산을 구하여라.

(d) 피셔 정보수를 이용하여 최대가능도추정량의 점근분산을 구하여라

26 $X_1, X_2, \cdots, X_n$이 확률밀도함수 $f(x|\theta) = \frac{1}{\theta^2}xe^{-\frac{x}{\theta}}$, $x > 0$인 $\text{Gamma}(2, \theta)$로부터의 랜덤샘플이다.

(a) θ의 최대가능도추정량을 구하여라.

(b) θ에 대한 피셔 정보수를 구하여라.

(c) (a)에서 구한 최대가능도추정량의 점근분산을 구하여라.

27 $X_1, X_2, ..., X_n$이 확률밀도함수가 $f(x|\theta) = \theta^2 xe^{-\theta x}$, $x > 0$인 랜덤샘플이다. θ의 최대가능도추정량을 $\hat{\theta}$라고 할 때, $\sqrt{n}(\hat{\theta} - \theta)$의 점근분포와 n이 충분히 클 때 θ에 대한 $100(1-\alpha)\%$ 신뢰구간을 구하여라.

28 $X_1, X_2, \cdots, X_n$이 확률밀도함수 $f(x|\theta) = 2\theta xe^{-\theta x^2}$, $x > 0$을 가지는 랜덤샘플이다.

(a) θ의 최대가능도추정량 $\hat{\theta}$을 구하여라.

(b) $\sqrt{n}(\hat{\theta} - \theta)$의 점근분포를 구하여라.

(c) θ에 대한 근사적인 95% 신뢰구간을 구하여라.

29 $X_k \sim N(k\theta, 1)$, $k = 1, 2, \cdots, n$이며 서로 독립일 때 다음 물음에 답하여라.

(a) 가능도함수를 구하여라.

(b) θ의 최대가능도추정량을 구하여라.

30 $Y_1, Y_2, \cdots, Y_n$이 확률밀도함수 $f(y|\theta) = (\theta+1)y^{\theta}$, $0 < y < 1$, $\theta > -1$을 가지는 랜덤샘플이다. 다음 물음에 답하여라.

(a) θ의 적률추정량을 구하여라.

(b) (a)의 추정량이 일치성을 가짐을 보여라.

(c) θ의 최대가능도추정량을 구하여라.

31 예제 7.27에서 $n = 100$ 인 경우에 예제 7.26에서처럼 가능도함수와 로그가능도함수의 그림을 R을 이용하여 그려 보고 결과를 설명하여라.

32 $X_1, X_2, \cdots, X_n$은 $N(\mu, \sigma^2)$으로부터의 랜덤샘플이다. R을 이용하여 $\mu = 0$, $\sigma^2 = 1$, $n = 200$일 때 자료를 생성하여 다음 물음에 답하여라.

(a) μ의 로그가능도함수를 정의하고, 이것을 최대로 하는 μ 값을 구하여라. 이 결과를 μ의 이론적인 최대가능도추정량의 값과 비교하여라.

(b) σ에 대한 로그가능도함수를 정의하여 이것을 최대로 하는 σ 값을 구하고 이론적인 최대가능도추정량의 값과 비교하여라.

33 32번 문제의 경우에 대해 각각 가능도함수와 로그가능도함수 그래프를 R을 이용하여 그려 보고 결과를 설명하여라. 각 경우에 참값을 참조할 수 있는 기준선을 추가하여라.

제 8 장

모수의 추정 II

7장에서 우리는 최대가능도추정량, 적률추정량을 구하는 방법과 추정량이 갖추어야 할 성질 등에 대해 학습하였다. 또한 추정량의 비교 기준으로 평균제곱오차를 사용하는 것에 관해서도 공부하였다. 이 장에서는 추정량의 성질에 관해 추가적인 내용을 학습하고, 7.4절에서 살펴보았던 분산을 최소로 하는 비편향추정량을 구하는 일반적인 방법에 대해 다루고자 한다.

8.1 충분통계량

이미 공부한 대로 통계적 추론이란 주어진 자료 $\boldsymbol{X} = (X_1, X_2, \cdots, X_n)$로부터 모수 θ에 대한 정보를 이끌어 내는 것을 말한다. 그런데 주어진 자료에는 모수에 대한 정보를 가지고 있는 부분도 있을 수 있고 정보를 가지지 못한 부분도 있을 수 있다. 통계적 추론을 단순화하기 위해서는 주어진 자료에서 모수에 대한 정보를 가진 부분만을 간추릴 필요성이 있다. 이러한 자료의 축약(data reduction)을 통해 전체 자료 대신에 축약된 정보만을 이용하여 모수에 대한 추론을 할 수 있다.

일반적으로 $\boldsymbol{X}$에서 $T(\boldsymbol{X})$로 자료를 축약하는 경우[9] 원 자료에 대한 정보의 일부분을 상실하여 θ에 대한 정보 역시 손실을 입게 된다. 예를 들어 $T(\boldsymbol{X}) = \sum_{i=1}^{n} X_i$일 때 자료의 합인 $T(\boldsymbol{X})$만 주어졌다면 원 자료에 대한 정보는 얻을 수 없으므로 모수에 대한 추론 결과는 달라질 수 있다. 그런데 어떤 경우에는 축약된 통계량[10] $T(\boldsymbol{X})$가 원 자료에 대한 정보는 잃어버리지만 모수에 대한 정보는 그대로 가지고 있을 수도 있다. 만약 $T(\boldsymbol{X})$가 모수에 대한 정보를 그대로 가지고 있다면 통계적 추론의 관점에서 볼 때 원 자료 대신에 축약된 통계량 $T(\boldsymbol{X})$만 가지고 있어도 충분하다고 할 수 있다. 이와 같이 어떤 통계량 $T(\boldsymbol{X})$가 모수 θ에 대해 가지고 있는 정보가 원 자료 $\boldsymbol{X}$가 모수에 대해 가지고 있는 정보와 같을 때 이 통계량을 **충분통계량**(sufficient statistic)이라고 한다. 참고로 어떤 통계량 $T(\boldsymbol{X})$의 확률분포가 θ에 의존하지 않는다면 $T(\boldsymbol{X})$는 θ에 상관없는 값을 가지게 되므로 $T(\boldsymbol{X})$는 θ에 대한 정보를 가지고 있지

---

9) 원 자료인 $\boldsymbol{X}$ 대신에 $\boldsymbol{X}$의 함수인 $T(\boldsymbol{X})$가 주어졌다면 $\boldsymbol{X}$의 값을 정확히 알 수 없다. 반대로 $\boldsymbol{X}$가 주어지면 $T(\boldsymbol{X})$의 값은 알 수 있다. 따라서 $T(\boldsymbol{X})$는 $\boldsymbol{X}$보다 축약된 정보를 가지고 있다고 할 수 있다. 예를 들어 $T(x) = x^2$인 경우 $x = 2$이면 $T(x) = 4$이지만 $T(x) = 4$가 주어졌다고 할지라도 x의 값이 2와 −2 중 어느 것인지 알 수 없다.

10) 통계량이란 주어진 자료 $\boldsymbol{X}$에 의해서만 결정되는 것을 말한다.

않다고 할 수 있다.

충분통계량에 대한 이해를 돕기 위해 다음과 같은 예를 생각하여 보자. 자료는 (X, Y)이며 X와 Y는 각각 $N(\theta, 1)$을 따르는 확률변수이고 서로 독립이라고 하자. 자료 (X, Y)를 이용하여 θ에 대한 추론을 하고자 한다. 먼저 (X, Y)와 $(X+Y, X-Y)$는 서로 일대일 대응 관계에 있으므로 (X, Y)가 θ에 대해 가지고 있는 정보와 $(X+Y, X-Y)$가 θ에 대해 가지고 있는 정보는 같다. 예를 들어 $X=3$, $Y=1$이면 $X+Y=4$, $X-Y=2$임을 알 수 있고, 반대로 $X+Y=4$, $X-Y=2$이면 $X=3$, $Y=1$임을 알 수 있기 때문에 (X, Y)가 가진 정보와 $(X+Y, X-Y)$가 가진 정보는 같다. 한편 $(X-Y) \sim N(0, 2)$이므로 $(X-Y)$의 확률분포는 θ에 의존하지 않는다. 따라서 $(X-Y)$는 θ에 대한 정보를 가지고 있지 않다. 즉 $(X+Y, X-Y)$가 θ에 대해 가지고 있는 정보는 $(X+Y)$에만 포함되어 있다고 볼 수 있다.

$$(X, Y) \xleftrightarrow{\;1-1\;} (X+Y,\, X-Y) \xrightarrow{\text{모수에 대한 정보를 잃지 않음}} (X+Y)$$

따라서 (X, Y)가 θ에 대해 가지고 있는 정보와 $(X+Y)$가 θ에 대해 가지고 있는 정보는 같다. 이 예에서처럼 (X, Y)로부터 $(X+Y)$로 자료가 축약되면서 θ에 대한 정보는 잃지 않기 때문에 $(X+Y)$는 θ에 대한 충분통계량이라고 할 수 있다. 이상에서 개념적으로 표현된 충분통계량을 구체적으로 정의하면 다음과 같다.

정의 8.1

$T(\boldsymbol{X}) = t$가 주어졌을 때 $\boldsymbol{X}$의 조건부분포가 θ에 의존하지 않으면 $T(\boldsymbol{X})$를 θ에 대한 충분통계량이라고 한다.

위 정의는 $T(\boldsymbol{X})$의 값이 주어졌을 때 $\boldsymbol{X}$의 분포가 θ에 의존하지 않으므로 $T(\boldsymbol{X})$의 값으로부터 $\boldsymbol{X}$의 값을 복구하는 과정은 θ에 관련이 없다는 것을 의미한다. $\boldsymbol{X}$에서 $T(\boldsymbol{X})$로 축약되는 과정에서 분명히 자료에 대한 정보를 일정 부분 잃어버리기 때문에 $T(\boldsymbol{X})$로부터 $\boldsymbol{X}$의 값을 알 수는 없다. 그러나 $T(\boldsymbol{X})$의 값이 주어졌을 때 $\boldsymbol{X}$가 여러 가능한 값 중 어떤 하나의 값을 가질 확률분포가 θ에 관련이 없다면 $\boldsymbol{X}$에서부터 $T(\boldsymbol{X})$로 축약되는 과정은 θ에 관련이 없다는 것을 의미한다. 따라서 $T(\boldsymbol{X})$에 포함되어 있는 θ에 대한 정보는 $\boldsymbol{X}$가 가지고 있는 정보와 같다고 할 수 있다. [그림 8.1]은 이러한 과정을 나타낸 것이다.

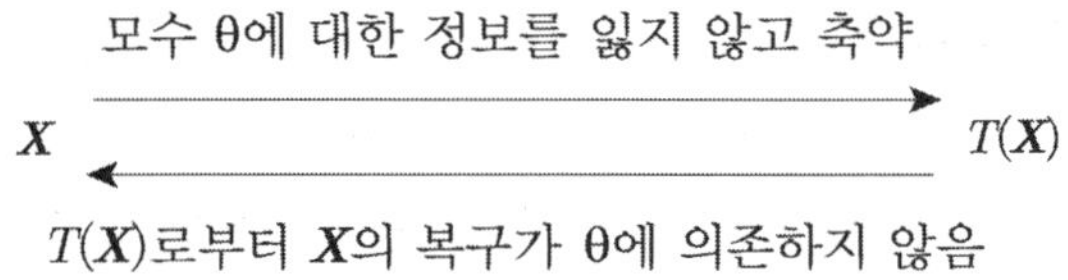

그림 8.1 충분통계량 $T(\boldsymbol{X})$의 의미

구체적인 예를 통해 위에서 설명한 의미를 살펴보도록 하자. X는 $N(0, \sigma^2)$를 따르는 확률변수이며 X를 이용하여 분산에 대한 추론을 한다고 한다. 이때 모수는 분산이므로 $\theta = \sigma^2$이라고 할 수 있다. $T(X) = X^2$이라고 하면 $T(X) = t$일 때 X의 조건부분포는 다음과 같다.

$$X = \begin{cases} \sqrt{t}, & \dfrac{1}{2}\text{의 확률로} \\ -\sqrt{t}, & \dfrac{1}{2}\text{의 확률로} \end{cases}$$

이는 X의 확률분포가 0에 대해 대칭이므로 $X = -\sqrt{t}$에서 확률밀도함수의 값과 $X = \sqrt{t}$에서 확률밀도함수의 값이 같다는 것으로부터 쉽게 확인할 수 있다. 따라서 $T(X) = X^2$으로부터 X를 복구하는 과정은 $\theta = \sigma^2$에 관련이 없다. 한편 $T(X) = X^2$이 σ^2에 대해 가지고 있는 정보와 X가 가지고 있는 정보가 같다는 것은 다음과 같이 설명할 수 있다. 분산은 기댓값으로 얼마만큼 퍼져 있는지를 측정한 값이므로 0으로부터 같은 거리만큼 떨어진 $\sqrt{t}$가 나타내는 퍼진 정도나 $-\sqrt{t}$가 나타내는 퍼진 정도는 같다고 할 수 있다. $T(X)$의 값이 t로 주어지면 X의 값은 $\sqrt{t}$ 또는 $-\sqrt{t}$일 수 있지만 두 값 모두 σ^2에 대한 정보에는 차이가 없다. 따라서 $T(X)$는 σ^2에 대한 정보를 잃어버리지 않았다고 할 수 있다. 이를 요약하면 $T(X) = X^2$으로부터 X의 값을 복구하는 과정은 모수에 의존하지 않고 반대로 X에서 $T(X) = X^2$으로 축약되는 과정에서 분산 σ^2에 대한 정보는 잃어버리지 않는다는 것을 의미한다.

예 8.1

$X_1, X_2, \cdots, X_n$이 $Bernoulli(\theta)$로부터의 랜덤샘플일 때 $T(\boldsymbol{X}) = \sum_{i=1}^{n} X_i$는 θ에 대한 충분통계량임을 보여라.

풀이

정의 8.1에 적용을 위한 $T(\boldsymbol{X}) = t$일 때 $\boldsymbol{X}$의 조건부분포는 다음과 같다.

$$P(X_1 = x_1, X_2 = x_2, \cdots, X_n = x_n \mid \sum_{i=1}^{n} X_i = t)$$

$$= \frac{P(X_1 = x_1, X_2 = x_2, \cdots, X_n = x_n, \sum_{i=1}^{n} X_i = t)}{P(\sum_{i=1}^{n} X_i = t)}$$

$\sum_{i=1}^{n} x_i = t$일 때 사건 $\left\{X_1 = x_1, X_2 = x_2, \cdots, X_n = x_n, \sum_{i=1}^{n} X_i = t\right\}$는 $\{X_1 = x_1, X_2 = x_2, \cdots, X_n = x_n\}$과 같고, $\sum_{i=1}^{n} X_i$는 이항분포를 따르므로 조건부분포는 다음과 같다.

$$P(X_1 = x_1, X_2 = x_2, \cdots, X_n = x_n \mid \sum_{i=1}^{n} X_i = t)$$

$$= \frac{P(X_1 = x_1, X_2 = x_2, \cdots, X_n = x_n)}{P(\sum_{i=1}^{n} X_i = t)}$$

$$= \frac{\theta^{x_1}(1-\theta)^{1-x_1} \cdots \theta^{x_n}(1-\theta)^{1-x_n}}{\binom{n}{t}\theta^t(1-\theta)^{n-t}}$$

$$= \frac{1}{\binom{n}{t}}$$

이는 θ에 의존하지 않으므로 정의 8.1에 의해 $T(\boldsymbol{X}) = \sum_{i=1}^{n} X_i$는 θ에 대한 충분통계량이다.

모수에 대한 충분통계량은 하나만 있는 것은 아니다. 예를 들어 원 자료는 항상 충분통계량이며 또한 랜덤샘플인 경우 순서통계량도 충분통계량이 된다. 이처럼 충분통계량은 여러 개 있을 수 있으며 가장 많이 축약된 통계량을 **최소충분통계량**(minimal sufficient statistic)이라고 한다. 일반적으로 모수의 수가 p이면 최소충분통계량은 p개의 통계량으로 주어지는 경우가 많다.

충분통계량을 구하기 위해 정의 8.1을 이용하는 것은 쉽지 않다. 정의를 이용하여 충분통계량을 구하기 위해서는 먼저 충분통계량이 될 가능성이 있는 통계량을 추측하고 이 통계량이 주어졌을 때 $\boldsymbol{X}$의 조건부분포가 모수에 의존하지 않는다는 사실을 보여야 하기 때문이다. 일반적으로 모수에 대한 충분통계량을 구할 때 자주 이용되는 것이 다음 정리이다.

정리 8.1 **[인수분해정리, factorization theorem]**

통계량 $T(\boldsymbol{X})$가 θ에 대한 충분통계량일 필요충분조건은 $\boldsymbol{X}$의 확률밀도함수(확률질량함수) $f(x_1, x_2, \cdots, x_n \mid \theta)$가 $T(x_1, x_2, \cdots, x_n)$와 θ에 의하여 결정되는 부분과 $x_1, x_2, \cdots, x_n$에 의하여 결정되는 부분의 곱으로 표현될 때이다. 즉 적절한 함수 $g(\cdot)$와 $h(\cdot)$에 대하여 확률밀도함수 $f(x_1, x_2, \cdots, x_n \mid \theta)$를 다음과 같이 나타낼 수 있을 때 $T(\boldsymbol{X})$가 θ에 대한 충분통계량이다.

$$f(x_1, x_2, \cdots, x_n \mid \theta) = g(T(x_1, x_2, \cdots, x_n), \theta) h(x_1, x_2, \cdots, x_n)$$

증명

증명은 이산형 확률분포인 경우만 다루도록 하겠다. 먼저 $\boldsymbol{X}$의 확률질량함수 $f(x_1, x_2, \cdots, x_n \mid \theta)$가 다음과 같이 표현될 수 있다고 가정하자.

$$f(x_1, x_2, \cdots, x_n \mid \theta) = g(T(x_1, x_2, \cdots, x_n), \theta) h(x_1, x_2, \cdots, x_n)$$

이때 $T(\boldsymbol{X})$의 확률분포는 다음과 같이 나타낼 수 있다.

$$\begin{aligned} P(T(\boldsymbol{X}) = t) &= \sum_{x_1, \cdots, x_n : T(\boldsymbol{x}) = t} f(x_1, x_2, \cdots, x_n \mid \theta) \\ &= \sum_{x_1, \cdots, x_n : T(\boldsymbol{x}) = t} g(T(x_1, x_2, \cdots, x_n), \theta) h(x_1, x_2, \cdots, x_n) \\ &= g(t, \theta) \sum_{x_1, \cdots, x_n : T(\boldsymbol{x}) = t} h(x_1, x_2, \cdots, x_n) \end{aligned}$$

위에서 $\sum_{x_1, \cdots, x_n : T(\boldsymbol{x}) = t}$ 는 $T(\boldsymbol{x}) = t$를 만족하는 모든 $(x_1, \cdots, x_n)$에서 합을 나타낸다. 따라서 $T(\boldsymbol{X}) = t$로 주어졌을 때 $T(\boldsymbol{X}) = t$를 만족하는 $\boldsymbol{x} = (x_1, x_2, \cdots, x_n)$의 영역에서 $\boldsymbol{X}$의 조건부확률은 다음과 같다.

$$
\begin{aligned}
&P(X_1 = x_1, X_2 = x_2, \cdots, X_n = x_n \mid T(\boldsymbol{X}) = t) \\
&= \frac{P(X_1 = x_1, X_2 = x_2, \cdots, X_n = x_n, T(\boldsymbol{X}) = t)}{P(T(\boldsymbol{X}) = t)} \\
&= \frac{P(X_1 = x_1, X_2 = x_2, \cdots, X_n = x_n)}{P(T(\boldsymbol{X}) = t)} \\
&= \frac{g(t, \theta) h(x_1, x_2, \cdots, x_n)}{g(t, \theta) \sum_{x_1, \cdots, x_n : T(\boldsymbol{x}) = t} h(x_1, x_2, \cdots, x_n)} \\
&= \frac{h(x_1, x_2, \cdots, x_n)}{\sum_{x_1, \cdots, x_n : T(\boldsymbol{x}) = t} h(x_1, x_2, \cdots, x_n)}
\end{aligned}
$$

이는 θ에 의존하지 않으므로 $T(\boldsymbol{X})$는 θ에 대한 충분통계량이다. 이제 필요조건을 보이기 위해 $T(\boldsymbol{X})$가 θ에 대한 충분통계량이라고 가정하자. 이때 함수 $g(\cdot)$와 $h(\cdot)$를 다음과 같이 정의하자.

$$
\begin{aligned}
g(t, \theta) &= P(T(\boldsymbol{X}) = t) \\
h(x_1, x_2, \cdots, x_n) &= P(X_1 = x_1, X_2 = x_2, \cdots, X_n = x_n \mid T(\boldsymbol{X}) = t)
\end{aligned}
$$

위에서 $T(\boldsymbol{X}) = t$일 확률은 t와 모수 θ에 의존하기 때문에 $P(T(\boldsymbol{X}) = t)$는 t와 모수 θ의 함수가 된다. 또한 $T(\boldsymbol{X})$는 θ에 대한 충분통계량이기 때문에 조건부확률 $P(X_1 = x_1, X_2 = x_2, \cdots, X_n \mid T(\boldsymbol{X}) = t)$는 모수 θ에 의존하지 않는 $(x_1, x_2, \cdots, x_n)$만의 함수가 된다. 따라서 $T(\boldsymbol{X}) = t$인 영역에서 $(X_1, X_2, \cdots, X_n)$의 확률질량함수는 다음과 같이 표현할 수 있다.

$$
\begin{aligned}
&P(X_1 = x_1, X_2 = x_2, \cdots, X_n = x_n) \\
&\quad = P(X_1 = x_1, X_2 = x_2, \cdots, X_n = x_n, T(\boldsymbol{X}) = t) \\
&\quad = P(T(\boldsymbol{X}) = t) P(X_1 = x_1, X_2 = x_2, \cdots, X_n = x_n \mid T(\boldsymbol{X}) = t) \\
&\quad = g(t, \theta) h(x_1, x_2, \cdots, x_n)
\end{aligned}
$$

◀

인수분해정리를 이용하여 충분통계량을 구하기 위해서는 $(X_1, X_2, \cdots, X_n)$의 확률밀도함수를 두 부분의 곱으로 분리하여야 한다. $(x_1, x_2, \cdots, x_n)$에만 의존하는 부분 $h(\cdot)$와 $(x_1, x_2, \cdots, x_n)$과 θ에 동시에 의존하는 나머지 부분 $g(\cdot)$으로 분해해야 한다. x와 θ에 의존하는 부분 $g(\cdot)$가 $T(\boldsymbol{x})$와 θ의 함수일 때 $T(\boldsymbol{X})$가 θ에 대한 충분통계량이 된다. 즉 확률밀도함수를 곱으로 분해할 때 x와 θ에 의존하는 부분으로부터 충분통계량을 구할 수 있다는 것이다. 이 부분이 $T(\boldsymbol{x})$와 θ의 함수일 때 $T(\boldsymbol{X})$가 θ에 대한 충분통계량이 된다.

예 8.2

$X_1, X_2, \cdots, X_n$이 $Poisson(\theta)$으로부터의 랜덤샘플일 때 $T(\boldsymbol{X}) = \sum_{i=1}^{n} X_i$는 θ에 대한 충분통계량임을 보여라.

풀이

포아송분포로부터의 랜덤샘플 $\boldsymbol{X}$의 확률질량함수는 다음과 같다.

$$f(x_1, x_2, \cdots, x_n \mid \theta) = \prod_{i=1}^{n} f(x_i \mid \theta) = \prod_{i=1}^{n} \frac{\theta^{x_i} e^{-\theta}}{x_i!}$$

$$= \theta^{\sum_{i=1}^{n} x_i} e^{-n\theta} \frac{1}{x_1! x_2! \cdots x_n!}$$

위에서 $\prod_{i=1}^{n} f(x_i \mid \theta)$는 각 $f(x_i \mid \theta)$을 곱한 $f(x_1 \mid \theta) f(x_2 \mid \theta) \cdots f(x_n \mid \theta)$를 나타낸다. 위 확률질량함수에서 $\frac{1}{x_1! x_2! \cdots x_n!}$은 $(x_1, x_2, \cdots, x_n)$에만 의존하는 부분이고 $\theta^{\sum_{i=1}^{n} x_i} e^{-n\theta}$는 $(x_1, x_2, \cdots, x_n)$와 θ에 의존하는 부분이다. 이 부분은 $\sum_{i=1}^{n} x_i$와 θ의 함수이므로 $T(\boldsymbol{X}) = \sum_{i=1}^{n} X_i$는 θ에 대한 충분통계량이다.

예 8.3

$X_1, X_2, \ldots, X_n$이 $N(\theta, 1)$으로부터의 랜덤샘플일 때 $T(X) = \sum_{i=1}^{n} X_i$는 θ에 대한

충분통계량임을 보여라.

(풀이)

주어진 랜덤표본의 결합확률밀도함수는 다음과 같이 나타낼 수 있다.

$$f(x_1, x_2, \dots, x_n \mid \theta) = \left(\frac{1}{2\pi}\right)^{\frac{n}{2}} \exp\left(-\frac{\sum_{i=1}^{n}(x_i-\theta)^2}{2}\right)$$

$$= \left(\frac{1}{2\pi}\right)^{\frac{n}{2}} \exp\left(-\frac{\sum_{i=1}^{n}x_i^2}{2} + \theta\sum_{i=1}^{n}x_i - \frac{n\mu^2}{2}\right)$$

인수분해정리에 의해 $T(X) = \sum_{i=1}^{n} X_i$는 θ에 대한 충분통계량이다. 참고로, 충분통계량의 일대일함수도 충분통계량임이 알려져 있다. 그러므로 $\sum_{i=1}^{n} X_i$의 1–1 함수인 $\overline{X}$도 θ에 대한 충분통계량이라고 할 수 있다.

예 8.4

$X_1, X_2, \cdots, X_n$이 $N(\mu, \sigma^2)$으로부터의 랜덤샘플일 때 $T(\boldsymbol{X}) = (\sum_{i=1}^{n} X_i^2, \sum_{i=1}^{n} X_i)$는 (μ, σ^2)에 대한 충분통계량임을 보여라.

(풀이)

정규분포의 경우 모수는 $\theta = (\mu, \sigma^2)$이다. 이때 $\boldsymbol{X}$의 결합확률밀도함수는 다음과 같이 나타낼 수 있다.

$$f(x_1, x_2, \cdots, x_n \mid \mu, \sigma^2) = \left(\frac{1}{2\pi\sigma^2}\right)^{\frac{n}{2}} \exp\left(-\frac{\sum_{i=1}^{n}(x_i-\mu)^2}{2\sigma^2}\right)$$

$$= \left(\frac{1}{2\pi\sigma^2}\right)^{\frac{n}{2}} \exp\left(-\frac{\sum_{i=1}^{n}x_i^2}{2\sigma^2} + \frac{\mu}{\sigma^2}\sum_{i=1}^{n}x_i - \frac{n\mu^2}{2\sigma^2}\right)$$

이 확률밀도함수는 $(\sum_{i=1}^{n} x_i^2, \sum_{i=1}^{n} x_i)$와 (μ, σ^2)의 함수이므로 $T(\boldsymbol{X}) = (\sum_{i=1}^{n} X_i^2, \sum_{i=1}^{n} X_i)$는 (μ, σ^2)에 대한 충분통계량이다.

예 8.5

$X_1, X_2, \cdots, X_n$이 $Uniform(0, \theta)$로부터의 랜덤샘플일 때 $T(\boldsymbol{X}) = X_{(n)}$은 θ에 대한 충분통계량임을 보여라.

풀이

$\boldsymbol{X}$의 결합확률밀도함수는 다음과 같이 나타낼 수 있다.

$$
\begin{aligned}
f(x_1, x_2, \cdots, x_n \mid \theta) &= \left(\frac{1}{\theta}\right)^n \prod_{i=1}^{n} I(0 < x_i < \theta) \\
&= \left(\frac{1}{\theta}\right)^n I(0 < x_{(1)} \le x_{(n)} < \theta) \\
&= \left(\frac{1}{\theta}\right)^n I(x_{(n)} < \theta) I(0 < x_{(1)})
\end{aligned}
$$

따라서 $T(\boldsymbol{X}) = X_{(n)}$은 θ에 대한 충분통계량이다.

예 8.6

$X_1, X_2, \cdots, X_n$이 확률밀도함수 $f(x \mid \theta) = \exp(-(x-\theta)), x \ge \theta$를 갖는 랜덤샘플일 때 $T(\boldsymbol{X}) = X_{(1)}$은 θ에 대한 충분통계량임을 보여라.

풀이

$\boldsymbol{X}$의 결합확률밀도함수는 다음과 같이 나타낼 수 있다.

$$
\begin{aligned}
f(x_1, x_2, \cdots, x_n \mid \theta) &= e^{-(x_1-\theta)} e^{-(x_2-\theta)} \cdots e^{-(x_n-\theta)} I(x_{(1)} \ge \theta) \\
&= e^{-\sum_{i=1}^{n} x_i} e^{n\theta} I(x_{(1)} \ge \theta)
\end{aligned}
$$

이 확률밀도함수에서 $(x_1, x_2, \cdots, x_n)$와 θ에 의존하는 부분은 $I(x_{(1)} \geq \theta)$이다. 따라서 $X_{(1)}$은 θ에 대한 충분통계량이다.

예 8.7

$X_1, X_2, \cdots, X_n$이 $Uniform(\theta - \frac{1}{2}, \theta + \frac{1}{2})$로부터의 랜덤샘플일 때, $T(\boldsymbol{X}) = (X_{(1)}, X_{(n)})$이 θ에 대한 충분통계량임을 보여라.

풀이

$\boldsymbol{X}$의 결합확률밀도함수는 다음과 같이 나타낼 수 있다.

$$\begin{aligned} f(x_1, x_2, \cdots, x_n \mid \theta) &= \prod_{i=1}^{n} I(\theta - \frac{1}{2} < x_i < \theta + \frac{1}{2}) \\ &= I(\theta - \frac{1}{2} < x_{(1)} \leq x_{(n)} < \theta + \frac{1}{2}) \\ &= I(\theta - \frac{1}{2} < x_{(1)})\, I(\theta + \frac{1}{2} > x_{(n)}) \end{aligned}$$

따라서 정리 8.1에 의해 $T(\boldsymbol{X}) = (X_{(1)}, X_{(n)})$은 θ에 대한 충분통계량이다.

8.2 지수족

확률분포 중에는 확률밀도함수 또는 확률질량함수가 특수한 형태를 가지는 경우가 있다. 이런 형태를 가지는 경우에는 어떤 성질에 대해 일반화된 결과를 얻을 수도 있다. 한 가지 경우는 확률밀도함수 또는 확률질량함수가 지수함수 형태로 표현될 때이다.

정의 8.2

함수 $c(\cdot), T(\cdot), d(\cdot), S(\cdot)$에 대하여 확률밀도함수(확률질량함수) $f(x|\theta)$가 다음과 같이 나타낼 수 있을 때 이 확률분포의 모임을 **지수족**(exponential family)이라고 한다.

$$f(x|\theta) = \exp\{c(\theta)T(x) + d(\theta) + S(x)\}I_A(x) \qquad (8.1)$$

위에서 $I_A(x)$는 $x \in A$일 때 1의 값을 갖고 $x \notin A$일 때 0의 값을 가지는 **지표 함수**(indicator function)이다. 확률밀도함수가 A의 영역에서만 양의 값을 가질 때 위의 표현을 사용하여 나타낸다.

$\boldsymbol{X} = (X_1, X_2, \cdots, X_n)$이 지수족에 속하는 확률분포로부터의 랜덤샘플일 때 $\boldsymbol{X}$의 확률밀도함수는 다음과 같다.

$$f(x|\theta) = \exp\left\{c(\theta)\sum_{i=1}^{n} T(x_i) + nd(\theta) + \sum_{i=1}^{n} S(x_i)\right\} I_A(x_1, x_2, \cdots, x_n)$$

이때 정리 8.1에 의하여 $\sum_{i=1}^{n} T(X_i)$는 θ에 대한 충분통계량임을 알 수 있다. 예를 들어 $B(m, \theta)$의 확률질량함수는 다음과 같이 나타낼 수 있다.

$$\begin{aligned} f(x|\theta) &= \binom{m}{x}\theta^x(1-\theta)^{m-x}, \ x = 0, 1, \cdots, m \\ &= \binom{m}{x}\left(\frac{\theta}{1-\theta}\right)^x (1-\theta)^m, \ x = 0, 1, \cdots, m \\ &= \exp\left\{x\log\left(\frac{\theta}{1-\theta}\right) + m\log(1-\theta) + \log\binom{m}{x}\right\} I_{\{0, 1, \cdots, m\}}(x) \end{aligned}$$

위 확률질량함수를 지수족의 식 (8.1)과 비교하면 다음 관계를 얻을 수 있다.

$$c(\theta) = \log\left(\frac{\theta}{1-\theta}\right), \ T(x) = x, \ d(\theta) = m\log(1-\theta)$$

$$S(x) = \log\binom{m}{x}, \ A = \{0, 1, \cdots, m\}$$

따라서 이항분포는 지수족에 속하며 $\sum_{i=1}^{n} T(X_i) = \sum_{i=1}^{n} X_i$는 θ에 대한 충분통계량이 된다.

확률밀도함수(확률질량함수)가 식 (8.1)과 같이 표현되는 지수족을 확장하여 다음과 같이 나타낼 수 있을 때 이 확률분포의 모임을 k차 지수족이라고 한다.

$$f(x|\theta) = \exp\left(\sum_{j=1}^{k} c_j(\theta)T_j(x) + d(\theta) + S(x)\right)I_A(x) \tag{8.2}$$

예를 들어 $N(\mu, \sigma^2)$의 확률밀도함수는 다음과 같이 나타낼 수 있으므로

$$\begin{aligned} f(x|\mu, \sigma^2) &= \left(\frac{1}{2\pi\sigma^2}\right)^{\frac{1}{2}}\exp\left(-\frac{(x-\mu)^2}{2\sigma^2}\right) \\ &= \exp\left(-\frac{1}{2\sigma^2}x^2 + \frac{\mu}{\sigma^2}x - \frac{\mu^2}{2\sigma^2} - \frac{1}{2}\log(2\pi\sigma^2)\right), \end{aligned} \tag{8.3}$$

정규분포는 2차 지수족이라고 할 수 있다. $\theta = (\mu, \sigma^2)$이라고 할 때 위 확률밀도함수를 식 (8.2)와 비교하면 다음 관계를 얻을 수 있다.

$$\begin{aligned} &c_1(\theta) = -\frac{1}{2\sigma^2},\ c_2(\theta) = \frac{\mu}{\sigma^2},\ d(\theta) = -\frac{\mu^2}{2\sigma^2} - \frac{1}{2}\log(2\pi) \\ &T_1(x) = x^2,\ T_2(x) = x,\ S(x) = 0,\ A = (-\infty, \infty) \end{aligned}$$

$\boldsymbol{X} = (X_1, X_2, \cdots, X_n)$이 k차 지수족에 속하는 확률분포로부터의 랜덤샘플일 때 정리 8.1에 의하여 다음 통계량이 θ에 대한 충분통계량임을 알 수 있다.

$$\left(\sum_{i=1}^{n} T_1(X_i),\ \sum_{i=1}^{n} T_2(X_i),\ \cdots,\ \sum_{i=1}^{n} T_k(X_i)\right)$$

예를 들어 $X_1, X_2, \cdots, X_n$이 $N(\mu, \sigma^2)$로부터의 랜덤샘플일 때 다음 통계량이 $N(\mu, \sigma^2)$에 대한 충분통계량이다.

$$\left(\sum_{i=1}^{n} X_i^2,\ \sum_{i=1}^{n} X_i\right)$$

이항분포와 정규분포 외에도 포아송분포, 감마분포 등이 지수족에 속하는 확률분포이다.

8.3 완비통계량

충분통계량의 개념과 함께 모수에 대한 추론에서 흔히 이용되는 것이 **완비통계량**(complete statistic)이다.

정의 8.3

통계량 $T(\boldsymbol{X})$의 함수 $g(T(\boldsymbol{X}))$에 대하여 모든 θ에서

$$E_\theta[g(T(\boldsymbol{X}))] = 0 \text{이면 } P_\theta\{\boldsymbol{X} : g(T(\boldsymbol{X})) = 0\} = 1$$

이 성립할 때 $T(\boldsymbol{X})$를 완비통계량이라고 한다.

위에서 기댓값이나 확률을 나타낸 식에서 첨자 θ를 붙인 이유는 이러한 값이 θ의 함수라는 것을 명확히 나타내기 위하여 사용한 것이다. 위 정의는 $T(\boldsymbol{X})$의 함수 $g(T(\boldsymbol{X}))$에 대하여 θ의 모든 값에서 기댓값이 0이면 함수 $g(T(\boldsymbol{X}))$의 값은 항상 0일 수밖에 없을 때 통계량 $T(\boldsymbol{X})$를 완비통계량이라고 한다는 것이다.

$T(\boldsymbol{X})$의 함수 $g(T(\boldsymbol{X}))$의 기댓값이 모든 θ에서 0이 된다는 것은 이 부분이 θ에 대한 정보를 가지고 있지 않음을 나타낸다. 만약 $g(T(\boldsymbol{X}))$가 0이 아닌 함수라면 $T(\boldsymbol{X})$에는 θ에 대한 정보를 가지고 있지 않은 부분이 있다는 것을 의미한다. 따라서 이런 관점에서 보면 완비통계량은 θ에 대한 정보를 가지고 있지 않은 부분을 모두 제거한 가장 간략히 축소된 통계량이라고 할 수 있다.

예 8.8

$X_1, X_2, \cdots, X_n$이 $Bernoulli(\theta)$로부터의 랜덤샘플일 때 $T(\boldsymbol{X}) = \sum_{i=1}^{n} X_i$는 θ에 대한 완비통계량임을 보여라.

풀이

$T(\boldsymbol{X}) = \sum_{i=1}^{n} X_i \sim B(n, \theta)$이므로 $T(\boldsymbol{X})$의 함수 $g(T(\boldsymbol{X}))$의 기댓값은 다음과 같이 나타낼 수 있다.

$$E_\theta[g(T(\boldsymbol{X}))] = \sum_{k=0}^{\infty} g(k)\binom{n}{k}\theta^k(1-\theta)^{n-k}$$

$$= \sum_{k=0}^{\infty} g(k)\binom{n}{k}\left(\frac{\theta}{1-\theta}\right)^k(1-\theta)^n$$

이 값이 0과 1 사이의 모든 θ에 대해 0이 된다는 것은 다음을 뜻한다.

$$\sum_{k=0}^{\infty} g(k)\binom{n}{k}\left(\frac{\theta}{1-\theta}\right)^k = 0$$

위 식을 $\nu = \dfrac{\theta}{1-\theta}$의 다항식으로 볼 때 $\nu > 0$인 부분에서 이 다항식의 값은 항상 0이므로 다항식의 계수는 모두 0이 되어야 한다. 따라서 $g(\cdot)$는 0부터 n 사이의 정수 값에서 항상 0의 값을 가지는 함수라는 것을 나타낸다. $T(\boldsymbol{X})$는 0부터 n 사이의 정수 값만 가지므로 $T(\boldsymbol{X}) = \sum_{i=1}^{n} X_i$는 θ에 대한 완비통계량이다.

예 8.9

$X_1, X_2, \cdots, X_n$이 $Poisson(\theta)$로부터의 랜덤샘플일 때 $T(\boldsymbol{X}) = \sum_{i=1}^{n} X_i$는 θ에 대한 완비통계량임을 보여라.

풀이

$T(\boldsymbol{X}) = \sum_{i=1}^{n} X_i \sim Poisson(n\theta)$이므로 $T(\boldsymbol{X})$의 함수 $g(T(\boldsymbol{X}))$의 기댓값이 모든 θ에 대해 0이라는 것은 다음을 뜻한다.

$$E_\theta[g(T(\boldsymbol{X}))] = \sum_{k=0}^{\infty} g(k)\frac{(n\theta)^k e^{-n\theta}}{k!} = 0$$

$$\Rightarrow \sum_{k=0}^{\infty} g(k)\frac{(n\theta)^k}{k!} = 0 \quad (e^{-n\theta}\text{는 0이 아니므로})$$

즉 모든 θ에 대하여 $E_\theta[g(T(\boldsymbol{X}))] = 0$이라는 것은 다음을 뜻한다.

$$g(0) + ng(1)\theta + \frac{n^2 g(2)}{2!}\theta^2 + \frac{n^3 g(3)}{3!}\theta^3 + \cdots = 0$$

위 식을 θ에 대한 다항식으로 볼 때 모든 값에서 0이 되려면 각 계수의 값이 0이어야 한다. 즉 다음이 성립한다.

$$g(0) = 0, \quad ng(1) = 0, \quad \frac{n^2 g(2)}{2!} = 0, \quad \cdots$$

따라서 $g(\cdot)$는 음이 아닌 정수 값에서 항상 0의 값을 가질 수밖에 없다. 포아송분포는 음이 아닌 정수 값만을 가지므로 $T(\boldsymbol{X}) = \sum_{i=1}^{n} X_i$는 θ에 대한 완비통계량이다.

예 8.10

$X_1, X_2, \cdots, X_n$이 $Uniform(0, \theta)$로부터의 랜덤샘플일 때 $T(\boldsymbol{X}) = X_{(n)}$이 θ에 대한 완비통계량임을 보여라.

풀이

정리 5.8에 의하여 $T(\boldsymbol{X}) = X_{(n)}$의 확률밀도함수는 다음과 같다.

$$f_T(t) = n\frac{t^{n-1}}{\theta^n}, \quad 0 < t < \theta.$$

0보다 큰 모든 θ에 대하여 $E[g(X_{(n)})] = 0$이라는 것은 다음을 뜻한다.

$$E_\theta[g(T(\boldsymbol{X}))] = \int_0^\theta g(t) n \frac{t^{n-1}}{\theta^n} dt = 0 \quad (\text{모든 } \theta > 0\text{에 대하여})$$

$$\Rightarrow \int_0^\theta g(t) t^{n-1} dt = 0 \quad (\text{모든 } \theta > 0\text{에 대하여})$$

위 식을 θ에 대해 미분하면 모든 $\theta > 0$에 대하여 $g(\theta)\theta^{n-1} = 0$이 된다. 즉 0보다 큰 모든 t에 대하여 $g(t) = 0$이므로 $T(\boldsymbol{X}) = X_{(n)}$은 θ에 대한 완비통계량이다.

일반적으로 어떤 통계량이 완비통계량임을 보이는 것은 쉽지 않으며 지수족에 속하는 분포에 대해서는 다음 사실을 이용할 수 있다.

정리 8.2

$X_1, X_2, \cdots, X_n$이 다음과 같은 확률밀도함수 $f(x|\theta)$를 가지는 지수족으로부터의 랜덤샘플일 때 $\sum_{i=1}^{n} T(X_i)$는 θ에 대한 완비통계량이다.

$$f(x|\theta) = \exp(c(\theta)T(x) + d(\theta) + S(x))I_A(x) \quad (8.4)$$

통계량 $T(\boldsymbol{X})$가 θ에 대한 충분통계량이며 또한 완비통계량일 때 이 통계량을 **완비충분통계량**(complete and sufficient statistic)이라고 한다. 예를 들어 $X_1, X_2, \cdots, X_n$이 $Bernoulli(\theta)$로부터의 랜덤샘플일 때 예 8.1, 8.8에 의하여 $T(\boldsymbol{X}) = \sum_{i=1}^{n} X_i$는 θ에 대한 완비충분통계량임을 알 수 있다. 식 (8.4)와 같은 확률밀도함수를 가지는 지수족에 대하여 $\sum_{i=1}^{n} T(X_i)$는 충분통계량이며 또한 완비통계량이므로 $\sum_{i=1}^{n} T(X_i)$는 θ에 대한 완비충분통계량이다.

예 8.11

$X_1, X_2, \cdots, X_n$이 $Poisson(\theta)$로부터의 랜덤샘플일 때 $\sum_{i=1}^{n} X_i$가 θ에 대한 완비충분통계량임을 보여라.

풀이

$Poisson(\theta)$의 확률질량함수는 다음과 같이 나타낼 수 있다.

$$\begin{aligned} f(x|\theta) &= \frac{\theta^x e^{-\theta}}{x!}, \quad x \in \{0, 1, \cdots\} \\ &= \exp(x\log\theta - \theta - \log x!)\, I_{\{0,1,\cdots\}}(x) \end{aligned}$$

지수족의 성질에 의하여 $\sum_{i=1}^{n} X_i$가 θ에 대한 완비충분통계량이다.

지수족에 대한 정리 8.2는 확률밀도함수가 식 (8.2)로 표현되는 k차 지수족에 대해서도 성립한다. 즉 $X_1, X_2, \cdots, X_n$이 다음과 같은 확률밀도함수를 가지는 k차 지수족

으로부터의 랜덤샘플일 때

$$f(x|\theta) = \exp\left(\sum_{j=1}^{k} c_k(\theta)T_j(x) + d(\theta) + S(x)\right)I_A(x)$$

다음 통계량이 θ에 대한 완비충분통계량이다.

$$\left(\sum_{i=1}^{n} T_1(X_i),\ \sum_{i=1}^{n} T_2(X_i),\ \dots,\ \sum_{i=1}^{n} T_k(X_i)\right)$$

예를 들어 정규분포의 확률밀도함수는 식 (8.3)으로 표현되므로 $(X_1, X_2, \cdots, X_n)$이 $N(\mu, \sigma^2)$으로부터의 랜덤샘플일 때 다음 통계량이 $\theta = (\mu, \sigma^2)$에 대한 완비충분통계량이다.

$$\left(\sum_{i=1}^{n} X_i^2,\ \sum_{i=1}^{n} X_i\right)$$

8.4 최소분산비편향추정량

7.4절에서 학습한 대로 비편향추정량의 비교기준은 분산이라고 할 수 있다. 비편향추정량 중에서 분산이 가장 작은 추정량을 **최소분산비편향추정량**(minimum variance unbiased estimator, best unbiased estimator)이라고 한다. 모든 모수의 값에서 분산을 최소로 한다는 의미에서 **균일최소분산비편향추정량**(uniformly minimum variance unbiased estimator) 혹은 **전역최소분산비편향추정량**이라고 하기도 한다. 앞에서 이미 공부한 최소분산비편향추정량을 찾는 한 가지 방법은 정리 7.4를 이용하는 것이다. 어떤 비편향추정량의 분산이 크래머-라오 하한과 같다면 정리 7.4에 의하여 이 추정량은 최소분산비편향추정량이 된다. 그러나 이러한 방법으로 최소분산비편향추정량을 구하는 것은 쉽지 않다. 먼저 비편향추정량을 추측하고 이 추정량의 분산이 크래머-라오 하한과 같다는 것을 보여야 하기 때문이다. 이 절에서는 최소분산비편향추정량을 구하는 다른 방법을 알아보도록 하자.

이를 위해서는 충분성의 개념이 필요한데, 다음 정리는 어떤 추정량이 있을 때 충분통계량에 대한 조건부기댓값을 취함으로써 더 좋은 추정량을 만들 수 있음을 보여 주고 있다.

정리 8.3 **[라오–블랙웰 정리, Rao–Blackewell theorem]**

$S(\boldsymbol{X})$는 θ의 추정량이며 $T(\boldsymbol{X})$는 θ에 대한 충분통계량이라고 하자. $S^*(\boldsymbol{X}) = E(S(\boldsymbol{X})|\,T(\boldsymbol{X}))$라고 할 때 다음이 성립한다.

$$E(S^*(\boldsymbol{X})) = E(S(\boldsymbol{X})), \qquad Var(S^*(\boldsymbol{X})) \le Var(S(\boldsymbol{X}))$$

증명

정리 4.9와 정리 4.10에 의하여 $S^*(\boldsymbol{X})$의 기댓값은 다음과 같고

$$E(S^*(\boldsymbol{X})) = E(E(S(\boldsymbol{X})|\,T(\boldsymbol{X}))) = E(S(\boldsymbol{X})),$$

$S(\boldsymbol{X})$의 분산은 다음과 같이 나타낼 수 있다.

$$\begin{aligned} Var(S(\boldsymbol{X})) &= E(Var(S(\boldsymbol{X})|T(\boldsymbol{X}))) + Var(E(S(\boldsymbol{X})|T(\boldsymbol{X}))) \\ &= E(Var(S(\boldsymbol{X})|\,T(\boldsymbol{X}))) + Var(S^*(\boldsymbol{X})) \end{aligned}$$

따라서 $Var(S^*(\boldsymbol{X})) \le Var(S(\boldsymbol{X}))$이다. ◀

위 정리에 의하면 $S(\boldsymbol{X})$가 θ의 비편향추정량일 때 $S^*(\boldsymbol{X})$도 θ의 비편향추정량이며 분산은 $S(\boldsymbol{X})$의 분산보다 작다. 따라서 $S^*(\boldsymbol{X})$와 $S^*(\boldsymbol{X})$의 평균제곱오차에 대하여 다음 부등식이 성립하므로

$$E(S^*(\boldsymbol{X}) - \theta)^2 \le E(S(\boldsymbol{X}) - \theta)^2$$

$S(\boldsymbol{X})$보다 $S^*(\boldsymbol{X})$가 더 좋은 추정량이라고 할 수 있다. 위 정리에서 한 가지 주목할 사항은 $T(\boldsymbol{X})$가 충분통계량일 필요가 있는가에 관한 것이다. 증명 과정을 보면 $T(\boldsymbol{X})$가 충분통계량이라는 조건은 어디에서도 필요하지 않은 것처럼 보일 수 있다. 그러나 $T(\boldsymbol{X})$가 충분통계량이 아니라면 $S^*(\boldsymbol{X})$가 모수 θ에 의존하는 값이 되므로 $S^*(\boldsymbol{X})$를 추정량이라고 할 수 없다. $T(\boldsymbol{X})$가 충분통계량이면 $T(\boldsymbol{X})$가 주어졌을 때 $\boldsymbol{X}$의 조건부분포는 모수에 의존하지 않는다. 따라서 조건부기댓값 $S^*(\boldsymbol{X})$도 모수에 의존하지 않는 통계량이므로 추정량이라고 할 수 있다.

위 정리가 의미하는 것은 분산의 의미에서 θ의 좋은 추정량은 항상 충분통계량의 함수이어야 한다는 것이다. 그렇지 않다면 앞의 정리에 의하여 이 추정량보다 더 좋은

추정량을 구할 수 있기 때문이다.

예 8.12

$X_1, X_2, \cdots, X_n$이 $Poisson(\theta)$로부터의 랜덤샘플이라고 한다.

(a) θ의 비편향추정량 $S(\boldsymbol{X}) = X_1$의 분산을 구하여라.

(b) θ에 대한 충분통계량 $T(\boldsymbol{X}) = \sum_{i=1}^{n} X_i$를 이용하여 $S^*(\boldsymbol{X}) = E(S(\boldsymbol{X}) | T(\boldsymbol{X}))$를 구하여라.

(c) (b)에서 구한 $S^*(\boldsymbol{X})$의 분산을 구하고 비편향추정량임을 보여라.

풀이

(a) X_1은 포아송분포를 따르므로 $S(\boldsymbol{X}) = X_1$의 분산은 θ이다.

(b) $\sum_{i=1}^{n} X_i \sim Poisson(n\theta)$라는 사실을 이용하여 $T(\boldsymbol{X}) = t$일 때 X_1의 조건부확률을 구하면 다음과 같다.

$$P(X_1 = x_1 | \sum_{i=1}^{n} X_i = t) = \frac{P(X_1 = x_1, \sum_{i=1}^{n} X_i = t)}{P(\sum_{i=1}^{n} X_i = t)}$$

$$= \frac{P(X_1 = x_1, \sum_{i=2}^{n} X_i = t - x_1)}{P(\sum_{i=1}^{n} X_i = t)}$$

$$= \frac{\dfrac{\theta^{x_1} e^{-\theta}}{x_1!} \dfrac{((n-1)\theta)^{t-x_1} e^{-(n-1)\theta}}{(t-x_1)!}}{\dfrac{(n\theta)^t e^{-n\theta}}{t!}}$$

$$= \frac{t!}{x_1!(t-x_1)!} \left(\frac{1}{n}\right)^{x_1} \left(1 - \frac{1}{n}\right)^{t-x_1}$$

즉 $\sum_{i=1}^{x} X_i = t$일 때 X_1의 조건부분포는 $B\left(t, \frac{1}{n}\right)$임을 알 수 있다. $B\left(t, \frac{1}{n}\right)$

의 기댓값은 $\frac{t}{n}$이므로 다음을 얻을 수 있다.

$$S^*(\boldsymbol{X}) = E(S(\boldsymbol{X}) | T(\boldsymbol{X})) = E(X_1 | \sum_{i=1}^{n} X_i) = \frac{1}{n}\sum_{i=1}^{n} X_i = \overline{X}$$

(c) $S^*(\boldsymbol{X}) = \frac{1}{n}\sum_{i=1}^{n} X_i$의 기댓값은 θ이므로 $S^*(\boldsymbol{X})$는 θ의 비편향추정량이고 $S^*(\boldsymbol{X})$의 분산은 다음과 같다.

$$Var(\overline{X}) = \frac{\theta}{n}$$

이는 $S(\boldsymbol{X})$의 분산보다 작다.

정리 8.3에 의하면 θ의 추정량 $S(\boldsymbol{X})$보다 우수한 추정량 $S^*(\boldsymbol{X}) = E(S(\boldsymbol{X}) | T(\boldsymbol{X}))$를 만들 수 있다. 또 $S_0(\boldsymbol{X})$를 θ의 다른 추정량이라고 할 때 $S_0^*(\boldsymbol{X}) = E(S_0(\boldsymbol{X}) | T(\boldsymbol{X}))$는 $S_0(\boldsymbol{X})$보다 더 우수한 추정량이 된다. 그렇다면 $S^*(\boldsymbol{X})$와 $S_0^*(\boldsymbol{X})$ 중 어느 추정량이 더 우수할까? 이에 대한 답을 하기 위해서는 완비통계량의 개념이 필요하다. 다음 정리는 완비충분통계량을 이용하여 최소분산비편향추정량을 구하는 방법을 보여 주고 있다.

정리 8.4 **[레만–쉐페 정리, Lehmann–Scheffe theorem]**

$S(\boldsymbol{X})$는 θ의 비편향추정량이며 $T(\boldsymbol{X})$는 θ에 대한 완비충분통계량일 때 $S^*(\boldsymbol{X}) = E(S(\boldsymbol{X}) | T(\boldsymbol{X}))$는 θ의 최소분산비편향추정량이다.

증명

$T(\boldsymbol{X})$는 충분통계량이므로 정리 8.3에 의하여 $S^*(\boldsymbol{X})$는 θ의 비편향추정량이며 $Var(S^*(\boldsymbol{X})) \le Var(S(\boldsymbol{X}))$임을 알 수 있다. $U(\boldsymbol{X})$를 θ의 임의의 비편향추정량이라고 하자. 이때 $U^*(\boldsymbol{X}) = E(U(\boldsymbol{X}) | T(\boldsymbol{X}))$는 정리 8.3에 의하여 θ의 비편향추정량이며 $Var(U^*(\boldsymbol{X})) \le Var(U(\boldsymbol{X}))$이다. $S^*(\boldsymbol{X})$와 $U^*(\boldsymbol{X})$는 모두 θ의 비편향추정량이므로 모든 θ에 대하여 다음이 성립한다.

$$E(S^*(\boldsymbol{X}) - U^*(\boldsymbol{X})) = 0$$

한편 $S^*(\boldsymbol{X})$와 $U^*(\boldsymbol{X})$는 모두 완비통계량 $T(\boldsymbol{X})$의 함수이므로 위 식은 $S^*(\boldsymbol{X}) = U^*(\boldsymbol{X})$임을 의미한다. 따라서 다음 부등식을 얻을 수 있다.

$$Var(S^*(\boldsymbol{X})) = Var(U^*(\boldsymbol{X})) \le Var(U(\boldsymbol{X}))$$

즉 $S^*(\boldsymbol{X})$의 분산은 임의의 비편향추정량의 분산보다 작으므로 $S^*(\boldsymbol{X})$는 최소분산비편향추정량이다. ◀

$T(\boldsymbol{X})$의 함수 $h(T(\boldsymbol{X}))$에 대해서는 $E(h(T(\boldsymbol{X}))|T(\boldsymbol{X})) = h(T(\boldsymbol{X}))$이다. 이는 $T(\boldsymbol{X})$의 값이 주어지면 $h(T(\boldsymbol{X}))$의 값도 하나로 결정되기 때문이다. 따라서 완비충분통계량 $T(\boldsymbol{X})$의 함수인 $h(T(\boldsymbol{X}))$가 θ의 비편향추정량이라면 정리 8.4에 의하여 $h(T(\boldsymbol{X}))$가 최소분산비편향추정량이 된다.

지금까지의 결과를 요약하면 θ에 대한 최소분산비편향추정량을 구하는 방법은 다음과 같이 정리할 수 있다.

- 비편향추정량 $S^*(\boldsymbol{X})$의 분산이 크래머-라오 하한과 같을 때 $S^*(\boldsymbol{X})$는 θ의 최소분산비편향추정량이다.
- $T(\boldsymbol{X})$가 완비충분통계량이고 $h(T(\boldsymbol{X}))$는 θ의 비편향추정량일 때 $h(T(\boldsymbol{X}))$는 θ의 최소분산비편향추정량이다.
- $T(\boldsymbol{X})$가 완비충분통계량이고 $S(\boldsymbol{X})$는 θ의 비편향추정량일 때 다음과 같이 정의된 $S^*(\boldsymbol{X})$는 θ의 최소분산비편향추정량이다.

$$S^*(\boldsymbol{X}) = E(S(\boldsymbol{X})|T(\boldsymbol{X}))$$

위의 세 가지 방법 중 두 번째는 조건부기댓값을 구할 필요가 없으므로 가장 간편하다고 할 수 있다. 즉 $T(\boldsymbol{X})$가 완비충분통계량일 때 $T(\boldsymbol{X})$의 함수로서 기댓값이 θ인 추정량을 찾을 수 있다면 이 추정량이 θ의 최소분산비편향추정량이 된다.

예 8.13

$X_1, X_2, \cdots, X_n$이 $B(m, \theta)$로부터의 랜덤샘플일 때 θ의 최소분산비편향추정량을 구하여라.

풀이

이항분포를 따르는 랜덤샘플에 대해 $T(\boldsymbol{X}) = \sum_{i=1}^{n} X_i$가 θ에 대한 완비충분통계량이다. 완비충분통계량의 함수인 $\frac{1}{m}\overline{X} = \frac{1}{mn}T(\boldsymbol{X})$는 θ의 비편향추정량이므로 $\frac{1}{m}\overline{X}$가 θ의 최소분산비편향추정량이다.

예 8.14

$X_1, X_2, \cdots, X_n$이 $Poisson(\theta)$로부터의 랜덤샘플이라고 한다.

(a) θ의 최소분산비편향추정량을 구하여라.

(b) θ^2의 최소분산비편향추정량을 구하여라.

풀이

(a) 포아송분포를 따르는 랜덤샘플에 대해 $T(\boldsymbol{X}) = \sum_{i=1}^{n} X_i$가 θ에 대한 완비충분통계량이다. $E\left(\frac{1}{n}T(\boldsymbol{X})\right) = \theta$이므로 $\frac{1}{n}T(\boldsymbol{X}) = \overline{X}$가 θ의 최소분산비편향추정량이다.

(b) 완비충분통계량 $T(\boldsymbol{X}) = \sum_{i=1}^{n} X_i$의 확률분포는 $Poisson(n\theta)$이므로 $T(\boldsymbol{X})$의 기댓값은 $E(T(\boldsymbol{X})) = n\theta$이고, $T(\boldsymbol{X})^2$의 기댓값은 $E(T(\boldsymbol{X})^2) = n^2\theta^2 + n\theta$이다. 따라서 $\frac{1}{n^2}(T(\boldsymbol{X})^2 - T(\boldsymbol{X}))$의 기댓값은 다음과 같다.

$$\frac{1}{n^2}E\left(T(\boldsymbol{X})^2 - \frac{T(\boldsymbol{X})}{n^2}\right) = \theta^2$$

즉 $\frac{1}{n^2}(T(\boldsymbol{X})^2 - T(\boldsymbol{X}))$는 완비충분통계량의 함수이며 θ^2의 비편향추정량이므로 다음 추정량이 θ^2의 최소분산비편향추정량이다.

$$\frac{1}{n^2}(T(\boldsymbol{X})^2 - T(\boldsymbol{X})) = \frac{1}{n^2}\left(\left(\sum_{i=1}^{n} X_i\right)^2 - \sum_{i=1}^{n} X_i\right)$$

예 8.15

$X_1, X_2, \cdots, X_n$이 $Uniform(0, \theta)$로부터의 랜덤샘플일 때 θ의 최소분산비편향추정량을 구하여라.

풀이

$Uniform(0, \theta)$에서 나온 랜덤샘플에 대해 $T(\boldsymbol{X}) = X_{(n)}$이 θ에 대한 완비충분통계량이다. $X_{(n)}$의 기댓값이 다음과 같으므로

$$\begin{aligned} E_\theta(X_{(n)}) &= \int_0^\theta t\, n \frac{t^{n-1}}{\theta^n} dt \\ &= \frac{n}{n+1}\theta \end{aligned}$$

$E\left(\dfrac{n+1}{n} X_{(n)}\right) = \theta$이다. 즉 완비충분통계량의 함수인 $\dfrac{n+1}{n} X_{(n)}$이 θ의 비편향추정량이므로 θ의 최소분산비편향추정량은 $\dfrac{n+1}{n} X_{(n)}$이다.

예 8.16

$X_1, X_2, \cdots, X_n$이 $N(\mu, \sigma^2)$으로부터의 랜덤샘플이라고 한다.

(a) μ의 최소분산비편향추정량을 구하여라.

(b) σ^2의 최소분산비편향추정량을 구하여라.

풀이

(a) 정규분포를 따르는 랜덤샘플에 대하여 $T(\boldsymbol{X}) = (\sum_{i=1}^n X_i, \sum_{i=1}^n X_i^2)$이 $\theta = (\mu, \sigma^2)$의 완비충분통계량이다. 한편 $\overline{X} = \frac{1}{n}\sum_{i=1}^n X_i$는 μ의 비편향추정량이며 완비충분통계량 $T(\boldsymbol{X})$의 함수이므로 μ의 최소분산비편향추정량이다.

(b) 표본분산 S^2은 다음과 같이 나타낼 수 있으므로

$$\begin{aligned} S^2 &= \frac{1}{n-1}\sum_{i=1}^n (X_i - \overline{X})^2 \\ &= \frac{1}{n-1}\left(\sum_{i=1}^n X_i^2 - n\left(\frac{1}{n}\sum_{i=1}^n X_i\right)^2\right) \end{aligned}$$

S^2은 완비충분통계량 $T(\boldsymbol{X})$의 함수이며 정리 5.1에 의하여 σ^2의 비편향추정량이다. 따라서 표본분산 S^2이 σ^2의 최소분산비편향추정량이다.

지금까지 다룬 예에서는 두 번째 방법을 사용하여 최소분산불편추정량을 구하였다. 베르누이 분포에 대해 세 번째 방법을 사용하여 θ의 최소분산비편향추정량을 구하는 방법을 알아보자. $X_1, X_2, \cdots, X_n$이 $Bernoulli(\theta)$로부터의 랜덤샘플일 때 $T(\boldsymbol{X}) = \sum_{i=1}^{n} X_i$는 θ에 대한 완비충분통계량이다. 한편 $S(\boldsymbol{X}) = X_1$는 θ의 비편향추정량이므로 θ의 최소분산비편향추정량은 $E(X_1 \mid \sum_{i=1}^{n} X_i)$라고 할 수 있다. 지금부터는 이 조건부기댓값을 구하는 과정을 살펴보도록 하자. $\sum_{i=1}^{n} X_i \sim B(n, \theta)$이므로 $T(\boldsymbol{X}) = t$일 때 X_1의 조건부분포는 다음과 같다.

$$P(X_1 = x_1 \mid \sum_{i=1}^{n} X_i = t) = \frac{P(X_1 = x_1, \sum_{i=1}^{n} X_i = t)}{P(\sum_{i=1}^{n} X_i = t)}$$

$$= \frac{P(X_1 = x_1, \sum_{i=2}^{n} X_i = t - x_1)}{P(\sum_{i=1}^{n} X_i = t)}$$

$$= \frac{\theta^{x_1}(1-\theta)^{1-x_1}\binom{n-1}{t-x_1}\theta^{t-x_1}(1-\theta)^{(n-1)-(t-x_1)}}{\binom{n}{t}\theta^t(1-\theta)^{n-t}}$$

$$= \frac{\binom{n-1}{t-x_1}}{\binom{n}{t}} = \begin{cases} \dfrac{\binom{n-1}{t-x_1}}{\binom{n}{t}} = \dfrac{t}{n}, & x_1 = 1\text{일 때} \\[2ex] \dfrac{\binom{n-1}{t-x_1}}{\binom{n}{t}} = \dfrac{n-t}{n}, & x_1 = 0\text{일 때} \end{cases}$$

즉 $T(\boldsymbol{X}) = t$일 때 X_1의 조건부분포는 다음과 같다.

$$P(X_1 = 1 \mid \sum_{i=1}^{n} X_i = t) = \frac{t}{n}$$

$$P(X_1 = 0 \mid \sum_{i=1}^{n} X_i = t) = 1 - \frac{t}{n}$$

따라서 조건부기댓값은 다음과 같으므로

$$\begin{aligned} E(X_1 \mid \sum_{i=1}^{n} X_i = t) &= 1 \cdot P(X_1 = 1 \mid \sum_{i=1}^{n} X_i = t) + 0 \cdot P(X_1 = 0 \mid \sum_{i=1}^{n} X_i = t) \\ &= \frac{t}{n} \end{aligned}$$

θ의 최소분산비편향추정량은 $E(X_1 \mid \sum_{i=1}^{n} X_i) = \frac{1}{n}\sum_{i=1}^{n} X_i$이다.

8.5 R을 이용한 실습

7장 후반부에서 최대가능도추정량의 점근 분포를 이용한 모수의 근사 신뢰구간에 대해서는 학습한 바 있지만, 모수의 추정 부분에서 구간추정을 자세히 다루지는 않았다. 하지만 대부분의 통계학 입문 과정과 서적에서 정규모집단 혹은 대표본의 경우에 구간추정을 다루었기에 여기서는 7장의 예제를 중심으로 R을 이용하여 직접 신뢰구간을 구하는 실습을 해 보기로 한다.

예 8.17

예 7.23의 결과를 이용하여 $\theta = 3$ 인 포아송분포에서 30개의 난수를 생성하여 θ 에 대한 95% 신뢰구간을 구하는 작업을 100번 반복하여라. 100개의 신뢰구간 가운데 참값인 3 을 포함하고 있는 것의 비율을 구하여라.

풀이

R 명령문 및 결과

```
❶ > theta <- 3; nobs <- 30; alpha <- 0.05; niter <- 100
❷ > lcl <- numeric(niter); ucl <- numeric(niter)
```

```
❸ > for(i in 1:niter){
❹ + x <- rpois(nobs, theta)
❺ + lcl[i] <- mean(x)-qnorm(1-alpha/2)*sqrt(mean(x)/nobs)
❻ + ucl[i] <- mean(x)+qnorm(1-alpha/2)*sqrt(mean(x)/nobs)
❼ + }
❽ > head(data.frame(lcl,ucl),10)
          lcl       ucl
   1  1.727924  2.805409
   2  2.290622  3.509378
   ⋮       ⋮         ⋮
   10 2.860698  4.205969
❾ > CI_level <- sum((lcl<theta) & (theta<ucl))/niter
❿ > CI_level
⓫   [1] 0.95
```

해설

❶ 실제 참값인 3, 자료의 수, α 와 반복수를 입력한다.
❷ 신뢰하한과 신뢰상한을 각각 반복수 만큼의 공간으로 할당한다.
❸ 자료생성과 신뢰구간 계산을 위한 반복을 시작한다.
❹ `Poisson(theta)`에서 `nobs` 만큼의 난수를 생성한다.
❺ 예 7.23의 결과대로 신뢰하한을 계산한다. `qnorm`의 사용에 주의한다.
❻ 예 7.23의 결과대로 신뢰상한을 계산한다.
❼ 반복을 종료한다.
❽ 계산된 신뢰구간 중에 처음 10개를 보여준다. (중간 생략된 결과임)
❾ (lcl < θ< ucl)을 만족하는 것의 개수를 세어 반복수로 나눈 비율을 구한다.
❿ 계산된 값을 확인한다.
⓫ 참값을 포함하는 것이 95%이고, 반복해보면 95% 근방에서 위아래로 약간씩 변함을 알 수 있다.

예 8.18

예 7.24의 결과를 이용하여 $\theta = 0.35$ 인 베르누이 시행에서 50개의 난수를 생성하여 θ 에 대한 95% 신뢰구간을 구하는 작업을 100번 반복하여라. 100개의 신뢰구간 가운데 참값인 0.35를 포함하고 있는 것의 비율을 구하여라.

풀이

R 명령문 및 결과

```
❶ > ntrial <- 1; p <- 0.35; nobs <- 50; alpha <- 0.05; niter <- 100
❷ > lcl <- numeric(niter); ucl <- numeric(niter)
❸ > for(i in 1:niter){
❹ + x <- rbinom(nobs, ntrial, p)
❺ + lcl[i] <- mean(x)
   + -qnorm(1-alpha/2)*sqrt(mean(x)*(1-mean(x))/nobs)
❻ + ucl[i] <- mean(x)
   + +qnorm(1-alpha/2)*sqrt(mean(x)*(1-mean(x))/nobs)
❼ + }
❽ > CI_level <- sum((lcl<p) & (p<ucl))/niter
❾ > CI_level
❿   [1] 0.96
```

해설

❶ 실제 참값인 $p=0.35$, 자료의 수(50), α와 반복수(100)를 입력한다.
❷ 신뢰하한과 신뢰상한을 각각 반복수 만큼의 공간으로 할당한다.
❸ 자료생성과 신뢰구간 계산을 위한 반복을 시작한다.
❹ `Bernoulli(p)`에서 `nobs` 만큼의 난수를 생성한다.(`Binomial(1,p)`)
❺ 예 7.24의 첫 번째 방법의 식으로 신뢰하한을 계산한다.
❻ 예 7.24의 첫 번째 방법의 식으로 신뢰상한을 계산한다.
❼ 반복을 종료한다.
❽ 신뢰구간이 참값(0.35)을 포함하는 것의 비율을 구한다.
❾ 결과를 확인한다.
❿ 참값을 포함하는 것의 비율이 96%이다. 반복해 보면 95% 근방의 값을 취함을 알 수 있다.

정리 5.6을 이용하여 모분산 σ^2의 신뢰구간 구하는 것을 R을 이용하여 구현해 보는 것으로 이 절을 마감하기로 하자. $X_1, X_2, \cdots, X_n$이 $N(\mu, \sigma^2)$으로부터의 랜덤샘플일 때, $\dfrac{(n-1)S^2}{\sigma^2}$은 자유도가 $(n-1)$인 카이제곱분포를 따르므로 다음이 성립함을 알 수 있다.

$$P\left\{\chi^2_{1-\alpha/2}(n-1) \le \frac{(n-1)S^2}{\sigma^2} \le \chi^2_{\alpha/2}(n-1)\right\} = 1-\alpha$$

따라서 이 식을 정리하면 모분산 σ^2에 대한 $100(1-\alpha)\%$ 신뢰구간은

$$\left(\frac{(n-1)S^2}{\chi^2_{\alpha/2}(n-1)},\ \frac{(n-1)S^2}{\chi^2_{1-\alpha/2}(n-1)}\right)$$

으로 주어진다.

예 8.19

$N(0,\sigma^2)$에서 $\sigma^2=1.5^2$일 때, 25개의 자료를 생성하여 모분산 σ^2에 대한 95% 신뢰구간을 구하는 작업을 200번 반복하여라. 200개의 신뢰구간 가운데 참값을 포함하고 있는 것의 비율을 구하여라.

풀이

R 명령문 및 결과

```
> mu <- 0; sigma <- 1.5; nobs <- 25; alpha <- 0.05; niter <- 200
> lcl <- numeric(niter); ucl <- numeric(niter)
> for(i in 1:niter){
+ x <- rnorm(nobs, mu, sigma)
+ lcl[i] <- (nobs-1)*var(x)/qchisq(1-alpha/2, nobs-1)
+ ucl[i] <- (nobs-1)*var(x)/qchisq(alpha/2, nobs-1)
+ }
> CI_level <- sum((lcl<sigma^2) & (sigma^2<ucl))/niter
> CI_level
  [1] 0.955
```

해설은 예 8.18의 경우와 매우 유사하므로 생략하기로 한다.

연습문제

1 $Y_1, Y_2, \cdots, Y_n$이 확률밀도함수 $f(y|\theta) = \frac{1}{\theta}e^{-\frac{y}{\theta}}, 0 \le y < \infty, \theta > 0$에서 뽑은 랜덤샘플일 때 이 확률밀도함수가 지수족에 속하는지 확인하고 θ에 대한 충분통계량을 구하여라.

2 $X_1, X_2, \cdots, X_n$이 확률밀도함수 $f(x|\mu, \sigma) = \frac{1}{\sigma}e^{-\frac{(x-\mu)}{\sigma}}$, $x > \mu$로부터의 랜덤샘플일 때 (μ, σ)에 대한 충분통계량을 구하여라.

3 X_1, X_2이 $N(0, \sigma^2)$로부터 뽑은 랜덤표본이다. 다음 물음에 답하여라.

(a) $T(X_1, X_2) = (X_1^2, X_2^2)$은 σ^2에 대한 충분통계량인지 확인하여라.

(b) $T(X_1, X_2) = (X_1^2, X_2^2)$은 σ^2에 대한 완비통계량인지 확인하여라.

4 $X_1, X_2, \ldots, X_n$이 확률밀도함수 $f(x|\theta) = \frac{1}{\Gamma(\theta)2^\theta}x^{\theta-1}e^{-\frac{x}{2}}, x > 0$인 Gamma$(\theta, 2)$로부터의 랜덤샘플일 때 다음 물음에 답하여라.

(a) θ에 대한 충분통계량을 구하여라.

(b) 위에서 구한 통계량이 완비통계량인지 확인하여라.

5 $X_1, X_2, \cdots, X_n$이 $Uniform(\theta, 2\theta)$ (단 $\theta > 0$)로부터의 랜덤샘플일 때 다음 물음에 답하여라.

(a) $(X_{(1)}, X_{(n)})$이 θ에 대한 충분통계량임을 보여라.

(b) $(X_{(1)}, X_{(n)})$이 θ에 대한 완비통계량인지 확인하여라.

6 $X_1, X_2, \cdots, X_n$이 $N(0, \sigma^2)$로부터의 랜덤샘플일 때 σ^2에 대한 완비충분통계량을 구하여라.

7 $X_1, X_2, \cdots, X_n$이 $N(1, \sigma^2)$로부터의 랜덤샘플일 때 σ^2에 대한 완비충분통계량을 구하여라.

8 $X_1, X_2, \cdots, X_n$이 랜덤샘플일 때 확률분포와 상관없이 순서통계량 $(X_{(1)}, X_{(2)}, \cdots, X_{(n)})$은 항상 충분통계량임을 보여라.

9 $X_1, X_2, \cdots, X_n$이 $N(\theta, a\theta^2)$ (단 a는 양의 상수)로부터의 랜덤샘플일 때 다음 물음에 답하여라.

(a) $T(X) = (\overline{X}, S^2)$이 θ에 대한 충분통계량임을 보여라.

(b) $T(X) = (\overline{X}, S^2)$이 θ에 대한 완비통계량은 아님을 보여라.

10 $X_1, X_2, \cdots, X_n$이 확률질량함수 $f(x|\theta) = \left(\frac{\theta}{2}\right)^{|x|}(1-\theta)^{1-|x|}$, $x = -1, 0, 1$로부터의 랜덤샘플일 때 다음 물음에 답하여라.

(a) θ에 대한 충분통계량을 구하여라.

(b) $T(X) = \sum_{i=1}^{n} X_i$이 θ에 대한 완비통계량인지 확인하여라.

11 $X_1, X_2, \ldots, X_n$이 확률질량함수가 $f(x|\theta) = \theta(1-\theta)^{x-1}$, $x = 1, 2, \ldots$ 인 기하분포로부터의 랜덤샘플일 때, 다음 물음에 답하여라.

(a) θ의 적률추정량을 구하여라.

(b) θ의 최대가능도추정량을 구하여라.

(c) θ에 대한 완비충분통계량을 구하여라.

(d) 기하분포에 대한 피셔 정보수를 구하여라.

12 Y_1, Y_2, Y_3이 확률밀도함수 $f(y|\theta) = \frac{1}{\theta}e^{-\frac{y}{\theta}}$, $y > 0, \theta > 0$으로부터의 랜덤샘플이고, θ의 추정량으로 아래 다섯 개를 생각할 때, 다음 물음에 답하여라.

$$\hat{\theta}_1 = Y_1,\ \hat{\theta}_2 = \frac{Y_1 + Y_2}{2},\ \hat{\theta}_3 = \frac{Y_1 + 2Y_2}{3},\ \hat{\theta}_4 = \min(Y_1, Y_2, Y_3),\ \hat{\theta}_5 = \overline{Y}$$

(a) 위의 추정량들 중에서 비편향추정량은 어떤 것들인지 구하여라.

(b) 비편향추정량 중에서 최소분산을 갖는 것을 구하여라.

13 $X_1, X_2, ..., X_n$이 확률밀도함수가 $f(x|\theta) = \frac{1}{2\theta^3} x^2 e^{-\frac{x}{\theta}}$, $x > 0$인 모집단으로부터의 랜덤샘플일 때, 다음 물음에 답하여라.

(a) 위의 확률분포에 대한 피셔 정보수를 구하여라.

(b) $\hat{\theta} = \frac{1}{3}\overline{X}$가 θ의 최소분산비편향추정량임을 설명하여라.

14 $X_1, X_2, \cdots, X_n$이 확률밀도함수 $f(x|\theta) = \frac{3x^2}{\theta^3}$, $0 \le x \le \theta$로부터의 랜덤샘플이다. 다음 물음에 답하여라.

(a) θ의 충분통계량을 구하여라.

(b) $X_{(n)}$의 확률밀도함수가 $f_{X_{(n)}}(x|\theta) = \frac{3nx^{3n-1}}{\theta^{3n}}$, $0 \le x \le \theta$로 주어짐을 보여라.

(c) θ의 최소분산비편향추정량을 구하여라.

15 $X_1, X_2, ..., X_n$이 $Uniform(0, \theta)$로부터의 랜덤샘플일 때 다음 물음에 답하여라.

(a) θ^2의 최소분산비편향추정량을 구하여라.

(b) $\theta + \theta^2$의 최소분산비편향추정량을 구하여라.

16 $X_1, X_2, \cdots, X_n$이 $Bernoulli(p)$로부터의 랜덤샘플일 때 다음 물음에 답하여라.

(a) 분산 $p(1-p)$의 최소분산비편향추정량을 구하여라.

(b) p^2의 최소분산비편향추정량을 구하여라.

(c) $p^2(1-p)^2$의 최소분산비편향추정량을 구하여라.

17 $X_1, X_2, \cdots, X_n$이 $Uniform(\theta_1, \theta_2)$로부터 얻은 랜덤샘플이라 할 때, $\frac{\theta_1 + \theta_2}{2}$의 최소분산비편향추정량을 구하여라.

18 $X_1, X_2, ..., X_n$이 확률밀도함수가 $f(x|\theta) = \theta e^{-\theta x}$, $x > 0$인 모집단으로부터 랜덤샘플일 때, θ^3의 최소분산비편향추정량을 구하여라.

19 $X_1, X_2, \cdots, X_n$이 확률밀도함수 $f(x;\theta) = \theta x^{\theta - 1}$, $\theta > 0$, $0 < x < 1$로부터의 랜덤샘

플이라 할 때, $\frac{1}{\theta}$과 θ의 최소분산비편향추정량을 각각 구하여라.

20 $X_1, X_2, \cdots, X_n$이 정규분포 $N(\theta,\, 1)$로부터의 랜덤샘플이라 할 때, θ^2의 최소분산비편향추정량을 구하여라.

21 $X_1, X_2, \, \ldots \, , X_n$이 $N(0, \theta)$로부터의 랜덤샘플이라 할 때, θ와 θ^2에 대한 최소분산비편향추정량을 각각 구하여라.

22 $X_1, X_2, \cdots, X_n$은 확률질량함수가 $f(x;\theta) = \dfrac{(\log\theta)^x}{\theta\, x!}$, $\theta > 1$, $x = 0, 1, 2, \cdots$ 인 모집단으로부터 추출한 랜덤샘플이다. 이때 $\log\theta$의 최소분산비편향추정량을 구하여라.

23 이항분포 $B(m, \theta)$로부터의 랜덤샘플 $X_1, X_2, \cdots, X_n$을 이용하여 θ^m의 최소분산비편향추정량을 구하려고 한다. 다음 물음에 답하여라.

(a) θ에 대한 완비충분통계량을 구하여라.

(b) $Y = \begin{cases} 1, & X_1 = m\text{일 때} \\ 0, & X_1 \neq m\text{일 때} \end{cases}$ 는 θ^m의 비편향추정량임을 보여라.

(c) θ^m의 최소분산비편향추정량을 구하여라.

24 $Poisson(\theta)$로부터의 랜덤샘플 $X_1, X_2, \cdots, X_n$을 이용하여 $P(X_1 = 1) = \theta e^{-\theta}$의 최소분산비편향추정량을 구하려고 한다. 다음 물음에 답하여라.

(a) $Y = \begin{cases} 1, & X_1 = 1\text{일 때} \\ 0, & X_1 \neq 1\text{일 때} \end{cases}$ 는 $\theta e^{-\theta}$의 비편향추정량임을 보여라.

(b) $\theta e^{-\theta}$의 최소분산비편향추정량을 구하여라.

25 $X_1, X_2, \ldots, X_n$이 Poisson(θ)로부터의 랜덤샘플일 때 다음 물음에 답하여라.

(a) $P(X_1 = 1, X_2 = 2) = \frac{1}{2}\theta^3 e^{-2\theta}$의 비편향추정량을 구하여라.

(b) $\frac{1}{2}\theta^3 e^{-2\theta}$의 최소분산비편향추정량을 구하여라.

26 $X_1, X_2, \cdots, X_n$이 확률밀도함수가 $f(x|\theta) = \frac{1}{\theta^2} x e^{-\frac{x}{\theta}}$, $x > 0$인 Gamma$(2,\theta)$로부터의 랜덤샘플일 때 θ의 최대가능도추정량을 이용한 근사 신뢰구간을 구하고, R을 이용하여 $\theta = 2$인 경우에 50개의 난수를 생성하여 θ에 대한 신뢰구간을 구하는 작업을 100번 반복하여라. 100개의 신뢰구간 가운데 참값인 2를 포함하고 있는 것의 비율을 구하여라.

27 예제 8.18에서 $\sigma^2 = 4$일 때, 100개의 자료를 생성하여 모분산 σ^2에 대한 95% 신뢰구간을 구하는 작업을 300번 반복하여라. 300개의 신뢰구간 가운데 참값을 포함하고 있는 것의 비율을 구하여라. 단, 신뢰구간을 구할 때 예제 8.18의 방법이 아닌 7.5절의 σ^2의 최대가능도추정량을 이용한 근사 신뢰구간을 이용하여라.

제 9 장

가설검정

자료를 이용한 모집단에 대한 추론으로 모수의 점추정 외에 **가설검정**(hypotheses testing)이 있다. 가설검정이란 모수에 대한 가설을 세우고 자료를 이용하여 가설이 타당한지 판단하는 방법을 말한다. 가설검정을 간단히 검정이라고 하기도 한다.

가설검정에 대한 이해를 돕기 위해 간단한 예를 생각해 보자. 이산형 확률변수 X의 확률질량함수는 모수 θ의 값에 따라 다음과 같이 주어진다고 가정하자. 모수는 θ_0와 θ_1의 두 가지 값만 가능하다고 하자.

x	−3	−2	−1	0	1	2	3
$f(x\|\theta_0)$	0.6	0.3	0.1	0.0	0.0	0.0	0.0
$f(x\|\theta_1)$	0.0	0.0	0.0	0.1	0.2	0.3	0.4

이 경우 모수에 대해 다음과 같은 두 가지 가설을 세울 수 있다.

- 가설 0: 모수의 참값은 θ_0이다.
- 가설 1: 모수의 참값은 θ_1이다.

X를 관측한 후 모수에 대한 위의 두 가설 중 어느 가설이 옳은지 결정하는 방법으로 다음과 같은 방법을 사용한다고 하자.

$X \in \{-3, -2, -1\}$이면 가설 0이 옳다고 판단한다.
$X \in \{0, 1, 2, 3\}$이면 가설 1이 옳다고 판단한다.

위의 방법을 사용한다면 X를 이용하여 항상 모수의 가설에 대한 올바른 판단을 할 수 있다. 즉 모수의 참값이 θ_0일 때는 X는 −3, −2, −1 중 하나의 값을 가지며 이 경우 가설 0이 옳다고 판단을 내리므로 올바른 판단을 할 수 있다. 마찬가지로 모수의 참값이 θ_1인 경우에도 가설 1이 옳다고 올바른 판단을 하게 된다. 그렇지만 위의 경우는 특수한 경우이며 일반적으로 모수에 대해서 항상 올바른 판단을 내릴 수 있는 것은 아니다.

앞의 확률분포 대신 X의 확률분포가 〈표 9.1〉과 같다고 하자.

표 9.1 X의 확률분포

x	−3	−2	−1	0	1	2	3
$f(x\|\theta_0)$	0.4	0.2	0.1	0.1	0.1	0.05	0.05
$f(x\|\theta_1)$	0.05	0.05	0.1	0.1	0.2	0.2	0.3

X가 〈표 9.1〉과 같은 확률분포를 가진다면 항상 올바른 판단을 내릴 수 있는 가설검정 방법은 없다. 예를 들어 앞의 방법을 사용한다면 X의 값이 −3, −2 또는 −1일 때 모수는 θ_0라고 결정을 내리지만 모수의 참값은 θ_1일 수도 있기 때문이다. 일반적으로 가설검정에서는 다음과 같은 두 가지 오류를 범할 수 있다.

- 첫 번째 종류의 오류: 가설 0이 참일 때 가설 1이 옳다고 판단하는 오류
- 두 번째 종류의 오류: 가설 1이 참일 때 가설 0이 옳다고 판단하는 오류

모수의 점추정 방법으로 여러 추정법이 있는 것과 같이 가설검정에도 여러 가지 방법이 있을 수 있다. 이러한 여러 검정 방법 중에서 가장 좋은 검정법을 찾는 것이 목적이 된다. 가설검정의 비교기준으로는 위에서 언급한 두 가지 오류를 범할 확률을 이용할 수 있다.

검정 방법의 비교를 위해 다음 몇 가지 검정법을 생각하여 보자.

- 검정법 I: $X \in \{-3, -2, -1\}$이면 가설 0이 옳고 $X \in \{0, 1, 2, 3\}$이면 가설 1이 옳다고 판단한다.
- 검정법 II: $X \in \{0, 1, 2, 3\}$이면 가설 0이 옳고 $X \in \{-3, -2, -1\}$이면 가설 1이 옳다고 판단한다.
- 검정법 III: $X \in \{-3, -2\}$이면 가설 0이 옳고 $X \in \{-1, 0, 1, 2, 3\}$이면 가설 1이 옳다고 판단한다.

위의 각 검정법에 대해 두 가지 오류를 범할 확률은 다음과 같다.

검정법	첫 번째 종류의 오류를 범할 확률	두 번째 종류의 오류를 범할 확률
I	0.3	0.2
II	0.7	0.8
III	0.4	0.1

예를 들어 검정법 I에 대하여 첫 번째 오류를 범할 확률은 모수가 θ_0일 때 X가 $\{0, 1, 2, 3\}$에 속할 확률이므로 0.3이다. 또 검정법 I에 대하여 두 번째 오류를 범할 확률은 모수가 θ_1일 때 X가 $\{-3, -2, -1\}$에 속할 확률이므로 0.2이다. 검정법 I의 두 가지 오류를 범할 확률이 모두 검정법 II에 비해 작으므로 검정법 I이 검정법 II보다 우수하다고 판단할 수 있다. 그렇지만 검정법 I과 검정법 III을 비교하면 어느 검정법이 더 우수한지 판단하는 것이 쉽지 않다. 첫 번째 종류의 오류를 범할 확률은 검정

법 I이 작지만 두 번째 종류의 오류를 범할 확률은 검정법 III이 작기 때문에 어느 검정법이 일방적으로 더 좋다고 할 수 없기 때문이다.

앞 장에서 모수의 추정량의 비교기준으로 평균제곱오차를 사용한 것처럼 가설검정에서는 두 가지 오류를 범할 확률을 이용하여 검정 방법을 비교할 수 있다. 최적의 검정법이란 가능하면 위의 두 가지 오류를 범할 확률을 작게 하는 검정법일 것이다. 그렇지만 일반적으로 위의 두 가지 오류를 동시에 작게 하는 검정법은 존재하지 않는다. 두 가지 오류를 범할 확률을 동시에 고려한 검정법의 비교는 쉽지 않기 때문에 먼저 최적의 검정법을 구하기 위한 기준을 정해야 한다.

9.1 용어

가설검정에서는 모집단에 대한 가설을 세우고 이 가설이 옳은지 판단하게 된다. 통계적 가설검정은 관측된 자료를 이용하여 가설을 연역적으로 입증하는 과정이라고 볼 수 있다. 연역적 과정을 통해 입증하고자 하는 가설을 **대립가설**(alternative hypothesis)이라고 하며 H_1 또는 H_A로 나타낸다. 대립가설이 옳은지 판단하는 한 가지 방법은 대립가설에 반대되는 가설을 가정하고 이 가정 하에서 주어진 자료를 얻을 확률을 이용하는 것이다. 대립가설에 반대되는 가설을 **귀무가설**(null hypothesis)이라고 하고 H_0로 나타낸다. 기본적인 통계적 가설검정의 아이디어는 귀무가설이 참이라는 가정 하에서 주어진 자료보다 더 극단적인 값을 얻을 확률이 매우 작다면 귀무가설이 참이라는 가설을 기각하는 것이다.

$\boldsymbol{X}$의 확률밀도함수 또는 확률질량함수를 $f(\boldsymbol{x}|\theta)$라고 하자. 모수 θ에 대한 귀무가설과 대립가설은 다음과 같이 나타낼 수 있다.

$$H_0 \ : \theta \in \Theta_0$$

$$H_1 \ : \theta \in \Theta_1$$

단 $\Theta_0 \cap \Theta_1 = \varnothing$이다. 즉 대립가설이 참이면 모수 θ는 집합 Θ_1에 속하고 귀무가설이 참이면 θ는 집합 Θ_0에 속하게 된다.

귀무가설이나 대립가설 하에서 $\boldsymbol{X}$의 확률분포가 하나로 결정될 때 이 가설을 **단순가설**(simple hypothesis)이라고 하며 확률분포가 하나로 결정되지 않을 때 **복합가설**

(composite hypothesis)이라고 한다. 예를 들어 $N(\theta, 1)$를 따르는 **랜덤샘플** $\boldsymbol{X}$에 대하여 귀무가설은 $H_0: \theta = 1$이고 대립가설은 $H_1: \theta > 2$이라면 귀무가설은 단순가설이고 대립가설은 복합가설이다.

가설검정은 자료가 어떠한 값을 가질 때 귀무가설을 기각할 것인지에 따라 결정된다. 귀무가설을 기각하는 자료 값의 영역을 **기각역**(rejection region)이라고 하며 R로 나타낸다. 관측한 자료가 기각역 R에 속하면 귀무가설을 기각하고 기각역에 속하지 않으면 귀무가설을 기각하지 않게 된다.

앞에서 설명한 것처럼 검정에서는 두 가지 오류가 있다. 귀무가설이 참일 때 귀무가설을 기각하는 오류를 **제1종 오류**(type I error)라고 하며 대립가설이 참일 때 귀무가설을 기각하지 못하는 오류를 **제2종 오류**(type II error)라고 한다. 제1종 오류를 범할 확률을 α로 나타내며 제2종 오류를 범할 확률을 β로 나타낸다. 주어진 검정법의 기각역이 R일 때 α와 β는 다음과 같다.

$$\alpha = P(\boldsymbol{X} \in R \mid H_0)$$

$$\beta = P(\boldsymbol{X} \in R^c \mid H_1)$$

위에서 $P(\cdot \mid H_0)$와 $P(\cdot \mid H_1)$는 각각 H_0와 H_1이 참일 때의 확률을 나타낸다. 예를 들어 X가 〈표 9.1〉에 주어진 확률분포를 가질 때 귀무가설과 대립가설이 다음과 같은 가설검정에서

$$H_0 : \theta = \theta_0 \quad \text{대} \quad H_1 : \theta = \theta_1$$

기각역이 $\{0, 1, 2, 3\}$인 검정법의 제1종 오류를 범할 확률과 제2종 오류를 범할 확률은 다음과 같다.

$$\alpha = 0.3, \ \beta = 0.2$$

대립가설이 참일 때 귀무가설을 기각할 확률을 **검정력**(power)이라고 한다. 즉 검정력은 $P(\boldsymbol{X} \in R \mid H_1)$이며 이는 $1 - \beta$이다. 위에서 다룬 예의 가설검정에서 주어진 검정법의 검정력은 0.8이 된다. 참고로 복합가설인 경우는 귀무가설이나 대립가설 하에서 모수 θ의 값이 하나로 결정되지 않으므로 α와 β는 θ의 함수가 된다.

기각역을 이용한 검정법은 다음과 같은 함수 $\phi(\boldsymbol{x})$를 사용하여 나타낼 수 있다. $\boldsymbol{X} = \boldsymbol{x}$일 때 $\phi(\boldsymbol{x})$는 0 또는 1의 값을 가지는 함수이며 검정법의 기각역이 R일 때

$\phi(\boldsymbol{x})$는 다음과 같다고 하자.

$$\phi(\boldsymbol{x}) = \begin{cases} 1, & \boldsymbol{x} \in R\text{일 때} \\ 0, & \boldsymbol{x} \not\in R\text{일 때} \end{cases}$$

즉 $\boldsymbol{x} \in R$일 때 $\phi(\boldsymbol{x}) = 1$이며 $\boldsymbol{x} \not\in R$일 때 $\phi(\boldsymbol{x}) = 0$이 된다. 관측값 $\boldsymbol{x}$에서 $\phi(\boldsymbol{x})$의 값이 1이라는 것은 귀무가설을 기각한다는 것을 의미하며 $\phi(\boldsymbol{x})$의 값이 0이라는 것은 귀무가설을 기각하지 못한다는 것을 의미한다. 앞의 예에서 기각역이 $\{0, 1, 2, 3\}$일 때 $\phi(X)$는 다음과 같이 나타낼 수 있다.

$$\phi(x) = \begin{cases} 1, & x \in \{0,\ 1,\ 2,\ 3\} \\ 0, & x \in \{-3,\ -2,\ -1\} \end{cases}$$

귀무가설이 참일 때 $\phi(\boldsymbol{X})$의 기댓값을 구하면 다음과 같다.

$$\begin{aligned} E(\phi(\boldsymbol{X})|H_0) &= 1 \times P(\boldsymbol{X} \in R|H_0) + 0 \times P(\boldsymbol{X} \in R^c|H_0) \\ &= P(\boldsymbol{X} \in R|H_0) = \alpha \end{aligned}$$

즉 귀무가설이 참일 때 $\phi(\boldsymbol{X})$의 기댓값은 제1종 오류를 범할 확률이 된다. 한편 대립가설이 참일 때 $\phi(\boldsymbol{X})$의 기댓값을 구하면 다음과 같다.

$$\begin{aligned} E(\phi(\boldsymbol{X})|H_1) &= 1 \times P(\boldsymbol{X} \in R|H_1) + 0 \times P(\boldsymbol{X} \in R^c|H_1) \\ &= P(\boldsymbol{X} \in R|H_1) = 1 - P(\boldsymbol{X} \in R^c|H_1) = 1 - \beta \end{aligned}$$

즉 대립가설이 참일 때 $\phi(\boldsymbol{X})$의 기댓값은 검정력이 된다.

가설검정에서 기각역 대신에 함수 $\phi(\boldsymbol{x})$를 사용함으로써 주어진 관측값에서 귀무가설을 기각하거나 기각하지 못하는 단순한 검정법에서 벗어날 수 있다. 앞에서 설명한 것처럼 관측값 $\boldsymbol{x}$에서 $\phi(\boldsymbol{x}) = 1$은 귀무가설을 기각하는 것을 의미하며 $\phi(\boldsymbol{x}) = 0$은 귀무가설을 기각하지 못한다는 것을 나타낸다. 이러한 개념을 확장하여 0과 1 사이의 값을 가지는 함수 $\phi(\boldsymbol{x})$의 값을 귀무가설을 기각할 확률로 해석할 수 있다. 이러한 함수 $\phi(\boldsymbol{x})$를 **검정함수**(test function)라고 한다. 예를 들어 $\boldsymbol{X} = \boldsymbol{x}$에서 검정함수 값이 $\phi(x) = 0.5$라면 이 관측값에서는 귀무가설을 기각할 확률이 0.5가 된다. 이러한 경우는 앞면이 나올 확률이 0.5인 동전을 던져 앞면이 나오면 귀무가설을 기각하고 뒷면이 나오면 귀무가설을 기각하지 않는 검정법이라고 할 수 있다.

검정법은 기각역에 의하여 결정되는 것과 같이 기각역을 확장한 검정함수에 의하여 결정된다. 따라서 검정법을 구하는 것은 기각역 또는 검정함수를 구하는 것으로 생각하면 된다. 앞에서 설명한 것과 같이 검정함수는 귀무가설을 기각할 확률을 나타내므로 두 가지 오류를 범할 확률 α와 β는 다음과 같이 나타낼 수 있다.

$$\alpha = E(\phi(\boldsymbol{X}) \mid H_0) \qquad \beta = E(1-\phi(\boldsymbol{X}) \mid H_1)$$

다음은 특정한 조건을 만족하는 검정법에 대한 정의이다.

정의 9.1

귀무가설에 속하는 모든 θ에서 제1종 오류를 범할 확률이 α 이하인 검정법을 **수준 α 검정**(level α test)라고 한다. 즉 $\max_{\theta\in\Theta_0} E(\phi(\boldsymbol{X})|\theta) \le \alpha$인 검정법 ϕ를 수준 α 검정이라고 한다.

정의 9.2

제1종 오류를 범할 확률의 최댓값이 α인 검정법을 **크기 α 검정**(size α test)이라고 한다. 즉 $\max_{\theta\in\Theta_0} E(\phi(\boldsymbol{X})|\theta) = \alpha$인 검정법 ϕ를 크기 α 검정이라고 한다.

위 정의에서 $E(\phi(\boldsymbol{X})|\theta)$는 모수의 값이 θ일 때 $\phi(\boldsymbol{X})$의 기댓값이다. 제1종 오류를 범할 확률은 모수 θ에 따라 달라진다. 귀무가설에 속하는 모든 θ에서 제1종 오류를 범할 확률이 α 이하인 검정법을 수준 α 검정이라고 하며, 귀무가설에 속하는 모든 θ에서 제1종 오류를 범할 확률의 최댓값이 α인 검정법을 크기 α 검정이라고 한다.

앞에서 다룬 예에서 기각역이 $\{0, 1, 2, 3\}$인 검정법은 제1종 오류를 범할 확률이 0.3이므로 크기 0.3 검정법이며 수준 0.3 검정법이라고 할 수 있다. 또한 수준 0.4 검정법이라고 할 수도 있다.

9.2 최강력검정

귀무가설과 대립가설이 모두 단순가설인 경우 최적의 검정법을 구하는 방법을 생각하여 보자. 두 가설이 모두 단순 가설일 때 두 가설을 다음과 같이 나타낼 수 있다.

$$H_0 : \theta = \theta_0 \quad \text{대} \quad H_1 : \theta = \theta_1$$

앞에서 설명한 것처럼 검정법은 제1종 오류와 제2종 오류를 범할 확률을 기준으로 비교할 수 있다. 가능하면 이 확률을 작게 하는 검정법을 구해야 할 것이다. 그렇지만 일반적으로 한 종류의 오류를 범할 확률을 작게 하는 검정법은 다른 종류의 오류를 범할 확률을 크게 한다. 예를 들어 제1종 오류를 범할 확률을 작게 하기 위해서는 기각역을 작게 해야 하지만 이 경우 제2종 오류를 범할 확률은 커지게 된다. 최적의 검정법은 두 가지 오류를 범할 확률을 동시에 작게 하는 검정법이겠지만 이것은 현실적으로 불가능하므로 최적의 검정법에 대한 다른 기준을 제시하여야 한다.

통계적 가설검정은 자료를 통하여 대립가설을 연역적으로 입증하는 과정이라고 앞에서 설명하였다. 대립가설을 입증하는 한 가지 방법은 대립가설에 반대되는 귀무가설을 가정하였을 때 관측한 자료를 얻을 확률이 매우 작다는 것을 보이는 것이다. 이러한 관점에서 보면 제2종 오류를 범할 확률보다는 제1종 오류를 범할 확률을 먼저 고려하여야 한다. 제1종 오류는 귀무가설이 참일 때 귀무가설을 기각하는 경우이므로 연역적 입증의 관점에서 보면 입증하려는 가설이 참이 아닌데도 불구하고 이 가설이 옳다고 판단하는 오류이다. 따라서 이러한 오류가 다른 오류보다 더 중요할 수 있다.

구체적인 예를 들어 생각하여 보자. 어느 제약회사에서 새로운 약을 개발하여 시판하려고 한다. 이 제약회사에서는 신약이 기존의 약보다 우수하다는 것을 입증하여야 한다. 따라서 "신약이 기존의 약보다 우수하다"라는 가설을 대립가설로, "신약이 기존의 약보다 우수하지 않다"라는 가설을 귀무가설로 설정하여야 한다. 이때 제1종 오류는 신약이 기존의 약보다 우수하지 않은데도 불구하고 우수하다고 판단하는 오류이고, 제2종 오류는 신약이 기존의 약보다 우수한데도 우수하지 않다고 판단하는 오류이다. 두 가지 오류 중 더 치명적인 것은 제1종 오류라고 할 수 있다. 제2종 오류를 범하는 것은 더 좋은 약효를 가지는 신약이 사용되지 못하는 결과를 초래한다. 그러나 기존의 치료제를 계속하여 사용할 것이므로 사회에 끼치는 영향은 그리 크지 않다. 반대로 제1종 오류를 범하는 것은 우수하지 못한 신약을 더 약효가 뛰어나다고 판단내리는 것이므로 약효가 어느 정도 입증된 기존의 치료제를 버리고 신약을 사용하게 될 것이다. 여기에서 발생하는 부작용은 매우 크다고 할 수 있다. 이처럼 가설검정에서 발생하는 두 가지 오류의 중요도는 다를 수 있다.

가설검정은 대립가설을 연역적으로 입증하는 과정이라는 관점에서 최적의 검정법을 찾기 위한 다음의 기준을 사용하게 된다. 먼저 여러 검정법 중에서 제1종 오류를 범할 확률이 일정한 값 이하가 되는 검정법을 선택하고 이 중에서 제2종 오류를 범할 확률을 최소로 하는 검정법을 택하게 된다. 다르게 표현하면 제1종 오류를 범할 확률이 일정한 값 이하가 되는 검정법 중에서 검정력을 가장 크게 하는 검정법을 택하는 것이다. 이러한 검정법을 **최강력검정**(most powerful test)이라고 한다. 여기서 제1종 오류를 범할 확률이 일정한 값 이하가 되도록 정할 때 이 값을 **유의수준**(significance level)이라고 한다. 즉 최강력검정에서는 제1종 오류를 범할 확률과 제2종 오류를 범할 확률을 동시에 고려하는 것이 아니라 먼저 제1종 오류를 범할 확률을 기준으로 일정한 수준에 이른 검정법만으로 한정한다. 그리고 이 중에서 제2종 오류를 범할 확률을 가장 작게 하는 검정법을 선택하게 되는 것이다. 예를 들어 유의수준 0.05에서 최강력검정법을 구하는 것은 먼저 제1종 오류를 범할 확률이 0.05 이하인 검정법을 선택한 후 이 중에서 제2종 오류를 범할 확률이 가장 작은 검정법을 찾는 것이다.

정의 9.3

다음 조건을 만족하는 ϕ를 유의수준 α에서 최강력검정이라고 한다.

(i) ϕ는 수준 α 검정이다. 즉 $E(\phi(\boldsymbol{X})|H_0) \le \alpha$이다.

(ii) 임의의 수준 α 검정 ϕ'에 대하여 ϕ의 검정력이 ϕ'의 검정력보다 크다. 즉 $E(\phi'(\boldsymbol{X})|H_0) \le \alpha$인 검정 ϕ'에 대하여 $E(\phi(\boldsymbol{X})|H_1) \ge E(\phi'(\boldsymbol{X})|H_1)$이다.

다음 정리는 최강력검정법을 구하는 방법을 보여 주고 있다.

정리 9.1 **[네이만–피어슨 정리, Neyman–Pearson lemma]**

랜덤샘플 $\boldsymbol{X}$의 확률밀도함수가 $f(\boldsymbol{x}|\theta)$로 주어졌을 때, 다음의 가설검정을 고려하자.

$$H_0 : \theta = \theta_0 \quad \text{대} \quad H_1 : \theta = \theta_1$$

이때 다음과 같이 주어지는 검정법 ϕ는 유의수준 α에서 최강력검정법이다.

$$\phi(\boldsymbol{x}) = \begin{cases} 1, & \dfrac{f(\boldsymbol{x}|\theta_1)}{f(\boldsymbol{x}|\theta_0)} \ge k \text{일 때} \\[2ex] 0, & \dfrac{f(\boldsymbol{x}|\theta_1)}{f(\boldsymbol{x}|\theta_0)} < k \text{일 때} \end{cases}$$

단 α는 다음을 만족하는 값이다.

$$E(\phi(\boldsymbol{X})|H_0) = P\left(\frac{f(\boldsymbol{x}|\theta_1)}{f(\boldsymbol{x}|\theta_0)} \geq k|H_0\right) = \alpha$$

증명

증명은 연속형 확률분포의 경우만을 다루도록 하겠다. 먼저 주어진 조건에 의하여 ϕ는 수준 α 검정이다. ϕ가 최강력검정임을 보이기 위해서는 ϕ'를 임의의 수준 α 검정법이라고 할 때 ϕ의 검정력이 ϕ'의 검정력보다 크다는 것을 보여야 한다. 즉 $E(\phi(\boldsymbol{X})|H_1) \geq E(\phi'(\boldsymbol{X})| H_1)$임을 보여야 한다. $0 \leq \phi'(\boldsymbol{x}) \leq 1$라는 사실과 $\phi(\boldsymbol{x})$에 대한 주어진 조건으로부터 다음을 얻을 수 있다.

$$(\phi(\boldsymbol{x}) - \phi'(\boldsymbol{x}))(f(\boldsymbol{x}|\theta_1) - kf(\boldsymbol{x}|\theta_0)) \geq 0$$

따라서 다음이 성립한다.

$$\int_{-\infty}^{\infty} (\phi(\boldsymbol{x}) - \phi'(\boldsymbol{x}))(f(\boldsymbol{x}|\theta_1) - kf(\boldsymbol{x}|\theta_0))\, d\boldsymbol{x} \geq 0$$

위의 부등식을 정리하면 다음을 얻을 수 있다.

$$\int_{-\infty}^{\infty} \phi(\boldsymbol{x}) f(\boldsymbol{x}|\theta_1) d\boldsymbol{x} - \int_{-\infty}^{\infty} \phi'(\boldsymbol{x}) f(\boldsymbol{x}|\theta_1) d\boldsymbol{x}$$

$$\geq k\left(\int_{-\infty}^{\infty} \phi(\boldsymbol{x}) f(\boldsymbol{x}|\theta_0) d\boldsymbol{x} - \int_{-\infty}^{\infty} \phi'(\boldsymbol{x}) f(\boldsymbol{x}|\theta_0) d\boldsymbol{x}\right)$$

위 식으로부터 다음이 성립함을 보일 수 있다.

$$\begin{aligned} E(\phi(\boldsymbol{X})|H_1) - E(\phi'(\boldsymbol{X})|H_1) &\geq k(E(\phi(\boldsymbol{X})|H_0) - E(\phi'(\boldsymbol{X})|H_0)) \\ &= k(\alpha - E(\phi'(\boldsymbol{X})|H_0)) \end{aligned}$$

한편 ϕ'는 수준 α 검정법이므로 $E(\phi'(\boldsymbol{X})|H_0) \leq \alpha$이다. 따라서 다음이 성립한다.

$$E(\phi(\boldsymbol{X})|H_1) \geq E(\phi'(\boldsymbol{X})|H_1)$$ ◀

정리 9.1이 의미하는 것은 최강력검정법은 확률밀도함수의 비인 $\frac{f(\boldsymbol{x}|\theta_1)}{f(\boldsymbol{x}|\theta_0)}$가 큰 값

부터 기각역에 속하여야 한다는 것이다. 그리고 경계 값인 상수 k는 주어진 유의수준에 따라 결정하면 된다. 이를 구체적으로 보이기 위해 다음 예를 살펴보도록 하자.

예 9.1

이산형 확률변수 X의 확률질량함수가 다음과 같을 때 X를 이용하여 다음의 가설에 대한 검정을 하려고 한다.

$$H_0 : \theta = \theta_0 \quad \text{대} \quad H_1 : \theta = \theta_1$$

x	−3	−2	−1	0	1	2	3
$f(x\|\theta_0)$	0.4	0.2	0.1	0.1	0.1	0.05	0.05
$f(x\|\theta_1)$	0.05	0.05	0.1	0.1	0.2	0.2	0.3

(a) 유의수준 0.05에서 최강력검정법을 구하여라.
(b) 유의수준 0.1에서 최강력검정법을 구하여라.
(c) 유의수준 0.075에서 최강력검정법을 구하여라.

풀이

(a) 주어진 가설에 대한 최강력검정법을 구하기 위해 $\dfrac{f(x|\theta_1)}{f(x|\theta_0)}$를 구하면 다음과 같다.

x	−3	−2	−1	0	1	2	3
$\dfrac{f(x\|\theta_1)}{f(x\|\theta_0)}$	0.125	0.25	1	1	2	4	6

$\dfrac{f(x|\theta_1)}{f(x|\theta_0)}$의 값을 보면 $x = 3$일 때 가장 크고 그 다음은 $x = 2$일 때이다. 따라서 최강력검정법의 기각역은 먼저 3을 포함하고 그 다음은 2를 포함하는 순서로 결정되어야 한다. 기각역이 어떤 값까지 포함할 것인지는 주어진 유의수준에 따라 결정된다. 기각역에 제일 먼저 3이 포함되어야 하며 기각역이 3일 때 제1종 오류를 범할 확률이 0.05이므로 유의수준 0.05에서 최강력검정법의 기각역은 3만 포함하여야 한다. 따라서 유의수준 0.05에서 최강력검정법은 다음과 같다.

$$\phi(x) = \begin{cases} 1, & x = 3\text{일 때} \\ 0, & x \neq 3\text{일 때} \end{cases}$$

(b) 같은 방법으로 유의수준 0.1에서 최강력검정법은 다음과 같다.

$$\phi(x) = \begin{cases} 1, & x \in \{2, 3\}\text{일 때} \\ 0, & x \in \{-3, -2, -1, 0, 1\}\text{일 때} \end{cases}$$

(c) 먼저 기각역이 3만 포함하면 제1종 오류를 범할 확률이 0.05이므로 주어진 유의수준 0.075보다 작다. 그 다음으로 기각역에 포함될 값은 2이다. 기각역이 3과 2로 이루어지면 제1종 오류를 범할 확률은 0.1이 되어 주어진 유의수준보다 크게 된다. 따라서 2는 기각역에 완전히 포함될 수는 없고 관측값이 2일 때 귀무가설을 기각할 확률을 1이 아닌 다른 값으로 주면 된다. 2일 때 귀무가설을 기각할 확률을 0.5로 정하면 제1종 오류를 범할 확률이 0.075가 된다. 따라서 유의수준 0.075에서 최강력검정법은 다음과 같다.

$$\phi(x) = \begin{cases} 1, & x = 3\text{일 때} \\ 0.5, & x = 2\text{일 때} \\ 0, & x \in \{-3, -2, -1, 0, 1\}\text{일 때} \end{cases}$$

앞의 예와 같이 이산형 확률분포에 대한 검정법은 특정한 관측값에서 귀무가설을 기각할 확률이 0이나 1이 아닌 값을 가지는 경우가 있다. 이런 검정법을 **랜덤화검정**(randomized test)이라고 한다.

예 9.2

$X_1, X_2, \cdots, X_n$이 $Bernoulli(\theta)$로부터의 랜덤샘플일 때 아래의 가설에 대해 검정을 하려고 한다.

$$H_0 : \theta = \theta_0 \quad \text{대} \quad H_1 : \theta = \theta_1 \qquad (\text{단 } \theta_1 > \theta_0)$$

이때 최강력검정법의 기각역의 형태를 구하여라. 또 $n = 10$이고 $\theta_0 = 0.5$일 때 유의수준 $\alpha = 0.5^{10}$, $0.5^{10} + 5(0.5)^9$, $0.5^{10} + 5(0.5)^{10}$에서 최강력검정법의 기각

역을 구하여라.

풀이

귀무가설과 대립가설 하에서 확률질량함수의 비율은 다음과 같다.

$$\frac{f(\boldsymbol{x}\,|\,\theta_1)}{f(\boldsymbol{x}\,|\,\theta_0)} = \frac{(\theta_1)^{\sum_{i=1}^n x_i}(1-\theta_1)^{n-\sum_{i=1}^n x_i}}{(\theta_0)^{\sum_{i=1}^n x_i}(1-\theta_0)^{n-\sum_{i=1}^n x_i}}$$

$$= \left(\frac{\theta_1(1-\theta_0)}{\theta_0(1-\theta_1)}\right)^{\sum_{i=1}^n x_i}\left(\frac{1-\theta_1}{1-\theta_0}\right)^n$$

$\theta_1 > \theta_0$일 때 이 비율은 $\sum_{i=1}^n x_i$의 증가함수이다. 따라서 정리 9.1에 의해 최강력검정법의 기각역의 형태는 다음과 같다.

$$\sum_{i=1}^n X_i \ge k$$

상수 k의 값은 주어진 유의수준에 의하여 결정된다. 귀무가설이 참일 때 $\sum_{i=1}^n X_i \sim B(n, \theta_0)$이므로 유의수준 α에서 최강력검정법은 다음이 성립하도록 상수 k를 정하면 된다.

$$P\big(B(n, \theta_0) \ge k\big) = \alpha.$$

$n = 10$이고 $\theta_0 = 0.5$일 때 다음이 성립하므로

$$P(B(10, 0.5) \ge 10) = 0.5^{10}$$

$\alpha = 0.5^{10}$에서 최강력검정법의 기각역은 $\{10\}$이다. 또 $\alpha = 0.5^{10} + 10(0.5)^{10}$, 즉 $\alpha = 0.5^{10} + 5(0.5)^9$에서 최강력검정법의 기각역은 $\{9, 10\}$이다. 한편 다음이 성립하므로

$$P(B(10, 0.5) = 10) + 0.5P(B(10, 0.5) = 9) = 0.5^{10} + 5(0.5)^{10}$$

$\alpha = 0.5^{10} + 5(0.5)^{10}$에서 최강력검정법은 다음과 같다.

$$\phi(\boldsymbol{x}) = \begin{cases} 1, & \sum_{i=1}^{10} x_i = 10 \text{일 때} \\ 0.5, & \sum_{i=1}^{10} x_i = 9 \text{일 때} \\ 0, & \sum_{i=1}^{10} x_i \in \{0, 1, \cdots, 8\} \text{일 때} \end{cases}$$

예 9.3

$X_1, X_2, \cdots, X_n$이 $Poisson(\theta)$로부터의 랜덤샘플일 때 다음의 가설에 대한 유의수준 α에서 최강력검정법의 기각역을 구하여라.

$$H_0 : \theta = \theta_0 \quad \text{대} \quad H_1 : \theta = \theta_1 \quad (\text{단 } \theta_1 > \theta_0)$$

풀이

귀무가설과 대립가설 하에서 확률밀도함수의 비율은 다음과 같다.

$$\frac{f(\boldsymbol{x} \mid \theta_1)}{f(\boldsymbol{x} \mid \theta_0)} = \frac{\frac{1}{x_1! x_2! \cdots x_n!} \theta_1^{\sum_{i=1}^n x_i} e^{-n\theta_1}}{\frac{1}{x_1! x_2! \cdots x_n!} \theta_0^{\sum_{i=1}^n x_i} e^{-n\theta_0}}$$

$$= \left(\frac{\theta_1}{\theta_0}\right)^{\sum_{i=1}^n x_i} e^{-n(\theta_1 - \theta_0)}$$

$\theta_1 > \theta_0$일 때 이 비율은 $\sum_{i=1}^n x_i$의 증가함수이다. 따라서 최강력검정법의 기각역의 형태는 다음과 같다.

$$\sum_{i=1}^n X_i \ge k$$

귀무가설이 참일 때 $\sum_{i=1}^n X_i \sim Poisson(n\theta_0)$이므로 유의수준 α에서 최강력검정법

은 다음이 성립하도록 상수 k를 정해 주면 된다.

$$P\left(Poisson(n\theta_0) \geq k\right) = \alpha$$

예 9.4

$X_1, X_2, \cdots, X_n$이 $N(\theta, 1)$로부터의 랜덤샘플일 때 다음 가설에 대한 유의수준 α에서 최강력검정법의 기각역을 구하여라.

$$H_0 : \theta = \theta_0 \quad \text{대} \quad H_1 : \theta = \theta_1 \qquad (\text{단 } \theta_1 > \theta_0)$$

풀이

귀무가설과 대립가설 하에서 확률밀도함수의 비율은 다음과 같다.

$$\frac{f(\boldsymbol{x} \mid \theta_1)}{f(\boldsymbol{x} \mid \theta_0)} = \frac{(2\pi)^{-\frac{n}{2}} \exp\left(-\sum_{i=1}^{n} \frac{(x_i - \theta_1)^2}{2}\right)}{(2\pi)^{-\frac{n}{2}} \exp\left(-\sum_{i=1}^{n} \frac{(x_i - \theta_0)^2}{2}\right)}$$

$$= \exp\left((\theta_1 - \theta_0)\sum_{i=1}^{n} x_i - \frac{n}{2}(\theta_1^2 - \theta_0^2)\right)$$

$\theta_1 > \theta_0$일 때 이 비율은 $\sum_{i=1}^{n} x_i$의 증가함수이다. 따라서 최강력검정법의 기각역의 형태는 다음과 같다.

$$\sum_{i=1}^{n} X_i \geq k \quad \text{또는} \quad \overline{X} \geq k$$

따라서 유의수준 α에서 최강력검정법은 다음이 성립하도록 상수 k를 정하면 된다.

$$P(\overline{X} \geq k \mid H_0) = \alpha$$

귀무가설이 참일 때 $\overline{X} \sim N\left(\theta_0, \frac{1}{n}\right)$이므로 $P\left(\overline{X} \geq \theta_0 + \frac{z_\alpha}{\sqrt{n}} \,\middle|\, H_0\right) = \alpha$이다. 단 z_α는 $P(N(0,1) \geq z_\alpha) = \alpha$ 인 상수이다. 따라서 유의수준 α에서 최강력

검정법은 다음과 같다.

$$\phi(X) = \begin{cases} 1, & \sqrt{n}\,(\overline{X} - \theta_0) \geq z_\alpha \text{일 때} \\ 0, & \sqrt{n}\,(\overline{X} - \theta_0) < z_\alpha \text{일 때} \end{cases}$$

예 9.5

$X_1, X_2, \cdots, X_n$이 $\mathrm{Exp}(1/\lambda)$로부터의 랜덤샘플일 때 다음의 가설에 대한 유의수준 α에서 최강력검정법의 기각역을 구하여라.

$$H_0 : \lambda = \lambda_0 \quad \text{대} \quad H_1 : \lambda = \lambda_1 \quad (\text{단 } \lambda_1 > \lambda_0)$$

풀이

귀무가설과 대립가설 하에서 확률밀도함수의 비율은 다음과 같다.

$$\frac{f(\boldsymbol{x} \mid \lambda_1)}{f(\boldsymbol{x} \mid \lambda_0)} = \frac{(\lambda_1)^n e^{-\lambda_1 \sum_{i=1}^{n} x_i}}{(\lambda_0)^n e^{-\lambda_0 \sum_{i=1}^{n} x_i}}$$

$$= \left(\frac{\lambda_1}{\lambda_0}\right)^n e^{-(\lambda_1 - \lambda_0)\sum_{i=1}^{n} x_i}$$

$\lambda_1 > \lambda_0$일 때 이 비율은 $\sum_{i=1}^{n} x_i$의 감소함수이다. 따라서 최강력검정법의 기각역의 형태는 다음과 같다.

$$\sum_{i=1}^{n} X_i \leq k$$

귀무가설이 참일 때 $\sum_{i=1}^{n} X_i \sim \mathrm{Gamma}(n, 1/\lambda_0)$이므로 다음이 성립한다.

$$2\lambda_0 \sum_{i=1}^{n} X_i \sim \mathrm{Gamma}(n, 2) = \chi^2(2n)$$

따라서 유의수준 α에서 최강력검정법의 기각역은 다음과 같다.

$$2\lambda_0 \sum_{i=1}^{n} X_i \ \le \ \chi^2_{1-\alpha}(2n)$$

단, $\chi^2_{1-\alpha}(2n)$은 $P(\chi^2(2n) \ \ge x) \ = 1-\alpha$를 만족하는 x이다.

9.3 균일최강력검정

균일최강력검정(uniformly most powerful test)은 단순가설에 대한 최강력검정법을 복합가설로 확장한 검정법이다. 유의수준 α에서 균일최강력검정법은 귀무가설에 속하는 모든 θ에서 제1종 오류를 범할 확률이 α 이하이며 임의의 수준 α 검정법과 비교하여 대립가설에 속하는 모든 θ에서 검정력이 더 큰 검정법을 말한다.

정의 9.4

아래의 귀무가설과 대립가설에 대하여

$$H_0 : \theta \in \Theta_0 \quad \text{대} \quad H_1 : \theta \in \Theta_1$$

다음 조건을 만족하는 ϕ를 유의수준 α에서 균일최강력검정이라고 한다.

(i) ϕ는 수준 α 검정이다. 즉 모든 $\theta \in \Theta_0$에 대하여 $E(\phi(\boldsymbol{X})|\theta) \ \le \alpha$이다.

(ii) ϕ'이 임의의 수준 α 검정이라고 할 때 모든 $\theta \in \Theta_1$에서 ϕ의 검정력이 ϕ'의 검정력보다 크다. 즉 모든 $\theta \in \Theta_1$에 대하여 $E(\phi(\boldsymbol{X})|\theta) \ \ge E(\phi'(\boldsymbol{X})|\theta)$이다.

균일최강력검정법은 항상 존재하는 것은 아니며 일반적으로 귀무가설과 대립가설이 $H_0 \ : \theta \ \le \theta_0$와 $H_1 \ : \theta \ > \theta_0$처럼 어느 한쪽으로 주어지는 단측검정일 때 최강력검정법을 구할 수 있는 경우가 많다. 예를 들어 $X_1, X_2, \cdots, X_n$이 $N(\theta, 1)$로부터의 랜덤샘플일 때

$$H_0 \ : \theta \le \theta_0 \quad \text{대} \quad H_1 \ : \theta \ > \theta_0 \tag{9.1}$$

위의 가설에 대한 유의수준 α에서 균일최강력검정법의 기각역은 다음과 같음을 보일 수 있다.

$$\phi(\boldsymbol{X}) = \begin{cases} 1, & \sqrt{n}(\overline{X} - \theta_0) \geq z_\alpha \text{일 때} \\ 0, & \sqrt{n}(\overline{X} - \theta_0) < z_\alpha \text{일 때} \end{cases}$$

이를 보이기 위해서는 먼저 ϕ가 수준 α 검정임을 보여야 한다. 귀무가설에 속하는 θ에 대하여 (즉 $\theta \leq \theta_0$일 때) 제1종 오류를 범할 확률은 다음과 같이 나타낼 수 있다.

$$\begin{aligned} E(\phi(\boldsymbol{X})|\theta) &= P(\sqrt{n}(\overline{X} - \theta_0) \geq z_\alpha | \theta) \\ &= P(\sqrt{n}(\overline{X} - \theta) + \sqrt{n}(\theta - \theta_0) \geq z_\alpha | \theta) \end{aligned}$$

모수의 참값이 θ일 때 $\sqrt{n}(\overline{X} - \theta) \sim N(0,1)$이므로 위의 확률은 다음과 같다.

$$\begin{aligned} E(\phi(\boldsymbol{X}) | \theta) &= P(N(0,1) \geq z_\alpha - \sqrt{n}(\theta - \theta_0)) \\ &\leq P(N(0,1) \geq z_\alpha) = \alpha \end{aligned}$$

앞에서 부등식은 $\theta \leq \theta_0$이므로 성립하게 된다. 따라서 $\max_{\theta \leq \theta_0} E(\phi(\boldsymbol{X})|\theta) \leq \alpha$이며 ϕ는 수준 α 검정임을 보일 수 있다.

한편 ϕ'를 임의의 수준 α 검정법이라고 할 때 모든 $\theta > \theta_0$에 대하여 다음 부등식이 성립함을 보여야 한다.

$$E(\phi(\boldsymbol{X})|\theta) \geq E(\phi'(\boldsymbol{X})|\theta) \tag{9.2}$$

이를 위해 임의의 θ_1(단 $\theta_1 > \theta_0$)에 대하여 다음과 같은 검정을 생각하여 보자.

$$H_0 : \theta = \theta_0 \quad \text{대} \quad H_1 : \theta = \theta_1 \tag{9.3}$$

예 9.4로부터 ϕ는 위 가설에 대한 유의수준 α에서 최강력검정임을 알 수 있다. 또한 ϕ'는 가설 (9.1)에 대한 수준 α 검정법이므로 $\max_{\theta \leq \theta_0} E(\phi'(\boldsymbol{X})|\theta) \leq \alpha$이다. 이는 $E(\phi'(X)| \theta_0) \leq \alpha$를 뜻하므로 ϕ'는 가설 (9.3)에 대해서도 수준 α 검정법임을 의미한다. ϕ는 가설 (9.3)에 대한 최강력검정법이므로 다음 부등식이 성립한다.

$$E[\phi(\boldsymbol{X})|\theta_1] \geq E[\phi'(\boldsymbol{X})|\theta_1]$$

위의 부등식은 θ_1이 θ_0보다 크기만 하면 항상 성립하므로 부등식 (9.2)가 성립함을 보일 수 있다.

균일최강력검정법이 항상 존재하는 것은 아니다. 예를 들어 $X_1, X_2, \cdots, X_n$이 $N(\theta, 1)$로부터의 랜덤샘플일 때 다음 가설에 대한 균일최강력검정법을 구할 수 있는지 알아보자.

$$H_0 : \theta = \theta_0 \quad \text{대} \quad H_1 : \theta \neq \theta_0$$

대립가설이 참일 때 모수 θ의 값은 θ_0보다 작을 수도 있고 클 수도 있다. 문제는 θ의 값의 범위에 따라 검정력을 가장 크게 하는 검정법의 형태가 달라진다는 것이다. 먼저 $\theta_1 > \theta_0$일 때 다음 가설에 대한

$$H_0 : \theta = \theta_0 \quad \text{대} \quad H_1 : \theta = \theta_1$$

최강력검정법은 다음과 같다.

$$\phi(\boldsymbol{X}) = \begin{cases} 1, & \sqrt{n}\,(\overline{X} - \theta_0) \geq z_\alpha \text{일 때} \\ 0, & \sqrt{n}\,(\overline{X} - \theta_0) < z_\alpha \text{일 때} \end{cases} \tag{9.4}$$

한편 $\theta_1 < \theta_0$일 때 다음 가설에 대한

$$H_0 : \theta = \theta_0 \quad \text{대} \quad H_1 : \theta = \theta_1$$

최강력검정법은 다음과 같다.

$$\phi(\boldsymbol{X}) = \begin{cases} 1, & \sqrt{n}\,(\overline{X} - \theta_0) \leq -z_\alpha \text{일 때} \\ 0, & \sqrt{n}\,(\overline{X} - \theta_0) > -z_\alpha \text{일 때} \end{cases} \tag{9.5}$$

즉 $\theta > \theta_0$일 때 검정력을 가장 크게 하기 위해서는 검정법의 형태가 (9.4)이어야 하며 $\theta < \theta_0$일 때 검정력을 가장 크게 하기 위해서는 검정법의 형태가 (9.5)이어야 한다. 따라서 대립가설에 속하는 모든 θ에 대하여 검정력을 가장 크게 하는 검정법은 존재하지 않는다.

9.4 가능도비 검정

귀무가설과 대립가설이 복합가설인 경우에도 균일최강력검정법을 구할 수 있다면 이를 이용하여 검정을 할 수 있지만 앞에서 설명한 것처럼 균일최강력검정법이 항상 존재하는 것은 아니다. 일반적인 복합가설에 대한 검정법으로 주로 이용되는 것이 **가능도비 검정**(likelihood ratio test)이다. 가능도비 검정은 제1종 오류를 범할 확률이 일정 수준 이하인 검정법 중에서 검정력을 가장 크게 하는 검정법을 구하는 기준에 바탕을 둔 검정법은 아니지만 일반적인 가설에 대한 검정법으로 가장 많이 이용되고 있다.

귀무가설과 대립가설이 다음과 같이 단순가설일 때

$$H_0 : \theta = \theta_0 \quad \text{대} \quad H_1 : \theta = \theta_1$$

최강력검정법의 기각역은 다음과 같이 나타낼 수 있다.

$$\left\{ \boldsymbol{x} : \frac{f(\boldsymbol{x} \mid \theta_0)}{f(\boldsymbol{x} \mid \theta_1)} \le k \right\}$$

즉 귀무가설 하에서의 확률밀도함수(확률질량함수)와 대립가설 하에서의 확률밀도함수가 하나로 결정될 때 두 확률밀도함수의 비율에 의하여 기각역이 결정된다. 그런데 다음과 같은 복합가설에 대해서는 귀무가설과 대립가설 하에서 확률밀도함수가 하나로 결정되지 않는다.

$$H_0 : \theta \in \Theta_0 \quad \text{대} \quad H_1 : \theta \in \Theta_1$$

하나로 결정되지 않는 확률밀도함수 대신에 각 가설 하에서의 최대가능도의 비율을 이용하여 기각역을 결정하는 검정법이 가능도비 검정이다.

가능도비 검정법을 자세히 살펴보기 위해 가능도함수 $L(\theta)$를 $L(\theta \mid x)$로 표기하자. 즉

$$L(\theta \mid \boldsymbol{x}) = \prod_{i=1}^{n} f(x_i \mid \theta)$$

이다. 이때 가능도비 검정의 기각역은 다음과 같이 정해지며

$$\left\{ \boldsymbol{x} : \frac{\max_{\theta \in \Theta_0} L(\theta \mid \boldsymbol{x})}{\max_{\theta \in \Theta_1} L(\theta \mid \boldsymbol{x})} \le k \right\}, \tag{9.6}$$

상수 k는 유의수준에 따라 결정된다.

일반적으로 가능도비 검정의 기각역 (9.6)에서 상수 k는 1보다 작게 된다. k가 1보다 크다면 귀무가설 하에서 최대가능도가 대립가설 하에서 최대가능도보다 큰 경우에도 귀무가설을 기각할 수 있으므로 이러한 검정법은 큰 의미가 없다고 할 수 있다. 상수 k가 1보다 작을 때 가능도비 검정의 기각역은 다음과 같이 나타낼 수 있다.

$$\left\{ \boldsymbol{x} : \Lambda(\boldsymbol{x}) = \frac{\max_{\theta \in \Theta_0} L(\theta \mid \boldsymbol{x})}{\max\left(\max_{\theta \in \Theta_0} L(\theta \mid \boldsymbol{x}), \max_{\theta \in \Theta_1} L(\theta \mid \boldsymbol{x})\right)} \right.$$

$$\left. = \frac{\max_{\theta \in \Theta_0} L(\theta \mid \boldsymbol{x})}{\max_{\theta \in \Theta_1 \cup \Theta_1} L(\theta \mid \boldsymbol{x})} \leq k \right\}$$

위 식에서 분자는 귀무가설 하에서 최대가능도이고 분모는 귀무가설과 대립가설을 합한 영역에서 최대가능도이다. 일반적으로 $\Theta_0 \cup \Theta_1 = \Omega$이고 이 경우 분모는 모수의 전체 범위에서 구한 최대가능도이다. 귀무가설이 참인 영역에서 구한 θ의 최대가능도 추정량을 $\hat{\theta}_0$라고 하고 전체 범위에서 구한 최대가능도추정량을 $\hat{\theta}$이라고 할 때 Λ는 다음과 같이 나타낼 수 있다.

$$\Lambda(\boldsymbol{x}) = \frac{L(\hat{\theta}_0 \mid \boldsymbol{x})}{L(\hat{\theta} \mid \boldsymbol{x})}$$

따라서 가능도비 검정의 기각역은 다음과 같다.

$$\left\{ \boldsymbol{x} : \frac{L(\hat{\theta}_0 \mid \boldsymbol{x})}{L(\hat{\theta} \mid \boldsymbol{x})} \leq k \right\}$$

예 9.6

$X_1, X_2, \cdots, X_n$이 $N(\theta, 1)$로부터의 랜덤샘플일 때 다음 가설에 대하여 유의수준 α 인 가능도비 검정법의 기각역을 구하여라.

$$H_0 : \theta = \theta_0 \quad \text{대} \quad H_1 : \theta \neq \theta_0$$

풀이

귀무가설이 참일 때 θ의 값은 θ_0로 정해지므로 $\hat{\theta}_0 = \theta_0$이다. 전체 범위에서 구한

θ의 최대가능도추정량은 $\hat{\theta} = \overline{X}$이다. 이때 최대가능도의 비율은 다음과 같다.

$$\Lambda(\boldsymbol{x}) = \frac{L(\hat{\theta}_0 \,|\, \boldsymbol{x})}{L(\hat{\theta} \,|\, \boldsymbol{x})} = \frac{(2\pi)^{-\frac{n}{2}} \exp\left(-\sum_{i=1}^{n} \frac{(x_i - \theta_0)^2}{2}\right)}{(2\pi)^{-\frac{n}{2}} \exp\left(-\sum_{i=1}^{n} \frac{(x_i - \overline{x})^2}{2}\right)}$$

$$= \exp\left(-\frac{1}{2}\sum_{i=1}^{n}(x_i - \overline{x})^2 - \frac{n}{2}(\overline{x} - \theta_0)^2 + \frac{1}{2}\sum_{i=1}^{n}(x_i - \overline{x})^2\right)$$

$$= \exp\left(-\frac{n}{2}(\overline{x} - \theta_0)^2\right)$$

따라서 $\Lambda(\boldsymbol{x})$는 $n(\overline{x} - \theta_0)^2$의 감소함수이고 가능도비 검정의 기각역의 형태는 다음과 같다.

$$n(\overline{X} - \theta_0)^2 \ \geq k$$

귀무가설이 참일 때 $n(\overline{X} - \theta_0)^2 \sim \chi^2(1)$이므로 유의수준 α에서 가능도비 검정법의 기각역은 다음과 같다.

$$n(\overline{X} - \theta_0)^2 \ \geq \chi^2_\alpha(1)$$

표준정규분포와 카이제곱분포의 관계로부터 위 기각역을 다음과 같이 나타낼 수도 있다.

$$\sqrt{n}\,|\overline{X} - \theta_0| \ \geq z_{\alpha/2}$$

지금까지는 모형이 가설검정과 관련이 있는 모수만 포함하는 경우를 다루었다. 다음 예는 가설검정과 관련이 없는 모수를 포함하는 경우를 보여 주고 있다.

예 9.7

$X_1, X_2, \cdots, X_n$이 $N(\mu, \sigma^2)$으로부터의 랜덤샘플일 때 다음 가설에 대하여 유의수준 α인 가능도비 검정법의 기각역을 구하여라.

$$H_0 : \mu = \mu_0 \quad \text{대} \quad H_1 : \mu \neq \mu_0$$

풀이

이 예에서 모수 $\theta = (\mu, \sigma^2)$는 가설검정과 관련이 있는 모수 μ와 함께 관련이 없는 모수 σ^2을 포함하고 있다. 귀무가설이 참일 때 모수의 영역을 나타내는 Θ_0와 대립가설이 참일 때 모수의 영역을 나타내는 Θ_1은 다음과 같이 나타낼 수 있다.

$$\Theta_0 = \left\{ (\mu, \sigma^2) : \mu = \mu_0, \sigma^2 > 0 \right\}, \quad \Theta_1 = \left\{ (\mu, \sigma^2) : \mu \neq \mu_0, \sigma^2 > 0 \right\}$$

귀무가설이 참일 때 가능도함수 $L(\mu, \sigma^2 | \boldsymbol{x})$은 다음과 같다.

$$\begin{aligned} L(\mu, \sigma^2 | \boldsymbol{x}) &= L(\mu_0, \sigma^2 | \boldsymbol{x}) \\ &= (2\pi\sigma^2)^{-\frac{n}{2}} \exp\left(-\frac{1}{2\sigma^2} \sum_{i=1}^{n} (x_i - \mu_0)^2 \right) \end{aligned}$$

이 가능도는 $\sigma^2 = \frac{1}{n} \sum_{i=1}^{n} (X_i - \mu_0)^2$일 때 최대이므로 귀무가설 하에서 $\theta = (\mu, \sigma^2)$의 최대가능도추정량 $\hat{\mu}_0$와 $\widehat{\sigma_0^2}$은 다음과 같다.

$$\widehat{\mu_0} = \mu_0, \quad \widehat{\sigma_0^2} = \frac{1}{n} \sum_{i=1}^{n} (X_i - \mu_0)^2$$

한편 전체 범위에서 구한 최대가능도추정량 $\hat{\mu}$와 $\widehat{\sigma^2}$은 다음과 같으므로

$$\hat{\mu} = \overline{X}, \quad \widehat{\sigma^2} = \frac{1}{n} \sum_{i=1}^{n} (X_i - \overline{X})^2,$$

최대가능도의 비율은 다음과 같다.

$$\Lambda(\boldsymbol{x}) = \frac{L(\widehat{\mu_0}, \widehat{\sigma_0^2} | \boldsymbol{x})}{L(\hat{\mu}, \widehat{\sigma^2} | \boldsymbol{x})} = \frac{(2\pi\widehat{\sigma_0^2})^{-\frac{n}{2}} \exp\left(-\frac{1}{2\widehat{\sigma_0^2}} \sum_{i=1}^{n} (x_i - \mu_0)^2 \right)}{(2\pi\widehat{\sigma^2})^{-\frac{n}{2}} \exp\left(-\frac{1}{2\widehat{\sigma^2}} \sum_{i=1}^{n} (x_i - \overline{x})^2 \right)}$$

$$= \frac{(2\pi\widehat{\sigma_0^2})^{-\frac{n}{2}}\exp(-\frac{n}{2})}{(2\pi\widehat{\sigma^2})^{-\frac{n}{2}}\exp(-\frac{n}{2})} = \left(\frac{\widehat{\sigma_0^2}}{\widehat{\sigma^2}}\right)^{-n}$$

$$= \left(\frac{\frac{1}{n}\sum_{i=1}^{n}(x_i-\mu_0)^2}{\frac{1}{n}\sum_{i=1}^{n}(x_i-\overline{x})^2}\right)^{-\frac{n}{2}} = \left(\frac{\sum_{i=1}^{n}(x_i-\overline{x})^2 + n(\overline{x}-\mu_0)^2}{\sum_{i=1}^{n}(x_i-\overline{x})^2}\right)^{-\frac{n}{2}}$$

$$= \left(1 + \frac{n(\overline{x}-\mu_0)^2}{\sum_{i=1}^{n}(x_i-\overline{x})^2}\right)^{-\frac{n}{2}}$$

따라서 $\Lambda(\boldsymbol{x})$는 $\dfrac{n(\overline{x}-\mu_0)^2}{\sum_{i=1}^{n}(x_i-\overline{x})^2}$의 감소함수이고 가능도비 검정의 기각역의 형태는 다음과 같다.

$$\frac{n(\overline{X}-\mu_0)^2}{\sum_{i=1}^{n}(X_i-\overline{X})^2/(n-1)} = \frac{n(\overline{X}-\mu_0)^2}{S^2} \geq k$$

귀무가설이 참일 때 $\dfrac{n(\overline{X}-\mu_0)^2}{S^2} \sim F(1, n-1)$이므로 유의수준 α에서 가능도비 검정의 기각역은 다음과 같다.

$$\frac{n(\overline{X}-\mu_0)^2}{S^2} \geq F_\alpha(1, n-1)$$

t–분포와 F–분포의 관계로부터 위 기각역을 다음과 같이 나타낼 수도 있다.

$$\frac{\sqrt{n}\,|\overline{X}-\mu_0|}{S} \geq t_{\alpha/2}(n-1) \qquad (9.7)$$

식 (9.7)의 기각역에 기초한 검정법이 통계학 개론 서적에서 많이 다루는 정규모집단에서 뽑은 하나의 표본에서 모평균 검정을 위한 t 검정법(t-test)이다.

가능도비 검정의 기각역은 $\{\boldsymbol{x}: \Lambda(\boldsymbol{x}) \leq k\}$로 주어진다. 유의수준 α에서 가능도비 검정의 정확한 기각역을 구하기 위해서는 귀무가설이 참일 때 $\Lambda(\boldsymbol{X})$의 확률분포를 알아야 한다. 가능도비 검정의 장점 중 하나는 귀무가설이 참일 때 $\Lambda(\boldsymbol{X})$의 점근분포가 알려져 있다는 것이다. 따라서 귀무가설 하에서 $\Lambda(\boldsymbol{X})$의 정확한 확률분포를 알지 못하여도 $\Lambda(\boldsymbol{X})$의 점근분포를 이용하여 가능도비 검정의 근사적인 기각역을 구할 수 있다.

정리 9.2

적절한 조건 하에서 $-2\log\Lambda(\boldsymbol{X})$는 귀무가설이 참일 때 점근적으로 카이제곱분포를 따른다. 즉 자료의 수가 충분히 크면 근사적으로 다음이 성립한다.

$$-2\log\Lambda(\boldsymbol{X}) \sim \chi^2(d)$$

단 카이제곱분포의 자유도 d는 $(\Theta_0 \cup \Theta_1)$에서 모수의 차원과 Θ_0에서 모수의 차원의 차이이다.

위 정리에서 자유도는 추정하는 전체 모수의 수와 귀무가설이 참일 때 추정하는 모수의 수의 차이라고 할 수 있다. 정리 9.2에 의하여 유의수준 α에서 가능도비 검정의 점근적인 기각역은 다음과 같다.

$$\left\{\boldsymbol{x}: -2\log\Lambda(\boldsymbol{x}) \geq \chi^2_\alpha(d)\right\}$$

여기서 위의 정리를 증명하지는 않겠지만 예를 통해서 앞의 정리가 성립하는 것을 보이도록 하겠다. $X_1, X_2, \cdots, X_n$이 $N(\theta, 1)$로부터의 랜덤샘플일 때 다음 가설에 대한

$$H_0: \theta = \theta_0 \quad \text{대} \quad H_1: \theta \neq \theta_0$$

예 9.6의 가능도비 검정으로부터 $-2\log\Lambda(\boldsymbol{X})$는 다음과 같다.

$$-2\log\Lambda(\boldsymbol{X}) = -2\log\left(\exp\left[-\frac{n}{2}(\overline{X}-\theta_0)^2\right]\right) = n(\overline{X}-\theta_0)^2$$

귀무가설이 참일 때 $\sqrt{n}(\overline{X}-\theta_0) \sim N(0,1)$이므로 $-2\log\Lambda(\boldsymbol{X}) \sim \chi^2(1)$임을 쉽

게 확인할 수 있다. 여기서 $(\Theta_0 \cup \Theta_1)$에서 모수의 차원은 1이고 Θ_0는 한 점 $\{\theta_0\}$이므로 차원은 0이다. 따라서 차원의 차이는 1이 된다. 이 예는 $-2\log\Lambda(\boldsymbol{X})$의 정확한 확률분포가 카이제곱분포인 경우이다.

예 9.8

$X_1, X_2, \cdots, X_n$이 $N(\mu, \sigma^2)$으로부터의 랜덤샘플일 때 다음 가설에 대한 가능도비 검정에서 $-2\log\Lambda(\boldsymbol{X})$는 점근적으로 자유도 1인 카이제곱분포임을 보여라.

$$H_0 : \mu = \mu_0 \quad \text{대} \quad H_1 : \mu \neq \mu_0$$

풀이

예 9.7에서 구한 $\Lambda(\boldsymbol{X})$로부터 $-2\log\Lambda(\boldsymbol{X})$는 다음과 같다.

$$\begin{aligned} -2\log\Lambda(\boldsymbol{X}) &= -2\log\left(1 + \frac{n(\overline{X} - \mu_0)^2}{\sum_{i=1}^{n}(X_i - \overline{X})^2}\right)^{-\frac{n}{2}} \\ &= n\log\left(1 + \frac{n(\overline{X} - \mu_0)^2}{\sum_{i=1}^{n}(X_i - \overline{X})^2}\right) \end{aligned}$$

테일러 전개를 이용하면 $|x| \approx 0$일 때 $\log(1+x) \approx x$이므로 다음이 성립한다.

$$-2\log\Lambda(\boldsymbol{X}) \approx \frac{n(\overline{X} - \mu_0)^2}{\frac{1}{n}\sum_{i=1}^{n}(X_i - \overline{X})^2} \tag{9.8}$$

한편 다음 결과로부터

$$\begin{aligned} E\left(\frac{1}{n}\sum_{i=1}^{n}(X_i - \overline{X})^2\right) &= \frac{(n-1)\sigma^2}{n} \\ Var\left(\frac{1}{n}\sum_{i=1}^{n}(X_i - \overline{X})^2\right) &= \frac{2(n-1)\sigma^4}{n^2} \end{aligned}$$

σ^2의 추정량 $\frac{1}{n}\sum_{i=1}^{n}(X_i-\overline{X})^2$의 편향과 분산 모두 0으로 수렴함을 알 수 있다. 따라서 다음이 성립한다.

$$\frac{1}{n}\sum_{i=1}^{n}(X_i-\overline{X})^2 \quad \xrightarrow{p} \quad \sigma^2$$

이를 식 (9.8)에 대입하면 다음과 같으므로

$$-2\log\Lambda(\boldsymbol{X}) \approx \frac{n(\overline{X}-\mu_0)^2}{\sigma^2} \sim \chi^2(1)$$

이 예에서도 정리 9.2가 성립함을 보일 수 있다. 여기서 $(\Theta_0 \cup \Theta_1)$에서 모수의 차원은 2이고 Θ_0에서 모수의 차원은 1이다. 따라서 차원의 차이는 1이 된다.

분할표로 주어지는 자료에 대한 카이제곱검정도 가능도비 검정의 한 예이다. 분할표의 가장 간단한 형태인 m개의 범주에 속하는 빈도수 자료에 대한 적합도검정(goodness-of-fit test)을 살펴보도록 하다. 각 범주에 속하는 빈도수 자료는 다항분포를 따른다고 볼 수 있다. $\boldsymbol{X} = (X_1, X_2, \cdots, X_m)$이 시행횟수는 n이고 각 범주에 속할 확률이 $(p_1, p_2, \cdots, p_m)$인 다항분포를 따를 때 $\boldsymbol{X}$의 확률질량함수는 다음과 같다.

$$f(x_1, x_2, \cdots, x_m | p_1, p_2, \cdots, p_m) = \frac{n!}{x_1!\,x_2!\,\cdots\,x_m!}\,p_1^{x_1}p_2^{x_2}\cdots\,p_m^{x_m}$$

이때 각 범주에 속할 확률에 대한 다음의 가설에 대하여 가능도비 검정을 구하여 보자.

$$H_0 : (p_1, p_2, \cdots, p_m) \in \Theta_0 \quad \text{대} \quad H_1 : (p_1, p_2, \cdots, p_m) \in \Theta_1 \qquad (9.9)$$

Θ_0 영역에서 p_i의 최대가능도추정량을 $\hat{p}_{i0}$라고 하고 $\Theta_0 \cup \Theta_1$ 영역에서 p_i의 최대가능도추정량을 $\hat{p}_i$라고 하자. $\Theta_0 \cup \Theta_1$이 모수의 전체 범위일 때 $\hat{p}_i$는 각 범주의 관측비율이다.

$$\hat{p}_i = \frac{x_i}{n}$$

이때 $\Lambda(\boldsymbol{X})$와 $-2\log\Lambda(\boldsymbol{X})$는 다음과 같다.

$$\Lambda(\boldsymbol{X}) = \frac{\max_{(p_1, p_2, \cdots, p_m) \in \Theta_0} L(p_1, p_2, \cdots, p_m | x_1, x_2, \cdots, x_m)}{\max_{(p_1, p_2, \cdots, p_m) \in \Theta_0 \cup \Theta_1} L(p_1, p_2, \cdots, p_m | x_1, x_2, \cdots, x_m)}$$

$$= \frac{\dfrac{n!}{x_1! x_2! \cdots x_m!} \widehat{p_{10}}^{x_1} \widehat{p_{20}}^{x_2} \cdots \widehat{p_{m0}}^{x_m}}{\dfrac{n!}{x_1! x_2! \cdots x_m!} \widehat{p_1}^{x_1} \widehat{p_2}^{x_2} \cdots \widehat{p_m}^{x_m}}$$

$$= \left(\frac{\widehat{p_{10}}}{\widehat{p_1}}\right)^{x_1} \left(\frac{\widehat{p_{20}}}{\widehat{p_2}}\right)^{x_2} \cdots \left(\frac{\widehat{p_{m0}}}{\widehat{p_m}}\right)^{x_m},$$

$$-2\log\Lambda(X) = -2\sum_{i=1}^{m} x_i \log\left(\frac{\widehat{p_{i0}}}{\widehat{p_i}}\right) = -2\sum_{i=1}^{m} x_i \log\left(\frac{n\widehat{p_{i0}}}{x_i}\right)$$

$$= 2\sum_{i=1}^{m} x_i \log\left(\frac{x_i}{n\widehat{p_{i0}}}\right)$$

각 범주에서 관측도수 X_i를 O_i라고 하고 귀무가설 하에서 기대빈도수인 $n\widehat{p_{i0}}$를 E_i라고 할 때 $-2\log\Lambda(\boldsymbol{X})$는 다음과 같이 나타낼 수 있다.

$$-2\log\Lambda(\boldsymbol{X}) = 2\sum_{i=1}^{m} O_i \log\left(\frac{O_i}{E_i}\right) \tag{9.10}$$

위 식을 다르게 표현할 수도 있다. 함수 $f(x) = x\log\left(\frac{x}{x_0}\right)$를 $x = x_0$에서 테일러 전개하면 다음과 같다.

$$f(x) \approx f(x_0) + (x - x_0)f'(x_0) + \frac{1}{2}(x - x_0)^2 f''(x_0)$$

$$= 0 + (x - x_0) \cdot 1 + \frac{1}{2}(x - x_0)^2 \cdot \frac{1}{x_0}$$

따라서 다음이 성립한다.

$$O_i \log\left(\frac{O_i}{E_i}\right) \approx (O_i - E_i) + \frac{1}{2}\frac{(O_i - E_i)^2}{E_i}$$

한편 $\sum_{i=1}^{m} O_i = \sum_{i=1}^{m} E_i = n$이므로 식 (9.10)은 다음과 같이 나타낼 수 있다.

$$
\begin{aligned}
-2\log\Lambda(\boldsymbol{X}) &= 2\sum_{i=1}^{m} O_i \log\left(\frac{O_i}{E_i}\right) \\
&\approx 2\sum_{i=1}^{m}(O_i - E_i) + \sum_{i=1}^{m}\frac{(O_i - E_i)^2}{E_i} \\
&= \sum_{i=1}^{m}\frac{(O_i - E_i)^2}{E_i} \qquad (9.11)
\end{aligned}
$$

식 (9.10)의 값은 분할표로 주어지는 자료에 대한 적합도검정에 이용되는 G^2 통계량이며, 식 (9.11)의 값은 X^2으로 표현되는 카이제곱 통계량이다. 식 (9.11)의 값이 $\chi^2_\alpha(m-1)$보다 크면 (9.9)의 가설 검정에서 유의수준 α로 귀무가설을 기각하게 된다.

독립인 두 모집단을 비교하는 데 자주 이용되는 것이 t 검정(t-test)이다. t 검정도 가능도비 검정에 의하여 유도될 수 있다. $\boldsymbol{X} = (X_1, X_2, \cdots, X_m)$은 $N(\mu_X, \sigma^2)$로부터의 랜덤샘플이고 $\boldsymbol{Y} = (Y_1, Y_2, \cdots, Y_n)$은 $N(\mu_Y, \sigma^2)$로부터의 랜덤샘플이며 서로 독립이라고 하자. 두 모집단의 평균에 대한 다음의 가설에 대한 가능도비 검정을 구하여 보자.

$$
H_0 : \mu_X = \mu_Y \quad \text{대} \quad H_1 : \mu_X \neq \mu_Y
$$

이때 모수는 $\theta = (\mu_X, \mu_Y, \sigma^2)$이고 $(\boldsymbol{X}, \boldsymbol{Y})$의 결합확률밀도함수는 다음과 같다.

$$
\begin{aligned}
f(\boldsymbol{x},\boldsymbol{y}\,|\,\mu_X, \mu_Y, \sigma^2) &= f(\boldsymbol{x}\,|\,\mu_X, \sigma^2) f(\boldsymbol{y}\,|\,\mu_Y, \sigma^2) \\
&= (2\pi\sigma^2)^{-\frac{m+n}{2}} \exp\left[-\frac{1}{2\sigma^2}\left(\sum_{i=1}^{m}(x_i - \mu_X^2) + \sum_{j=1}^{n}(y_j - \mu_Y^2)\right)\right]
\end{aligned}
$$

가능도함수 $L(\mu_X, \mu_Y, \sigma^2 | \boldsymbol{x},\boldsymbol{y}) = f(\boldsymbol{x},\boldsymbol{y}\,|\,\mu_X, \mu_Y, \sigma^2)$를 이용하여 전체 영역에서 구한 (μ_X, μ_Y, σ^2)의 최대가능도추정량은 다음과 같다.

$$
\widehat{\mu_X} = \overline{X}, \quad \widehat{\mu_Y} = \overline{Y}
$$

$$
\widehat{\sigma^2} = \frac{1}{m+n}\left(\sum_{i=1}^{m}(X_i - \widehat{\mu_X})^2 + \sum_{j=1}^{n}(Y_j - \widehat{\mu_Y})^2\right)
$$

귀무가설이 참일 때 두 모집단의 평균을 $\mu_X = \mu_Y = \mu$로 나타내면 가능도

$L(\mu, \sigma^2 | \boldsymbol{x}, \boldsymbol{y})$은 다음과 같다.

$$L(\mu, \sigma^2 | \boldsymbol{x}, \boldsymbol{y}) = (2\pi\sigma^2)^{-\frac{m+n}{2}} \exp\left[-\frac{1}{2\sigma^2}\left(\sum_{i=1}^{m}(x_i - \mu)^2 + \sum_{j=1}^{n}(y_j - \mu)^2\right)\right]$$

이를 이용하여 $\theta = (\mu, \sigma^2)$의 최대가능도추정량 $\hat{\mu}_0$와 $\widehat{\sigma_0^2}$을 구하면 다음과 같다.

$$\hat{\mu}_0 = \frac{1}{m+n}\left(\sum_{i=1}^{m} X_i + \sum_{j=1}^{n} Y_j\right) = \frac{m\overline{X} + n\overline{Y}}{m+n}$$

$$\widehat{\sigma_0^2} = \frac{1}{m+n}\left(\sum_{i=1}^{m}(X_i - \hat{\mu}_0)^2 + \sum_{j=1}^{n}(Y_j - \hat{\mu}_0)^2\right)$$

따라서 가능도비 검정의 Λ에서 분자는 다음과 같으며

$$\begin{aligned}
&\max_{\theta \in \Theta_0} L(\theta | \boldsymbol{x}, \boldsymbol{y}) \\
&= \left(2\pi\widehat{\sigma_0^2}\right)^{-\frac{m+n}{2}} \exp\left[-\frac{1}{2\widehat{\sigma_0^2}}\left(\sum_{i=1}^{m}(x_i - \hat{\mu}_0)^2 + \sum_{j=1}^{n}(y_j - \hat{\mu}_0)^2\right)\right] \\
&= \left(2\pi\widehat{\sigma_0^2}\right)^{-\frac{m+n}{2}} \exp\left(-\frac{m+n}{2}\right)
\end{aligned}$$

분모는 다음과 같다.

$$\begin{aligned}
&\max_{\theta \in \Theta_0 \cup \Theta_1} L(\theta | \boldsymbol{x}, \boldsymbol{y}) \\
&= \left(2\pi\widehat{\sigma^2}\right)^{-\frac{m+n}{2}} \exp\left[-\frac{1}{2}\widehat{\sigma^2}\left(\sum_{i=1}^{m}(x_i - \widehat{\mu_X})^2 + \sum_{j=1}^{n}(y_j - \widehat{\mu_Y})^2\right)\right] \\
&= \left(2\pi\widehat{\sigma^2}\right)^{-\frac{m+n}{2}} \exp\left(-\frac{m+n}{2}\right)
\end{aligned}$$

이때, $\Lambda(\boldsymbol{X})$는 다음과 같으므로

$$\Lambda(\boldsymbol{X}) = \frac{\max_{\theta \in \Theta_0} L(\theta | \boldsymbol{x}, \boldsymbol{y})}{\max_{\theta \in \Theta_0 \cup \Theta_1} L(\theta | \boldsymbol{x}, \boldsymbol{y})} = \left(\frac{\widehat{\sigma_0^2}}{\widehat{\sigma^2}}\right)^{-\frac{m+n}{2}}$$

$$= \left(\frac{\sum_{i=1}^{m}(x_i - \hat{\mu}_0)^2 + \sum_{j=1}^{n}(y_j - \hat{\mu}_0)^2}{\sum_{i=1}^{m}(x_i - \hat{\mu}_X)^2 + \sum_{j=1}^{n}(y_j - \hat{\mu}_Y)^2} \right)^{-\frac{m+n}{2}}$$

$$= \left(\frac{\sum_{i=1}^{m}(x_i - \overline{x})^2 + \sum_{j=1}^{n}(y_j - \overline{y})^2 + m(\overline{x} - \hat{\mu}_0)^2 + n(\overline{y} - \hat{\mu}_0)^2}{\sum_{i=1}^{m}(x_i - \overline{x})^2 + \sum_{j=1}^{n}(y_j - \overline{y})^2} \right)^{-\frac{m+n}{2}}$$

$$= \left(1 + \frac{mn^2(\overline{x} - \overline{y})^2/(m+n)^2 + m^2n(\overline{x} - \overline{y})^2/(m+n)^2}{\sum_{i=1}^{m}(x_i - \overline{x})^2 + \sum_{j=1}^{n}(y_j - \overline{y})^2} \right)^{-\frac{m+n}{2}}$$

$$= \left(1 + \frac{\frac{mn}{m+n}(\overline{x} - \overline{y})^2}{\sum_{i=1}^{m}(x_i - \overline{x})^2 + \sum_{j=1}^{n}(y_j - \overline{y})^2} \right)^{-\frac{m+n}{2}}$$

$\Lambda(\boldsymbol{X}) \leq c$인 기각역의 형태는 다음과 같다.

$$\frac{\frac{mn}{m+n}(\overline{X} - \overline{Y})^2}{S_p^2} \geq k$$

위 식에서 S_p^2은 합동분산추정량(pooled variance estimator)으로 다음과 같다.

$$S_p^2 = \frac{1}{m+n-2}\left(\sum_{i=1}^{m}(X_i - \overline{X})^2 + \sum_{j=1}^{n}(Y_j - \overline{Y})^2 \right)$$

여기서,

$$\frac{\frac{mn}{m+n}(\overline{X} - \overline{Y})^2}{S_p^2} = \frac{\left(\frac{(\overline{X} - \overline{Y})}{\sqrt{(1/m+1/n)\sigma^2}} \right)^2}{\frac{(m+n-2)S_p^2}{\sigma^2} \Big/ (m+n-2)}$$

임을 확인할 수 있고, 분자는 $\chi^2(1)$, 분모는 $\chi^2(m+n-2)$을 자유도로 나눈 것이며 분모와 분자는 서로 독립이다. 따라서, 위 통계량은 $F(1, m+n-2)$를 따르며, 유의수준 α에서 가능도비 검정법의 기각역은 다음과 같다.

$$\frac{\frac{mn}{m+n}(\overline{X} - \overline{Y})^2}{S_p^2} \geq F_\alpha(1, m+n-2)$$

t–분포와 F–분포의 관계로부터 위 기각역을 다음과 같이 나타낼 수도 있다.

$$\frac{\sqrt{\frac{mn}{m+n}}\,|\,\overline{X} - \overline{Y}\,|}{S_p} \geq t_{\alpha/2}(m+n-2) \tag{9.12}$$

식 (9.12)의 기각역을 이용하는 검정이 바로 분산이 같고 정규분포를 따르는 두 집단의 모평균을 비교하는 t 검정법(t–test)이다.

9.5 R을 이용한 실습

9장의 학습내용은 전적으로 이론적인 부분에 해당되어 R을 이용한 실습을 다양하게 시행하기 어려운 측면이 있다. 여기서는 식 (9.7), (9.11), (9.12)에 기초한 검정법에 대해 간단한 실습을 해 보도록 하겠다. 이러한 검정들은 통계학 개론 수준의 서적에서 많이 다루었던 예제들이라고 할 수 있다.

예 9.9

어느 여자 원반던지기 선수가 10회를 던진 기록(단위: m)을 조사한 자료가 다음과 같다. 여기서 원반던지기 거리는 정규분포를 따른다고 가정하고, 이 선수의 원반던지기 거리의 평균이 45 m라고 할 수 있는지 가능도비 검정의 기각역 (9.7)에 의해 유의수준 5%에서 검정하여라.

44.0 44.8 46.0 43.5 45.0 48.0 47.0 43.6 47.6 48.9

풀이

원반던지기 거리의 평균을 μ라고 하면 검정하고자 하는 가설은

$$H_0 : \mu = 45 \quad 대 \quad H_1 : \mu \neq 45$$

이며, 이를 가능도비 검정한 기각역은 식 (9.7)로 주어진다. 이 기각역을 직접 계산하여 보고, 또한 R에서 제공하는 t 검정을 위한 함수도 사용해서 결과를 비교하여 보자.

R 명령문 및 결과

```
❶ > rec <- c(44.0, 44.8, 46.0, 43.5, 45.0, 48.0, 47.0, 43.6, 47.6,
     48.9)
❷ > t0 <- sqrt(length(rec))*abs(mean(rec)-45)/sd(rec)
❸ > crit <- qt(0.975,length(rec)-1)
❹ > cbind(t0, crit)
❺              t0      crit
   [1,] 1.363378  2.262157
❻ > t.test(rec, mu=45)
❼          One Sample t-test
   data:  rec
   t = 1.3634, df = 9, p-value = 0.2059
   alternative hypothesis: true mean is not equal to 45
   95 percent confidence interval:
    44.44625 47.23375
   sample estimates:
   mean of x
```

해설

❶ 자료를 `rec` 변수로 읽는다.

❷ 식 (9.7)의 좌변에 해당되는 검정통계량의 값 t_0를 계산한다.

❸ 식 (9.7)의 우변에 해당되는 자유도가 (n−1)인 t 분포의 유의수준 $\frac{\alpha}{2}$에 해당되는 임계치를 구한다.

❹ 위의 계산된 두 값을 열 결합하여 나타낸다.

❺ 검정결과 "검정통계량의 관측값 < 임계치"이므로 귀무가설을 기각할 수 없다. 즉 원반던지기 평균이 45 m가 아니라는 근거가 없다.

❻ R 함수 `t.test`를 이용하여 평균이 45인지 아닌지 검정한다. `t.test`에 관한 세부 내용은 도움말을 참고하면 된다.

❼ 검정결과 여러 통계량, p−값, 신뢰구간 등을 제공한다. 마찬가지로 p−값이 유의수준보다 크기 때문에 귀무가설을 기각할 수 없다.

예 9.10

멘델의 유전법칙은 순종의 둥글고 황색인 완두와 주름지고 녹색인 완두를 교배해서 잡종 1대에서 얻은 둥글고 황색인 완두를 자가 수분시키면 잡종 2대에서 둥글고 황색(A), 둥글고 녹색(B), 주름지고 황색(C), 주름지고 녹색(D)인 완두가 9 : 3 : 3 : 1의 비로 나타난다는 것이다. 실험으로 이것을 확인하기 위하여 식물의 교잡으로 나타난 결과는 다음 표와 같다. 이 실험 결과는 멘델의 유전법칙에 부합한다고 볼 수 있는지 가능도비 검정통계량의 근사식 (9.11)에 의해 유의수준 5%에서 검정하여라.

인자형	A	B	C	D	계
관측도수	311	108	101	30	550

(풀이)

교배의 결과 A, B, C, D 각각의 생성 비율을 p_1, p_2, p_3, p_4라고 하면 검정하고자 하는 가설은 다음과 같다.

$$H_0 : p_1 = \frac{9}{16}, p_2 = \frac{3}{16}, p_3 = \frac{3}{16,} p_4 = \frac{1}{16} \quad \text{대} \quad H_1 : H_0\text{가 아니다}$$

이 가설검정을 위한 가능도비 검정통계량의 근사식은 식 (9.11)이므로, 이 기각역을 직접 계산하여 가설검정한 결과와 R에서 제공하는 카이제곱 검정을 위한 함수를 사용한 결과를 살펴보자.

R 명령문 및 결과

```
❶ > obs <- c(311, 108, 101, 30)
❷ > p0 <- c( 9/16, 3/16, 3/16, 1/16)
❸ > exp <- sum(obs)*p0
❹ > chi0 <- sum((obs-exp)^2/exp)
❺ > crit <- qchisq(0.95, length(obs)-1)
❻ > cbind(chi0, crit)
❼             chi0      crit
    [1,] 0.839596  7.814728
❽ > chisq.test(obs, p=p0)
❾   Chi-squared test for given probabilities

    data:  obs
    X-squared = 0.8396, df = 3, p-value = 0.84
```

해설

❶	자료를 `obs` 변수로 읽는다.
❷	가설검정을 위한 귀무가설의 p_i 값들을 지정한다.
❸	귀무가설 하에서 각 셀의 기대도수를 구한다.
❹	식 (9.11)의 좌변에 해당되는 검정통계량의 값 χ_0^2을 계산한다.
❺	식 (9.11)의 우변에 해당되는 자유도가 (n−1)인 카이제곱분포의 유의수준 α에 해당되는 임계치를 구한다.
❻	위의 계산된 두 값을 열결합하여 나타낸다.
❼	검정결과 "검정통계량의 관측값 < 임계치"이므로 귀무가설을 기각할 수 없다. 즉, 실험의 결과가 멘델의 유전법칙에 부합되지 않는다고 할 근거가 없다.
❽	R 함수 `chisq.test`를 이용하여 각 셀의 비율이 `p0`인지 아닌지 검정한다. `chisq.test`에 관한 세부 내용은 도움말을 참고하면 된다.
❾	검정결과 p−값이 유의수준보다 크기 때문에 귀무가설을 기각할 수 없다.

예 9.11

젖소의 사료를 생산하는 두 회사 A, B가 있다. 이 두 상표의 사료를 각각 먹은 젖소의 우유 생산량의 평균이 다른지를 검정하기 위해 각각 실험 외적인 요인은 모두 동일하게 하고 젖소들을 무작위로 뽑아 조사한 우유 생산량이 다음과 같다. 두 자료가 분산이 같은 정규분포를 따른다고 가정할 때, 가설을 세우고 가능도비 검정통계량 식 (9.12)에 의해 유의수준 5%에서 검정하여라.

A상표	78	90	77	85	84	84	92	88	90	85
B상표	75	86	88	73	78	81	78	67	70	

풀이

A, B 두 사료를 먹은 젖소의 우유 생산량의 평균을 각각 μ_A, μ_B라고 하면 검정하고자 하는 가설은 다음과 같다.

$$H_0 : \mu_A = \mu_B \quad \text{대} \quad H_1 : \mu_A \neq \mu_B$$

이 가설검정을 위한 가능도비 검정통계량 (9.12)로 기각역을 직접 계산하여 검정한 결과와 R에서 제공하는 t 검정 함수를 사용한 결과를 살펴보자.

R 명령문 및 결과

```
❶ > ma <- c(78, 90, 77, 85, 84, 84, 92, 88, 90, 85)
❷ > mb <- c(75, 86, 88, 73, 78, 81, 78, 67, 70)
❸ > m <- length(ma); n <- length(mb)
❹ > sp <- sqrt(((m-1)*var(ma)+(n-1)*var(mb))/(m+n-2))
❺ > t0 <- sqrt(m*n/(m+n))*abs(mean(ma)-mean(mb))/sp
❻ > crit <- qt(0.975, m+n-2)
❼ > cbind(t0, crit)
❽              t0      crit
    [1,] 2.89431  2.109816
❾ > t.test(ma, mb, var.equal=TRUE)
❿          Two Sample t-test
    data:  ma and mb
    t = 2.8943, df = 17, p-value = 0.01008
    alternative hypothesis: true difference in means is not equal
    to 0
    95 percent confidence interval:
      2.159342 13.773991
    sample estimates:
    mean of x mean of y
     85.30000  77.33333
```

해설

❶ A상표 우유 생산량 자료를 **ma** 변수로 읽는다.
❷ B상표 우유 생산량 자료를 **mb** 변수로 읽는다.
❸ A, B상표 각 자료의 수를 **m**, **n**으로 지정한다.
❹ 합동분산추정량 S_P^2을 구하여 S_p를 계산한다.
❺ 식 (9.12)의 좌변에 해당되는 검정통계량의 값 t_0를 계산한다.
❻ 식 (9.12)의 우변에 해당되는 자유도가 (m+n−2)인 t 분포의 임계치를 구한다.
❼ 위의 계산된 두 값을 열 결합하여 나타낸다.
❽ 검정결과 "검정통계량의 관측값 > 임계치"이므로 귀무가설을 기각한다. 즉 유의수준 5%에서 사료의 종류에 따라 우유 생산량의 평균이 다르다는 근거가 있다.
❾ R 함수 **t.test**를 이용하여 두 집단의 평균이 같은지 검정한다. 분산이 동일함을 가정하였다.
❿ 검정결과 p-값이 유의수준보다 작기 때문에 귀무가설을 기각할 수 있다.

연습문제

1 이산형 확률변수 X는 다음과 같은 확률분포를 가지고 있다.

x	0	1	2	3	4	5
$f(x\|\theta_0)$	0.15	0.10	0.05	0.05	0.25	0.40
$f(x\|\theta_1)$	0.10	0.15	0.30	0.25	0.15	0.05

X를 이용하여 $H_0 : \theta = \theta_0$ 대 $H_1 : \theta = \theta_1$을 검정하려고 한다.

(a) 유의수준 $\alpha = 0.1$에서 최강력검정법의 기각역을 구하여라.

(b) 위 검정법의 검정력을 구하여라.

(c) 유의수준 $\alpha = 0.15$에서 최강력검정법의 검정함수 $\phi(x)$를 구하여라.

2 이산확률변수 X의 확률분포가 아래와 같을 때, 가설 $H_0 : \theta = \theta_0$ 대 $H_1 : \theta = \theta_1$에 대한 다음 물음에 답하여라.

x	1	2	3	4	5
$f(x\|\theta_0)$	0.3	0.1	0.2	0.3	0.1
$f(x\|\theta_1)$	0.1	0.3	0.3	0.2	0.1

(a) X를 이용하여 유의수준 $\alpha = 0.25$에서 최강력검정법을 구하여라.

(b) X_1, X_2가 위의 확률분포를 가지며 서로 독립일 때, 유의수준 $\alpha = 0.05$에서 최강력검정법을 구하여라.

3 이산형 확률변수 X는 다음과 같은 확률분포를 가지고 있다.

x	−3	−2	−1	0	1	2	3
$f(x\|\theta_0)$	0.3	0.15	0.05	0.05	0.05	0.1	0.3
$f(x\|\theta_1)$	0.1	0.1	0.25	0.3	0.15	0.05	0.05
$f(x\|\theta_2)$	0.05	0.05	0.15	0.1	0.35	0.15	0.15

X를 이용하여 $H_0 : \theta = \theta_0$ 대 $H_1 : \theta = \theta_1$을 검정하려고 한다.

(a) 기각역이 $R = \{-1, 0, 1\}$인 검정법의 제1종 오류를 범할 확률과 제2종 오류를

범할 확률을 구하여라.

(b) 기각역이 $R_1 = \{-2, 2\}$인 검정법과 기각역이 $R_2 = \{0, 2\}$인 검정법 중에서 어느 검정법이 더 좋은가? 그 이유는?

(c) 유의수준 $\alpha = 0.1$에서 최강력검정법의 기각역을 구하여라.

(d) $H_0 : \theta = \theta_0$ 대 $H_1 : \theta \in \{\theta_1, \theta_2\}$에 대하여 유의수준 $\alpha = 0.1$에서 가능도비 검정법의 기각역을 구하여라.

4 $X_1, X_2, \cdots, X_n$이 확률밀도함수 $f(x|\theta) = \theta^2 x e^{-\theta x}$, $x > 0$인 Gamma$(2, 1/\theta)$로부터의 랜덤샘플이다. $H_0 : \theta = \theta_0$ 대 $H_1 : \theta = \theta_1$ (단 $\theta_1 > \theta_0$)에 대한 유의수준 α에서 최강력검정법의 기각역을 카이제곱분포를 이용하여 정확히 나타내어라.

5 $X_1, X_2, \cdots, X_n$이 $N(\theta, 1)$로부터의 랜덤샘플일 때 $H_0 : \theta = \theta_0$ 대 $H_1 : \theta = \theta_1$(단 $\theta_1 > \theta_0$)에 대한 유의수준 α에서 최강력검정법의 검정력이 $1-\beta$가 되기 위한 표본의 크기 n을 구하여라.

6 $X_1, X_2, \ldots, X_n$이 Gamma$(3, \theta)$로부터의 랜덤샘플일 때, 다음 가설을 검정하려고 한다.

$$H_0 : \theta = 2 \quad \text{대} \quad H_1 : \theta = 1$$

(a) 최강력검정법의 기각역의 형태를 구하여라.

(b) 유의수준 α에서 최강력검정법의 기각역을 카이제곱분포를 이용하여 나타내어라. 단, Y가 자유도가 k인 카이제곱분포를 따를 때, $P(Y \geq \chi^2_\alpha(k)) = \alpha$이다.

(c) 위에서 구한 최강력검정법에 대한 검정력을 구하여라.

7 $X \sim N(\theta, 1^2)$, $Y \sim N(\theta, 2^2)$이며 서로 독립이다. X와 Y를 이용하여 다음 가설에 대한 유의수준 α에서 최강력검정법을 구하여라.

$$H_0 : \theta = \theta_0 \quad \text{대} \quad H_1 : \theta = \theta_1 \quad (\text{단 } \theta_1 > \theta_0)$$

8 $X \sim N(\mu, 1^2)$, $Y \sim N(2\mu, 1^2)$이고 서로 독립일 때, 다음 가설의 가능도비 검정에 대한 다음 물음에 답하여라.

$$H_0 : \mu = 0 \quad \text{대} \quad H_1 : \mu \neq 0$$

(a) 가능도비검정을 위한 가능도비 Λ를 구하여라.

(b) 가능도비검정의 기각역의 형태를 구하여라.

(c) 유의수준 α에서 가능도비검정의 기각역을 구하여라.

9 $X \sim Uniform(0, \theta)$일 때 $H_0 : \theta = \theta_0$ 대 $H_1 : \theta = \theta_1$ (단 $\theta_1 > \theta_0$)에 대한 유의수준 α에서 최강력검정법을 구하여라.

10 $X_k \sim N(k\theta, 1), k = 1, 2, \ldots, n$이며 서로 독립일 때, 다음 가설의 최강력검정에 대한 다음 질문에 답하여라.

$$H_0 : \theta = 1 \quad \text{대} \quad H_1 : \theta = 2$$

(a) 최강력검정의 기각역의 형태를 구하여라.

(b) 유의수준 α에서 최강력검정의 기각역을 구하여라.

11 $X_1, X_2, \cdots, X_n$이 $Bernoulli(\theta)$로부터의 랜덤샘플일 때 다음 가설에 대한

$$H_0 : \theta \leq \theta_0 \quad \text{대} \quad H_1 : \theta > \theta_1 \quad (\text{단 } \theta_1 > \theta_0)$$

유의수준 α에서 균일최강력검정법의 기각역이 다음과 같음을 보여라.

$$\sum_{i=1}^{n} X_i \geq k$$

단 k는 $P(B(n, \theta_0) \geq k) = \alpha$를 만족하는 상수이다.

12 $X_1, X_2, \cdots, X_n$이 $Poisson(\theta)$로부터의 랜덤샘플일 때 다음 가설에 대한

$$H_0 : \theta \leq \theta_0 \quad \text{대} \quad H_1 : \theta > \theta_1 \quad (\text{단 } \theta_1 > \theta_0)$$

유의수준 α에서 균일최강력검정법의 기각역이 다음과 같음을 보여라.

$$\sum_{i=1}^{n} X_i \geq k$$

단, k는 $P(Poisson(n\theta_0) \geq k) = \alpha$를 만족하는 상수이다.

13 $X_1, X_2, \cdots, X_n$이 $\mathrm{Exp}(1/\theta)$로부터의 랜덤샘플일 때 다음 가설에 대한

$$H_0 : \theta \leq \theta_0 \quad \text{대} \quad H_1 : \theta > \theta_1 \quad (\text{단 } \theta_1 > \theta_0)$$

유의수준 α에서 균일최강력검정법의 기각역이 다음과 같음을 보여라.

$$2\theta_0 \sum_{i=1}^{n} X_i \leq \chi^2_{1-\alpha}(2n)$$

14 $X_1, X_2, \cdots, X_n$이 $N(0, \sigma^2)$로부터의 랜덤샘플이다.

$$H_0 : \sigma^2 = \sigma_0^2 \quad \text{대} \quad H_1 : \sigma^2 = \sigma_1^2 \quad (\text{단 } \sigma_1^2 > \sigma_0^2)$$

을 검정하려고 한다.

(a) 유의수준 α에서 최강력검정법을 구하여라.

(b) (a)에서 구한 최강력검정법의 검정력을 구하여라.

(c) (a)에서 구한 최강력검정법이 $H_0 : \sigma^2 \leq \sigma_0^2$ 대 $H_1 : \sigma^2 > \sigma_0^2$에 대한 균일최강력검정법임을 보여라.

(d) $X_1, X_2, \cdots, X_n$이 $N(1, \sigma^2)$로부터의 랜덤샘플일 때 최강력검정법을 구하여라.

15 $X \sim N(\mu, 1^2)$, $Y \sim N(\mu, 2^2)$이고 서로 독립일 때,

$$H_0 : \mu = 0 \quad \text{대} \quad H_1 : \mu \neq 0$$

에 대한 가능도비 검정에 대한 다음 질문에 답하여라.

(a) 모수의 전체영역에서 μ의 최대가능도추정량 $\hat{\mu}$를 구하여라.

(b) 가능도비 검정을 위한 가능도비 Λ와 기각역의 형태를 구하여라.

(c) 유의수준 α에서 가능도비 검정법의 기각역을 구하여라.

16 $X_1, X_2, \cdots, X_m$은 $N(\mu_X, 1)$로부터의 랜덤샘플이고 $Y_1, Y_2, \cdots, Y_n$은 $N(\mu_Y, 1)$로부터의 랜덤 샘플이며 서로 독립이다. $H_0 : \mu_X = \mu_Y$ 대 $H_1 : \mu_X \neq \mu_Y$에 대한 유의수준 α에서 가능도비 검정법의 기각역이 다음과 같음을 보여라.

$$|\overline{X} - \overline{Y}| \; > \; z_{\alpha/2}\sqrt{\frac{1}{m} + \frac{1}{n}}$$

17 $X_k \sim N(k\theta, 1)$, $k = 1, 2, \cdots, n$이며 서로 독립일 때 다음 가설을 검정하고자 한다.

$$H_0 : \theta = 0 \quad \text{대} \quad H_1 : \theta \neq 0$$

(a) 가능도비 검정을 위한 Λ를 구하여라.

(b) 유의수준 α에서 가능도비 검정법의 기각역을 구하여라.

18 $X \sim \mathrm{B}(4, p)$일 때, 다음의 가설

$$H_0 : p = \frac{1}{2} \quad \text{대} \quad H_1 : p = \frac{3}{4}$$

을 검정하기 위한 검정함수로

$$\phi(X) = \begin{cases} 1, & x = 4 \\ \dfrac{1}{4}, & x = 3 \\ 0, & x = 0, 1, 2 \end{cases}$$

을 사용할 때 다음 물음에 답하여라.

(a) 검정법 $\phi(\boldsymbol{X})$의 제1종 오류를 범할 확률을 구하여라.

(b) 검정법 $\phi(\boldsymbol{X})$의 검정력(power)을 구하여라.

19 $X_1, X_2, \cdots, X_n$이 다음과 같은 확률밀도함수를 가지는 지수족으로부터의 랜덤샘플일 때 다음 물음에 답하여라.

$$f(x|\theta) = \exp(\theta T(x) + d(\theta) + S(x))$$

(a) $H_0 : \theta = \theta_0$ 대 $H_1 : \theta = \theta_1$ (단 $\theta_1 > \theta_0$)에 대하여 다음과 같은 검정함수를 가지는 검정법이

$$\phi(\boldsymbol{X}) = \begin{cases} 1, & \sum_{i=1}^{n} T(X_i) \ge k \text{일 때} \\ 0, & \sum_{i=1}^{n} T(X_i) < k \text{일 때} \end{cases}$$

유의수준 α에서 최강력검정법임을 보여라. 단 k는 $P(\sum_{i=1}^{n} T(X_i) \ge k|\theta_0) = \alpha$를 만족하는 상수이다.

(b) $P(\sum_{i=1}^{n} T(X_i) \ge k|\theta)$는 θ의 증가함수임을 보여라.

(c) (a)에서 주어진 검정법이 $H_0 : \theta \le \theta_0$ 대 $H_1 : \theta > \theta_0$에 대한 균일최강력검정법임을 보여라.

20 $X_i \sim B(n_i, p_i),\ i = 1, 2, \cdots, n$이며 서로 독립이다. 다음 가설에 대한 유의수준 α에서 가능도비 검정법을 구하여라.

$$H_0 : p_1 = p_2 = \cdots = p_n \quad \text{대} \quad H_1 : \text{not } H_0$$

21 $X_1, X_2, \cdots, X_n$이 확률밀도함수(확률질량함수) $f(x|\theta)$를 가지는 랜덤샘플일 때, 다음 가설에 대한 최강력검정법은 θ에 대한 충분통계량에 의하여 결정됨을 설명하여라.

$$H_0 : \theta = \theta_0 \quad \text{대} \quad H_1 : \theta = \theta_1$$

22 야구에서 타자의 타구 방향을 좌측, 중간, 우측 세 가지로 분류할 때, 어느 특정 선수의 최근 2년간 타구 방향의 비율이 3:5:2라고 한다. 올해 90번의 타격 기록이 다음과 같을 때, 이 선수의 타구 방향 비율이 지난 기록에 부합한다고 할 수 있는지 가능도비 검정통계량의 근사식 (9.11)에 의해 R을 이용하여 유의수준 5%에서 검정하여라.

타구 방향	좌	중	우	합계
관측 수	33	41	16	90

23 어느 고등학교에서 A반과 B반의 국어성적의 평균이 다른지를 검정하려고 한다. 각 반에서 무작위로 표본을 추출하여 조사한 것이 아래와 같다고 할 때, 가설을 세우고 가

능도비 검정통계량 식 (9.12)에 의해 유의수준 5%에서 검정하여라. (단, 두 반의 국어 성적은 분산이 같은 정규분포를 따른다고 가정한다.) 또한 R에 내장되어 있는 두 표본 $t-$검정에 의한 결과와도 비교해 보아라.

A반	58	85	64	76	40	71	53	28	66	80	19	99
B반	56	49	100	74	83	92	55	72	86	37		

제 10 장

통계적 결정이론과 베이즈 추론

10.1 개요

겨울의류를 생산하는 회사에서 얼마만큼의 제품을 생산해야 하는지 결정을 내리려고 한다. 겨울의류의 판매량은 일반적으로 온도에 따라 영향을 받으며 날씨가 추울수록 많은 제품을 판매할 수 있다. 문제는 겨울이 되기 전에 미리 제품을 생산해야 하기 때문에 합리적인 판단에 의하여 제품 생산량을 결정하여야 한다. 이러한 문제를 해결하기 위해 간단한 설정 하에서 생각하여 보자.

춥지 않은 겨울인 경우 겨울의류 판매량이 10벌, 추운 겨울인 경우 판매량이 20벌이라고 하자. 이 회사는 제품 생산량을 10벌로 할 것인지 아니면 20벌로 할 것인지 결정하려고 한다. 겨울 날씨를 미리 알 수 있다면 거기에 맞추어 제품을 생산하면 되지만 제품을 생산해야 할 시점에서 다가올 겨울의 날씨를 알 수는 없다. 이 회사에서 결정할 수 있는 것은 제품의 생산량에 관한 것이다. 겨울의 날씨를 두 가지로 나누어 춥지 않은 겨울은 θ_1로 나타내고 추운 겨울은 θ_2로 나타내도록 하자. 또 제품 생산량을 10벌로 하는 행동을 a_1으로 나타내고 제품 생산량을 20벌로 하는 행동을 a_2로 나타내도록 하자.

이 회사에서는 이익을 최대화하는 의사결정을 내리려고 할 것이다. 통계학에서는 일반적으로 이익보다는 손실의 관점에서 살펴보게 된다. 따라서 이 회사의 목표는 손실을 최소화하는 의사결정을 내리려고 한다고 볼 수 있다. 그런데 손실은 회사의 의지로 결정할 수 있는 생산량과 회사에서 제어할 수 없는 날씨에 따라 달라진다. 한편 제품 하나의 생산원가는 2만 원이고 판매가는 3만 원이라고 하자. 또한 날씨가 추울 경우는 생산량에 상관없이 2만 원의 난방 비용이 들어간다고 하자. 예를 들어 날씨는 춥지 않고(θ_1) 생산량은 20벌(a_2)인 경우에 제품의 총 생산 비용은 40만 원이고 총 판매액은 30만 원이므로 10만 원의 손실을 입게 된다. 한편 날씨는 춥고(θ_2) 생산량은 10벌(a_1)인 경우에 제품의 총 생산 비용은 20만 원이고 총 판매액은 30만 원이므로 10만 원의 이익을 얻는다. 2만 원의 난방 비용을 고려하면 총 이익은 8만 원이고 손실의 관점에서 본다면 손실은 −8만 원이 된다. 날씨와 생산량에 따른 이 회사의 손실은 다음 표와 같이 나타낼 수 있다.

	a_1	a_2
θ_1	−10	10
θ_2	−8	−18

이 회사에서 행동을 a_1으로 할 것인지 아니면 a_2로 할 것인지 결정을 내리려고 한다. 가능한 손실을 최소화하도록 결정을 내려야 하지만 날씨를 미리 알지 못하기 때문에 어떤 손실을 입을지 정확히 알 수는 없다. 예를 들어 a_2의 행동을 취하였을 때 날씨가 춥지 않다면 손실은 10만 원이지만 날씨가 춥다면 손실은 −18만 원이다. 이러한 상황 하에서 최적의 의사결정을 위해 사용되는 일반적인 방법은 다음의 두 가지이다.

(i) 손실의 최댓값을 최소화하는 행동을 취한다.
(ii) 손실의 기댓값을 최소화하는 행동을 취한다.

먼저 (i)에 의한 방법을 사용하여 최적의 의사결정 방법을 구하여 보자. a_1의 행동을 취하였을 때 최대 손실은 −8만 원이고 a_2의 행동을 취하였을 때 최대 손실은 10만 원이므로 최대 손실을 작게 하는 행동은 a_1이다. 따라서 (i)을 기준으로 의사결정을 한다면 생산량을 10벌로 하는 것이 타당하다고 할 수 있다. 다음으로 (ii)의 기준을 사용하기 위해서는 손실의 기댓값을 계산하여야 한다. 이를 위해서는 날씨가 추울 확률을 알아야 한다는 전제 조건이 있다. 장기예보나 다른 정보를 통하여 날씨가 추울 확률이 0.7이라는 것을 알고 있다고 하자. 각 행동을 취하였을 때 손실의 기댓값은 다음과 같으므로

a_1의 행동을 취하였을 때 손실의 기댓값: $0.3 \times (-10) + 0.7 \times (-8) = -8.6$
a_2의 행동을 취하였을 때 손실의 기댓값: $0.3 \times 10 + 0.7 \times (-18) = -9.6$

손실의 기댓값을 작게 하는 행동은 a_2이다. 따라서 (ii)를 기준으로 의사결정을 한다면 생산량을 20벌로 하는 것이 타당하다고 할 수 있다.

생산하는 제품의 수에 대한 단순한 행동 대신에 다음과 같은 의사결정 방법 d_p를 사용한다고 하자.

$$d_p = \begin{cases} a_1, & p\text{의 확률로} \\ a_2, & (1-p)\text{의 확률로} \end{cases}$$

즉 d_p는 p의 확률로 a_1의 행동을 취하고 $(1-p)$의 확률로 a_2의 행동을 취하게 된다. 앞에서 설명한 두 가지 방법을 기준으로 p의 값이 얼마일 때 최적의 의사결정을 내릴 수 있는지 알아보자. 의사결정 방법 d_p을 사용하였을 때 손실은 다음과 같다.

날씨가 춥지 않을 때(θ_1) 손실: $(-10) \times p + 10 \times (1-p) = 10-20p$
날씨가 추울 때(θ_2) 손실: $(-8) \times p + (-18) \times (1-p) = -18+10p$

날씨의 변화에 따른 손실의 최댓값은 $\max(10-20p, -18+10p)$이다. 이 값은 $p = \frac{14}{15}$일 때 최소가 된다. 따라서 (i)의 기준으로는 $\frac{14}{15}$의 확률로 생산량을 10벌로 하고 $\frac{1}{15}$의 확률로 생산량을 20벌로 하여야 한다. 한편 θ_1일 때 손실은 $10-20p$이고 θ_2일 때 손실은 $-18+10p$이므로 날씨의 변화에 따른 손실의 기댓값은 $(10-20p) \times 0.3 + (-18+10p) \times 0.7 = p-9.6$이다. 따라서 (ii)를 만족하는 p는 0이다. 따라서 손실의 기댓값을 최소화하려면 생산량을 20벌로 하여야 한다.

10.2 통계적 결정이론

통계적 추론의 주요 목표는 자료를 이용하여 모집단을 규명하는 데 있다. 자료 $\boldsymbol{x}$를 이용하여 모집단에 대하여 추론하는 규칙(rule)을 $d(\boldsymbol{x})$라고 하자. 예를 들어 점추정에서 $d(\boldsymbol{x})$는 모수 θ를 한 값으로 추측하는 추정량이라고 할 수 있으며 가설검정에서 $d(\boldsymbol{x})$는 가설을 기각할 것인지 아닐지를 나타내는 것으로 볼 수 있다. 모집단에 대한 추론에서 발생하는 손실은 자료로부터 추론한 결과 $d(\boldsymbol{x})$와 모수 θ에 따라 달라질 것이다. 자료 $\boldsymbol{x}$를 이용한 추론의 결과가 $d(\boldsymbol{x})$이고 모수가 θ일 때 발생하는 손실을 $l(\theta, d(\boldsymbol{x}))$로 나타내며 이를 **손실함수**(loss function)라고 한다. 일반적으로 모수에 대한 추론의 성격에 따라 손실함수는 달라질 수 있다. 모수에 대한 점추정에서는 추정값 $d(\boldsymbol{x})$이 θ로부터 멀리 떨어질수록 손실이 크다고 할 수 있다. 따라서 점추정에서 주로 사용하는 손실함수는 다음과 같다.

$$l(\theta, d(\boldsymbol{x})) = (d(\boldsymbol{x})-\theta)^2$$

이를 제곱오차손실(squared error loss)이라고 한다. 한편 다음과 같은 가설검정에 대해서는

$$H_0 : \theta \in \Theta_0 \quad \text{대} \quad H_1 : \theta \in \Theta_1$$

추론의 결과가 맞거나 틀리거나 둘 중 하나이므로 다음과 같은 손실함수를 사용할 수 있으며, 이를 0−1 손실(zero−one loss)이라고 한다.

	$d(\boldsymbol{x})$에 의하여 H_0를 기각하지 않을 때	$d(\boldsymbol{x})$에 의하여 H_0를 기각할 때
$\theta \in \Theta_0$	0	1
$\theta \in \Theta_1$	1	0

확률변수 X에 대한 손실함수의 기댓값을 **위험함수**(risk function)라고 하며 $R(\theta, d)$로 나타낸다. 즉 위험함수는 다음과 같다.

$$R(\theta, d) \;=\; E\left[l(\theta, d(\boldsymbol{X}))\right]$$

확률밀도함수가 $f(\boldsymbol{x}\,|\,\theta)$인 연속형 확률변수인 경우 위험함수는 다음과 같이 나타낼 수 있다.

$$R(\theta, d) \;=\; \int_{-\infty}^{\infty} l(\theta, d(\boldsymbol{x}))\, f(\boldsymbol{x}\,|\,\theta)\, d\boldsymbol{x}$$

예를 들어 점추정에서 손실함수가 제곱오차손실일 때 위험함수는 다음과 같으므로

$$R(\theta, d) = E(d(\boldsymbol{X}) - \theta)^2$$

위험함수는 추정량 d의 평균제곱오차가 된다. 또 가설검정에서 0−1 손실에 대한 위험함수는 다음과 같다.

$$R(\theta, d) = \begin{cases} P(H_0\text{를 기각}\,|\,\theta) = \alpha, & \theta \in \Theta_0\text{일 때} \\ P(H_0\text{를 기각하지 않음}\,|\,\theta) = \beta, & \theta \in \Theta_1\text{일 때} \end{cases}$$

앞에서 설명한 것처럼 최적의 추론 규칙 $d(\boldsymbol{X})$를 구하는 방법으로는 크게 두 가지가 있다. 첫 번째 방법은 θ가 변함에 따라 달라지는 위험함수의 최댓값을 가장 작게 하는 추론 규칙을 구하는 것이다. 두 번째 방법은 θ에 대한 확률분포를 가정하고 위험함수의 기댓값을 최소로 하는 추론 규칙을 구하는 것이다.

정의 10.1

위험함수의 최댓값 $\max_\theta R(\theta, d)$를 최소로 하는 추론 규칙 $d^M(\boldsymbol{X})$를 **미니맥스 규**

칙(minimax rule)이라고 한다. 즉 미니맥스 규칙은 다음과 같이 정의할 수 있다.

$$d^M = \arg\min_d(\max_\theta R(\theta, d))$$

점추정에서는 미니맥스 규칙을 미니맥스 추정량이라고 한다.

최적의 추론 규칙 $d(\boldsymbol{X})$를 구하는 두 번째 방법을 사용하기 위해서는 모수 θ에 대한 확률분포를 가정하여야 한다. 이러한 가정은 모수는 알지는 못하지만 고정된 상수라는 지금까지의 관점에서 벗어난 것이라고 할 수 있다. 모수를 고정된 값이 아닌 확률분포를 가지는 랜덤으로 간주하는 통계학을 **베이즈 통계학**(Bayesian Statistics)이라고 한다.

모수 θ에 대한 확률분포를 가정하였을 때 위험함수에 대한 기댓값을 구할 수 있고 이 값을 **베이즈 위험**(Bayes risk)이라고 하고 $B(d)$로 나타낸다. 즉 베이즈 위험은 다음과 같다.

$$\begin{aligned} B(d) &= E_\Theta(R(\Theta, d)) \\ &= E_\Theta\left[E_{\boldsymbol{X}|\Theta}(l(\Theta, d(\boldsymbol{X})))\right] \end{aligned}$$

위에서 Θ는 랜덤인 모수를 나타낸다. 또 $E_\Theta(\cdot)$는 Θ에 대한 기댓값을 나타내고 $E_{\boldsymbol{X}|\Theta}(\cdot)$는 모수의 값이 주어졌을 때 $\boldsymbol{X}$에 대한 조건부기댓값을 나타내다. 베이즈 통계학에서는 $\boldsymbol{X}$의 확률밀도함수 $f(\boldsymbol{x}|\theta)$를 모수의 값이 θ로 주어졌을 때 $\boldsymbol{X}$의 조건부분포에 대한 확률밀도함수로 해석하게 된다. Θ의 확률밀도함수가 $\pi(\theta)$일 때 베이즈 위험은 다음과 같이 나타낼 수 있다.

$$\begin{aligned} B(d) &= \int_{-\infty}^{\infty} R(\theta, d)\pi(\theta)\,d\theta \\ &= \int_{-\infty}^{\infty}\int_{-\infty}^{\infty} l(\theta, d(\boldsymbol{x}))f(\boldsymbol{x}|\theta)\pi(\theta)\,d\boldsymbol{x}\,d\theta \end{aligned}$$

정의 10.2

베이즈 위험 $B(d)$를 최소로 하는 추론 규칙 $d^B(\boldsymbol{X})$를 **베이즈 규칙**(Bayes rule)이라고 한다. 즉 베이즈 규칙은 다음과 같이 정의할 수 있다.

$$d^B = \arg\min_d B(d)$$

점추정에서는 베이즈 규칙을 베이즈 추정량이라고 한다.

예 10.1

모수는 $\theta_1, \theta_2, \theta_3$의 세 가지 값이 가능하고 세 가지 행동 a_1, a_2, a_3에 따른 손실함수가 다음과 같다고 한다.

	a_1	a_2	a_3
θ_1	2	0	4
θ_2	1	4	0
θ_3	5	6	2

위의 세 가지 행동 중 어느 행동을 할 것인지는 관측값 X를 이용하여 결정하며 관측 값은 x_1과 x_2의 두 가지 값만 가능하다고 하자. 여기서는 아래의 세 가지 규칙 d_1, d_2, d_3를 고려하여 보자.

	d_1	d_2	d_3
x_1	a_1	a_2	a_2
x_2	a_1	a_3	a_1

예를 들어 규칙 d_2는 관측값이 x_1이면 a_2의 행동을 하고 x_2이면 a_3의 행동을 하는 것이다. 한편 각 모수의 값에서 X의 확률분포는 다음과 같다고 한다.

	x_1	x_2
θ_1	0.4	0.6
θ_2	0.5	0.5
θ_3	0.3	0.7

(a) 각 규칙 d_1, d_2, d_3에 대한 위험함수를 구하여라.

(b) d_1, d_2, d_3 중 위험함수의 최댓값을 가장 작게 하는 규칙을 구하여라.

(c) 모수 Θ에 대한 확률질량함수가 $\pi(\theta_1) = \pi(\theta_2) = \pi(\theta_3) = \frac{1}{3}$이라고 할 때 d_1, d_2, d_3 중 베이즈 위험을 가장 작게 하는 규칙을 구하여라.

풀이

(a) 모수가 θ_1일 때 각 규칙에 대한 위험함수는 다음과 같다.

$$R(\theta_1, d_1) = E(l(\theta_1, d_1(X))) = l(\theta_1, a_1)f(x_1|\theta_1) + l(\theta_1, a_1)f(x_2|\theta_1)$$
$$= 2 \times 0.4 + 2 \times 0.6 = 2$$
$$R(\theta_1, d_2) = E(l(\theta_1, d_2(X))) = l(\theta_1, a_2)f(x_1|\theta_1) + l(\theta_1, a_3)f(x_2|\theta_1)$$
$$= 0 \times 0.4 + 4 \times 0.6 = 2.4$$
$$R(\theta_1, d_3) = E(l(\theta_1, d_3(X))) = l(\theta_1, a_2)f(x_1|\theta_1) + l(\theta_1, a_1)f(x_2|\theta_1)$$
$$= 0 \times 0.4 + 2 \times 0.6 = 1.2$$

같은 방법으로 모수가 θ_2와 θ_3일 때 각 규칙에 대한 위험함수를 구하면 다음과 같다.

$$R(\theta_2, d_1) = 1, \quad R(\theta_2, d_2) = 2, \quad R(\theta_2, d_3) = 2.5$$
$$R(\theta_3, d_1) = 5, \quad R(\theta_3, d_2) = 3.2, \quad R(\theta_3, d_3) = 5.3$$

(b) (a)의 결과를 이용하여 각 규칙에 대한 최대 위험함수를 구하면 다음과 같다.

$$\max_\theta R(\theta, d_1) = \max(R(\theta_1, d_1), R(\theta_2, d_1), R(\theta_3, d_1)) = 5$$
$$\max_\theta R(\theta, d_2) = \max(R(\theta_1, d_2), R(\theta_2, d_2), R(\theta_3, d_2)) = 3.2$$
$$\max_\theta R(\theta, d_3) = \max(R(\theta_1, d_3), R(\theta_2, d_3), R(\theta_3, d_3)) = 5.3$$

따라서 d_1, d_2, d_3 중에서 위험함수의 최댓값을 가장 작게 하는 규칙은 d_2이다.

(c) $\pi(\theta_1) = \pi(\theta_2) = \pi(\theta_3) = \frac{1}{3}$일 때 베이즈 위험은 다음과 같다.

$$B(d_1) = R(\theta_1, d_1)\pi(\theta_1) + R(\theta_2, d_1)\pi(\theta_2) + R(\theta_3, d_1)\pi(\theta_3) = \frac{8}{3}$$

$$B(d_2) = R(\theta_1, d_2)\pi(\theta_1) + R(\theta_2, d_2)\pi(\theta_2) + R(\theta_3, d_2)\pi(\theta_3) = \frac{7.6}{3}$$

$$B(d_3) = R(\theta_1, d_3)\pi(\theta_1) + R(\theta_2, d_3)\pi(\theta_2) + R(\theta_3, d_3)\pi(\theta_3) = 3$$

따라서 d_1, d_2, d_3 중에서 베이즈 위험을 가장 작게 하는 규칙은 d_2이다.

10.3 베이즈 추정량

이 절에서는 모수를 랜덤으로 간주하는 베이즈 분석방법을 이용하여 모수를 추정하는 방법을 알아보도록 하자. 베이즈 추정량은 베이즈 위험을 최소로 하는 추정량이며 베이즈 위험을 구하기 위해서는 모수에 대한 확률분포가 주어져야 한다. 자료를 관측하기 이전의 모수에 대한 정보를 나타낸다는 의미에서 이러한 모수에 대한 확률분포를 **사전분포**(prior distribution)라고 한다. 모수의 사전분포에 대한 확률밀도함수 또는 확률질량함수를 $\pi(\theta)$로 나타낸다. 앞에서 설명한 것처럼 베이즈 분석방법에서는 $\boldsymbol{X}$의 확률밀도함수 $f(\boldsymbol{x}|\theta)$를 모수의 값이 θ로 주어졌을 때 $\boldsymbol{X}$의 조건부분포에 대한 확률밀도함수로 해석한다.

모수를 나타내는 확률변수 Θ의 사전분포와 $\boldsymbol{X}$의 확률분포를 이용하여 $(\boldsymbol{X}, \Theta)$의 결합확률밀도함수를 다음과 같이 구할 수 있다.

$$f(\boldsymbol{x}, \theta) = f(\boldsymbol{x}|\theta)\pi(\theta)$$

$\boldsymbol{X}$의 주변확률밀도함수를 $f_{\boldsymbol{X}}(\boldsymbol{x})$라고 하고 $\boldsymbol{X} = \boldsymbol{x}$로 주어졌을 때 Θ의 조건부분포의 확률밀도함수를 $h(\theta|\boldsymbol{x})$라고 하자. 이때 $f_{\boldsymbol{X}}(\boldsymbol{x})$와 $h(\theta|\boldsymbol{x})$는 다음과 같이 구할 수 있다.

$$f_{\boldsymbol{X}}(\boldsymbol{x}) = \int_{-\infty}^{\infty} f(\boldsymbol{x}, \theta)\,d\theta = \int_{-\infty}^{\infty} f(\boldsymbol{x}|\theta)\pi(\theta)\,d\theta$$

$$h(\theta|\boldsymbol{x}) = \frac{f(\boldsymbol{x}, \theta)}{f_{\boldsymbol{X}}(\boldsymbol{x})} = \frac{f(\boldsymbol{x}|\theta)\pi(\theta)}{\int_{-\infty}^{\infty} f(\boldsymbol{x}|\theta)\pi(\theta)\,d\theta}$$

$\boldsymbol{X} = \boldsymbol{x}$로 주어졌을 때 Θ의 조건부분포인 $h(\theta|\boldsymbol{x})$를 자료를 관측한 후의 모수에 대

한 정보를 나타낸다는 의미에서 **사후분포**(posterior distribution)라고 부른다.

추정량 $d(X)$의 베이즈 위험은 다음과 같이 나타낼 수 있다.

$$\begin{aligned} B(d) &= \int_{-\infty}^{\infty} R(\theta, d)\pi(\theta)\,d\theta \\ &= \int_{-\infty}^{\infty}\int_{-\infty}^{\infty} l(\theta, d(\boldsymbol{x}))f(\boldsymbol{x}\,|\,\theta)\pi(\theta)\,d\boldsymbol{x}\,d\theta \\ &= \int_{-\infty}^{\infty}\left(\int_{-\infty}^{\infty} l(\theta, d(\boldsymbol{x}))h(\theta\,|\,\boldsymbol{x})d\theta\right)f_{\boldsymbol{X}}(\boldsymbol{x})d\boldsymbol{x} \end{aligned}$$

손실함수가 제곱오차손실인 경우 베이즈 위험은 다음과 같다.

$$B(d) = \int_{-\infty}^{\infty}\left(\int_{-\infty}^{\infty} (d(\boldsymbol{x})-\theta)^2 h(\theta\,|\,\boldsymbol{x})d\theta\right)f_{\boldsymbol{X}}(\boldsymbol{x}) \qquad (10.1)$$

베이즈 위험을 최소로 하기 위해서는 각 고정된 $\boldsymbol{x}$에서 다음 값을 최소로 하면 된다.

$$\int_{-\infty}^{\infty} (d(\boldsymbol{x})-\theta)^2 h(\theta\,|\,\boldsymbol{x})\,d\theta \qquad (10.2)$$

일반적으로 a가 상수일 때 $E(X-a)^2$는 $a = E(X)$일 때 최소가 되므로 식 (10.2)를 최소로 하는 $d(\boldsymbol{x})$는 $\int_{-\infty}^{\infty} \theta h(\theta|\boldsymbol{x})d\theta$이다. 따라서 베이즈 위험 (10.1)을 최소로 하는 베이즈 추정량 $\hat{\theta}^B$는 다음과 같다.

$$\hat{\theta}^B = E(\Theta\,|\,\boldsymbol{x}) = \int_{-\infty}^{\infty} \theta\, h(\theta\,|\,\boldsymbol{x})\,d\theta$$

즉 제곱오차손실에 대한 베이즈 추정량은 Θ의 사후분포의 기댓값이다.

예 10.2

모수 $\Theta = \theta$일 때 X의 확률분포는 $Bernoulli(\theta)$이며 Θ의 사전분포는 $Uniform(0,1)$이라고 한다. 이때 제곱오차손실에 대한 θ의 베이즈 추정량을 구하여라.

풀이

$X|\theta \sim Bernoulli(\theta)$이고 $\Theta \sim Uniform(0,1)$이므로 $f(x|\theta)$와 $\pi(\theta)$는 다음과 같다.

$$f(x|\theta) = \theta^x (1-\theta)^{1-x}, \ x=0 \text{ 또는 } 1$$
$$\pi(\theta) = 1, \ 0<\theta<1$$

따라서 X의 주변분포에 대한 확률질량함수는 다음과 같고

$$f_X(x) = \int_{-\infty}^{\infty} f(x|\theta)\pi(\theta)\,d\theta = \int_0^1 \theta^x (1-\theta)^{1-x} d\theta$$
$$= \begin{cases} \int_0^1 \theta\,d\theta = \dfrac{1}{2}, & x=1\text{일 때} \\ \int_0^1 (1-\theta)\,d\theta = \dfrac{1}{2}, & x=0\text{일 때} \end{cases}$$

Θ의 사후분포에 대한 확률밀도함수는 다음과 같다.

$$h(\theta|x) = f(x|\theta) \times \frac{\pi(\theta)}{f_X(x)} = \theta^x (1-\theta)^{1-x} \times \frac{1}{1/2} = 2\theta^x (1-\theta)^{1-x}$$

제곱오차손실에 대한 베이즈 추정량은 사후분포의 기댓값이므로

$$\hat{\theta}^B = \int_0^1 \theta\, 2\theta^x (1-\theta)^{1-x} d\theta$$
$$= \begin{cases} \int_0^1 2\theta^2\,d\theta = \dfrac{2}{3}, & x=1\text{일 때} \\ \int_0^1 2(1-\theta)\,d\theta = \dfrac{1}{3}, & x=0\text{일 때} \end{cases}$$

예를 들어 동전을 던져 앞면이 나올 확률을 θ라고 하고 X를 동전을 한 번 던져 나온 앞면의 수라고 할 때 주어진 사전분포에 대한 θ의 베이즈 추정량은 앞면이 나오면 $\dfrac{2}{3}$이고 뒷면이 나오면 $\dfrac{1}{3}$이다.

베이즈 추정량을 구할 때 핵심은 Θ의 사후분포를 구하는 것이다. Θ의 사후분포에 대한 확률밀도함수 $h(\theta|\boldsymbol{x})$는 다음과 같이 구할 수 있다.

$$h(\theta|\boldsymbol{x}) = f(\boldsymbol{x}|\theta)\times\frac{\pi(\theta)}{f_{\boldsymbol{X}}(\boldsymbol{x})} = \frac{f(\boldsymbol{x}|\theta)\pi(\theta)}{\int_{-\infty}^{\infty} f(\boldsymbol{x}|\theta)\pi(\theta)\,d\theta} \tag{10.3}$$

사후분포를 구하는 위 식에서 분모는 x만의 함수로서 θ와 관련이 없다. 즉 Θ의 사후분포를 구할 때 식 (10.3)의 분모는 상수 역할만을 하므로 사후분포는 분자에 의하여 결정된다고 할 수 있다. 다시 말해 적절한 상수 c에 대하여 다음이 성립한다.

$$h(\theta|\boldsymbol{x}) = cf(\boldsymbol{x}|\theta)\pi(\theta)$$

또는 사후분포가 $f(\boldsymbol{x}|\theta)$와 $\pi(\theta)$의 곱에 비례한다는 의미에서 다음과 같이 나타내기도 한다.

$$h(\theta|\boldsymbol{x}) \propto f(\boldsymbol{x}|\theta)\pi(\theta)$$

예 10.2에서 $\pi(\theta) = 1,\ 0<\theta<1$이고 $f(x|\theta) = \theta^x(1-\theta)^{1-x}$이므로 Θ의 사후분포는 다음 식에 비례한다.

$$h(\theta|\boldsymbol{x}) \propto f(\boldsymbol{x}|\theta)\pi(\theta) = \theta^x(1-\theta)^{1-x}$$

여기서 주의할 사항은 θ가 변수 역할을 하며 x는 상수라는 것이다. 이러한 형태를 가지는 확률분포는 베타분포이므로 Θ의 사후분포는 $Beta(x+1, 2-x)$이다.

예 10.3

모수가 $\Theta=\theta$일 때 X의 확률분포는 $B(n,\theta)$이며 Θ의 사전분포는 $Uniform(0,1)$일 때 Θ의 사후분포를 구하여라.

풀이

Θ의 사후분포는 다음 식에 비례한다.

$$h(\theta|\boldsymbol{x}) \propto f(\boldsymbol{x}|\theta)\pi(\theta) = \binom{n}{x}\theta^x(1-\theta)^{n-x}$$

위에서 x는 상수이므로 사후분포의 확률밀도함수는 적절한 상수 c에 대하여 다음이 성립한다.

$$h(\theta|\boldsymbol{x}) = c\theta^{x}(1-\theta)^{n-x}$$

이러한 형태의 확률분포는 베타분포이므로 Θ의 사후분포는 $Beta(x+1, n-x+1)$이다.

예 10.4

모수가 $\Theta=\theta$일 때 X의 확률분포는 $B(n,\theta)$이며 Θ의 사전분포는 $Beta(\alpha,\beta)$라고 한다.

(a) Θ의 사후분포를 구하여라.

(b) 제곱오차손실에 대한 θ의 베이즈 추정량을 구하여라.

풀이

(a) Θ의 사후분포는 다음 식에 비례한다.

$$h(\theta|\boldsymbol{x}) \propto f(\boldsymbol{x}|\theta)\pi(\theta) = \binom{n}{x}\theta^{x}(1-\theta)^{n-x}\frac{\Gamma(\alpha+\beta)}{\Gamma(\alpha)\Gamma(\beta)}\theta^{\alpha-1}(1-\theta)^{\beta-1}$$

$$\propto \theta^{x+\alpha-1}(1-\theta)^{n-x+\beta-1}$$

따라서 Θ의 사후분포는 $Beta(x+\alpha, n-x+\beta)$이다.

(b) 제곱오차손실을 사용할 때 베이즈 추정량은 사후분포의 기댓값이다. $Beta(\alpha,\beta)$의 기댓값은 $\dfrac{\alpha}{\alpha+\beta}$이므로 베이즈 추정량은 다음과 같다.

$$\hat{\theta}^B = \frac{x+\alpha}{n+\alpha+\beta}$$

참고로 이 값은 다음과 같이 나타낼 수 있다.

$$\hat{\theta}^B = \frac{n}{n+\alpha+\beta}\left(\frac{x}{n}\right) + \frac{\alpha+\beta}{n+\alpha+\beta}\left(\frac{\alpha}{\alpha+\beta}\right)$$

즉 베이즈 추정량은 $\dfrac{x}{n}$와 $\dfrac{\alpha}{\alpha+\beta}$의 가중평균이라고 할 수 있다. 여기서 $\dfrac{x}{n}$

는 관측값을 이용하여 구할 수 있는 θ의 추정량이고 $\frac{\alpha}{\alpha+\beta}$는 사전분포를 이용하여 구할 수 있는 θ의 추정량이다.

예 10.5

모수가 $\Theta=\theta$일 때 X의 확률분포는 $N(\theta,\sigma^2)$이며 Θ의 사전분포는 $N(\theta_0,\sigma_0^2)$라고 한다. 단 $\theta_0,\sigma^2,\sigma_0^2$은 모두 상수이다.

(a) Θ의 사후분포를 구하여라.

(b) 제곱오차손실에 대한 θ의 베이즈 추정량을 구하여라.

풀이

(a) $X|\theta \sim N(\theta,\sigma^2)$이고 $\Theta \sim N(\theta_0,\sigma_0^2)$이므로 $f(x|\theta)$와 $\pi(\theta)$는 다음과 같다.

$$f(x|\theta) = \frac{1}{\sqrt{2\pi\sigma^2}}\exp\left[-\frac{(x-\theta)^2}{2\sigma^2}\right]$$

$$\pi(\theta) = \frac{1}{\sqrt{2\pi\sigma_0^2}}\exp\left[-\frac{(\theta-\theta_0^2)}{2\sigma_0^2}\right]$$

이때 $h(\theta|x)$는 다음과 같으므로

$$h(\theta|x) \propto f(x|\theta)\pi(\theta) = \frac{1}{2\pi}\sqrt{\sigma^2\sigma_0^2}\exp\left[-\frac{(x-\theta)^2}{2\sigma^2}-\frac{(\theta-\theta_0^2)}{2\sigma_0^2}\right]$$

$$\propto \exp\left[-\frac{1}{2}\left(\frac{1}{\sigma^2}+\frac{1}{\sigma_0^2}\right)\theta^2+\left(\frac{x}{\sigma^2}+\frac{\theta_0}{\sigma_0^2}\right)\theta-\frac{1}{2}\left(\frac{x^2}{\sigma^2}+\frac{\theta_0^2}{\sigma_0^2}\right)\right]$$

$$= \exp\left[-\frac{1}{2}\left(\frac{1}{\sigma^2}+\frac{1}{\sigma_0^2}\right)\left(\theta-\frac{\frac{x}{\sigma^2}+\frac{\theta_0}{\sigma_0^2}}{\frac{1}{\sigma^2}+\frac{1}{\sigma_0^2}}\right)^2+\frac{1}{2}\frac{\left(\frac{x}{\sigma^2}+\frac{\theta_0}{\sigma_0^2}\right)^2}{\frac{1}{\sigma^2}+\frac{1}{\sigma_0^2}}-\frac{1}{2}\left(\frac{x^2}{\sigma^2}+\frac{\theta_0^2}{\sigma_0^2}\right)\right]$$

$$\propto \exp\left[-\frac{1}{2}\left(\frac{1}{\sigma^2}+\frac{1}{\sigma_0^2}\right)\left(\theta-\frac{\frac{x}{\sigma^2}+\frac{\theta_0}{\sigma_0^2}}{\frac{1}{\sigma^2}+\frac{1}{\sigma_0^2}}\right)^2\right]$$

Θ의 사후분포는 다음과 같다.

$$N\left(\frac{x/\sigma^2+\theta_0/\sigma_0^2}{1/\sigma^2+1/\sigma_0^2},\ \frac{1}{1/\sigma^2+1/\sigma_0^2}\right)$$

(b) 제곱오차손실을 사용할 때 θ의 베이즈 추정량은 사후분포의 기댓값이므로 다음과 같다.

$$\hat{\theta}^B=\frac{x/\sigma^2+\theta_0/\sigma_0^2}{1/\sigma^2+1/\sigma_0^2}$$

이 값은 관측값을 이용한 θ의 추정량인 x와 사전분포의 기댓값인 θ_0의 가중평균이라고 할 수 있다. 가중값은 두 추정값의 정확도를 결정하는 분산에 의하여 결정된다. 관측값의 분산 σ^2와 사전분포의 분산 σ_0^2의 역수를 가중값으로 한 평균이 베이즈 추정량이 된다.

베이즈 분석방법을 사용하기 위해서는 모수가 고정된 값이 아닌 랜덤이라는 가정을 받아들여야 하며 모수에 대한 사전분포를 알아야 한다는 가정이 필요하다. 또한 사전분포가 특별한 형태를 가져야만 사후분포를 손쉽게 구할 수 있다. 예를 들어 X가 정규분포를 따를 때 모수의 사전분포가 정규분포인 경우 사후분포 역시 정규분포를 따른다는 것을 쉽게 확인할 수 있지만 사전분포가 정규분포가 아닌 다른 확률분포라면 사후분포를 구하는 것이 쉽지 않다. 최근에는 특별한 형태의 사전분포를 가정하지 않더라도 컴퓨터를 이용하여 사후분포를 구할 수 있게 되어 통계학의 여러 분야에서 베이즈 분석방법의 활용도가 증가하고 있다.

연습문제

1 $X_1, X_2, \cdots, X_n$이 확률질량함수 $f(x|\theta) = \dfrac{\theta^x e^{-\theta}}{x!}$, $x = 0, 1, 2, \cdots$인 포아송분포로부터의 랜덤샘플이며 Θ의 사전분포는 확률밀도함수 $\pi(\theta) = \dfrac{1}{\Gamma(\alpha)\beta^\alpha}\theta^{\alpha-1}e^{-\frac{\theta}{\beta}}$인 감마분포라고 한다.

(a) Θ의 사후분포를 구하여라.

(b) 제곱오차손실에 대한 θ의 베이즈 추정량을 구하여라.

(c) 위에서 구한 베이즈 추정량은 최대가능도추정량과 사전분포의 기댓값의 가중평균이 됨을 설명하여라.

2 $X_1, X_2, \cdots, X_n$이 확률밀도함수 $f(x|\theta) = \theta e^{-\theta x}$, $x > 0$인 지수분포로부터의 랜덤샘플이며 Θ의 사전분포는 $\text{Gamma}(\alpha, \beta)$라고 한다.

(a) Θ의 사후분포를 구하여라.

(b) 제곱오차손실에 대한 θ의 베이즈 추정량을 구하여라.

3 $X|\Theta = \theta \sim N(\theta, 1^2)$이고, $\Theta \sim N\left(5, \left(\dfrac{1}{\sqrt{2}}\right)^2\right)$일 때, 다음 물음에 답하여라.

(a) $X = x$일 때, Θ의 사후분포를 구하여라.

(b) θ의 베이즈추정량 $\hat{\theta}^B$를 구하여라.

4 $X_1, X_2, \cdots, X_n$이 확률밀도함수 $f(x|\theta) = \dfrac{\theta^3}{2}x^2 e^{-\theta x}$, $x > 0$인 $\text{Gamma}(3, 1/\theta)$로부터의 랜덤샘플이며 Θ의 사전분포의 확률밀도함수는 $\pi(\theta) = \lambda e^{-\lambda\theta}$, $\theta > 0$이다.

(a) Θ의 사후분포를 구하여라.

(b) 제곱오차손실에 대한 θ의 베이즈 추정량을 구하여라.

5 모수가 θ일 때, $X_1, X_2, \ldots, X_n$은 $N(\theta, 2^2)$로부터의 랜덤샘플이며, θ의 사전분포는 $N(2, 3^2)$일 때, 다음 물음에 답하여라.

(a) $X_1 = x_1, X_2 = x_2, \ldots, X_n = x_n$일 때, θ의 사후분포를 구하여라.

(b) θ의 베이즈추정량 $\hat{\theta}^B$을 구하고, 이 추정량은 사전분포를 이용한 추정량과 데이터

를 이용한 추정량의 가중평균임을 보여라.

6 $H_0 : \theta = \theta_0$ 대 $H_1 : \theta = \theta_1$에 대한 가설검정에서 다음과 같은 세 가지의 행동, $a_1 =$ {H_0를 기각하지 않음}, $a_2 =$ {판단을 유보}, $a_3 =$ {H_0를 기각}을 한다고 한다. 이때 잘못된 판단을 하면 손실은 2, 올바른 판단을 하면 손실은 0, 판단을 내리지 못하면 손실은 1이라고 한다. 관측값 X의 확률분포는 다음과 같다.

	x_1	x_2	x_3
$f(x\|\theta_0)$	0.6	0.3	0.1
$f(x\|\theta_1)$	0.2	0.2	0.6

이 관측값에 근거한 네 가지 규칙 d_1, d_2, d_3, d_4는 다음과 같다.

	x_1	x_2	x_3
d_1	a_1	a_1	a_3
d_2	a_1	a_2	a_3
d_3	a_1	a_3	a_3
d_4	a_2	a_2	a_2

Θ의 사전분포는 $\pi(\theta_0) = 0.6$, $\pi(\theta_1) = 0.4$일 때 다음 물음에 답하여라.

(a) 각 Θ의 값과 세 가지 행동에 대한 손실함수를 구하여라.

(b) 각 규칙의 위험함수를 구하고, d_1, d_2, d_3, d_4 중에서 위험함수의 최댓값을 가장 작게 하는 규칙을 구하여라.

(c) 각 규칙의 베이즈 위험을 구하고, d_1, d_2, d_3, d_4 중 베이즈 위험을 가장 작게 하는 규칙을 구하여라.

7 X는 $N(0, 1^2)$ 또는 $N(0, 2^2)$을 따르는 확률변수이다. 두 확률분포 중에서 어느 확률분포를 따르는지 결정하려고 한다. X의 확률분포가 $N(0, 1^2)$인데 $N(0, 2^2)$을 따른다고 잘못 분류하였을 때 발생하는 손실은 1, X의 확률분포가 $N(0, 2^2)$인데 $N(0, 1^2)$을 따른다고 잘못 분류하였을 때 발생하는 손실은 2, 올바르게 분류하였을 때 발생하는 손실은 0이라고 한다. X를 이용하여 분류하는 방법으로 아래의 규칙을 사용할 때

다음 물음에 답하여라.

$$d_c(X) = \begin{cases} |X| \le c\text{일 때 } X\text{는 } N(0,1^2)\text{을 따른다고 판단} \\ |X| > c\text{일 때 } X\text{는 } N(0,2^2)\text{을 따른다고 판단} \end{cases}$$

(a) $X \sim N(0,1^2)$일 때 d_c의 위험함수를 구하여라.

(b) $X \sim N(0,2^2)$일 때 d_c의 위험함수를 구하여라.

(c) $X \sim N(0,1^2)$일 사전확률이 0.6, $X \sim N(0,2^2)$일 사전확률이 0.4일 때 d_c의 베이즈 위험을 구하여라.

8 앞면이 나올 확률이 θ인 동전을 이용하여 다음과 같은 게임을 한다고 하자. 먼저 동전을 한번 던진 후 다음 번 동전의 결과를 예측하는 게임이다. 이때 예측이 맞으면 3을 얻고 예측이 틀리면 2를 잃게 된다. 예측을 하지 않으면 잃는 것도 얻는 것도 없다. 게임의 방법으로 다음의 세 가지 전략을 생각하여 보자. d_1: 첫 번째 동전의 결과와 같게 예측한다, d_2: 첫 번째 동전의 결과와 반대로 예측한다, d_3: 예측을 하지 않는다.

(a) 세 가지 전략의 위험함수를 구하여라.

(b) 세 가지 전략 중 위험함수의 최댓값을 가장 작게 하는 전략을 구하여라.

(c) Θ의 사전분포가 $Uniform(0,1)$일 때 세 가지 전략 중 베이즈 위험을 가장 작게 하는 전략을 구하여라.

9 Θ는 $\theta_1, \theta_2, \theta_3, \theta_4$ 중의 하나이며 사전분포는 다음과 같다.

$$\pi(\theta_1) = 0.2,\ \pi(\theta_2) = 0.2,\ \pi(\theta_3) = 0.3,\ \pi(\theta_4) = 0.3$$

이산형 확률변수 X는 x_1, x_2, x_3 중 하나의 값을 가지며 각 θ에서 다음과 같은 확률분포를 가진다.

	θ_1	θ_2	θ_3	θ_4
x_1	0.25	0.40	0.30	0.50
x_2	0.50	0.40	0.20	0.30
x_3	0.25	0.20	0.50	0.20

(a) $X = x_2$를 관측하였을 때 Θ의 사후분포를 구하여라.

(b) 첫 번째 관측 값 이후에 그와 독립인 또 다른 관측 값이 x_3일 때 Θ의 사후분포를 구하여라.

10 손실함수가 $l(\theta, d(\boldsymbol{x})) = \dfrac{(\theta - d(\boldsymbol{x}))^2}{\theta}$일 때 베이즈 위험을 최소로 하는 베이즈 추정량은 다음과 같음을 보여라.

$$\hat{\theta}^B = \frac{E\left(\dfrac{1}{\Theta} \,\middle|\, \boldsymbol{x}\right)}{E\left(\dfrac{1}{\Theta^2} \,\middle|\, \boldsymbol{x}\right)}$$

11 $X \sim N(\theta, 1)$이며 Θ의 사전분포는 $N(0, \sigma_0^2)$이다. θ의 추정량 $d_c(X) = cX$의 제곱오차손실에 대한 위험함수와 베이즈 위험을 구하고 $d_c(X) = cX$ 중에서 베이즈 위험을 최소로 하는 상수 c를 구하여라.

부록

A.1 R 사용의 기초

이 절에서는 본 교재에서 실습도구로 사용하게 될 R의 구성과 설치 방법, 그리고 도움말 기능에 대해 살펴보고자 한다. 이미 R 기초에 대해 학습배경이 있는 경우애는 생략하여도 된다.

A.1.1 R 소개

R은 통계 프로그램 S와 S-PLUS의 환경을 기초로 해서 만들어진 통계적 도구로 1995년 오클랜드대학 통계학과 소속의 Robert Gentleman과 Ross Ihaka에 의해 개발되었다. 1997년 이후로는 R development Core Team에 의해 R project가 진행되면서 현재 빠른 속도로 많은 사용자를 확보하고 있으며 꾸준하고 열성적인 자원자들의 개발에 의하여 유지되고 있다.

R은 공개된 소프트웨어(Open-source software)로 Windows, Macintosh, Unix등 다양한 환경의 OS에서 구동이 가능하다. 또한 패키지(Package)를 통하여 다양한 통계 분석이 가능하며, 이 패키지는 사용자가 새로운 분석 방법을 패키지로 만들어 서로 무료로 공유할 수 있다. 이에 계속해서 새로운 통계 분석 방법의 패키지가 나오고 있으며 이러한 패키지는 통계 연구자들 간에 활발한 교류를 가능하게 하는 매개체 역할을 한다. 그리고 R은 뛰어난 도움말 기능을 가지고 있어 R을 처음 접하는 초보자가 배우기

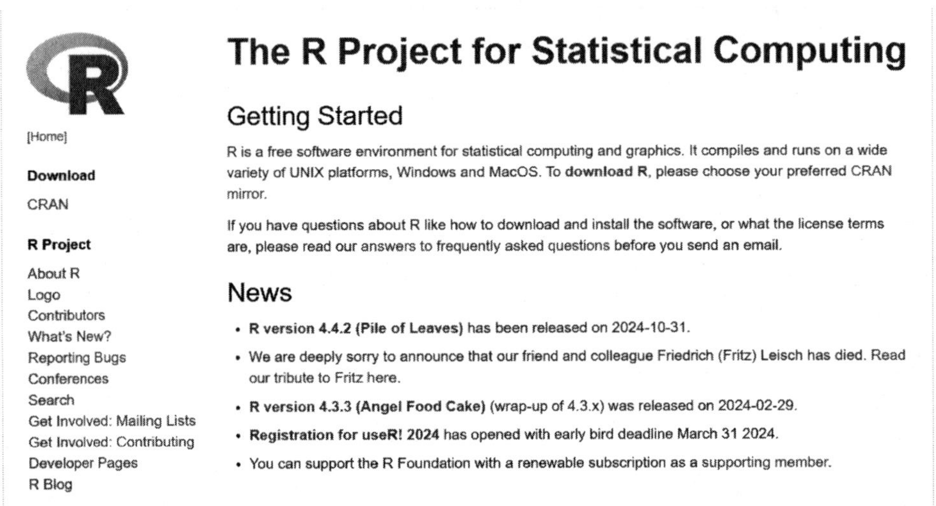

그림 A.1 R 프로젝트 메인 홈페이지

용이하고 기존 사용자 역시 새로운 패키지에 대한 접근성을 유용하게 만들어 준다.

이밖에 R에 대한 보다 자세한 정보는 [그림 A.1]의 웹사이트 http://www.r-project.org에서 확인할 수 있으며, 그곳에서 R 소프트웨어와 패키지를 얻을 수 있다.

A.1.2 R의 설치 및 실행

R을 설치하기 위해서는 R 홈페이지 좌측 메뉴에 있는 CRAN(Comprehensive R Archive Network)을 선택하고 적합한 CRAN mirror를 정한 후 R 홈페이지에 나와 있는 설치 방법을 따라하면 된다. 한국의 경우도 세 군데의 mirror 사이트를 제공하고 있다. R의 설치가 끝나고 실행시키면 [그림 A.2]와 같이 메뉴 바, 주요 아이콘, 콘솔(Console) 창이 나타난다. 콘솔 창에서는 라인 실행이 가능하며 프로그램의 실행, 결과 출력, 프로그램 오류 등이 출력된다. 이 밖에도 스크립트 편집기 창, 그래프 창 등을 원하면 추가로 띄워 놓을 수도 있다.

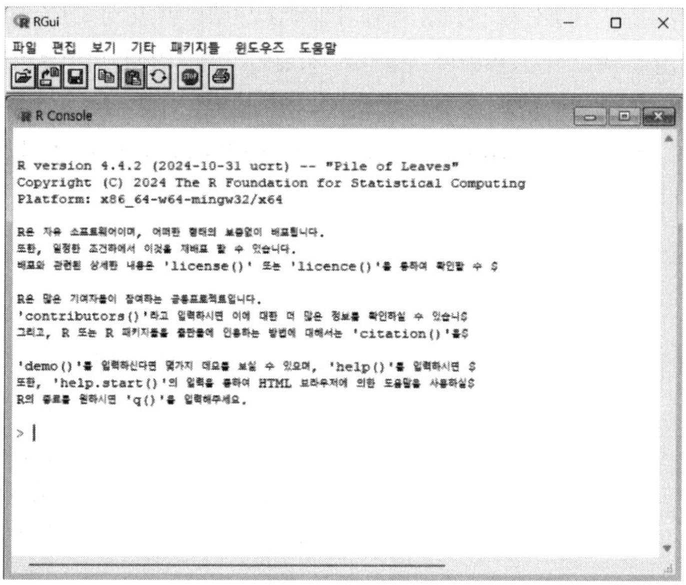

그림 A.2 R 실행 화면

참고로, R을 이용하여 개발 환경을 쉽게 작업할 수 있도록 만들어진 것이 RStudio이다. RStudio는 콘솔, 파일관리, 디버깅, 그래픽 창 등을 동시에 제공하여 프로그래밍을 쉽게 할 수 있다. 본 교재에서는 R을 이용한 것을 기본으로 설명할 것이고, 관심있는 독자는 따로 RStudio를 설치하고 사용해보기 바란다. R의 프로그램 규칙, 패키지 및 함수 등의 사용법은 RStudio에서도 동일하다.

A.1.3 자료 읽기

R을 실행시킨 후 첫 번째로 할 작업은 자료 읽기이다. R에서는 여러 형태의 자료를 불러올 수 있으나 가장 단순한 텍스트 자료 읽기의 예를 들어 보자. 다음과 같은 형태의 "iris.txt"라는 자료가 C 드라이브의 R directory에 있다고 하자. 첫 줄에는 변수명이 있는 경우이다.

Sepal.Length	Sepal.Width	Petal.Length	Petal.Width	Species
5.1	3.5	1.4	0.2	setosa
4.9	3.0	1.4	0.2	setosa
4.7	3.2	1.3	0.2	setosa
4.6	3.1	1.5	0.2	setosa
5.0	3.6	1.4	0.2	setosa

우선, R을 실행시켜 [파일] 메뉴의 [작업 디렉토리 변경...]을 선택한다. 다음의 [그림 A.3]을 참고하기 바란다. 데이터 파일이 있는 작업 디렉토리를 지정한 후 [그림 A.4]와 같은 명령문을 입력하여 데이터를 불러들인다. read.table은 테이블 형태의 텍스트 파일을 읽기 위한 함수이고 header=T는 파일의 첫 줄에 변수명이 있는 경우에 쓴다.

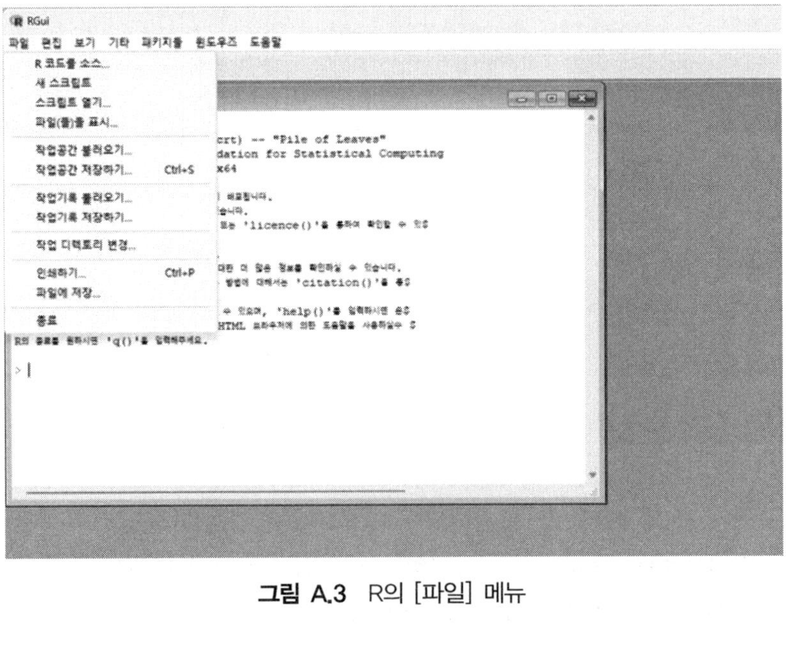

그림 A.3 R의 [파일] 메뉴

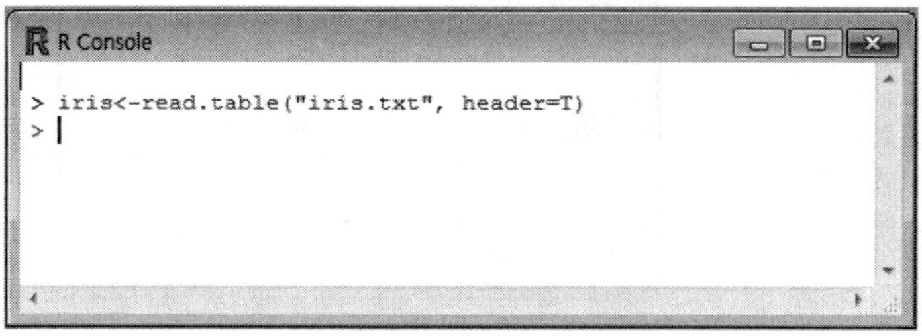

그림 A.4 R Console 화면에서 데이터 파일 읽기

명령문을 입력하고 엔터를 친다. R Console 창에서 엔터를 치면 명령문이 실행된다. read.table 함수를 이용하여 데이터를 불러들여 iris라는 객체로 지정한 것이다. 이어서 iris를 입력하고 엔터를 치면 불러들인 데이터가 R Console 창에 출력된다.

```
> iris
     Sepal.Length Sepal.Width Petal.Length Petal.Width  Species
1         5.1         3.5          1.4         0.2          setosa
2         4.9         3.0          1.4         0.2          setosa
3         4.7         3.2          1.3         0.2          setosa
4         4.6         3.1          1.5         0.2          setosa
                                    ⋮
149       6.2         3.4          5.4         2.3       virginica
150       5.9         3.0          5.1         1.8       virginica
```

이 데이터는 R에 내장된 데이터들 중 하나이다. 150개의 행과 5개의 변수이며 Sepal.Length(꽃받침의 길이), Sepal.Width(꽃받침의 폭), Petal.Length(꽃잎의 길이), Petal.Width(꽃잎의 폭)는 단위가 센티미터(cm)로 측정되었고, Species(종)는 iris(붓꽃)의 3가지 종인 Iris setosa, versicolor, virginica로 구성되어 있는 데이터 프레임이다.

R 작업을 마칠 때에는 R Console 창에서

```
> quit()
```

또는

```
> q()
```

를 입력한다. 그러면 [그림 A.5]의 대화상자가 뜨는데 저장하려면 예(Y), 저장하지 않으려면 아니오(N)를 선택하면, R이 종료된다.

그림 A.5 R 종료 대화상자

A.1.4 데이터 처리

데이터의 양이 많을 때 대략적인 형태를 알기 위해 앞의 일부(6개)만 보기 위해서는 함수 head를 사용하여 확인해 볼 수 있다. 마찬가지로 끝의 일부분(6개)을 보기 위한 함수로는 tail을 사용할 수 있다.

```
> head(iris)
  Sepal.Length Sepal.Width Petal.Length Petal.Width Species
1          5.1         3.5          1.4         0.2  setosa
2          4.9         3.0          1.4         0.2  setosa
3          4.7         3.2          1.3         0.2  setosa
4          4.6         3.1          1.5         0.2  setosa
5          5.0         3.6          1.4         0.2  setosa
6          5.4         3.9          1.7         0.4  setosa
```

데이터프레임에 속한 변수들 중 특정 변수만을 이용해 기초통계량 계산을 하거나 히스토그램 등을 그릴 때 "데이터명$변수명"을 입력함으로써 따로 지정할 수 있다. iris 데이터에 속한 변수 중 Sepal.Length만을 따로 실행시켜 보도록 하겠다.

```
> iris$Sepal.Length
  [1] 5.1 4.9 4.7 4.6 5.0 5.4 4.6 … 6.5 6.2 5.9
```

Sepal.Length를 입력해 실행하면 다음과 같은 에러메시지가 뜰 것이다.

```
> Sepal.Length
  에러: 객체 'Sepal.Length'를 찾을 수 없습니다
```

이렇게 데이터프레임에 속한 변수들만 따로 실행할 때 "데이터명$변수명"의 형식으로 써 주어야 R에서 인식한다. 하지만 attach 함수를 이용한다면 데이터에 속한 변수

를 하나의 객체로 인식하여 매번 "데이터명$변수명"을 실행시켜야 하는 불편함을 줄일 수 있다. 다음의 결과를 확인해 보도록 하자.

```
> attach(iris)
> Sepal.Length
  [1] 5.1 4.9 4.7 4.6 5.0 5.4 4.6 … 6.5 6.2 5.9
```

위에서 iris$Sepal.Length를 실행시킨 것과 같은 결과를 얻을 수 있다. detach()는 attach한 것을 비활성화시키는 함수이다. 즉 다시 iris$Sepal.Length를 입력해야 위와 같은 결과를 얻을 수 있다.

```
> detach(iris)
> Sepal.Length
   에러: 객체 'Sepal.Length'를 찾을 수 없습니다
```

A.1.5 R 편집기, 도움말

R에서 작업한 내용은 R을 종료함으로써 모두 지워진다. R 편집기를 이용하여 작업을 한다면 수정이 간편하고, 따로 저장하여 보관할 수도 있다. 작업표시줄의 [파일] 메뉴에서 [새 스크립트]를 클릭하면 [그림 A.6]과 같은 R 편집기가 뜨고 다음은 R 편집기를 이용하여 작업을 한 내용이다.

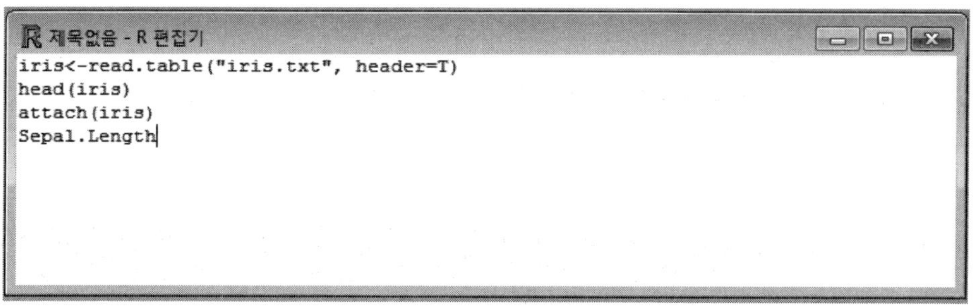

그림 A.6 R 편집기

스크립트(명령문) 파일을 저장할 때 확장자를 .R로 하면 이 파일을 R에서 바로 열어 활용할 수 있다. 저장한 R 파일을 열기 위해서는 [파일]–[스크립트 열기]를 실행하면 된다.

R의 장점 중 하나는 뛰어난 도움말 기능이다. R 실행 화면의 메뉴에서 [도움말]을

클릭한 후 [R 함수들(텍스트)...]를 선택하면 도움창이 나타나고, 빈 칸에 알고자 하는 함수명을 입력하면 함수에 대한 설명 창이 열리게 된다. 또한 다음과 같이 직접 함수를 이용하여 알고자 하는 함수에 대한 설명을 찾아보는 방법도 있다.

```
(1) HTML 브라우저에 의한 도움말 사용
help.start()

(2) 함수, 데이터에 대한 도움말 : 원하는 함수나 R에 내장된 데이터에 대한 설명
help(함수)
?함수
help(데이터)
?데이터

(3) 함수와 관련된 도움말 : 원하는 함수와 관련된 모든 패키지 or 함수에 대한 설명
help.search(함수)
??함수
```

앞의 A1.4에서 사용한 함수 중 attach에 대한 자세한 설명, 사용법 등과 예제가 포함된 도움말을 확인할 경우에

```
> help(attach)
```
또는
```
> ?attach
```

를 실행하면 R Help 창이 열리고 여기서 도움말을 확인할 수 있다. 다음 절부터는 R에서 다루어지는 데이터와 기본적인 함수에 대해 살펴보도록 하겠다.

A.2 데이터 I

이 절에서는 R에서 다루는 데이터의 종류를 알아보고 R에서 가장 많이 다루는 자료객체인 벡터에 대해 살펴보겠다.

A.2.1 데이터의 종류

R에서 다루는 데이터의 최소단위 값의 형태는 수치형(numeric), 문자형(character),

논리형(logical), 복소수형(complex)의 4가지가 있다. 이 4가지 형태로 이루어진 자료를 자료객체(data object)라고 한다. 자료객체는 벡터(vector), 행렬(matrix), 배열(array), 리스트(list), 데이터프레임(data frame), 범주형(factor), 시계열(time series)의 7가지 종류가 있으며, 벡터가 자료객체의 기본 형태로 인식된다. 예 A.1은 간단히 데이터 형의 종류를 확인해 보는 것이다.

예 A.1

수치형, 문자형, 논리형 및 복소수형 데이터를 임의로 입력해 보고 입력된 데이터의 형을 확인해 보자.

R 명령문 및 결과

```
      #(1)수치형
❶  > 123
❷    [1] 123
❸  > mode(123)
❹    [1] "numeric"

      #(2)문자형
❺  > "ABC"; mode("ABC")
❻    [1] "ABC"
❼    [1] "character"

      #(3)논리형
❽  > 1<3; mode(1<3)
❾    [1] TRUE
❿    [1] "logical"
⓫  > mode(TRUE); mode(FALSE)
⓬    [1] "logical"
     [1] "logical"

      #(4)복소수형
⓭  > 3i; mode(3i)
⓮    [1] 0+3i
⓯    [1] "complex"
```

해설

❶	수치형 데이터 123을 입력한다.
❷	출력된 결과이다.
❸	형의 종류를 파악하는 함수인 mode를 사용하여 데이터 123의 형의 종류를 확인하기 위해 실행한다. ※ mode()는 입력한 자료의 형태가 무엇인지 알 수 있다.
❹	수치형을 의미하는 "numeric"이 출력되었다.
❺	문자형 데이터 ABC를 입력, 형의 종류를 확인. 세미콜론(;)은 R에서 코드를 구분하는 것으로 세미콜론(;)을 전후로 다른 문장임을 의미한다. 따라서 세미콜론(;) 앞의 코드와 뒤의 코드가 각각 실행된다.
❻	세미콜론(;) 전에 실행한 ABC가 출력된다.
❼	세미콜론(;) 후에 실행한 ABC의 형의 종류를 확인하기 위해 mode(ABC)를 한 결과, 문자형을 의미하는 "character"가 출력되었다.
❽	논리형 데이터 1<3을 입력하고 형의 종류를 확인한다.
❾	1<3에 대해 출력된 결과이다.
❿	논리형을 의미하는 "logical"이 출력되었다.
⓫	"참"을 의미하는 TRUE 혹은 T의 형의 종류를 확인하고 "거짓"을 의미하는 FALSE 혹은 F의 형의 종류를 확인한다.
⓬	TRUE, FALSE 모두 논리형을 의미하는 "logical"이 출력되었다.
⓭	복소수의 형태인 3i를 출력하고 3i의 형의 종류를 확인한다.
⓮	3i를 실행시킨 결과, 0+3i로 복소수의 형태로 출력되었다.
⓯	복소수형을 의미하는 "complex"가 출력되었다.

A.2.2 벡터

R에서 일변량 자료의 경우 벡터의 형태로 자료를 입력한다. 벡터를 생성하는 함수는 〈표 A.1〉과 같고, 보다 자세한 설명과 옵션은 도움말 기능을 이용하기 바란다.

표 A.1 벡터 생성 함수

함수	의미
sequence 연산자(:)	연산자의 왼쪽 값을 초깃값, 오른쪽 값을 최종값으로 하여 공차가 +1 또는 −1인 수열 생성
c( )	데이터나 객체를 하나로 결합

함수	의미
seq(from=초깃값, to=최종값, by=공차) seq(from=초깃값, to=최종값, length=벡터 길이)	초깃값부터 최종값까지 공차 또는 벡터 길이만큼 수열 생성, 인자로 초깃값과 최종값만 있는 경우 sequence 연산자와 동일한 수열 생성
rep(반복할 값, times=반복 횟수, each=원소 각각의 반복횟수, len=반복 후 벡터 길이)	값 또는 수열을 반복하여 나열
scan( ) scan(file=" ")	자료를 직접 입력받아 벡터 생성 외부 파일로부터 자료를 불러들임

예 A.2

〈표 A.1〉의 함수를 이용하여 다음의 벡터자료를 생성하여라.

(1) "Hello", "Probability", "Distribution"

(2) 1, 2, 3, 4, 5, 6

(3) 1, 3, 5, 7, 9, 11

(4) 1, 1, 1, 2, 2, 2, 3, 3, 3, 1, 1, 1, 2, 2, 2, 3, 3, 3

R 명령문 및 결과

```
   #(1)번
❶ > c("Hello", "Probability", "Distribution")
❷   [1] "Hello" "Probability" "Distribution"

   #(2)번
❸ > 1:6 ; c(1, 2, 3, 4, 5, 6); seq(from=1, to=6)
❹   [1] 1 2 3 4 5 6

   #(3)번
❺ > seq(from=1, to=11, by=2)
❻   [1] 1 3 5 7 9 11

   #(4)번
❼ > rep(1:3, times=2, each=3)
❽   [1] 1 1 1 2 2 2 3 3 3 1 1 1 2 2 2 3 3 3
```

해설

❶	세 개의 문자형 데이터를 하나의 벡터로 결합하는 함수인 c를 이용하여 벡터를 생성한다.
❷	생성된 벡터이다.
❸	1부터 6까지 1씩 증가하는 벡터를 만드는 함수로 콜론(:), c(), 그리고 seq() 모두 다 같은 결과를 생성할 수 있다.
❹	생성된 벡터이다.
❺	1부터 11까지 2씩 증가하는 벡터를 생성한다.
❻	생성된 벡터이다.
❼	벡터 (1 2 3) 이 각각 3번씩 2차례 반복되는 벡터를 생성한다.
❽	생성된 벡터이다.

이번에는 벡터의 연산에 대해 알아보도록 하겠다. R은 벡터의 사칙연산은 물론 다양한 함수를 활용한 복잡한 연산이 가능하다. 먼저 벡터의 사칙연산에 대해 살펴보자.

예 A.3

x=(1, 2, 3, 4, 5), y=(6, 7, 8, 9, 10), z=(1, 2, 3, 4)인 벡터를 생성하여 x, y 벡터 간의 사칙연산 및 내적과 외적을 계산하고, 길이가 서로 다른 x, z 벡터 간의 연산을 수행하여라.

R 명령문 및 결과

```
❶ > x <- 1:5 ; y <- 6:10 ; z <- 1:4
❷ > x+y
❸   [1] 7 9 11 13 15
❹ > x-y
❺   [1] -5 -5 -5 -5 -5
❻ > x*y
❼   [1] 6 14 24 36 50
❽ > x/y
❾   [1] 0.1666667 0.2857143 0.3750000 0.4444444
    0.5000000
❿ > x%*%y
⓫        [,1]
    [1,]  130
⓬ > x%o%y
```

```
⑬        [,1] [,2] [,3] [,4] [,5]
    [1,]    6    7    8    9   10
    [2,]   12   14   16   18   20
    [3,]   18   21   24   27   30
    [4,]   24   28   32   36   40
    [5,]   30   35   40   45   50
⑭ > x+z
⑮   [1] 2 4 6 8 6
    Warning message:
    In x + z : longer object length is not a multiple of
    shorter object length
⑯ > x-z
⑰   [1] 0 0 0 0 4
⑱ > x*z
⑲   [1] 1 4 9 16 5
⑳ > x/z
㉑   [1] 1 1 1 1 5
```

해설

❶ 함수 c()를 사용하여 벡터 x, y, z를 생성한다.
❷ 벡터 x와 y의 원소를 합한다.
❸ 실행 결과이다.
❹ 벡터 x에서 y를 뺀다.
❺ 실행 결과이다.
❻ 벡터 x와 y의 원소를 곱한다.
❼ 실행 결과이다.
❽ 벡터 x를 y로 나눈다.
❾ 실행 결과이다.
❿ 벡터의 내적을 계산할 때에는 %*%를 사용한다.
⓫ 벡터 x와 y의 내적 계산 결과이다.
⓬ 벡터의 외적을 계산할 때에는 %o%를 사용한다.
⓭ 벡터 x와 y의 외적 계산 결과이다.
⓮ 벡터 x의 길이는 5이고 벡터 z의 길이는 4이다. 이와 같이 벡터 간의 길이가 다른 경우 경고 메시지가 나타나며 Recycling Rule에 따라 연산된다. 나머지 사칙연산 과정에서 나타나는 경고 메시지는 생략하겠다.
⓯ 계산 결과, 다섯 번째 원소에는 x의 다섯 번째 원소인 5와 z의 첫 번째 원소인 1이 계산된 6이 출력된다.
⓰ 벡터 x에서 z의 원소를 뺀다.

⑰	Recycling Rule에 따라 계산된 결과이다.
⑱	벡터 x와 z의 원소간을 곱한다.
⑲	Recycling Rule에 따라 계산된 결과이다.
⑳	벡터 x를 z로 나눈다.
㉑	Recycling Rule에 따라 계산된 결과이다.

다음은 기본적인 함수를 이용한 벡터연산을 살펴보겠다. 여기서 사용하는 기본적인 함수는 대부분 다른 자료객체에서도 동일하게 사용이 가능하다.

예 A.4

x=(1, 2, 3, 4, 5), y=(6, 7, 8, 9, 10), z=(1, 2, 3, 4, 5, 6, 7, 8, 9, 10)인 벡터를 생성하고 x, y, z 벡터의 합, 곱, 최댓값, 최솟값을 구하는 기본적인 함수를 이용하여 수행하여라.

R 명령문 및 결과

```
❶  > x <- 1:5; y <- 6:10; z <- 1:10
❷  > sum(x)
❸    [1] 15
❹  > sum(y)
❺    [1] 45
❻  > sum(x, y)
❼    [1] 55
❽  > prod(x)
❾    [1] 120
❿  > prod(y)
⓫    [1] 30240
⓬  > prod(x, y)
⓭    [1] 3628800
⓮  > max(x); min(y)
⓯    [1] 5
     [1] 6
⓰  > pmax(x, y)
⓱    [1] 6 7 8 9 10
⓲  > pmin(x, y)
⓳    [1] 1 2 3 4 5
```

해설

❶	벡터 (1 2 3 4 5)는 x, 벡터 (6 7 8 9 10)은 y, 벡터 (1 2 3 4 5 6 7 8 9 10)은 z로 생성한다.
❷	x 벡터의 합은 각 원소를 모두 합한 것을 의미한다.
❸	실행 결과 15=1+2+3+4+5의 결과가 출력되었다.
❹	y 벡터의 각 원소를 모두 합한 것을 계산한다.
❺	실행 결과. 45=6+7+8+9+10
❻	sum(x, y)는 sum(x) + sum(y)를 의미한다.
❼	실행 결과 55=15+45의 결과가 출력되었다.
❽	prod는 모든 원소의 곱을 실행한다. 즉 x의 모든 원소의 곱을 계산한다.
❾	120=1*2*3*4*5의 결과가 출력되었다.
❿	y의 모든 원소의 곱을 계산한다.
⓫	실행 결과 30240=6*7*8*9*10의 결과가 출력되었다.
⓬	prod(x,y)는 prod(x)*prod(y)를 의미한다.
⓭	실행결과 3628800=120*30240의 결과가 출력되었다.
⓮	x의 최댓값과 y의 최솟값을 출력한다.
⓯	실행 결과 x의 최댓값인 5, y의 최솟값인 6의 결과가 출력되었다.
⓰	인자에 쓰인 x, y 각 벡터에 대응하는 원소 중 가장 큰 값을 가진 원소를 나타내며, 만약 벡터의 길이가 다른 경우 Recycling Rule이 적용되어 계산된다.
⓱	실행 결과 x, y 각 벡터에 대응하는 원소 중 큰 값을 가지는 (6 7 8 9 10)이 출력되었다.
⓲	pmax와 같은 의미이며 각 벡터에 대응하는 원소 중 가장 작은 값을 가진 원소를 나타낸다.
⓳	실행 결과, x, y 각 벡터에 대응하는 원소 중 작은 값을 가지는 (1 2 3 4 5)가 출력되었다.

예 A.5

예 A.4에서 생성한 벡터 x, y, z를 이용하여 각 벡터의 범위, 중앙값, 산술평균, 분산, 표준편차, 분위수, 기초통계량, 요약통계량을 구하는 함수를 이용하여 수행하여라.

R 명령문 및 결과

```
> range(x)
  [1] 1 5
> median(z)
  [1] 5.5
```

```
❺ > mean(x)
❻   [1] 5.5
❼ > var(x)
❽   [1] 9.166667
❾ > sd(x)
❿   [1] 3.02765
⓫ > quantile(z)
⓬    0%   25%   50%   75%  100%
    1.00  3.25  5.50  7.75 10.00
⓭ > fivenum(z)
⓮   [1]  1.0  3.0  5.5  8.0 10.0
⓯ > summary(z)
⓰   Min.  1st Qu.  Median   Mean  3rd Qu.   Max.
    1.00   3.25     5.50    5.50   7.75    10.00
```

해설

❶ 범위를 구할 때 `range()` 함수를 사용한다. x의 범위를 구하는 함수를 실행한다.

❷ x의 최솟값과 최댓값으로 출력된다.

❸ 중앙값을 구할 때 `median()` 함수를 사용한다. z의 중앙값을 구하는 함수를 실행한다.

❹ 벡터 z의 원소 중 중앙값인 5.5가 출력된다.

❺ 산술평균을 구할 때 `mean()` 함수를 사용한다. x의 산술평균을 구하는 함수를 실행한다.

❻ x의 평균인 5.5가 출력된다.

❼ 분산을 구할 때 `var()` 함수를 사용한다. x의 분산을 구하는 함수를 실행한다.

❽ x의 분산인 9.16667가 출력된다.

❾ 표준편차를 구할 때 `sd()` 함수를 사용한다. x의 표준편차를 구하는 함수를 실행한다.

❿ x의 표준편차인 3.02765가 출력된다.

⓫ 분위수를 구할 때 `quantile` 함수를 사용한다. z의 분위수를 구하는 함수를 실행한다.

⓬ 0% 백분위수, 25% 백분위수(제1사분위수), 50% 백분위수(제2사분위수), 75% 백분위수(제3사분위수), 100% 백분위수가 차례로 출력된다.
※ 참고: `help(quantile)`를 보면 분위수를 구하는 방법이 `type1`부터 `9`까지 제시되어 있다. 여기서 기본값(`default`)은 `type=7`로 되어 있으나, 우리가 기초통계학에서 배운 방법으로 사분위수를 구할 시에는 `type=5`로 옵션을 지정해 주어야 원하는 결과를 얻을 수 있다.

⓭ 튜키의 방법에 의한 상자그림을 그릴 때 다섯가지 요약통계량을 구하기 위해서 `fivenum()` 함수를 사용한다. z의 요약통계량을 구하는 함수를 실행한다.

⓮ minimum, lower-hinge, median, upper-hinge, maximum 순으로 출력된다.

⑮	summary() 함수를 이용하여 벡터의 요약적인 통계량을 구할 수 있다. z의 요약적인 통계량을 구하는 함수를 실행한다.
⑯	z의 요약적인 통계량이 실행된 결과이다.

예 A.6

x=(1, 3, 5, 7, 9, 11), y=(1, 1, 2, 2, 3, 3)이라고 할 때, R을 이용하여 두 벡터 x와 y를 생성하고 두 벡터 간의 사칙연산(+, −, *, /)과 함수 sum, prod, pmax, pmin을 구하여라.

R 명령문 및 결과

```
❶ > x <- seq(from=1, to=11, by=2)
❷ > y <- rep(1:3, each=2)
❸ > x+y
❹   [1] 2 4 7 9 12 14
❺ > x-y
❻   [1] 0 2 3 5 6 8
❼ > x*y
❽   [1] 1 3 10 14 27 33
❾ > x/y
❿   [1] 1.000000 3.000000 2.500000 3.500000 3.000000
    3.666667
⓫ > sum(x, y)
⓬   [1] 48
⓭ > prod(x, y)
⓮   [1] 374220
⓯ > pmax(x, y)
⓰   [1] 1 3 5 7 9 11
⓱ > pmin(x, y)
⓲   [1] 1 1 2 2 3 3
```

위의 예 A.4에서 사용한 함수와 같으므로 예 A.4의 해설을 참고하여라.

예 A.7

x는 초깃값이 1, 최종값이 100, 공차 2인 수열이다. 벡터 x를 생성하고, 벡터 x의

중앙값, 평균, 분산, 표준편차, 순서통계(quantile, fivenum), 요약 값을 구하여라.

R 명령문 및 결과

```
> x <- seq(from=1, to=100, by=2)
> median(x)
  [1] 50
> mean(x)
  [1] 50
> var(x)
  [1] 850
> sd(x)
  [1] 29.15476
> quantile(x)
   0%  25%  50%  75%  100%
   1.0  25.5  50.0  74.5  99.0
> fivenum(x)
  [1]  1 25 50 75 99
> summary(x)
  Min.   1st Qu.   Median   Mean   3rd Qu.   Max.
   1.0     25.5     50.0   50.0     74.5   99.0
```

위의 예 A.5에서 사용한 함수와 같으므로 예 A.5의 해설을 참고하여라.

A.3 데이터 II

이 절에서는 자료 객체(data object) 중에서 행렬(matrix), 배열(array), 데이터프레임(data frame), 리스트(list)에 대해 살펴보도록 하겠다.

A.3.1 행렬

R에서 다변량 자료의 경우는 행렬 또는 표(table)의 형태로 자료를 입력한다. 행렬을 생성하는 함수는 〈표 A.2〉와 같으며, 보다 자세한 설명과 옵션은 도움말 기능을 이용하면 된다.

표 A.2 행렬 생성 함수

함수	의미
rbind(벡터, 벡터, ...)	벡터를 행으로 붙여 행렬 생성
cbind(벡터, 벡터, ...)	벡터를 열로 붙여 행렬 생성
matrix(벡터, ncol=열의 수, nrow=행의 수, byrow=FALSE)	벡터를 인수로 받아 행과 열의 차원을 지정하여 행렬 생성, 옵션에서 byrow가 TRUE이면 행이 우선적으로 채워지고 FALSE이면 열이 우선적으로 채워짐
diag(원소의 수) diag(벡터)	단위행렬 생성 주어진 벡터가 대각원소인 대각행렬 생성

예 A.8

〈표 A.2〉의 함수를 이용하여 다음의 행렬을 생성하여라.

(1) $A=\begin{pmatrix}1\\3\\5\\7\\9\end{pmatrix}$ (2) $B=(1\ 4\ 7\ 10\ 1\ 4\ 7\ 10\ 1\ 4\ 7\ 10)$ (3) $C=\begin{pmatrix}1&0&0&0&0&0\\0&1&0&0&0&0\\0&0&2&0&0&0\\0&0&0&2&0&0\\0&0&0&0&3&0\\0&0&0&0&0&3\end{pmatrix}$

R 명령문 및 결과

```
     #(1)번
❶  > a <- seq(from=1, to=9, by=2)
❷  > A <- matrix(a, ncol=1) ; A
❸        [,1]
     [1,]    1
     [2,]    3
     [3,]    5
     [4,]    7
     [5,]    9

     #(2)번
❹  > b <- rep(c(1, 4, 7, 10), times=3)
❺  > B <- matrix(b, nrow=1) ; B
```

❻	[,1] [,2] [,3] [,4] [,5] [,6] [,7] [,8] [,9] [,10] [,11] [,12] [1,] 1 4 7 10 1 4 7 10 1 4 7 10
	#(3)번
❼	> c <- rep(c(1, 2, 3), each=2)
❽	> C <- diag(c) ; C
❾	[,1] [,2] [,3] [,4] [,5] [,6] [1,] 1 0 0 0 0 0 [2,] 0 1 0 0 0 0 [3,] 0 0 2 0 0 0 [4,] 0 0 0 2 0 0 [5,] 0 0 0 0 3 0 [6,] 0 0 0 0 0 3

해설

❶	1부터 9까지 2씩 증가하는 벡터를 만들어 a라는 객체로 지정한다. ※참고: a<-c(1,3,5,7,9)와 같은 결과를 얻을 수 있다.
❷	열의 개수가 1인 행렬로 생성하여 A로 지정하고 A를 실행한다.
❸	a에 지정된 벡터 (1 3 5 7 9)가 1열인 행렬 A로 생성되었다.
❹	벡터 (1 4 7 10)이 3번씩 반복되는 벡터를 만들어 b라는 객체로 지정한다.
❺	행의 개수가 1인 행렬로 생성하여 B로 지정하고 B를 실행한다.
❻	b에 지정된 벡터 (1 4 7 10 1 4 7 10 1 4 7 10)이 1행인 행렬 B로 생성되었다.
❼	벡터 (1 2 3)의 원소가 각각 2번 반복되는 벡터를 만들어 c라는 객체로 지정한다.
❽	c를 대각선 원소로 하는 행렬을 생성하여 C로 지정하고 C를 실행한다.
❾	c에 지정된 벡터 (1 1 2 2 3 3)이 대각원소로 들어간 대각행렬인 C가 생성되었다.

이번에는 행렬의 연산에 대해 알아보도록 하겠다. R에서 행렬의 연산은 앞의 A2절에서 살펴본 벡터의 연산과 같이 사칙연산은 물론 다양한 함수를 활용한 복잡한 연산이 가능하다. 먼저 행렬의 사칙연산에 대해 예를 통해 살펴보자.

예 A.9

다음과 같은 행렬 X, Y를 생성하고, 다양한 연산에 대해 확인해 보자.

$$X=\begin{pmatrix}1 & 3\\2 & 4\end{pmatrix},\ Y=\begin{pmatrix}5 & 6\\7 & 8\end{pmatrix}$$

R 명령문 및 결과

```
❶  > X <- matrix(1:4, ncol=2, nrow=2); X
❷       [,1] [,2]
   [1,]    1    3
   [2,]    2    4
❸  > Y <- matrix(5:8, ncol=2, nrow=2, byrow=T); Y
❹       [,1] [,2]
   [1,]    5    6
   [2,]    7    8
❺  > X+Y
❻       [,1] [,2]
   [1,]    6    9
   [2,]    9   12
❼  > X-Y
❽       [,1] [,2]
   [1,]   -4   -3
   [2,]   -5   -4
❾  > X*Y
❿       [,1] [,2]
   [1,]    5   18
   [2,]   14   32
⓫  > X%*%Y
⓬       [,1] [,2]
   [1,]   26   30
   [2,]   38   44
⓭  > X/Y
⓮            [,1] [,2]
   [1,] 0.2000000  0.5
   [2,] 0.2857143  0.5
```

해설

❶ 벡터 (1 2 3 4)를 열의 개수가 2, 행의 개수가 2인 행렬을 만들어 X로 지정하고 X를 실행한다.

❷ 생성된 X 행렬의 결과이다. 행렬을 만들 때 벡터가 열을 기준으로 먼저 입력되어 생성되므로 1, 2가 1열에, 3, 4가 2열에 생성되었다. 즉 `matrix` 함수의 옵션에서 기본값인 "byrow=FALSE"인 상태이다. 행을 우선으로 하여 1, 2가 1행에, 3, 4가 2행에 생성되는 행렬을 만들고 싶다면 "byrow=TRUE"를 지정해야한다.

❸	벡터 (5 6 7 8)을 열의 개수가 2, 행의 개수가 2인 행렬을 만들어 행부터 채워서 Y로 지정하고 Y를 실행한다.
❹	생성된 Y 행렬의 결과이다.
❺	X에 Y를 더한다.
❻	행렬 X, Y 각 원소의 합이 계산되었다.
❼	X에서 Y를 뺀다.
❽	행렬 X에서 Y의 원소를 뺀 값이 계산되었다.
❾	행렬 X, Y에 대응하는 원소끼리 곱한다. ※ "*" 연산자를 이용하여 행렬을 계산할 경우 일반적인 행렬의 곱을 계산하는 것이 아니라 행렬 사이에 대응하는 원소끼리의 곱을 나타낸다. 만약 행렬의 크기가 다른 경우 벡터의 연산 때와 같이 Recycling Rule이 적용되어 계산된다. 일반적인 행렬의 곱을 계산하기 위해서는 "%*%" 연산자를 이용하면 된다.
❿	행렬 X, Y 각 원소의 곱
⓫	X, Y를 각 원소가 아닌 행렬간의 곱을 계산한다.
⓬	일반적인 행렬 X, Y의 곱의 결과
⓭	X, Y에 대응하는 원소끼리 나눈다.
⓮	행렬 X, Y 각 원소의 나눗셈

다음은 기본적인 함수를 이용한 행렬의 연산을 살펴보겠다.

예 A.10

예 A.9에서 생성한 행렬 X, Y로 행렬에 관한 여러 함수를 이용한 연산에 대해 살펴보자.

R 명령문 및 결과

```
❶  > t(X)
❷        [,1]  [,2]
    [1,]    1     2
    [2,]    3     4
❸  > det(X)
❹   [1] -2
❺  > solve(X)
❻        [,1] [,2]
    [1,]   -2  1.5
    [2,]    1 -0.5
```

```
❼ > apply(X, 1, mean)
❽   [1] 2 3
❾ > apply(X, 2, sum)
❿   [1] 3 7
```

해설	
❶	전치행렬을 구할 때 "t()" 함수를 이용하여 X 행렬에 대한 전치행렬인 X^T을 계산한다.
❷	X^T 계산 결과이다.
❸	행렬식을 구할 때 "det()" 함수를 이용하여 X 행렬에 대한 행렬식 $\det(X)$를 계산한다.
❹	$\det(X)$ 계산 결과이다.
❺	역행렬을 구할 때 "solve()" 함수를 이용하여 X 행렬에 대한 역행렬 X^{-1}을 계산한다.
❻	X^{-1} 계산 결과이다.
❼	apply 함수를 이용하여 행렬 X의 각 행에 대한 평균을 계산
❽	X의 각 행에 대해 평균을 구한 결과이다.
❾	apply 함수를 이용하여 행렬 X의 각 열에 대한 합을 계산
❿	X의 각 열에 대해 합을 구한 결과이다.

참고

apply(행렬, *, 함수): apply 함수는 행렬의 열 또는 행에 대한 계산에 이용한다. 첫 번째 인수로 계산하고자 하는 행렬을 입력하고, 두 번째 인수(*)로 1을 입력하면 각 행에 대한 계산을 하며, 2를 입력하면 각 열에 대한 계산을 한다. 그리고 세 번째 인수의 자리에는 계산하고자 하는 함수를 입력하면 된다.

예 A.11

예 A.9에서 생성한 행렬 X를 이용하여 행렬의 원소를 추출하거나 추가 또는 변경하는 방법에 대해 살펴보자.

R 명령문 및 결과

```
    # 추출
❶ > X[1, 2]
❷   [1] 3
```

```
❸ > X[1, ]
❹   [1] 1 2

❺ > X[ , 2]
❻   [1] 3 4

❼ > X[-1, ]
❽   [1] 2 4

❾ > X[T, c(T, F)]
❿   [1] 1 2

     # 추가
⓫ > rbind(X, 100)
⓬        [,1]  [,2]
   [1,]    1     3
   [2,]    2     4
   [3,]  100   100
⓭ > cbind(100, X)
⓮        [,1]  [,2]  [,3]
   [1,]  100     1     3
   [2,]  100     2     4

     # 변경
⓯ > X[1, 2] <- 100 ; X
⓰        [,1]  [,2]
   [1,]    1   100
   [2,]    2     4
⓱ > X[!X>2] <- 0 ; X
⓲        [,1] [,2]
   [1,]    0  100
   [2,]    0    4
```

해설

❶ 행렬 X의 1행 2열의 원소를 추출한다.
❷ X의 (1,2)원소가 출력되었다.
❸ 행렬 X의 1행을 추출
❹ X의 1행이 출력되었다.
❺ 행렬 X의 2열을 추출

❻	X의 2열이 출력되었다.
❼	행렬 X의 1행을 제외한 나머지 부분 추출
❽	X의 1행을 제외한 나머지인 2행이 출력되었다.
❾	T(TRUE)의 경우 추출하고, F(FALSE)의 경우 추출하지 않는다. 행렬 X에서 행은 모두 추출하고 열은 (T F)이므로 1열만 추출한다.
❿	실행 결과이다.
⓫	행렬 X에 원소 100으로 이루어진 행 추가
⓬	3행에 100으로 이루어진 행이 추가되었다.
⓭	행렬 X에 원소 100으로 이루어진 열 추가
⓮	3열에 100으로 이루어진 열이 추가되었다.
⓯	행렬 X의 1행 2열 원소에 100을 입력한다. 즉 값을 100으로 변경하고 X를 실행한다.
⓰	(1,2)원소가 100으로 변경되었다.
⓱	"!"은 논리연산자로써 "not"을 의미한다. 행렬 X의 원소 중에서 2보다 크지 않은 원소에 0을 입력, 즉 값을 0으로 변경하고 X를 실행한다.
⓲	실행 결과이다.

예 A.12

행렬의 연산을 이용하여 다음 연립방정식의 해를 구하여라.

$$\begin{aligned} 2x+5y+3z &= 28 \\ 5x+3y-2z &= 32 \\ 3x-2y+5z &= 15 \end{aligned}$$

R 명령문 및 결과

```
❶ > vec <- c(2, 5, 3, 5, 3, -2, 3, -2, 5)
❷ > mat <- matrix(vec, ncol=3, nrow=3, byrow=TRUE); mat
❸       [,1] [,2] [,3]
   [1,]    2    5    3
   [2,]    5    3   -2
   [3,]    3   -2    5

    # 역행렬을 이용한 연립방정식의 해 계산
    ## 방법1
❹ > vec2 <- c(28, 32, 15)
❺ > solve(mat)%*%vec2
```

```
❻  >        [,1]
   [1,]  5.1
   [2,]  2.9
   [3,]  1.1
   ## 방법2
❼  > solve(mat, vec2)
❽  [1] 5.1 2.9 1.1
```

해설

연립방정식을 행렬식으로

$$\begin{pmatrix} 2 & 5 & 3 \\ 5 & 3 & -2 \\ 3 & -2 & 5 \end{pmatrix}\begin{pmatrix} x \\ y \\ z \end{pmatrix} = \begin{pmatrix} 28 \\ 32 \\ 15 \end{pmatrix}$$

로 쓸 수 있다. 따라서 x, y, z는

$$\therefore \begin{pmatrix} x \\ y \\ z \end{pmatrix} = \begin{pmatrix} 2 & 5 & 3 \\ 5 & 3 & -2 \\ 3 & -2 & 5 \end{pmatrix}^{-1}\begin{pmatrix} 28 \\ 32 \\ 15 \end{pmatrix}$$

이다. 이를 R을 이용하여 구하면 다음과 같다.

❶	벡터 (2 5 3 5 3 -2 3 -2 5)를 'vec'이라는 객체로 생성한다.
❷	vec을 열의 개수가 3, 행의 개수가 3인 행렬로 행을 기준으로 원소가 생성되도록 만들어 'mat'이라는 객체로 생성하고 실행한다.
❸	mat 행렬의 실행 결과이다.
❹	벡터 (28 32 15)를 'vec2'라는 객체로 생성한다.
❺	mat행렬의 역행렬과 vec2벡터 간의 행렬 곱을 이용하여 직접 계산한다.
❻	x, y, z의 계산 결과이다.
❼	함수 solve(A)는 A의 역행렬을 계산하고, solve(A, B)로 객체를 두 개 입력한다면 첫 번째 입력한 객체의 역행렬에 B 객체를 행렬 곱을 이용하여 계산한 결과가 출력된다. 즉 $A^{-1}B$가 실행된다. 따라서 solve(mat, vec2)는 mat행렬의 역행렬과 vec2의 행렬 곱이 계산된다.
❽	실행 결과 방법 1과 같은 답으로 벡터 형식의 결과가 출력된다.

A.3.2 배열

배열은 동일한 형으로 구성된 2차원 이상의 자료객체를 뜻하며, 행렬은 2차원의 배열이 되는 것이다. 배열의 생성과 연산은 행렬의 경우와 유사하며 주로 고차원 자료의 분석에서 사용된다. R에서는 array( ) 함수를 이용하여 배열을 생성한다.

예 A.13

다음과 같은 행렬 $M_{1,}$ M_2를 생성하고, $3\times2\times2$ 배열을 생성하여라.

$$M_1 = \begin{pmatrix} 2 & 0.1 \\ 4 & 0.3 \\ 1 & 0.2 \end{pmatrix},\ M_2 = \begin{pmatrix} 5 & 4.1 \\ 8 & 2.7 \\ 2 & 9.3 \end{pmatrix}$$

R 명령문 및 결과

❶
```
> M1<-cbind(c(2,4,1), c(0.1, 0.3, 0.2))
```
❷
```
> M2<-cbind(c(5,8,2), c(4.1, 2.7, 9.3))
```
❸
```
> A<-array(c(M1,M2), c(3,2,2)) ; A
```
❹
```
, , 1
     [,1] [,2]
[1,]    2  0.1
[2,]    4  0.3
[3,]    1  0.2

, , 2
     [,1] [,2]
[1,]    5  4.1
[2,]    8  2.7
[3,]    2  9.3
```

해설

❶ 벡터 (2 4 1)과 (0.1 0.3 0.2)를 열로 붙여서 하나의 행렬을 생성하여 M1으로 지정한다.

❷ 벡터 (5 8 2)와 (4.1 2.7 9.3)을 열로 붙여서 하나의 행렬을 생성하여 M2로 지정한다.

❸ M1과 M2로 배열을 생성하는데, 3x2x2 배열로 생성하여 A로 지정하고 실행한다.

❹ 실행 결과이다.

A.3.3 데이터프레임

데이터프레임은 벡터, 행렬, 배열과는 다르게 자료가 서로 다른 데이터의 형으로 구성된 자료객체이다. 즉 하나의 데이터프레임에는 문자형과 수치형 데이터가 공존할 수 있다. 데이터프레임의 형태는 행렬과 같으나 자료가 서로 다른 형으로 구성되어 있다는 차이점이 있다. R에서는 data.frame() 함수를 이용하여 데이터프레임을 생성한다.

예 A.14

문자형 벡터 x=(A, B, C, D)와 수치형 벡터 y=(80, 59, 66, 72)를 이용하여 데이터프레임을 생성하여라.

R 명령문 및 결과

```
❶ > x<-c("A", "B", "C", "D")
❷ > y<-c(80, 59, 66, 72)
❸ > XY<-data.frame(x,y); XY
❹     x  y
    1 A 80
    2 B 59
    3 C 66
    4 D 72
```

해설

❶ 문자 A, B, C, D로 이루어진 벡터를 만들어 x로 지정한다.
❷ 숫자 80, 59, 66, 72로 이루어진 벡터를 만들어 y로 지정한다.
❸ x, y를 data.frame 함수를 이용하여 하나의 데이터프레임 XY를 만들고 출력한다.
❹ 문자형과 수치형으로 이루어진 데이터가 하나의 데이터프레임으로 생성되었다.

A.3.4 리스트

리스트는 데이터프레임과 같이 자료가 서로 다른 데이터의 형으로 구성된 자료 객체이다. 하지만 리스트는 성분으로 이루어져 있으며, 각 성분의 형태나 크기는 서로 달라도 무방하다는 데이터프레임과의 차이점이 있다.

예 A.15

x=(72, 93, 78), y=(69, 86, 92), z=(low, high, high)로 벡터를 만들어 x의 변수는 "kor", y의 변수는 "math", z의 변수는 "grade"로 지정하는 리스트를 생성하여라.

R 명령문 및 결과

```
❶ > x<-c(72, 93, 78)
❷ > y<-c(69, 86, 92)
❸ > z<-c("low", "high", "high")
❹ > L<-list(kor=x, math=y, grade=z) ; L
❺   $kor
    [1] 72 93 78
    $math
    [1] 69 86 92
    $grade
    [1] "low"  "high" "high"
```

해설

❶ 벡터 (72 93 78)을 x로 생성
❷ 벡터 (69 86 92)를 y로 생성
❸ 벡터 (low high high)를 z로 생성
❹ kor 변수는 x, math 변수는 y, grade 변수는 z로 리스트를 생성하여 L로 지정, L 실행
❺ 실행 결과, 3개의 벡터(변수)를 갖는 리스트가 생성되었다.

참고

```
> LL<-data.frame(kor=x, math=y, grade=a); LL
  kor math grade
1  72   69   low
2  93   86  high
3  78   92  high
```

데이터프레임을 이용하여 위와 같이 만들면 세 개의 변수로 이루어진 행렬 형식으로 데이터를 만들 수 있다.

해답

1장

1. (a) $\frac{9!}{3!2!}=30240$ (b) ${}_{10}P_6=151200$ (c) $\binom{13}{3}=286$

(d) $4!\times 4!+4!\times 4!=1152$ (e) $9!\times 2!-8!\times 2!\times 2!=564480$

(f) $13\times 12\times\binom{4}{3}\times\binom{4}{2}=3744$ (k) 720

3. 0.324

4. (a) $\frac{5}{18}$ (b) $\frac{3}{10}$

5. (a) $\frac{142}{225}$ (b) $\frac{36}{71}$

6. (a) $\frac{117}{200}$ (b) $\frac{72}{117}$

7. $p_1p_2+p_1(1-p_2)(1-p_1^3)+(1-p_1)p_2(1-p_2^3)$

8. (a) 독립이 아니다. (b) 0.6

9. (a) $P(A\cap B^c)=P(A)-P(A\cap B)=P(A)-P(A)P(B)=P(A)(1-P(B))=P(A)P(B^c)$

12. (a) 참 (b) 참 (c) 참 (d) 거짓

2장

1. (a) {(검,검),(검,흰),(흰,검),(흰,흰)} (b) $P(X=-2)=\frac{1}{10}$, $P(X=0)=\frac{6}{10}$, $P(X=2)=\frac{3}{10}$

2.

x	1	2	3	4	5	6
$p_X(x)$	$\frac{1}{36}$	$\frac{3}{36}$	$\frac{5}{36}$	$\frac{7}{36}$	$\frac{9}{36}$	$\frac{11}{36}$

4. 상자 A에서 꺼낸 검은색 공의 수를 X, 상자 B에서 꺼낸 공이 흰색인 사건을 E라 할 때,

(a) $P(E)=\frac{1}{\lambda}(1-e^{-\lambda})$ (b) $P(X=k|E)=\frac{\lambda^{k+1}e^{-\lambda}}{(k+1)!(1-e^{-\lambda})},k=0,1,2,\ldots$

6.

y	0	1	4	9
$p_Y(y)$	0.1	0.5	0.1	0.3

8. (a) 4 (b) $f_Y(y) = 4(e^{-4y})$, $y > 0$

10. $f_Y(y) = \begin{cases} \frac{1}{3}y^{-1/2}, & 0 \le y \le 1 \\ \frac{1}{6}y^{-1/2}, & 1 < y \le 4 \end{cases}$

11. $f_Y(y) = \frac{1}{2}e^{-\sqrt{y}}$, $y > 0$

12. (a) $f_Y(y) = \frac{2}{\sqrt{2\pi}}e^{-\frac{y^2}{2}}$, $y > 0$ (b) $f_Y(y) = \frac{3}{16}\sqrt{y}$, $0 < y < 4$

13. (a) $f_Y(y) = e^y$, $y < 0$ (b) $f_Y(y) = \frac{3}{\sqrt{y}}\left(y + \frac{1}{4}\right)$, $0 \le y < \frac{1}{4}$

18. Gamma$(\alpha, \frac{c}{\lambda})$

20. $P(X=2k) = p^{k-1}(1-p)^{k-1}[p^2 + (1-p)^2]$, $P(X=2k+1) = p^k(1-p)^k$

22. $P(X=k) = F(k) - F(k-1)$

23. $P(X=k) = e^{-\lambda k}(1-e^{-\lambda})$, $k = 0,1,2,\ldots$

3장

1.

X \ Y	1	2	3	4
1	$\frac{1}{64}$	$\frac{6}{64}$	$\frac{12}{64}$	$\frac{18}{64}$
2	0	$\frac{1}{64}$	$\frac{6}{64}$	$\frac{12}{64}$
3	0	0	$\frac{1}{64}$	$\frac{6}{64}$
4	0	0	0	$\frac{1}{64}$

2. (a)

x	0	1	2
$P_X(x)$	$\frac{2}{9}$	$\frac{2}{6}$	$\frac{4}{9}$

(b)

(c)

y	10	20	30
$P_Y(y)$	$\frac{5}{18}$	$\frac{1}{3}$	$\frac{7}{18}$

x	0	1	2
$P_{X\mid Y}(x\mid 10)$	$\frac{2}{5}$	$\frac{3}{5}$	0

3. (a) $f_X(x) = 2(1-x),\ 0<x<1$ (b) $f_Y(y) = 2y,\ 0<y<1$

(c) 독립이 아니다.

5. (a) $f_X(x) = e^{-x},\ x>0$ (b) $f_Y(y) = \dfrac{2}{(1+2y)^2},\ y>0$

(c) 독립이 아니다.

6. $Z=X+Y$라고 할 때, $f_Z(z) = \dfrac{1}{\theta_2-\theta_1}\left(e^{-\frac{z}{\theta_2}} - e^{-\frac{z}{\theta_1}}\right),\ z>0$

9. $B(n, \dfrac{\lambda_1}{\lambda_1+\lambda_2})$

11. (a) $P(X=0) = e^{-\lambda p}$ (b) Poisson(λp)

12. (a) $f_X(x) = \lambda e^{-\lambda x},\ x>0$ (b) $f_{Y|X}(y|x) = \dfrac{\lambda}{2}e^{-\frac{\lambda}{2}(y-x)},\ y>x$

13. $f_Z(z) = \displaystyle\int_{-\infty}^{\infty} f(x, x-z)\,dx$

15. $F_Z(z) = P(Z\le z) = P\left(\dfrac{Y}{X}\le z\right) = P(Y\le Xz,\ X>0) + P(Y\ge Xz,\ X<0)$ 이용

16. $P(X<0) = \displaystyle\sum_{n=0}^{\infty}\frac{\lambda^n e^{-\lambda}}{n!}\Phi(-n)$

18. (a) $f_{S,T}(s,t) = (\dfrac{1}{\lambda})^2 se^{-\frac{s}{\lambda}},\ s>0, 0<t<1$ (b) Uniform$(0,1)$

19. (a) $f_{S,T}(s,t) = \dfrac{\lambda^{\alpha+\beta}}{\Gamma(\alpha)\Gamma(\beta)}s^{\alpha+\beta-1}e^{-\lambda s}t^{\alpha-1}(1-t)^{\beta-1},\ 0<s,\ 0<t<1$

(b) Beta(α,β)

4장

1. $\dfrac{1}{\lambda^2}(1-e^{-\lambda}-\lambda e^{-\lambda})$

2. $\alpha(\alpha+1)(\alpha+2)\beta^3$

3. $\dfrac{\Gamma(\alpha+\beta)}{\Gamma(\alpha)\Gamma(\beta)} \dfrac{\Gamma(\alpha+3)\Gamma(\beta+2)}{\Gamma(\alpha+\beta+5)}$

4. (a) $\dfrac{11}{9}$

(b) $E(X|Y=10)=\dfrac{3}{5}, E(X|Y=20)=\dfrac{4}{3}, E(X|Y=30)=\dfrac{11}{7}$

(c) $E(E(X|Y))=\dfrac{3}{5}\times\dfrac{5}{18}+\dfrac{4}{3}\times\dfrac{3}{9}+\dfrac{11}{7}\times\dfrac{7}{18}$

(d) $Var(X|Y=10)=\dfrac{6}{25}$

6. (a) $E(Y|X=0)=\dfrac{4}{3}$ $E(Y|X=1)=\dfrac{7}{4}$ $Var(Y|X=0)=\dfrac{5}{9}, Var(Y|X=1)=\dfrac{11}{16}$

(b) $\dfrac{3}{2}$ (c) $\dfrac{1}{24}$ (d) $\dfrac{73}{120}$

8. (a) $\dfrac{3}{\lambda}$ (b) $x+\dfrac{2}{\lambda}$ (c) $\dfrac{3}{\lambda}$ (d) $\dfrac{4}{\lambda^2}$

10. (a) $E(X|Y)=\dfrac{Y}{2}, Var(X|Y)=\dfrac{Y^2}{12}$ (b) 1

(c) $\dfrac{1}{2}$ (d) $\dfrac{1}{2}$

12. $f_{X|Y}(x|y)=\dfrac{f_{X,Y}(x,y)}{f_Y(y)}=\dfrac{f_X(x)\cdot f_Y(y)}{f_Y(y)}=f_X(x)$

13. $E(U)=\dfrac{\theta}{2},\ Var(U)=\dfrac{5}{12}\theta^2$

14. $E(X)=\lambda p, Var(X)=\lambda p$

15. $Cov(X,Y)=\dfrac{1}{12}$

19. $E(Y)\approx 29,\ Var(Y)\approx 400$

20. $E(Y)\approx 1,\ Var(Y)\approx \dfrac{1}{4}$

21. $\sigma_X^2\sigma_Y^2+\mu_X^2\sigma_Y^2+\mu_Y^2\sigma_X^2$

22. $\sigma_X^2\sigma_Y^2\sigma_Z^2+\sigma_X^2\sigma_Z^2\mu_Y^2+\sigma_Y^2\sigma_Z^2\mu_X^2+\sigma_Z^2\mu_X^2\mu_Y^2+\sigma_X^2\sigma_Y^2\mu_Z^2+\sigma_X^2\mu_Y^2\mu_Z^2+\sigma_Y^2\mu_X^2\mu_Z^2$

23. $e^{\lambda(\mu-1)}$

27. $E(X)=\dfrac{7}{4}, Var(X)=\dfrac{3}{16}$

29. $M_Y(t)=\left(\dfrac{\lambda}{\lambda-ct}\right)^{\alpha},\ Y\sim Gamma\left(\alpha,\dfrac{c}{\lambda}\right)$

31. (a) $M_{X_1}(t)=(p_0+p_1e^t+p_2e^{2t})$ (b) $M_Y(t)=(p_0+p_1e^t+p_2e^{2t})^2$

(c) $2(p_1+2p_2)^2+2(p_1+4p_2)$

5장

1. (a) $\chi^2(3)$ (b) t_2 (c) $F_{2,1}$

2. (a) $\beta=\alpha^2$ (b) $\gamma=\frac{1}{\alpha^2}$

3. $c=\sqrt{\frac{n(n-1)}{2}}$, $W\sim t(2n-2)$

4. $E(Y)=18$, $Var(Y)=324$

6. $\frac{1}{18}$

9. $F_{2,4}$

12. (a) $\chi^2(m(n-1))$ (b) $\chi^2(m-1)$

13. (a) $\text{Gamma}(n\alpha, \beta/n)$ (b) $2n/\beta$

15. (a) $f_{X_{(i)}|X_{(j)}}(x|y)=\frac{(j-1)!}{(i-1)!(j-i-1)!}\left(\frac{x}{y}\right)^{i-1}\left(1-\frac{x}{y}\right)^{j-i-1}\frac{1}{y}$, $0<x<y<1$

(b) $R=X_{(i)}-X_{(i-2)}$라고 할 때, $f_R(r)=n(n-1)r(1-r)^{n-2}$, $0<r<1$

17. (a) $f_{X_{(1)}}(x)=\frac{n}{\theta}(e^{-\frac{x}{\theta}})^n$, $x>0$ (b) $f_{X_{(n)}}(x)=\frac{n}{\theta}e^{-\frac{x}{\theta}}(1-e^{-\frac{x}{\theta}})^{n-1}$, $x>0$

20. (a) $P(X_{(i)}\le k)=\sum_{l=i}^{n}\binom{n}{l}[1-(1-p)^k]^l(1-p)^{k(n-l)}$

(b) $P(X_{(i)}=k)=\sum_{l=i}^{n}\binom{n}{l}[1-(1-p)^k]^l(1-p)^{k(n-l)}-\sum_{l=i}^{n}\binom{n}{l}[1-(1-p)^{k-1}]^l(1-p)^{(k-1)(n-l)}$

21. (a) $\frac{1}{11}$ (b) $M_{X_{(1)}}(t)=\left(\frac{10}{10-t}\right)$, $t<10$

24. (a) $N(c, \frac{\sigma^2}{\sum_{k=1}^{n}k^2})$ (b) $\frac{(\sum_{k=1}^{n}kX_k)^2}{\sigma^2\sum_{k=1}^{n}k^2}\sim\chi^2(1)$, $\frac{\sum_{k=1}^{n}X_k^2}{\sigma^2}\sim\chi^2(n)$ (d) $\chi^2(n-1)$

6장

7. (a) $\text{Exp}(\theta)$ (b) $\text{Exp}(\theta)$

9. (a) $1-\left(1-\frac{y^2}{n}\right)^n$, $0<y<\sqrt{n}$

10. $P(N(0,1)>-1)$

14. (a) $a=\pm\frac{\lambda}{\sqrt{n}}, b=\mp\sqrt{n}$

(b) Gamma(n,1/λ)는 Gamma(1,1/λ)의 합으로 나타낼 수 있으므로 중심극한정리에 의하여 표준정규분포에 분포수렴한다.

15. (a) $M_{S^2}(t)=(1-2\frac{t\sigma^2}{n-1})^{-\frac{n-1}{2}}$ (b) σ^2

16. $N(0,1)$

7장

1. $\hat{\theta}=\frac{\overline{X}}{2}$

2. (a) $X=-3$일 때 $\hat{\theta}=\theta_1$, $X=-2$일 때 $\hat{\theta}=\theta_1$, $X=-1$일 때 $\hat{\theta}=\theta_2$, $X=0$일 때 $\hat{\theta}=\theta_2$, $X=1$일 때, $\hat{\theta}=\theta_3$, $X=2$일 때 $\hat{\theta}=\theta_3$, $X=3$일 때 $\hat{\theta}=\theta_1$

(b) $\hat{\theta}=\theta_3$

3. (a) $\hat{\mu}=\overline{X}-\sqrt{\frac{1}{n}\sum_{i=1}^{n}(X_i-\overline{X})^2}$, $\hat{\sigma}=\sqrt{\frac{1}{n}\sum_{i=1}^{n}(X_i-\overline{X})^2}$

(b) $\hat{\mu}=X_{(1)}$, $\hat{\sigma}=\frac{1}{n}\sum_{i=1}^{n}(X_i-X_{(1)})$

4. (a) $\theta^2\left[\left(\frac{1}{4}+\frac{1}{12n}\right)c^2-c+1\right]$ (b) $\frac{6n}{3n+1}$

5. (a) $Bias(T_1(\boldsymbol{X}))=0$, $Bias(T_2(\boldsymbol{X}))=-\frac{1}{n+1}\theta$

(b) $Var(T_1(\boldsymbol{X}))=\frac{\theta^2}{n(n+2)}$, $Var(T_2(\boldsymbol{X}))=\frac{n\theta^2}{(n+1)^2(n+2)}$

(c) $MSE(T_1(\boldsymbol{X}))=\frac{\theta^2}{n(n+2)}$, $MSE(T_2(\boldsymbol{X}))=\frac{2\theta^2}{(n+1)(n+2)}$

(d) 평균제곱오차가 더 작은 $T_1(\boldsymbol{X})$가 더 좋은 추정량이라고 할 수 있다.

6. (a) $2\overline{X}$ (b) $2\overline{X}$

7. (b) $a=\frac{\sigma_2^2}{\sigma_1^2+\sigma_2^2}$

9. (a) $a+2b=1$ (b) $a^2\theta+2b^2\theta+\theta^2(a+2b-1)^2$ (c) $\hat{\theta}=\frac{1}{3}X+\frac{1}{3}Y$

10. (b) $c=\dfrac{a^2-1}{\frac{1}{n}+a^2-1}$

(c) $MSE(T_{c_1,c_2}(\boldsymbol{X}))=\theta^2\left[(c_1+c_2-1)^2+\dfrac{c_1^2}{n}+c_2^2(a^2-1)\right]$

13. (a) $\dfrac{1}{\overline{X}}$ (b) $\dfrac{1}{\overline{X}}$

14. (a) $\hat{p}=\dfrac{1}{\overline{X}}$ (b) $\hat{p}=\dfrac{1}{\overline{X}}$

15. (a) $\dfrac{1}{n}\sum_{i=1}^{n}X_i^2$ (b) $\dfrac{1}{n}\sum_{i=1}^{n}|X_i|$

16. (a) $MSE(\hat{\theta}_1)=\theta^2\left((c-1)^2+\dfrac{c^2}{n}\right)$ (b) $c=\dfrac{n}{n+1}$

19. (a) $\hat{\sigma}^2=\dfrac{1}{n}\sum_{i=1}^{n}X_i^2$ (b) $(\widehat{\sigma^2})^2=(\frac{1}{n}\sum_{i=1}^{n}X_i^2)^2$

(c) $I(\sigma^2)=\dfrac{1}{2(\sigma^2)^2}$

20. (a) $\dfrac{\theta^2}{2n}$ (b) $N\left(0,\dfrac{\theta^2}{2}\right)$

21. $E(X_1)=\dfrac{3\alpha}{\alpha+1}$, $\hat{\alpha}=\dfrac{\overline{X}}{3-\overline{X}}$

25. (a) $\hat{\theta}=\overline{X}$ (b) $\hat{\theta}=\overline{X}$ (c) $Var(\hat{\theta})=\dfrac{\theta^2}{n}$ (d) $\dfrac{1}{nI(\theta)}=\dfrac{\theta^2}{n}$

28. (a) $\hat{\theta}=\dfrac{n}{\sum_{i=1}^{n}X_i^2}$ (b) $N(0,\theta^2)$ (c) $(\hat{\theta}-1.96\frac{\hat{\theta}}{\sqrt{n}},\ \hat{\theta}+1.96\frac{\hat{\theta}}{\sqrt{n}})$

29. (a) $L(\theta)=(\frac{1}{2\pi})^{\frac{n}{2}}\exp(-\dfrac{\sum_{k=1}^{n}(x_k-k\theta)^2}{2})$ (b) $\hat{\theta}=\dfrac{\sum_{k=1}^{n}kX_k}{\sum_{k=1}^{n}k^2}$

8장

1. $\sum_{i=1}^{n}Y_i$

2. $(X_{(1)}, \sum_{i=1}^{n} X_i)$

3. (a) 충분통계량이다 (b) 완비통계량이 아니다

4. (a) $X_1 X_2 \cdots X_n$(또는 $\sum_{i=1}^{n} \log X_i$)

(b) 완비통계량이다.

5. (b) 완비통계량이 아니다.

6. $\sum_{i=1}^{n} X_i^2$

7. $\sum_{i=1}^{n} (X_i - 1)^2$

10. (a) $\sum_{i=1}^{n} |X_i|$ (b) 완비통계량이 아니다.

11. (a) $\frac{1}{\overline{\overline{X}}}$ (b) $\frac{1}{\overline{\overline{X}}}$ (c) $\sum_{i=1}^{n} X_i$ 또는 $\sum_{i=1}^{n} (X_i - 1)$ (d) $\frac{1}{\theta^2(1-\theta)}$

13. (a) $\frac{3}{\theta^2}$

15. (a) $\frac{n+2}{n} X_{(n)}^2$ (b) $\frac{n+2}{n} X_{(n)}^2 + \frac{n+1}{n} X_{(n)}$

18. $\frac{(n-1)(n-2)(n-3)}{\sum X_i^3}$

23. (a) $\sum_{i=1}^{n} X_i$ (c) $\frac{\binom{(n-1)m}{\sum_{i=1}^{n} X_i - m}}{\binom{nm}{\sum_{i=1}^{n} X_i}}$

24. (b) $\frac{\sum_{i=1}^{n} X_i}{n} \left(\frac{n-1}{n} \right)^{\sum_{i=1}^{n} X_i - 1}$

25. (a) $X = \begin{cases} 0, \text{ with probabilty } & 1 - \frac{\theta}{2} \\ 1, \text{ with probability } & \frac{\theta}{2} \end{cases}$ (b) $\frac{(\sum X_i)!}{2!\,(\sum X_i - 3)!} \frac{(n-2)^{\sum X_i - 3}}{n^{\sum X_i}}$

9장

1. (a) $\{2,3\}$ (b) 0.55 (c) $\phi(x)=\begin{cases}1, & x=2,3\text{일 때}\\ \frac{1}{2}, & x=1\text{일 때}\\ 0, & x=0,4,5\text{일 때}\end{cases}$

3. (a) $\alpha=0.15, \beta=0.3$

(b) 제1종 오류를 범할 확률과 제2종 오류를 범할 확률이 더 작은 R_2가 더 좋다.

(c) $\{-1,0\}$

(d) $\{0,1\}$

4. $2\theta_0\sum_{i=1}^{n}X_i \le \chi^2_{1-\alpha}(4n)$

5. $n=\left(\dfrac{z_{1-\beta}-z_\alpha}{\theta_1-\theta_0}\right)^2$

6. (a) $\sum_{i=1}^{n}X_i > k$ (b) $4\sum_{i=1}^{n}X_i > \chi^2_\alpha(6n)$

7. $\sqrt{\dfrac{4}{5}}\left(X+\dfrac{Y}{4}-\dfrac{5\theta_0}{4}\right) \ge z_\alpha$

8. (a) $e^{-\frac{(x+y)^2}{10}}$ (b) $(X+2Y)^2 \ge k$

(c) $\dfrac{(X+Y)^2}{5} \ge \chi^2_\alpha(1)$ 또는 $\dfrac{|X+Y|}{\sqrt{5}} \ge Z_{\alpha/2}$

9. 한 가지 방법은 $\phi(x)=\begin{cases}\alpha, & 0\le x\le\theta_0\\ 0, & x>\theta_0\end{cases}$

14. (a) $\dfrac{1}{\sigma_0^2}\sum_{i=1}^{n}X_i^2 > \chi^2_\alpha(n)$ (b) $P(\chi^2_n > \dfrac{\sigma_0^2}{\sigma_1^2}\chi^2_\alpha(n))$

(d) $\dfrac{1}{\sigma_0^2}\sum_{i=1}^{n}(X_i-1)^2 > \chi^2_\alpha(n)$

15. (a) $\dfrac{4X+Y}{5}$ (b) $(4X+Y)^2 > k$

(c) $\dfrac{(4X+Y)^2}{20} > \chi^2_\alpha(1)$ 또는 $\dfrac{|4X+Y|}{\sqrt{20}} > z_{\alpha/2}$

17. (a) $\Lambda=\exp\left(-\dfrac{1}{2}\dfrac{(\sum_{k=1}^{n}kX_k)^2}{\sum_{k=1}^{n}k^2}\right)$ (b) $\dfrac{(\sum_{k=1}^{n}kX_k)^2}{\sum_{k=1}^{n}k^2} > \chi^2_\alpha(1)$

18. (a) $\frac{1}{8}$ (b) $\frac{27}{64}$

20. $2\sum_{i=1}^{n}\left(X_i\log\frac{\hat{p}_i}{\hat{p}}+(n_i-X_i)\log\frac{1-\hat{p}_i}{1-\hat{p}}\right) > \chi_\alpha^2(n-1)$, 단, $\hat{p}_i=\frac{X_i}{n_i}$, $\hat{p}=\frac{\sum_{i=1}^{n}X_i}{\sum_{i=1}^{n}n_i}$

10장

1. (a) $\text{Gamma}(\alpha+\sum_{i=1}^{n}x_i, n+\frac{1}{\beta})$ (b) $\hat{\theta}^B=\frac{\alpha+\sum_{i=1}^{n}x_i}{n+(1/\beta)}$

2. (a) $\text{Gamma}(n+\alpha, \frac{1}{\beta}+\sum_{i=1}^{n}x_i)$ (b) $\hat{\theta}^B=\frac{n+\alpha}{(1/\beta)+\sum_{i=1}^{n}x_i}$

4. (a) $\text{Gamma}(3n+1, \lambda+\sum_{i=1}^{n}x_i)$ (b) $\hat{\theta}^B=\frac{3n+1}{\lambda+\sum_{i=1}^{n}x_i}$

5. (a) $N\left(\frac{8+9\Sigma x_i}{4+9n}, \frac{36}{2+9n}\right)$ (b) $\frac{\frac{1}{9}}{\frac{1}{9}+\frac{n}{4}}2+\frac{\frac{n}{4}}{\frac{1}{9}+\frac{n}{4}}\bar{x}$

6. (a)

	a_1	a_2	a_3
θ_0	0	1	2
θ_1	2	1	0

(b) $R(\theta_0,d_1)=0.2$, $R(\theta_1,d_1)=0.8$, $R(\theta_0,d_2)=0.5$, $R(\theta_1,d_2)=0.6$, $R(\theta_0,d_3)=0.8$, $R(\theta_1,d_3)=0.4$, $R(\theta_0,d_4)=1.0$, $R(\theta_1,d_4)=1.0$

위험함수의 최댓값을 가장 작게 하는 규칙은 d_2이다.

(c) $B(d_1)=0.44$, $B(d_2)=0.54$, $B(d_3)=0.64$, $B(d_4)=1.0$

베이즈 위험을 가장 작게 하는 규칙은 d_1이다.

7. (a) $P(|N(0,1)|>c)$

(b) $2P(|N(0,1)|\le\frac{c}{2})$

(c) $B(d_c)=0.6\times P(|N(0,1)|>c)+0.8\times P(|N(0,1)|\le\frac{c}{2})$

8. (a) $R(\theta,d_1)=-10\theta^2+10\theta-3$, $R(\theta,d_2)=10\theta^2-10\theta+2$, $R(\theta,d_3)=0$

(b) d_1

(c) d_1

9. (a) $P(\Theta=\theta_1|X=x_2)=\frac{10}{33}$, $P(\Theta=\theta_2|X=x_2)=\frac{8}{33}$, $P(\Theta=\theta_3|X=x_2)=\frac{6}{33}$,

$P(\Theta=\theta_4|X=x_2)=\frac{9}{33}$

(b) $P(\Theta=\theta_1|X_1=x_2,X_2=x_3)=\frac{25}{89}$, $P(\Theta=\theta_2|X_1=x_2,X_2=x_3)=\frac{16}{89}$,

$P(\Theta=\theta_3|X_1=x_2,X_2=x_3)=\frac{30}{89}$, $P(\Theta=\theta_4|X_1=x_2,X_2=x_3)=\frac{18}{89}$

11. $c=\frac{\sigma_0^2}{\sigma_0^2+1}$

찾아보기

저자 소개

강기훈

서울대학교 계산통계학과 학사
서울대학교 대학원 통계학과 석사
서울대학교 대학원 통계학과 박사
호주국립대학교(ANU) 수리과학연구소 연구위원
조지아대학교(UGA) 통계학과 방문교수
현) 한국외국어대학교 통계학과 교수

박진호

서울대학교 계산통계학과 학사
서울대학교 대학원 통계학과 석사
Stanford University 통계학과 박사
현) 인하대학교 통계학과 교수

수리통계학 – R을 이용한 실습 – 제2판

저　　자　강기훈 · 박진호
발 행 인　김지영
발 행 처　자유아카데미
주　　소　경기도 파주시 회동길 37-42 파주출판도시
전　　화　031-955-1321
팩　　스　031-955-1322
홈페이지　www.freeaca.com
전자우편　main@freeaca.com (대표)
editor@freeaca.com (편집)
crm@freeaca.com (영업)
등　　록　제406-2003-017호, 1980. 7. 12
제2판1쇄　2025년 5월 20일 발행

저자와의 협의하에 인지생략

ISBN 979-11-5808-708-1 93310